개정 4판

환경생물학

박연규 · 서광석 · 최충길

도서출판 대학서림

머리말

「개정 4판」을 내면서...

이 책의 전신인 '환경생물학'을 처음으로 출판한 것은 1995년이었다. 어느덧 11년이란 세월이 경과하는 동안 개정 3판을 거쳐 개정 4판을 세상에 내놓게 되었다.

모든 학문의 발달이 급속도로 진전하듯 환경학에 관한 학문과 더불어 생물학도 빠른 속도로 폭넓고 깊이 있게 발전하고 있고 그 내용도 날이 갈수록 세분화 전문화되어가고 있으며 이에 관한 지식과 정보도 비교적 많이 쌓이게 되었다. 이에 따라 교재도 가급적 빨리 현 시대적 감각에 맞춰 새로운 정보를 수록해야 할 뿐만 아니라 부족한 부분도 속히 보완 정리하여 세상에 내 놓아야 마땅할 것이다.

환경생물학도 예외는 아니다. 환경학과 생물학이 융합한 학문의 총체적인 모습으로 새로워져야 한다. 이에 따라 개편한 내용은 우선 다양하게 사용되어 온 용어를 가급적 학회 공통 용어로 통일을 기하였으며, 보다 쉽게 이해할 수 있도록 한자 및 영어를 삽입했다. 그리고 날로 변해가고 있는 지구 온난화와 생물의 변화에 대한 새 장을 첨가했으며, 기존 '생물학적 환경평가'의 장은 분리하여 해당 환경분야와 연관해서 학습하고 평가할 수 있도록 개편하였다.

그러나 아직도 여러 면에서 불비한 점이 많이 있으리라 생각되는바, 앞으로도 계속하여 독자 제현의 귀중한 조언과 지도 편달을 받아 지속적으로 보완 정리함으로써 보다 향상된 충실한 도서가 되도록 최선을 다할 예정이다.

끝으로 본 개정판 출간에 동참하여주신 최충길 교수님과 서광석 교수님께 깊은 감사를 드리고, 또한 이 책의 개정 4판에 이르도록 변함없이 호의를 베풀어주신 대학서림 윤진영 회장님께 사의를 표하는 바이다.

2006. 6.

저자 씀

초판 머리말

‘환경’이란 개념은 대단히 포괄적으로서 우리가 일상 생각하고 있는 것 보다 훨씬 더 많은 것을 포함하고 있다. 넓은 의미로 환경은 우주를 형성하고 있는 요소들의 실체이며 상대적 의미로 어떤 주체를 둘러쌓고 있는 유형 및 무형의 객체(客體)로 정의되고 있다.

생물을 주체로 할 경우 환경이란 생물을 둘러쌓고 있는 주위의 모근 상태를 말하며 주체인 생물이 환경에 의하여 받는 그 영향은 대단히 복잡하다. 어떤 생물의 종이든지 그 주변환경의 영향권 내에 있고 그 영향권 내에서 다양한 환경조건의 지배하에 생명이 존재할 수 있는 것이다. 우리 인간도 대자연이란 환경의 품 속에 안겨 주변환경의 지배를 받으며 살아가고 있다. 이처럼 모든 생명의 존재는 자연환경의 섭리를 존중함으로서만 가능한 것이다.

그런데, 문명의 이기는 무서운 환경오염의 결과를 초래하고 있고, 이에 대처하기 위하여 관련된 많은 분야에서 최선을 다하고 있으나 아직도 많은 문제를 내포하고 있는 어려운 현실에 봉착하고 있다. 환경의 보전과 오염의 방지 및 정화, 그리고 학술적 연구 등에 심혈을 기울이고 있는 가운데 환경에 대한 새로운 학문의 체계도 보다 발전적으로 되어가고 있다.

자연환경 일원으로서의 생명의 이해는 오염환경에 대처하기 위한 기본적 분야로서 매우 중요함을 인식하지 않을 수 없다. 이 책은 자연환경 및 오염환경과 생물과의 관계를 다양하게 다루었다. 특히 자연환경과 생물분야에서는 환경생리학의 분야를 주로 다루므로써 환경에 얽힌 생명의 원리에 대한 문제를 독자로 하여금 좀 더 쉽게 이해하도록 하였고, 오염환경과 생명과의 관계를 설명함으로써 오염환경의 심각성과 생명의 소중함에 대한 이해를 도울 수 있도록 하였으며 생물학적 환경평가를 누구나 활용할 수 있도록 정리하였다.

따라서 이 책은 전공분야의 대학교재는 물론 교양과목으로도 손색이 없을 것이며, 관심있는 일반인들에게도 많은 도움이 될 것이라 믿는다. 그러나 아직 미흡한 점이 많이 있으리라 자인하면서 부족한 점에 관하여 독자 제현의 귀중한 조언과 지도편달을 받아 계속 보완 정리해 나갈 것을 다짐하면서 아낌없는 질정을 바란다.

끝으로 이 책이 완성되기까지 정성껏 도와준 동료 교수 김영식, 이병인, 홍성철 박사, 그리고 이 책의 발간에 호의를 베풀어주신 대학서림 윤진영 회장님께 사의를 표한다.

1993년 3월
저자 박 연 규

차 례

1 생명과 에너지 / 17

2 환경저항과 상호작용 / 41

6 토양과 생물 / 157

7 물환경과 생물 / 197

8 생물학적 수환경평가 / 253

9 대기환경과 생물 / 285

10 지구 온난화 / 325

11 중금속과 생물 / 339

12 농약의 독성 / 359

13 식품공해 / 371

1장

생명과 에너지

1. 생명의 이해

생명을 이해하는 문제는 종교적, 철학적, 과학적 사실과 서로 연관된 어려운 문제이다. 생물학에 있어서는 근본적인 생명의 개념을 똑바로 인식함으로써 생물학의 성격이 명확히 되고 동시에 생물학의 대상과 방법을 올바르게 인식할 수 있다는 것이다. 생물학의 연구나 교육을 추진하기 위하여서는 생명의 존재방식과 생명에 대한 인식의 방식에 대한 폭넓고 깊은 고찰이 필요하다. 생물학을 위한 생명관의 본질은 생존의 논리로서 또는 생물학의 작업 개념으로서 생물학의 기초론적인 의의를 갖는 것이다.

생명의 본질에 대해서는 그동안 수없이 많은 연구에도 불구하고 아직도 생명의 본질에 있어서 의논의 여지가 많이 남아 있기 때문에 생명을 가지고 있는 생물에 있어서 여러 가지 연구해야 할 문제 또한 많이 남아있는 것이다. 따라서 생물이 어떤 것인가 하는 것을 정의 내리는 것은 어려운 것이나 이때까지 알려진 사실로 정리하여 본다면 다음과 같다.

생물체 속에서는 외부에서 힘을 주지 않는다 하더라도 항시 어떤 물리 화학적 변화가 일어나고 있다는 것이다. 밖에서 볼 때에 조금도 변화가 일어나고 있지 않는 것 같지만 몸속에서는 끊임없는 변화를 일으키고 있는 것이 생물의 자태라고 할 수 있다. 예를 들면,

식물의 종자 속에는 생명의 원기가 들어 있어서 이것들은 끊임없이 물질대사를 하면서 그 속의 영양분을 분해하여 에너지를 얻어 생활에 이용하고 있는 것이다.

그러나 무생물에 있어서는 외부에서 힘을 주지 않으면 이러한 상태를 자기의 힘으로 변화시킬 수 없는 것이다. 따라서 항시 변화를 계속하고 있는 경우에라도 이것을 자력에 의해서 이루어지는 것이 아니라 외부의 힘이 주어지기 때문에 이러한 변화가 일어나는 것이다. 이를테면 컴퓨터가 훌륭한 기계이긴 하지만 이것의 기능은 결국 외부에서 주어지는 사람의 힘에 의하여 지배되는 물질에 지나지 않으며, 산소나 수소가 얻어지는 화학적 변화의 힘도 결국 자력에 의하여 이루어진 것이 아니라 외부의 힘에 따라서 일어난 변화인 것이다. 따라서 생물은 외부에서 힘이 주어지지 않는다 하더라도 그 개체 속에는 항시 물리 화학적 변화가 일어나고 있기 때문에 어떠한 환경에서도 자신을 유지할려고 하는 **개체유지**(個体維持, perpetuation of individual)의 작용과 자신과 같은 성질의 새 개체를 만들려고 하는 **종족유지**(種簇維持, perpetuation of species)의 작용이 나타나게 된다. 이러한 여러 가지 점에서 생물을 정의할 수 있고 무생물과 구별하게 된다.

「**생명이란 생명물질계이고 에너지대사계이며 하나의 조절계인 생물이 나타나는 현상이다**」라고 정의를 하지만, 명쾌한 정의라고 할 수 없다.

우리는 생명에 대한 정의를 내리는 것은 용의하지 않으나, 생명체가 무생물과 다른 점을 다음과 같이 비교해 봄으로써 생명을 이해할 수 있을 것이다.

① 생명은 구성단위가 복잡하다.

어떤 생물이든 그 구성단위는 세포(cell)이다. 원핵생물이나 대다수의 원생생물의 경우처럼 군세포로 된 생물도 있지만, 대다수의 생물에서는 세포가 모여서 조직(tissue), 조직이 모여서 기관(organ), 기관이 모여서 기관계(organ system), 기관계가 모여서 개체를 구성하는 식으로 복잡한 생물체를 조성한다.

광학현미경과 전자현미경의 사용 및 다른 생화학적 기술의 발전에 따라 간 세포의 미세구조와 그에 부응하는 기능에 관한 많은 새로운 사실들이 밝혀졌다.

세포가 탄소를 포함한 유기화합물로 구성되어 있다는 것과 생명물질이라고 할 수 있는 DNA와 RNA를 지니고 있다는 것은 무생물과 현저하게 다른 점이다.

② 물질대사

생물은 그 구성물질을 끊임없이 변화시키는 능력이 있다. 주변에 있는 다른 물질을 섭취하고 체내에서 쓰여지지 못한 물질이나 노폐물을 외부로 버린다. 또한 생물은 호흡을 하며, 생물이 흡수하는 공기와 방출하는 공기는 산소와 이산화탄소의 함량이 다르다.

이처럼 생물은 그 종류에 따라 속도와 양의 차이는 있으나 끊임없이 환경에서 필요한 물질을 얻고 자신에게 불필요한 물질을 버리는데, 이때 얻는 물질과 버리는 물질은 같지 않다.

생물체 내에 들어온 물질은 변질되어 몸의 일부를 동화하는 **동화작용**(同化作用, anabolism)과, 몸의 구성분 일부를 분해하여 에너지를 얻는 **이화작용**(異化作用, catabolism)이 있다. 생물은 동화작용에 의하여 영양분을 얻어 성장하고, 이화작용에 의하여 생물의 활동에 필요한 에너지(energy)를 얻는다.

③ 생식

모든 생물은 자신과 똑같은 개체를 복제할 수 있는 능력, 즉 생식능력(reproductive ability)이 있어서, 이를 통해 형질을 자신에게 이어준다. 이 때문에 개체는 죽어도 종족은 계속 유지된다. 생식에는 **무성생식**(無性生殖, asexual reproduction)과 **유성생식**(有性生殖, sexual reproduction)이 있어서 유성생식의 경우에는 다른 개체와의 사이에 형질의 결합이 이루어지는데 이때 중요한 역할을 하는 것은 DNA(deoxyribo nucleic acid)와 RNA (ribonucleic acid)이다.

④ 자극감수성과 자극운동

모든 생물은 환경의 변화에 대하여 반응하며, 환경의 여러 자극을 감지할 수 있는 능력을 갖추고 있는데 이와 같은 작용은 동물의 경우 신경계(神經系, nervous system)와 내분비계(內分泌系, endocrine system)에 의하여, 식물은 주로 호르몬(hormone)에 의하여 이루어진다.

자극에 대한 반응행동은 **효과기**(效果器, effector)에 의하여 성취되며, 동물에서는 이 경우 근육(筋肉, muscle)과 선(腺, gland)이 가장 중요한 구실을 한다. 그리고, 생물은 환경의 변화에 대하여 **행동**(行動, behavior)적 변화로 반응한다.

이와 같이 생물이 환경의 자극에 대해 반응하는 **자극감수성**(刺戟感受性, irritability)은 무생물에서는 볼 수 없는 생물의 특성이다.

한편 생물에서는 자체 내의 변화의 결과로 이루어지는 운동현상이 있는데, 이것을 **자주운동**(自主運動, autonomous movement)이라고 하며 널리 볼 수 있다. 움직이지 않는 것처럼 보이는 식물의 성장운동도 바로 이것이다.

⑤ 적응성

생물은 환경에 대하여 **적응**(適應, adaptation)할 수 있는 능력이 있어서, 같은 환경에 대하여 그들의 선조보다도 효율적으로 물질대사가 이루어지고 생식도 할 수 있다.

환경에 대해서 보다 효과적으로 적응하기 위하여 형질의 변화까지 일어났을 경우에는 이와 같은 형질을 특히 **적응형질**(適應形質, adaptation character)이라고 한다. 만일, 생물이 환경의 변화에 대해서 적응할 수 있는 능력을 갖추지 못하고 있었다면 생물은 멸망하고 말았을 것이다.

⑥ 진화

생물은 환경의 변화에 대해서 적응할 수 있다. 이리하여 생물이 환경의 변화에 대한 적응의 결과로 형태적, 생리적 변화를 일으키는 현상을 **진화**(進化, evolution)라고 한다.

현재, 지구상의 모든 생물은 진화한 산물이며 이와 같은 진화현상은 생물의 세계에서만 볼 수 있는 특성이다.

이상에서와 같이 생명체의 특성을 무생물과 비교해 봄으로서 우리는 생명을 쉽게 이해할 수 있을 것이다.

2. 광합성

생명체는 태양으로부터 에너지를 획득한다. 우리가 살아 갈 수 있는 생명의 힘은 근본적으로 태양으로부터 온 에너지이다. 태양에너지는 **광합성**(光合成, photosynthesis)에 의해 화학에너지로 전환된 후에 이용된다. 실질적으로 모든 생물은 광합성의 산물인 고에너지 형태의 영양분을 공급받아 살아간다.

식물, 조류(algae), 몇 종의 원핵생물 및 박테리아는 스스로 광합성을 할 수 있지만, 대부분의 생물(생물종의 80% 이상)은 광합성을 하지 못하고 다른 생물을 섭취하므로서 영양을 취한다.

광합성을 하는 모든 종류의 생물을 **독립영양생물**(獨立營養生物, autotroph)이라 하며, 이 독립영양생물은 필요한 영양분을 스스로 합성할 수 있다. 광합성을 하는 동안 독립영양생물은 태양에너지를 이용하여 고에너지의 유기분자를 만든다. 이러한 유기분자는 세포호흡을 통해 ATP(adenosine triphosphate)로 만들어지거나, 여러 기관을 구성하는 분자로 이용되는데 대부분의 유기분자는 결합하여 새로운 세포나 조직을 형성한다. 대부분의 독립영양생물은 광합성을 하지만, 죽은 생물에서 에너지를 취하는 독립영양 박테리아의 경우는 **화학합성**(化學合成, chemosynthesis)을 한다. 광합성이나 화학합성을 하지 못하는 생물을 **종속영양생물**(從屬榮養生物, heterotroph)이라 하는데 종속영양생물은 필요한 영양물질의 공급을 궁극적으로 독립영양생물에 의존한다.

대부분의 종속영양생물은 생명유지에 필요한 영양분을 광합성생물에 의존한다. 따라서 광합성을 하는 독립영양생물은 그들 자신뿐만 아니라 인간을 포함한 여러 종속영양생물의 영양분을 제공하여 준다.

2.1. 광합성의 개요

1600년대 van Helmont는 90 kg의 건조토양을 넣은 상자 속에 2.3 kg의 버드나무의 묘목을 심은 후 5년 동안 빗물만 준 채 생육시켰다. 버드나무와 흙의 무게를 다시 측정하였을 때 흙은 단지 100 g만이 줄어든 데 비해 버드나무의 무게는 76 kg이나 되었다. 물론 76 kg에 달하는 버드나무의 무게증가가 흙에서 물질흡수한 것으로 생각되지 않는다. 그는 버드나무의 무게가 증가된 원인이 물에 의한 것이라고 결론 내렸다. 물이 조직으로 유입됨으로써 버드나무의 무게가 늘어난 것은 사실이다. 그러나 다른 모든 식물과 같이 버드나무도 조직을 유지하기 위해 필요한 탄소를 공기로부터 얻는다. 광합성을 통해 대기 중의 탄소는 새로운 기관 구성물질의 탄소골격을 형성하기도 한다. 그리고 흙에서 흡수되는 소량의 무기물질이 성장에 필요하다(성장에 필요한 무기물질의 양은 van Helmont가 측정한 바에 따르면 100 g도 안된다). 광합성은 진핵세포의 엽록체 내에서 일어난다. 식물의 잎에서 광흡수색소가 태양에너지를 흡수하여 이산화탄소와 물로부터 고에너지의 포도당을 만들어낸다. 포도당은 화학결합에너지를 저장할 뿐 아니라 식물이 필요로 하는 수천 가지의 다른 분자를 합성하는 기초적 역할도 한다. 산소는 부산물로 생성된다. 광합성 전과정의 화학식을 간단하게 표시하면 다음과 같다.

$$6CO_2 + 12H_2O \xrightarrow[\text{엽록체}]{\text{빛에너지}} C_6H_{12}O_6(\text{포도당}) + 6O_2 + 6H_2O$$

광합성의 과정은 **명반응**(明反應, light reaction)과 **암반응**(暗反應, dark reaction)으로 구분할 수 있다.

(1) 명반응

명반응은 엽록체의 **그라나**(grana)에서 일어나며 빛의 세기와 파장에 영향을 받는다. 암반응에 앞서 명반응이 일어나며 명반응에서 생성된 물질이 암반응에 이용된다. 그라나에 있는 **퀀타솜**(quantasome)은 약 300분자의 엽록소로 구성되어 있으며, 명반응의 기능적 단위가 된다. 퀀타솜은 특수한 엽록소분자가 있어서, 다른 엽록소들이 빛을 받아 에너지를 모은 후 이 특수한 엽록소에 전달한다고 보고 있다. 엽록소 a로 구성된 퀀타솜에 있는 특수한 엽록소를 P_{700}, 엽록소 b로 구성된 퀀타솜의 특수한 엽록소를 P_{680}이라 부르는데, P_{680}과 P_{700}은 각각 680 nm, 700 nm의 파장을 최대흡수대로 가진 특수 엽록소분자를 말한다.

물이 분해되어 생긴 수소이온과 NADP는 P_{700}이 빛을 받아 활성화되어 방출한 전자와 결합하여 $NADPH_2$로 된다. 한편, P_{680}도 빛을 받으면 활성화되고 전자를 방출하여 **여기상태**(勵起狀態, excited state)로 되며, 이때 방출된 전자는 전자전달계를 거쳐 결국 P_{700}에 도달하며 P_{700}은 **기저상태**(基底狀態, ground state)로 되돌아간다. 이 과정에서 ATP가 생성되며 이 반응을 **광인산화**(光燐酸化)라 한다.

P_{700}과 P_{680}에서 방출된 전자는 전자전달계의 전자수용체와 전자공여체인 페레독신(ferredoxin), 플라스토퀴논(plastoquinone), 시토크롬(cytochrome) 등의 효소가 관여한다. 전자를 상실하고 여기상태에 있는 P_{680}은 물이 분해되면서 방출한 전자를 수용하여 기저상태로 되돌아 간다. P_{700}에서 이탈된 전자는 여러 전자 수용체를 거쳐 NADP와 결합하여 $NADPH_2$로 되기 때문에 전자는 P_{700}으로 되돌아 오지 않으며 P_{680}은 전자를 P_{700}에 주고 자신은 다른 곳에서 전자를 받는데, 이러한 과정을 **비순환적 광인산화**라 한다. 그리고 P_{700}에서 이탈된 전자의 일부는 전자전달 경로를 거쳐 P_{700}으로 되돌아 오면서 ATP가 생성되는데 이 과정은 순환적이므로 **순환적 광인산화**라 한다. 따라서 순환적 광인산화에서는 ATP만 생성되지만, 비순환적 광인산화에서는 ATP와 $NADPH_2$ 및 O_2 등이 생성된다.

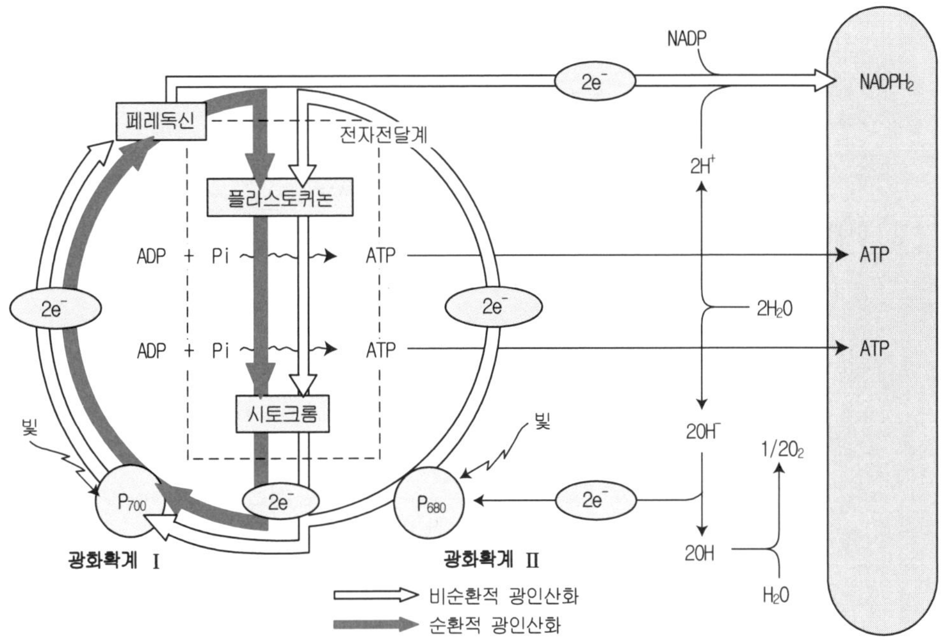

ADP : adenosine diphosphate. ATP : adenosine triphosphate
NADP : nicotinamide adenine dinucleotide phosphate

그림 1-1. 광인산화 반응

(2) 암반응

암반응은 엽록체의 스트로마(stroma)에서 일어나며, 온도와 CO_2의 영향을 받는다. CO_2는 스트로마속의 RuBP와 반응하여 PGA가 생성된다. PGA는 DPGA를 거쳐 PGAL이 되는데, 이 과정에서 ATP와 $NADPH_2$가 ADP와 NADP로 된다. PGAL은 다시 여러 단계의 과정을 거쳐 RuBP로 되돌아가게 된다. 이와 같은 회로를 칼빈회로(Calvin cycle)라 한다. 칼빈회로에서 PGAL은 두 분자씩 결합하여 포도당($C_6H_{12}O_6$)이 된다. 여기에서 1몰의 포도당을 만들기 위해 $6CO_2$와 18ATP 및 $12NADPH_2$가 소요된다.

이상의 과정을 요약하면 다음과 같다.

$$6CO_2 + 12NADPH_2 \xrightarrow{18ATP \to 18ADP} C_6H_{12}O_6 + 6H_2O + 12NADP$$

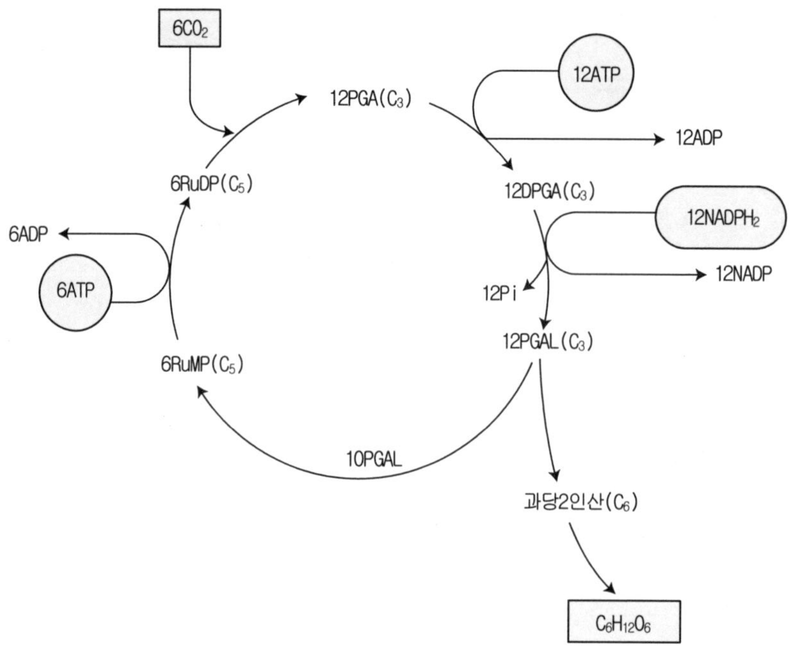

그림 1.2. 칼빈회로

위에서 설명한 바와 같이 암반응의 최초 생산물이 삼탄소화합물(PGA)인 식물을 **C_3 식물**이라하고 약 80% 정도의 식물이 이에 해당되며 대표적인 식물의 종류는 콩과식물과 밀, 귀리, 보리, 벼 등의 화본과 식물이다.

한편 생장속도가 빠른 식물은 C_3 식물과는 달리 특별히 발달한 유관속초(bundle sheath)와 특수한 효소를 가지고 있어 효율이 높은 광합성을 한다고 알려져 있다. 이러한 식물들은 4탄소유기산회로를 경유하기 때문에 **C_4 식물**이라고도 한다.

C_4 식물은 공기 중의 CO_2가 기공을 통하여 들어와 물과 반응하여 탄산이온(HCO_3^-)이 되면 엽육세포 내에서 삼탄소유기산인 포스포에놀피루브산(phosphoenolpyruvate)과 반응하여 4탄소유기산인 옥살초산으로 되고 이것은 바로 말산(malic acid)과 기타의 물질로 전환하게 된다. 그리고 이어서 이 유기산이 유관속초세포 속으로 이동하여 여기서 CO_2를 유리시키는데, 유리된 CO_2는 비로소 정상적인 광합성의 암반응에 참여하게 된다. 따라서 공기 중의 CO_2 농도가 낮아지더라도 유관속초세포의 CO_2 농도가 매우 높게 유지되므로 엽육의 광합성이 왕성하게 일어나게 된다. 즉, C_4 합성을 하는 식물은 45℃ 이상의 온도에

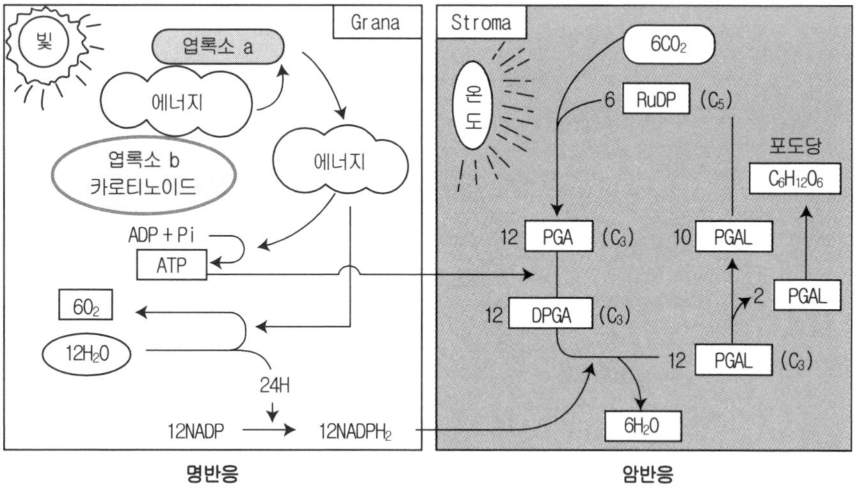

PGA : phosphoglyceric acid.
DPGA : diphosphoglyceric acid.
RuDP : ribulosediphosphate
PGAL : phosphoglyceraldehyde

그림 1-3. 광합성 전과정의 모식

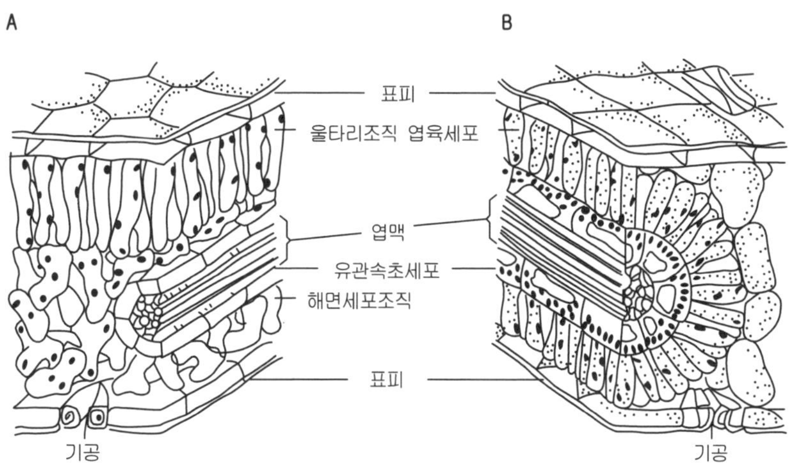

그림 1-4. C_3 식물(A)과 C_4 식물(B)의 잎구조 비교

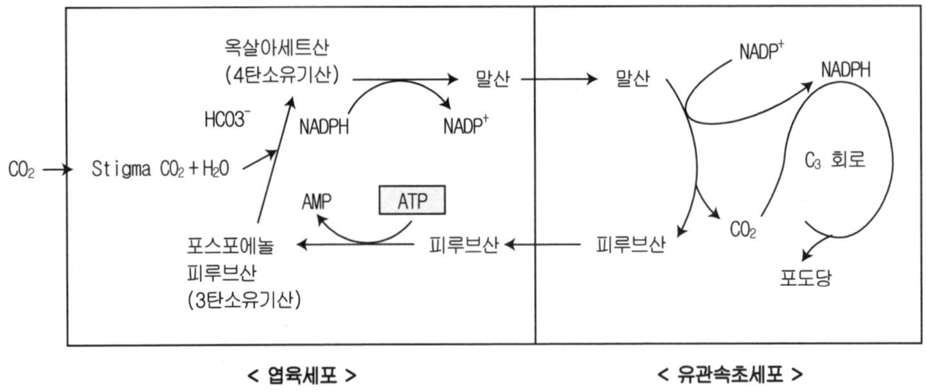

그림 1-5. C_4 식물의 광합성 작용

서는 C_3 식물보다 6배나 많은 포도당을 생성하지만 보통의 경우는 광합성률이 C_3 식물보다 2~3배 높다. 따라서, C_4 식물은 기온이 높고 광선이 강한 열대지방의 식물에 많으며, 이들은 광호흡이 적으므로 에너지 효율이 높은 식물이다. 대표적인 C_4 식물의 종류를 보면 사탕수수, 옥수수, 수수류, 바랭이 러시아 엉겅퀴 등이다.

선인장처럼 건조한 사막에 적응한 다육식물 중에는 낮에 기공이 닫히고 밤에 기공이 열려 증산과 CO_2 흡수가 일어나는 식물이 있다. 이와 같은 식물을 CAM(Crassurasean acid metabolism) 식물이라고 한다.

CAM 식물은 밤에 흡입한 CO_2를 C_4 화합물로 저장한 후에 낮에 C_4 화합물에서 CO_2를 유리시켜 기공을 닫은 채 광합성을 한다. 따라서, CAM 식물은 수분이 부족하거나 온도가 높아서 생존이 위협받는, 덥고 건조한 사막에서 효율적으로 광합성을 하는 식물이라는 것을 알 수 있다. CAM 합성반응을 하는 식물은 전체 식물의 약 5% 미만으로서 대표적인 식물을 보면 선인장, 파인애플, 백합, 용설란 등이다.

2.2. 광합성의 환경요인

자연조건하에서의 광합성은 온도, 광도, CO_2, 수분 및 무기염류 등 여러 요인에 의하여 다음과 같이 영향을 받는다.

(1) 온도

온도가 광합성에 미치는 영향은 빛의 강도가 제한인자로 되어 있는가, CO_2가 제한인자로 되어 있는가에 따라 달라진다. 즉, 빛이 약할 때는 온도는 광합성에 큰 차를 일으키지 않으나 빛이 강할 때는 현저히 영향을 준다. 또, CO_2의 농도가 낮을 때는 온도의 영향이 크지 않으나 농도가 높을 때는 그 영향이 현저하다.

온도가 높아짐에 따라 광합성이 왕성하여지는 것보다 호흡이 현저하게 왕성해지므로 순동화량(純同化量, net photosynthesis)은 크게 저하하는 것이다. 따라서 사실상의 물질생산은 온도가 비교적 낮을 때에 더 크게 된다. 광합성에 대한 최적온도의 범위는 식물의 종류에 따라 차가 크다.

(2) 광도

호흡과 광합성의 가스교환은 상반된 현상인데, 호흡은 광의 영향을 거의 받지 않으나 광합성은 약광에서 약하게 되므로 어떤 약광점에서는 호흡과 광합성의 가스교환이 상쇄되어 외관상 가스교환이 없는 것처럼 보이는 때가 있다. 이와 같은 광도를 **보상점**(補償點, compensation point)이라고 하는데 양지식물은 대략 600~1,000 lux, 음지식물은 대체로 150~500 lux 정도가 보상점이 된다. 여름철 한낮의 강한 빛은 40,000~50,000 lux이므로 보상점은 이와 같은 햇빛의 1.2~0.3%에 불과하다.

보상점보다 광을 더 강하게 하면 광합성도 이에 따라 증가되나 어느 광도에 달하면 그 이상 증가시켜도 광합성이 증가되지 않는다. 최대동화를 일으키는 광도(光飽和點)는 양지식물이 9,000 lux, 즉 여름 햇빛의 20%이고 음지식물이 1,000 lux 정도이다. 따라서, 자연 상태에서는 햇빛을 20% 정도 감소시켜도 광합성에는 아무런 영향이 없다.

그러나 한 장의 잎을 수평으로 놓았을 때와 한 포기의 식물, 한 포트(pot)당 또는 단위면적당의 최대동화점은 달라진다. 자연 상태에서는 잎이 경사지게 붙어 있으며, 한 포기에 있어서도 윗 잎은 광포화이지만 밑의 그늘진 곳에 붙어 있는 잎은 광부족증에 걸리게 된다. 따라서, 한 포트당 또는 단위면적당의 순동화량은 양지식물인 작물의 경우는 광도가 높으면 높을수록 그 양이 많아진다. 또한 과도하게 밀식한 경우에는 그늘진 곳에 잎이 많아 광합성량에 비하여 물질을 소비하는 호흡량이 많으므로 단위면적당 포장의 생산량은 줄게 된다.

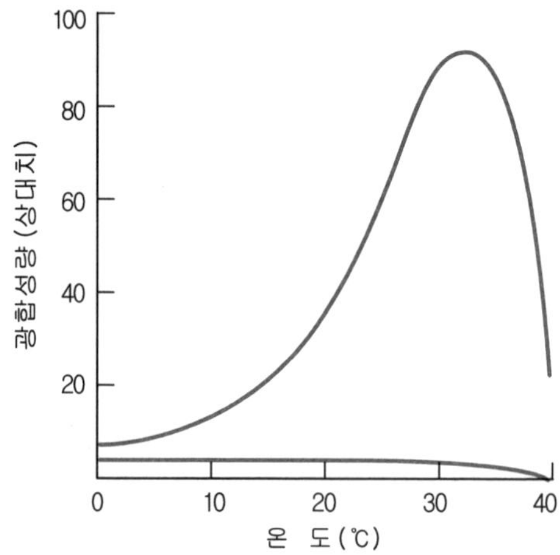

그림 1-6. 온도와 광합성과의 관계

(3) 대기 중의 CO_2량

자연 상태에서 푸른 잎이 적당한 조광과 온도조건에 있다 할지라도 합성할 수 있는 최대한도의 탄수화물은 생산하지 못한다. 대기 중의 CO_2 함량은 0.03%에 불과한데, 농작물이 정상적인 발육을 계속하며, 자연 상태에서 광합성을 최고도로 높이는데 필요한 인공적 최대농도는 0.25%나 되기 때문이다.

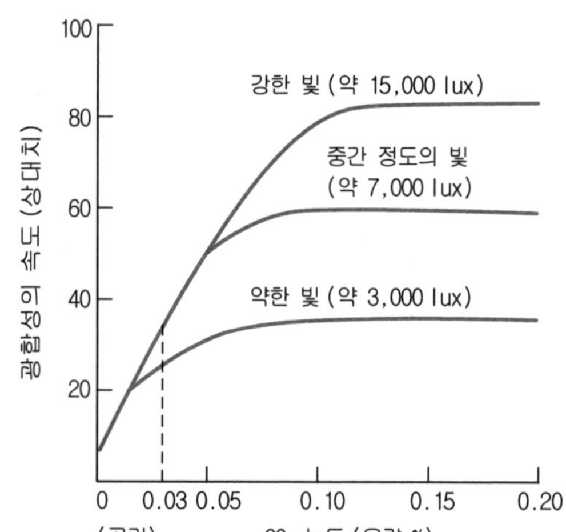

그림 1-7. 탄산가스의 농도와 광합성

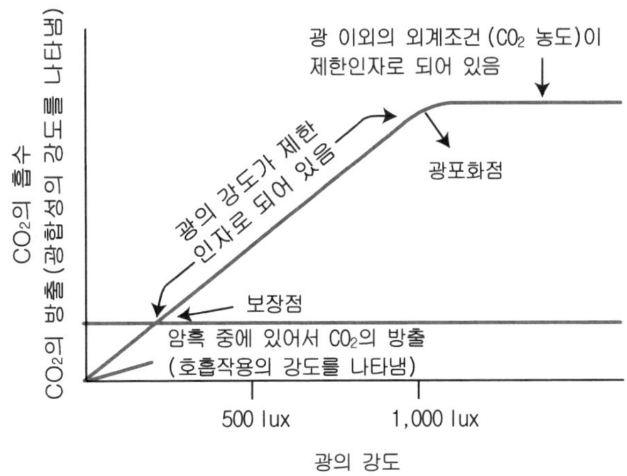

그림 1-8. 광합성과 광의 강도와의 관계

위에서 설명한 바와 같이 자연 상태의 조광과 온도조건하에 있어서는 대기 중의 CO_2량이 광합성에 대한 제한인자(制限因子, limiting factor)가 된다. 즉, 식물의 생장이 활발한 계절의 갠 날의 보통온도에서는 조광도를 높이거나, 온도를 높여서는 탄수화물의 합성량을 늘릴 수가 없지만, CO_2의 농도를 보통 이상으로 높여줌으로써 광합성을 증진시킬 수 있다. 그러나 약광 또는 저온에서는 CO_2의 함량을 높여도 광합성률이 높아지지 않는다. 광도를 고정해 놓고 온도를 변화시킴으로써 광도요인과 광합성과의 관계를 알 수 있다.

(4) 수분

수분은 광합성의 중요한 자료이기는 하나 흡수량의 1% 정도밖에 광합성에 이용되지 않는다. 따라서, 수분함량을 동화의 직접적인 요인으로서 고려할 필요는 없다. 그러나 수분의 부족은 공변세포의 팽압을 낮추어 기공을 닫히게 하고, 그 결과 CO_2의 부족을 가져오므로 하여 광합성에 영향을 준다는 사실이 많이 보고되고 있다.

(5) 무기염류

엽록소 a와 엽록소 b 분자에는 Mg가 포함되어 있으며, 또한 질소의 공급이 엽록소 합성에 없어서는 안 된다. 이들은 토양의 염류로부터 흡수되는 것이다. 그 밖에도 Fe는 엽록소 형성의 촉매적 기능을 수행하므로 필요한 원소이다. 식물에 N, Mg, Fe 등 부족하면 잎색이 누렇게 되어 소위 **황화현상**(黃化現象, chlorosis)을 일으킨다.

대기오염 중 mist, fume의 증가는 광의 세기와 파장에 영향하여 광합성을 저하시킨다. 광화학 smoke, 기타 유독물질은 기공으로부터 흡수되어 세포에 장애를 주어 광합성기능을 잃게 한다. 병원균의 침입은 엽록소 등을 분해하여 광합성을 현저히 약하게 한다. 기타 잎의 수분함량, 질소의 함량 등도 광합성속도에 영향을 준다.

3. 호흡과 에너지대사

호흡은 외호흡과 내호흡 및 세포호흡으로 구분할 수 있다.

호흡기에서 외계와 체액 사이에 일어나는 가스 교환을 **외호흡**(外呼吸, external respiration)이라 하고, 체액과 조직 세포 사이의 가스 교환을 **내호흡**(內呼吸, internal respiration)이라 한다. 외호흡과 내호흡은 호흡의 본질은 아니고 호흡의 보조적 역할에 불과하다. 유기물의 분해와 에너지의 방출은 세포 내에서 일어나는데 이것이 **세포호흡**(細胞呼吸, cellular respiration)이다.

호흡이란 유기물을 분해하여 생활에 필요한 에너지를 얻는 작용이다. 호흡에는 유기물의 분해 과정에 산소를 필요로 하는 **유기호흡**(有機呼吸, aerobic respiration)과 산소 없이 일어나는 **무기호흡**(無機呼吸, anaerobic respiration)으로 나눌 수 있는데, 일부 미생물을 제외한 대부분의 동·식물은 유기호흡을 한다. 몸이 크고, 체제가 복잡한 동물에서는 호흡기와 순환기를 통하여 호흡에 필요한 산소와 호흡의 결과 생긴 이산화탄소가 서로 교환된다. 호흡은 여러 복잡한 과정을 거쳐 일어나는데, 이때 유리되는 에너지의 일부는 ATP에 화학에너지로 저장되며, 그로부터 생활에 필요한 에너지를 얻는다.

유기물을 분해하여 생활에 필요한 에너지를 얻는 작용인 호흡은 세포 내에서 일어난다. 외호흡과 내호흡에 의해 공급된 산소는 호흡기질로부터 산화 환원 반응을 통하여 떨어져 나온 전자의 최종 수용체가 된다. 진핵 생물에서는 대부분의 호흡 과정이 미토콘드리아 안에서 일어나며 이때 다량의 ATP가 생성된다.

3.1. 호흡기질

체내에서 분해되어 생활에 필요한 에너지를 공급할 수 있는 호흡기질에는 탄수화물, 지방, 단백질이 있다. 호흡기질이 분해될 때 방출하는 에너지는 결국 식물이 광합성을 통하여 빛에너지를 화학에너지로 전환시킨 것이지만, 이들의 분해과정은 각기 다르다. 유기호흡의 경우, 호흡의 결과 산소의 소비와 이산화탄소의 방출이 수반되는데, 이때 산소와 이산화탄소의 부피비를 호흡률(R.Q)이라 한다.

호흡률은 호흡기질에 따라 달라서 포도당과 같은 탄수화물은 1.0이며, 단백질은 0.8, 지방은 0.7이다. 또한 탄수화물이 체내에서 완전히 산화되면 약 4 kcal/g의 열이 발생하며 지방은 약 9 kcal/g, 단백질은 약 4 kcal/g의 열이 발생한다. 포도당이 호흡기질로 쓰인 경우에는 먼저 해당 과정을 거쳐 피루브산이 되며, 다시 TCA 회로와 전자전달계를 거쳐 CO_2와 H_2O로 분해된다. 아미노산의 경우는 간에서 탈아미노 반응을 거쳐 암모니아(NH_3)와 유기산으로 분해되는데, 유기산은 TCA 회로와 전자전달계를 거치며, 암모니아는 간에서 오르니틴 회로를 거쳐 요소로 된다. 지방은 글리세롤과 지방산으로 가수 분해되는데, 글리세롤은 피루브산으로 변하며, 지방산은 활성 아세트산으로 되어 각각 TCA 회로와 전자전달계를 거친다.

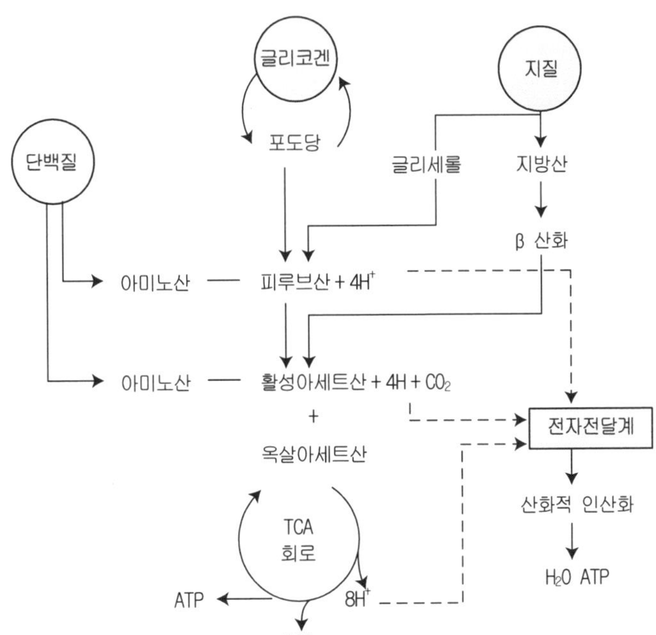

그림 1.9. 호흡기질의 분해과정

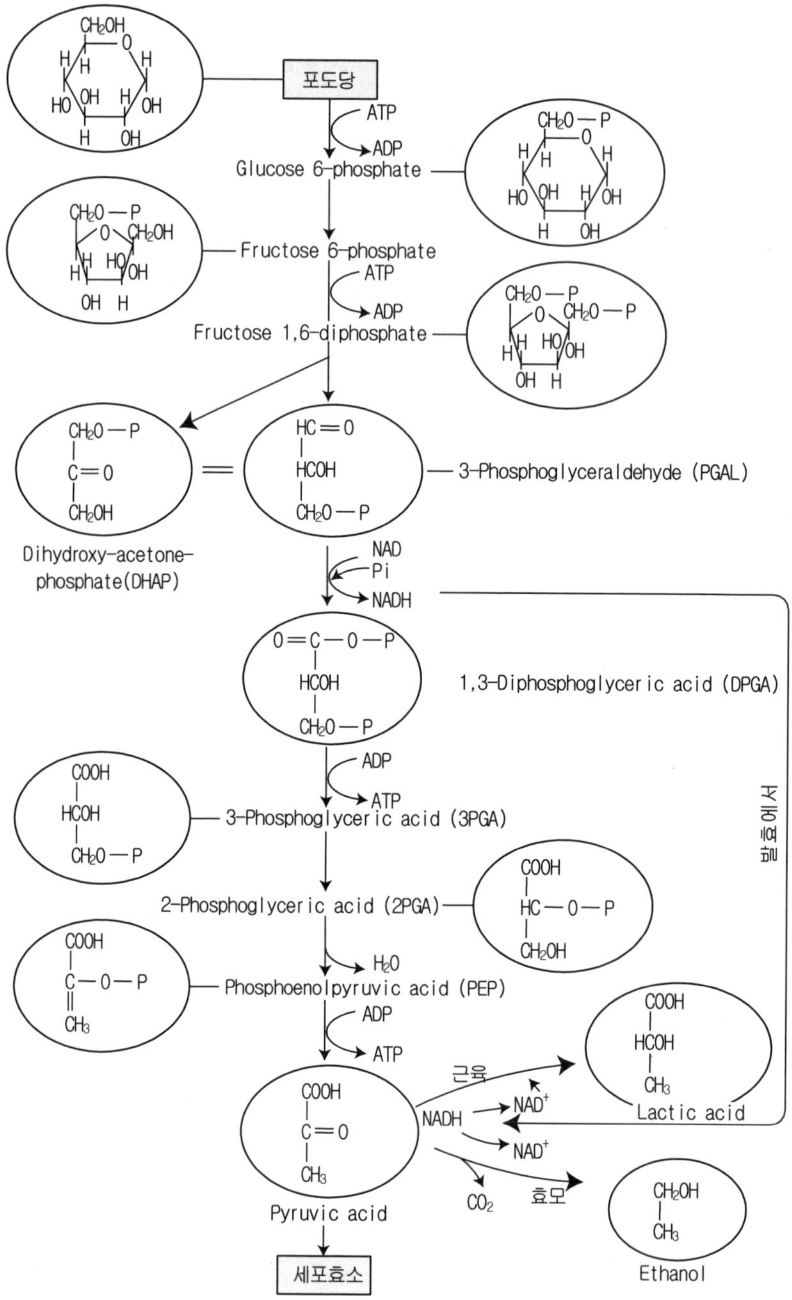

그림 1.10. 해당과정의 경로

해당과정의 모든 반응은 세포질에서 일어나며, 알코올 및 젖산 발효에서는 PGAL로부터 이탈된 전자가 NAD에 의하여 피루브산의 환원에 이용된다. 그러나, 세포호흡의 경우는 전자가 미토콘드리아 속으로 전달된다.

3.2. 해당 작용

포도당이 무산소 상태에서 피루브산이나 젖산으로 분해되는 과정으로 원형질에서 일어난다. 포도당은 ATP에서 인산을 받아 포도당 1인산으로 활성화 되고, 이것은 다시 ATP에서 인산을 받아 포도당 2인산이 되는데, 이 과정까지 포도당 한 분자당 ATP 두 분자가 소모된다. 포도당 2인산은 과당 2인산으로 변하고 인글리세르산(PGA)를 거쳐, 결국 두 분자의 피루브산으로 되며 두 분자의 수소가 떨어져 나오게 된다. 이 과정을 식으로 나타내면 다음과 같다.

$$C_6H_{12}O_6 \xrightarrow[2Pi]{2ATP \curvearrowright 2ADP} 2C_3H_4O_3 + 2H_2 + 4ATP$$

반응식에서 보는 바와 같이 포도당이 피루브산으로 될 때 2ATP가 소모되고 4ATP가 생성되므로 결국 2ATP가 생성된 것이다. 이때 유리된 수소는 NAD와 결합하여 $2NADH_2$가 되며, 산소가 충분히 공급될 때에는 $2NADH_2$는 미토콘드리아에서 일어나는 전자전달계에서 다시 6ATP를 생성한다. 즉, $NADH_2$가 미토콘드리아 속으로 들어가서 전자전달계 과정을 거칠 때 3ATP가 생성되는데, 해당 과정에서 $2NADH_2$가 생성되므로 6ATP가 생성되는 것이다. 결국, 해당 작용에서 산소가 충분할 때는 8ATP가 생성된다.

한편, 산소의 공급이 충분하지 못하면 피루브산과 H_2가 결합하여 젖산이 생성되는데 그 반응은 다음과 같다.

$$2C_3H_4O_3 + 2NADH_2 \longrightarrow 2C_3H_6O_3 + 2NAD^+$$

따라서, 포도당 한 분자에서는 두 분자의 젖산이 생기며, 2ATP만 생성되는 셈이다.

동물 체내에서 글리코겐이 호흡기질로 쓰일 때에는 무기인산이 효소의 작용으로 첨가되어 포도당 1인산이 되며, 이것이 한 분자씩 유리되어 해당 작용으로 들어간다.

3.3. 크렙스회로

산소의 공급이 충분할 때는 해당 과정에서 생긴 피루브산은 젖산으로 환원되지 않고 CO_2와 H_2O로 완전히 분해된다. 이 분해 과정의 초기에는 조효소 A(coenzyme A, CoA 또는 CoASH라고 약함)라는 물질이 참여한다.

이 CoA는 해당 과정에서 생긴 피루브산을 비롯하여 많은 물질들과 결합하여 그 물질을 활성화할 때 끝에 달린-SH가 관여하므로 이를 표현하기 위해서 CoASH라고도 쓴다.

피루브산은 이 CoASH와 결합하기 전에 CO_2 1분자를 먼저 떼어 내고 다음 CoASH와 결합하여 아세틸 CoA(acetyl CoA)라는 물질로 전환되고 이어 여러 단계의 반응을 거쳐 완전 산화된다. 피루브산과 CoASH와의 결합을 보면, 아세틸 CoA는 옥살초산(oxaloacetic acid)이라는 물질과 결합하여 구연산(citric acid)이 되고 차례로 여러 반응 경로를 순환하게 된다. 이 회로는 그 과정들을 수립한 H.A. Krebs의 이름을 따서 **크렙스회로**(Krebs cycle), 또는 초기 산물이 구연산이기 때문에 **구연산회로**라고도 한다. 이 회로를 보면 아세틸 CoA 1분자는 옥살초산 1분자와 결합하여 탄소수가 6인 구연산을 만들고 차례로 반응을 거쳐 가면서 CO_2 2분자를 방출하여 다시 탄소수 4인 옥살초산이 재생되어 나와 회로를 한 바퀴 완성하게 된다. 이 회로에서 생긴 $NADH_2$와 $FADH_2$는 시토크롬 효소계로 전자와 수소를 넘겨서 외호흡으로 들어온 O_2와 결합시켜 H_2O를 만들게 한다. 따라서 만일 산소의 공급이 없으면 이 회로의 여러 곳에서 생긴 $NADH_2$ 또는 $FADH_2$는 산화되지 못할 것이므로 해당 과정과는 달리 이 회로는 순환되지 못할 것이다. 그러므로 이 회로의 반응 과정은 유기호흡(有機呼吸, aerobic respiration)의 일종이다.

크렙스회로에서의 에너지 생성은 해당 과정의 그것에 비하면 훨씬 효과적이다. 앞에서도 말한 바와 같이 $NADH_2$ 1분자에서 전자 2개와 수소 2개가 산소에 도달할 때까지 3분자의 ATP가 생기고 플라빈 H_2의 산화에서는 2분자가 생긴다. 크렙스회로에서는 $NADH_2$가 세 곳에서 1분자씩 생기고, 피루브산이 아세틸 CoA가 될 때도 1분자 생긴다. 따라서 이 $NADH_2$의 산화만으로 12ATP 분자가 생기게 된다. 여기에 $FADH_2$로부터 생긴 분자를 가산하면 14ATP 분자가 된다. 이 밖에도 이유는 확실히 알려져 있지 않으나 α-케토글루타르산이 호박산으로 될 때 ATP 1분자가 생기므로 도합 15분자의 ATP가 피루브산 1분자의 완전 산화에서 생기는 셈이 된다.

포도당 1분자에서 출발한 해당 과정에서 생긴 2분자의 ATP 외에 해당 과정에서 생긴 $NADH_2$의 산화로 생긴 ATP 6분자(포도당 1분자당 $NADH_2$ 2분자가 생성될 것이므로)가 있으므로 해당 과정에서만 8분자의 ATP가 생기고 포도당 1분자는 크렙스회로를 두 번 돌게 될 것이므로 크렙스회로에서 30분자, 도합 38분자의 ATP가 생기게 된다. 이 ATP에너지는 포도당 분자의 전화학에너지의 약 40%에 달한다. 나머지 포도당의 에너지는 열이 되어서 반응 도중에 발산되어 버린 것이다. 다시 말하면 포도당은 산소가 없는 곳에서는 그 에너지의 경우 2%가 ATP의 형태로 생물체에 이용되는 데 불과하지만, 산소가 충분히 있는 곳에는 완전 산화되어 그 에너지의 약 40%가 ATP로 전환될 수 있는 것이다. 유기호흡은 무기호흡에 비하여 에너지 효율면에서 볼 때 얼마나 효과적인 산화방법인가를 알 수 있다. 생물체 내의 산화 환원에 의한 이 에너지 효율은 인공 내연 기관(engine)에서 우리가 얻을 수 있는 10~20% 정도의 에너지 효율에 비하면 월등히 크다는 것을 알 수 있을 것이다.

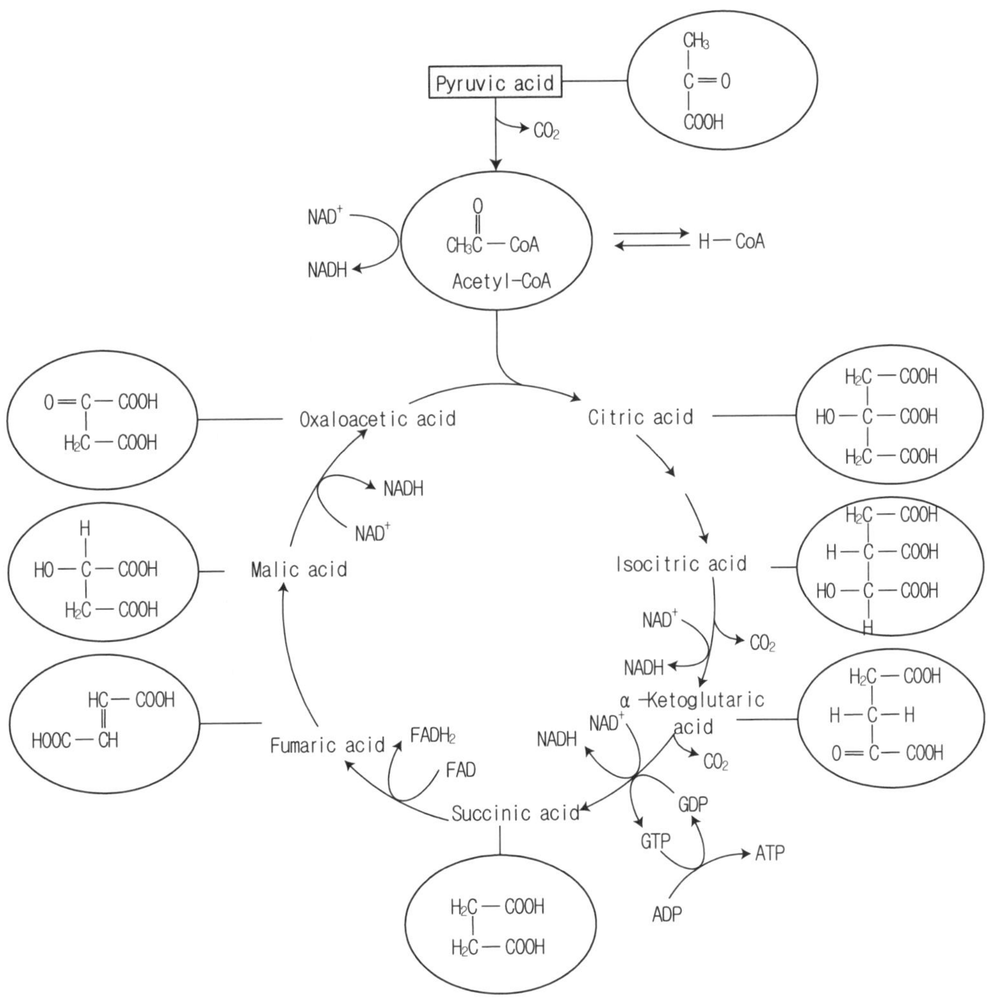

그림 1-11. Kerbs(TCA) 회로

이 회로는 세포호흡의 대사경로로서, 구연산회로라고도 한다. 이 반응은 미토콘드리아에서 일어나며, 활성초산의 아세틸기가 단계적으로 완전히 산화되고 있다.

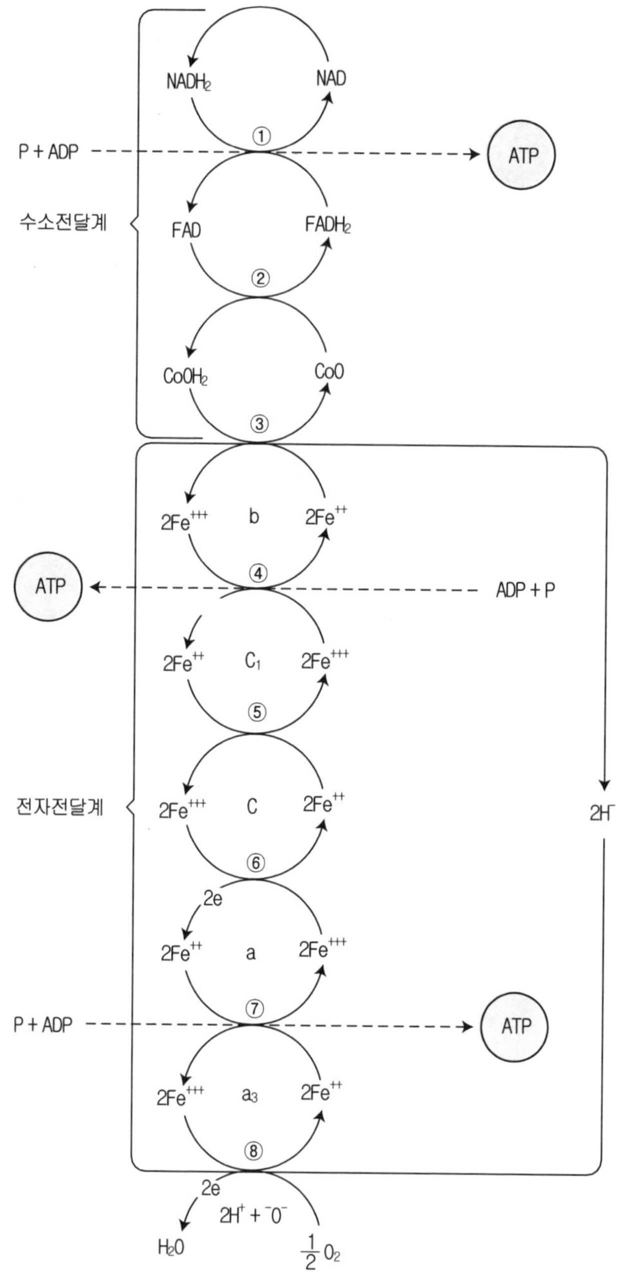

그림 1-12. 전자전달계의 ATP 생성

전자가 호흡성사슬을 통과하여 내려갈 때 에너지가 생성되며, 그 에너지로 ATP가 합성된다. 전자전달효소(시토크롬효소)는 미토콘드리아의 내막에 존재하며, 그 분자의 중심에 Fe원자를 가지고 있는데 이것이 전자를 얻고 잃음에 따라 환원과 산화를 반복하면서 전자를 운반한다.

크렙스회로에 관계하는 모든 효소는 미토콘드리아 내에서만 발견되므로 이 회로도 시토크롬 효소계의 전자 이동과 마찬가지로 미토콘드리아 내에서만 일어난다고 생각된다. 그리고 이 회로는 유기호흡을 하는 모든 생물에 공통적이라고 생각되고 있다.

무기호흡은 지구상의 모든 생물에서 볼 수 있는 과정이지만 유기호흡은 비교적 국한된 생물에서만 볼 수 있는 것으로 미루어 진화학적으로는 무기호흡이 먼저 발생하였다고 생각된다. 그리고 생물이 진화함에 따라 몇몇 생물은 무기호흡보다 효율적인 유기호흡의 방법을 훨씬 후에 획득하게 되었으리라 생각된다.

3.4. 에너지 효율 및 전환

이미 앞에서 설명한 바와 같이 포도당 1몰은 완전히 산화되어 CO_2와 H_2O로 분해될 때 모두 38몰의 ATP가 생성되고, 지방과 단백질은 분해경로에 따라 ATP 생성수가 다름을 알았다.

$$C_6H_{12}O_6 + 6H_2O + 6O_2 + 38ADP + Pi \rightarrow 6CO_2 + 12H_2O + 38ATP$$

ADP는 ATP로 될 때에는 7.3 kcal가 필요하므로 ATP에 저장되는 에너지는 총 38 × 7.3 kcal = 277.4 kcal가 된다. 그러므로 ATP에 저장되는 에너지 효율은, 포도당 1몰이 완전히 산화될 때 나오는 에너지가 688 kcal이므로 약 40%가 되는 셈이며, 나머지 60%는 열로 방출되어 체온유지에 이용되는 것이다.

이처럼 포도당 1몰이 완전히 산화될 때 방출되는 에너지는 688 kcal이므로 광합성에 의해 1 g 분자의 포도당을 CO_2와 H_2O에서 합성할 때에는 이와 같은 양의 에너지가 공급되어야 할 것이다.

광합성에 가장 효과적인 600 nm 파장의 광자가 가지고 있는 에너지는 약 40,000 cal/N (N ; Avogadro's number, 6.0247×10^{23})이므로 이 광자가 100%의 효율로 광합성에 이용되어 1분자의 포도당을 만든다고 가정하면 18개의 광자가 필요하게 된다. CO_2는 6분자가 포도당 1분자를 만들므로 CO_2 1분자를 고정하는 데 적어도 3개의 광자가 쓰이는 셈이 된다. 따라서 실제로 100%의 에너지 효율이란 생각하기 어려울 것이다. 새포 내에서 일어나고 있는 각종 화합물의 생합성에 사용되는 에너지는 ATP의 분해에 의해서 공급되는 것으로 다음과 같은 여러 가지의 소비방법이 있다.

① 세포의 능동수송(能動輸送, active transportation) : 세포에서의 대부분의 물질 이동은 세포막 내외의 농도차와 관계없이 에너지를 이용한다.

② 섬모 및 편모운동

③ 근육수축

④ 반딧불의 빛 : 반디가 이성을 부르기 위하여 발광하는 것은 ATP내의 화학에너지를 빛에너지로 변환한 것이다.

⑤ 박쥐의 음파신호 : 박쥐는 ATP의 전환으로 고주파의 음파신호를 발산하여 비행에 이용한다.

⑥ 어류의 전기 생성 : 전기뱀장어는 ATP가 전환된 수백볼트의 전기에너지를 이용하여 자기 몸을 보호한다.

⑦ 기타 모든 생명활동에 ATP의 이용은 필수적이다.

이상에서와 같이 생물에 있어서 생명활동은 ATP의 화학에너지를 중심으로 하여 기계적 에너지, 전기에너지, 음파에너지, 빛에너지 등으로의 변환이 일어나는 것이다. 이러한 기구가 과학적으로 완전히 해명되어 여러 가지의 측면에서 응용할 수 있는 길이 열린다면 에너지 혁명에 크게 기여하게 될 것이다.

3.5. 지방의 대사

지방질(脂肪質, lipid)은 그 성분이나 유사성에 따라 중성지방(中性脂肪, neutral fat), 인지질(燐脂質, phospholipid), 스테로이드(steroid) 등으로 구분되는데, 이 중 에너지의 공급원으로 이용되는 지방은 중성지방으로서 1분자의 글리세롤(glycerol)과 3분자의 지방산(脂肪酸, fatty acid)으로 구성되어 있다.

중성지방이 가수분해되어 생긴 글리세롤은 인산화되어 3-인산그리세르알데히드(3-phosphoglyceraldehyde)가 되고 해당 과정과 크렙스회로를 거쳐 산화되며, 다른 하나의 가수분해산물인 지방산은 산화과정을 거쳐 여러 분자의 아세틸 CoA를 만드는데, 이 아세틸 CoA는 크렙스회로에서 완전히 산화된다.

지질의 대부분을 점하고 있는 중성지방은 체내의 중간대사과정에서 당질의 대사과정과 공통된 물질을 생성한다. 따라서 생물체가 활발하게 운동할 때는 에너지를 획득하기 위하여 지방이 필요하게 되는데 당질의 공급이 과다상태가 되면 점차 지방의 상태로 변화되어 조직 내에 저장하게 된다.

3.6. 아미노산과 산화

체내에 섭취된 amino산은 단백질의 합성재료로서 생물체를 구성하는 성분의 합성에 이용되고 있으나 과잉분은 여러 가지의 반응경로를 통하여 분해되고 있다. 분해될 때는 분자를 갖는 에너지가 효과적으로 이용될 수 있도록 분해되어 간다. 이 분해반응의 대부분은 전술한 구연산회로나 전자전달계를 통하여 행하여지며 ATP의 생성에 이용된다. 하지만, 이것에 앞서서 아미노기가 이탈되므로 이것을 탈 amino 작용이라고 한다. 즉, amino산의 일종인 알라닌(alanine)은 탈아민이 되면 피루빈산으로 되고 글루타민산(glutamic acid)이 탈아민이 되면 알파케토글루탈산(α-ketoglutaric acid)이 되며 아스팔틱산(aspartic acid)이 탈아민이 되면 옥살초산(oxaloacetic acid)이 된다. 결국 아미노기의 이탈은 그림 1-13과 같이 탈아미노반응(A) 및 아미노기 이전반응(B)이 중심이 되어 있으나 특히 생체내에 있어서는 아미노기 이전반응이 일어나며 아미노기를 받는 물질은 α-ketoglutaric acid인 때가 많다. 이때 생성되는 물질은 글루타민산(glutamic acid)으로 이것은 탈아미노작용에 의해서 암모니아를 이탈한다.

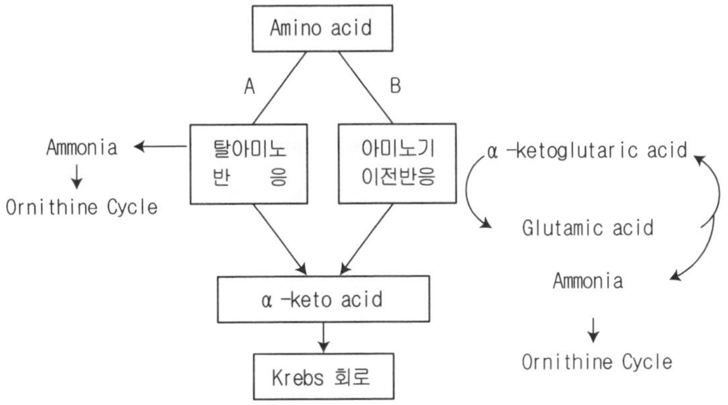

그림 1-13. 아미노기 이탈반응

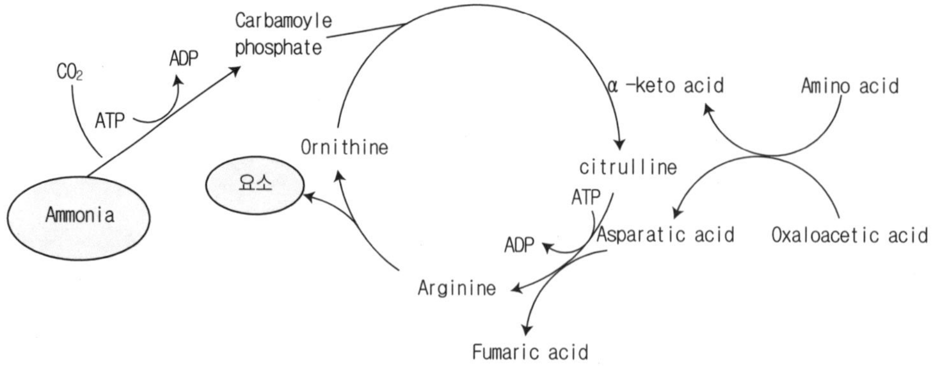

그림 1-14. 요소회로(ornithine cycle)

위와 같은 상태로 이탈된 ammonia는 간장에서 카르바민산(carbamic acid, NH_2COOH)으로 되어 오르니틴회로(ornithine cycle) 즉, 요소회로를 통하여 요소가 합성된다. 또 일방적으로 탈아미노가 된 후에 생성되는 α-keto산은 amino acid 종류에 따라서 pyruvic acid($C_3H_4O_3$), oxaloacetic acid($C_4H_4O_5 + C_2H_4O_2$), α-ketoglutaric acid($C_5H_6O_5$), fumaric acid($C_4H_4O_4$) 등이 되어 각각 구연산회로에 접속되어 산화되지만 반대로 합성경로를 통하여 당이나 지질로 합성될 수 있고 탄수화물, 지질의 대사경로에도 합류된다. 이와 같은 아미노산을 glucose 생산성 아미노산이라 한다.

2장

환경저항과 상호작용

1. 환경저항과 종분화

다윈은 '종의 기원' 에서 "최초의 생물은 창조자에 의해서 생명의 숨이 불어넣어진 소수 또는 하나의 형태로부터 시작하여 지구가 중력을 법칙에 의해서 회전함에 따라 대단히 단순한 발단에서 더욱 아름다운 더욱 훌륭한 형태로 끝없이 전개되고 또 발전되어 가고 있다 ……." 고 밝히고 있다. 과학적으로 알려져 있는 150여 만의 동 · 식물 각각의 종에 대한 생명력의 변화에 대하여 우리는 놀라지 않을 수 없다.

앞으로 언제까지 이 생명의 변화가 전개되어 나갈지는 아무도 모른다. 이미 포유류, 파충류, 양서류 등 동물계의 대부분은 발견되었으나 소수의 미기록종이 아직 남아 있다. 그러나 깊은 바다에 살고 있는 수십만의 생물은 아직도 확인되지 않은 채 남아있을 것이며 그들은 또한 환경의 변화에 적응하며 훌륭하게 살아 갈 것이다.

자신에게 불리한 환경에 스스로 적응되어지는 생명력의 무한함과, 상호작용을 통하여 슬기롭게 삶을 개척하는 생명의 모습, 그리고 상호작용을 통한 이들의 진화하는 여러 형태에 관하여 이 장에서 살펴보고자 한다.

1.1. 생명력과 환경저항

모든 생물은 빠른 속도로 번식할 수 있는 생명력을 가지고 있다. 만일 어떤 힘으로 번식력을 억제하지 않는다면 얼마 안가 이 환경은 수많은 생물체로 가득차 버릴 것이다. 예를 들어, 약 22시간 만에 2개로 분열하는 짚신벌레의 생식과정에서 아무런 장애가 없이 생식개체가 모두 살아남는 다면 생식 개시 약 140일 후는 그 수가 지구를 덮을 것이다. 그러나, 실제로 자연 조건에서는 이와 같은 폭발적인 증가는 일어나지 않는다.

모든 생물은 끊임없이 성장하고 증식하는 잠재적인 생명력을 가지고 있지만 그러한 증식 능력은 기아, 사고, 건조, 포식자나 기생자의 작용, 그 밖의 여러 가지 장애요인에 의해 억제되고 있다. 이 저해인자를 통 털어 **환경저항**(環境抵抗, environmental resistance)이라고 하는데, 모든 생물들은 살아남기 위한 저항력을 발전시켜 환경저항을 이겨나가지 않으면 안 된다.

수많은 생명은 지구상에 매우 불균등하게 분포하고 있는데, 일반적으로 해양에서 생활하는 생물체는 육상보다 복잡하지 않다. 그 이유는 두 가지의 측면에서 생각할 수 있다. 첫째로 물은 어떤 생명에 대해서도 같은 환경조건을 부여하기 때문이고, 둘째는 물의 부력 때문인 것이다. 즉, 물의 부력은 육상식물에서 볼 수 있는 여러 가지 지지구조와 광합성 및 생식적응을 위한 복잡한 구조나 성질을 필요로 하지 않기 때문이다.

한편, 육지의 식물은 너무나 다양하기 때문에 그와 같은 식물에 의존하고 있는 동물의 서식처나 먹이의 생태적 지위와 종류가 대단히 다양하다. 거의 모든 식물 개체의 어느 부분의 조직이라 하더라도 동물의 먹이가 되지 않는 부분은 없다. 식물을 필요로 하는 최대의 소비자는 75만 종에 달하는 곤충이며 많은 곤충들은 일정한 식물들을 이용하도록 적응되어 있다.

1.2. 적응의 의의

환경에 대한 적응이란 극히 단순한 것이다. 어떤 생물이라 하더라도, 실제로 그 생물이 생활하고 있다면, 그 생물은 그 환경에 적응하고 있다고 보아야 할 것이다.

따라서 **적응**(適應, adaptation)이란 생물의 생활 장소의 조건 속에서 영양이나 에너지, 열, 빛 등을 충분히 이용하면서 외적이나 기후의 변화로부터 자신을 보호하여 생존해 가는 것을 가능케 하는 어떤 성질로서, 생물이 가지는 형태학적 및 생리학적 성질이 그 환경 아래에서 번식에 적합한 것, 또는 적합해 가는 과정을 말한다.

여러 가지 생물 종류의 여러 가지 적응은 아마도 모든 종이 경험하는 우연의 유전적 변이가 환경에 작용되어 형성되었음이 분명하다. 예를 들어, 많은 종류의 물고기들은 그들의 종류와 그들이 먹는 먹이에 따라 여러 가지 형태로 이나 턱이 잘 발달되어 있는 것을 볼 수 있다. 송어는 그 입이 뾰족하게 나와 있고, 강한 턱으로 먹이가 되는 동물을 포획하는 데 적합하게 되어 있으며, 해마(seahorse)는 먹이를 여과해서 먹기 위하여 대단히 작은 입을 가지도 있는데 이러한 현상들로 보아 이들 물고기의 입은 먹이를 얻기 위해서 적응된 것이 분명하다. 이와 같이 모든 생물은 살아남기 위해서 그리고 번식하기 위해서 그들이 살고 있는 장소의 자연환경을 교묘하게 이용하도록 적응하고 있는 것이다.

초지의 화본과 식물 한 그루 한 그루는 모두가 서로 대단히 비슷하게 닮았으나 유전적 차이는 서로 다르다. 그 차이가 극히 작은 것이라 할지라도 조건에 따라서는 가까이 있는 다른 화본과 식물이나 다른 풀과의 경쟁에서 살아남을 수 있는 충분한 요인이 된다.

최적의 적응형에서 너무 많이 변화된 식물은 환경저항력이 약해져서 번식하지 못하거나 그대로 죽어버리기 때문에 도태 되어지고 만다. 그러나 때때로 돌연변이라고 하는 이상한 변화가 유전자 사이에 일어난다. 이 현상은 종을 큰 변화의 방향으로 이끌게 되고, 한편으로 환경의 억제력은 종을 끊임없이 정상적인 방향으로 되돌리려고 한다. 이렇게 해서 한 환경 가운데 아주 동일한 것이라고 생각되지만 실제로는 유전적 차이가 있는 개체군이 형성되어 지는 것이다. 이와 같은 식물을 다른 환경에 옮기면 대개는 말라 죽는 것이 보통이다. 그런데 그 중 몇 개는 새로운 환경 속에 적응하여 그 환경 속의 「정상적」인 종류로 된다. 새로운 환경에서도 식물을 잘 살아남게 하는 유용한 변이가 그 자손에 전달되었을 때 비로소 살아남기 위한 유효한 적응이 완성되는 것이다. 이리하여 새로운 환경에 적응할 수 있는 많은 변종이 생기는 것이다.

여러 가지 종을 만들어 낸 많은 적응성 가운데 가장 커다란 힘을 가진 것은 바로 환경에 적응하는 능력인 것이다. 민물의 짚신벌레는 그가 살고 있는 물에 소금을 갑자기 많이 넣어주면 전부 죽고 만다. 그러나 소금을 조금씩 서서히 넣어주면 새로운 환경에 적응해서 소금에 대한 내성이 증가한다.

이상의 예는 사람의 경우도 마찬가지다. 높은 산꼭대기로 이주한 사람들의 경우 대기가 희박하기 때문에 심한 호흡곤란에 빠진다. 그러나 곧 적혈구가 증가하여 혈액의 산소운반

그림 2-1. 온도적응에 대한 여우의 세 가지 형

능력을 증가시킴으로써 호흡곤란은 없어지고 차츰 고산지대에 적응하게 된다. 또한 사람을 포함한 많은 동물들은 질병을 일으키는 물질에 대해서 이것을 불활성화하게 하는 특수한 항체를 만들게 되는데 이것은 곧 환경에 대한 적응현상이며 사람도 이처럼 환경에 적응하면서 살아가고 있다.

여러 가지 예외가 있을지 모르나 포유동물의 적응에는 보편적 원리라고 할 수 있는 다음과 같은 세 가지 법칙이 있다.

① **Bergman의 법칙 :** 어떤 종의 경우에도 기후가 온난한 곳에서는 개체의 평균적인 크기가 한냉한 곳에서보다 작다.

② **Allen의 법칙 :** 몸의 돌출부는 온난한 기후의 동물보다 한냉한 쪽이 짧다. 예를 들어 북극여우에 비하여 사막여우는 귀가 클 뿐만 아니라 다리와 꼬리가 길어 열의 방출을 촉진하기 쉽도록 하는 체형을 가지고 있다.

③ **Gloger의 법칙 :** 온난하고 습윤한 기후에서는 동물의 체색은 어두운 색이 되고 한냉하고 건조한 기후에서는 밝은 색이 된다.

포유동물의 적응을 지배하고 있는 이상의 법칙들은 사람에게도 마찬가지로 들어맞는다. 고온다습한 열대지방에 살고 있는 종족의 흑색피부의 색소형성은 그로거의 법칙을 따르고 있다. 적도지대에 사는 검은 피부의 인종은 백인과 같이 심하게 햇빛에 타는 일도 없고 피부암에도 잘 걸리지 않는다는 것은 잘 알려진 사실이다. 백인의 피부에는 피부의 민감한 부분에 태양의 자외선이 닿기 전에 그것을 흡수하고 그 빛을 열로 바꾸어 발산하는 멜라닌 색소가 거의 없다.

중앙아세아에 살고 있는 몽골계통 인종의 몸은 코나 사지 등 돌출한 부분이 짧다. 이것은 알렌의 법칙을 따르고 있다. 몽골 인종에 속하는 에스키모인은 백인보다 많은 효소를 분비하여 더 많은 열을 만들어냄으로 한냉한 기후에 잘 견디고 있다. 또 에스키모인의 손은 백인의 손보다 두 배의 피가 흘러 손을 훨씬 따듯하게 하고 있다.

1.3. 적응의 방식

(1) 구조적 적응

구조적 적응이란 불리한 처지에 놓여 있을 때 이에 대처하기 위한 적응으로써 동물들 가운데 모양이나 색깔을 바꾼다던가 소리 또는 냄새 등 여러 가지 방법에 의하여 적으로부터의 공격을 모면할 수 있는 적응 현상을 말하며, 다음과 같이 여러 가지의 형태가 있다.

① **모양의 변형 :** 자벌레가 적으로부터 자신을 은폐하기 위하여 마치 가는 나무가지와 같은 모양을 갖춘다. 이것은 자벌레의 가늘고 마른 몸에 작은 결절(結節)의 도움으로 가능하다.

② **색깔의 변화 :** 어떤 뇌조(willow ptarmigan)는 날개의 색깔을 겨울에는 흰색, 여름에는 갈색으로 변화시켜 계절에 따라 주위의 색깔에 자신의 몸 색깔을 맞추어 나가는 것을 볼 수 있다. 반대로 어떤 동물은 적에 대해서 주위를 끄는 것도 있는데 이들은 몸의 색깔을 크게 띄게 해서 다른 적이 먹지 못하게 한다든지, 먹어도 맛이 없다든지, 혹은 가까이 오면 위험하다는 것을 다른 동물에게 경고하고 있는 것이다. 예를 들면, 반점이 있는 무당벌레는 포식자가 싫어하는 맛을 가지고 있고, 황색과 흑색이 혼합된 말벌은 침을 가지고 있다.

③ **소리 :** 방울뱀은 커다란 포유동물에 밟히지 않기 위해 색깔 대신 소리로 경고를 하고 있다.

④ **의태 :** 몸의 의태도 생물의 적응 중 하나이다. 고약한 맛이나 무기를 갖추고 있지 않은 것들이 경계색을 띠어 마치 그것을 가진 것처럼 보이게 하는 방법으로 자신을 보호하고 있는 것이다.

⑤ **적응색의 변이 :** 자신의 알을 다른 종류의 새집에 낳아 자기의 새끼를 다른 새집에서 힘 안들이고 기르고 있는 새들이 있다. 이러한 방법을 **둥지기생**(巢寄生, nest parasitism)이라고 하는데, 핀란드산의 뻐꾸기는 밝은 청색의 알을 주로 딱새의 둥지에 낳는다. 그것은 딱새의 알이 청색이기 때문이다. 헝가리의 뻐꾸기는 갈색과 흑

색의 반점이 있는 푸른기가 나는 알을 주로 휘파람새의 일종인 리이드 와블러(reed warbler)의 둥지에 낳는데 이 알은 색깔만 아니라 크기도 비슷하다. 그리고 뻐꾸기는 큰 새이지만 보통 자신보다 작은 새집에 기생하면 숙주의 알과 비슷한 크기의 작은 알을 낳고, 까마귀와 같은 큰 새의 집에 기생했을 때는 알의 크기가 숙주(宿主)의 알과 비슷하게 낳는다.

우리나라에서도 뻐꾸기가 붉은머리오목눈이나 할미새 또는 때까치 등의 둥우리에 알을 낳아 둥지기생을 하고 있는 사실이 MBC 취재진에 의하여 1995년 확인되었다.

(2) 생리적 적응

외부적 적응처럼 분명하게 나타나는 것과는 달리, 보이지 않는 생리적 반응은 밖으로 나타나지 않는 내부적 적응이다. 예를 들어보면 다음과 같다.

① **생리적 효소에 의한 적응 :** 나무로 만든 방파제의 나무에 구멍을 뚫는 배좀벌레는 목재를 소화하는 특수한 효소를 소화기관에 가지고 있어 다른 여러 가지 동물에는 없는 생리적 작용으로 독특한 환경을 살아가고 있다.

② **경제적 수분대사 작용 :** 사막에 사는 캥거루우쥐는 오랫동안 물 한방울 안 마시고 생활할 수 있다. 이 경우에는 소량의 물을 대단히 경제적으로 사용하는 대사작용에 의해서 건조조건에의 생리적 적응을 수행하는 것이다.

③ **큰 산소 용량의 헤모글로빈 생성 :** 라마, 비큐우나(vicuna), 비스카챠(viscacha)와 같은 포유류는 해발 4,500 m 이상되는 페루의 안데스에 살고 있다. 이들은 표고가 낮은 즉, 산소농도가 높은 데 살고 있는 포유류보다 큰 산소용량의 헤모글로빈을 가지고 있다.

(3) 행동적 적응

행동적 적응이란 불리한 환경에 대처하기 위한 행동의 변화를 말한 것으로서 예를 들면 다음과 같다.

① **자신의 무늬와 동일한 구조물에서의 은폐 행동 :** 다른 많은 동물을 매혹시키는 아름다운 무늬의 날개를 가진 나방의 일종은 낮동안 백합과 식물의 무늬가 있는 잎 위에 앉

아 쉬고 있다. 나방의 무늬는 구조적 적응이지만 나방이 무늬를 가지고 있는 식물위에 쉬는 것은 행동적 적응이다. 나방은 그 띠무늬와 평행하게 하여 양자를 식별하기 어려운 위치에 앉아 있다. 이렇게 해서 곤충은 교묘히 숨는 장소를 자기 것으로 삼고 있다.

② **생활온도에 대한 적응 행동 :** 중앙아메리카 및 남아메리카의 세발가락나무늘보나 박쥐와 같은 동물의 체온은 일정하지 않고 변한다. 그래서 나무늘보는 대개 일정온도의 열대림에서만 서식함으로써 지나치게 춥고 더운 것을 해결하고 있다. 박쥐는 추운 곳에서 더운 곳으로 이주한다든지, 또 온도가 거의 변하지 않는 굴이나 지붕밑 같은 곳에서 월동을 하고 있다.

1.4. 자연선택

생물의 어떤 개체가 그 환경에 잘 적응한다는 것은 생태적 어려운 문제를 더욱 슬기롭게 해결한다는 뜻이다. 환경은 일정불변한 경우가 거의 없고 시간과 더불어 여러 가지로 바뀌게 되고, 생물은 또한 그 바뀐 환경에 새롭게 적응을 해야만 한다. 따라서, 한 개체나 집단의 환경에 대한 적응, 즉 적응도(適應度)라는 개념은 결국에는 시간과 공간적 개념으로 생각하지 않을 수 없다. 다시 말하면, 어떤 개체가 더 많은 지역에서 더 오랫동안 환경에 잘 적응하는가 하는 것이다.

여러 가지 자연선택 양식 중 크게 세 가지로 구분하면 ① **방향성 선택**(方向性選擇, directional selection) ② **정상화 선택**(正常化選擇, normalized selection) 또는 **안정화 선택**(安定化選擇, stabilizing selection) ③ **분산적 선택**(分散的選擇, diversifying selection)으로 구분할 수 있다.

(1) 방향성 선택

방향성 선택이란 집단의 유전적 구성을 어떤 일정한 방향으로 변화시키는 것을 말한다.

예를 들어보면, 최근 살충제에 대한 곤충의 저항성과 항생물질에 대한 세균의 저항성의 진화는 생존하고 있는 종이 환경의 작용에 대하여 유전적 변화를 일으킬 수 있다는 근거가 된다. 즉, 새로운 살충제(농약과 같은 것)나 항생물질이 막 개발되었을 때에는 비교적 낮은 농도의 것을 사용하거나 적게 사용하여도 효과가 크지만 점차 시간이 지남에 따라 사용

그림 2-2. 피퍼어드 나방의 자연 도태

1850년 이전까지 피퍼어드 나방은 나무줄기에 있는 지의류와 색깔이 비슷하여 그 몸을 잘 숨길 수 있었다. 그러나 이 나방은 공장의 매연으로 나무줄기가 그을기 시작하면서 포식자의 눈을 피하기 쉬운 흑색으로 변해갔다.

량과 처리빈도를 높여야 한다. 결국에는 그 효과가 현저히 줄고 비경제적인데다가 인류에까지 피해를 주게 된다.

또 다른 방향성 도태의 예로써 공업흑화현상을 들 수 있다. 영국과 유럽 여러 나라의 많은 공업도시 및 그 근교에서 과거 수십 년 동안 나방의 1종(*Biston betularia*)이 원래의 담색형에서 흑색형으로 변한 모습을 볼 수 있다. 이것은 흑색형이 원래의 보호색인 담색형보다 새의 눈에 잘 띄어 대부분 잡혀 먹히기 때문에 돌연변이에 의하여 생기더라도 빈도가 커질 수 없지만, 반대로 매연으로 검게 된 지대에서는 흑색형이 새의 눈에 잘 띄지 않아 보호되어 급격하게 빈도가 커진 현상으로 방향성 선택으로 설명할 수 있는 것이다.

(2) 정상화 선택

정상화 선택이란 이미 도달된 집단의 유전적 구성을 그 상태로 유지하려는 것을 말한다. 방향성 도태가 동적이라면 정상화 도태는 정적이라고 할 수 있다.

사람의 경우를 예로 들어보면, 신생아 중 약 4%가 유전적 원인에 의한 신체적 또는 정신적 결함의 소유자로 추정되는데, 이들 개체의 사망률은 정상 개체보다 높고, 그 원인이 되는 유해인자가 매 세대마다 돌연변이에 의하여 신생되지만 선택에 의한 제거 때문에 인류 집단에서는 언제나 낮은 빈도로 유지되고 있다. 인간에 있어서 영아의 사망률은 체중이 지나치게 무겁거나 또는 가벼운 아이일수록 높다. 따라서, 평균치에 가까운 영아가 많이 살아남게 되는데, 이와 같은 경우에도 자연선택은 평균치를 가진 영아를 보호하는 방향으로 작용하게 된다.

(3) 분산적 선택

분산적 선택은 유전자급원을 다양화하여 두 유형 이상의 유전자형이 이질적인 환경의 부분에 따라 높은 적응도를 나타내도록 하는 도태, 즉 정상화 선택의 정반대현상으로, 집단의 변이폭 내에서 양극단에 위치한 개체들의 중간형의 개체들에 비하여 적응력이 강하고 중간형의 개체들이 심한 도태를 받는 경우를 말한다.

분산적 선택은 **의태**(擬態, mimicry)진화의 원동력이라고도 한다. 이와 같은 유형의 의태에서는 포식자의 먹이가 되는 생물이 맛이 없는 생물과 같이 보이도록 발달함으로써 포식자에게 덜 먹히도록 보호되는 것이다. 포식자는 맛이 없는 먹이를 피할 줄 알고 있기 때문에 그것과 비슷하게 닮은 것도 또한 피하게 된다. 이와 같이 되어 의태인 생물이 증가하게 된다.

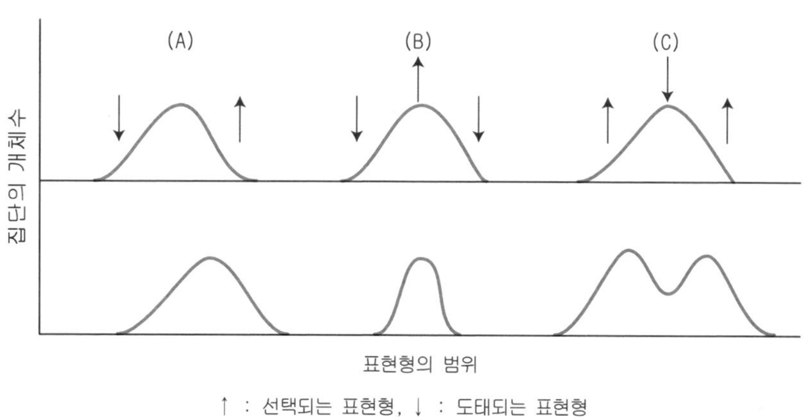

그림 2-3 자연 도태가 집단 내의 표현형 분포를 바꾸어 주는 세 가지 유형

(A) : 방향성 선택 - 어떤 형질상 나타나는 변이폭의 한 쪽 말단에 있는 표현형의 분포를 점차적으로 옮겨준다.
(B) : 정상화 선택 - 어떤 형질이 극단을 나타내는 개체들을 도태시킨다.
(C) : 분산적 선택 - 중간적인 형태보다 극단에 치우친 형태들을 선택함으로써 두 개의 작은 집단으로 분리된다.

분산적 선택의 예는 오염 환경에서의 식물의 생존에서도 찾아 볼 수 있다. 즉, 높은 농도의 구리(Cu), 납(Pb) 등의 유기이온이 함유되어 있는 곳에서는 대부분의 식물이 잘 자라지 못한다. 그러나, 이와 같이 오염된 곳에서 어떤 특수 화본과식물이 주변의 비오염지역으로부터 침입하는데 성공하여 오염에 대한 저항 개체군으로 자리 잡는다. 결국 비저항개체군은 오염토양에서 사망률이 높고, 이와 반대로 저항개체군은 비오염토양에서 사망률이 높아지기 때문에 결과적으로 새로운 집단으로 분리된다.

1.5. 선택압

자연계의 생물은 생활하는 과정에서 살기 어려운 환경과 살기 쉬운 환경을 두루 거치는데, 자연 도태의 힘은 일단 어려운 때가 되면 매우 능률적으로 발휘되며, 발휘하는 힘의 정도는 때와 장소에 따라서 달라진다. 일반적으로 살기 어려운 경우를 일컬어 도태 압력이 증가되었다고 말한다. 즉, 생물이 역경에 처하였을 때에는 자연선택이 가장 큰 영향력을 발휘하게 되는데, 이것을 **선택압**(選擇壓, selection pressure) 또는 도태압이라고 한다.

서로 다른 종들 간에 먹이나 생활 장소 및 수분과 일광(식물의 경우) 등 여러 환경에서의 긴요한 요인에 대하여 서로 경쟁하게 되면 생존에 어려움이 뒤 따른다. 만일 어떤 종의 개체군이 급격히 증가될 경우는 이들 상호간에 생존을 위한 경쟁을 하게 된다. 만일 지나치게 많은 개체수를 갖는 개체군이 생긴다며 이들은 기생충에 감염되거나, 전염병 등으로 결정적인 타격을 받을 수도 있다.

이상과 같은 가혹한 요인이 증대될 경우는 선택압을 가중시키며, 이와 같은 선택압의 증대는 그 종의 변이성을 감소시킨다. 포식자나 기생충은 이 경우 환경에 대한 적응도가 약한 자부터 공격을 하여 사라지도록 하고, 최선의 의장(疑裝)과 더불어 가장 효과적인 공격 또는 방위와 먹이 수집을 위한 구조물의 개선 및 질병에 대한 강력한 저항력 등을 물려주는 유전인자만이 그 종 자체를 성공적으로 존속시키게 될 것이다.

한편 포식자나 기생자가 줄거나 먹이가 증가하는 등 여러 장애요인이 줄어 사정이 완화되면 생물은 살기 쉬운 상태가 되며, 이러한 경우를 선택압이 낮아졌다고 한다. 선택압이 낮아질 때에는 생물 진화의 판도가 달라진다. 어떤 종이 생존하는데 있어서 환경조건이 가혹하지 않으면 어떤 형질의 특수화가 일어나지 않더라도 그 개체군의 생존과 번식에는 문제가 되지 않는다.

그림 2-4. 다윈의 방울새들

1~7 : 주로 땅에 떨어진 나무 열매들을 먹고 산다.
8~13 : 대부분 나무 위에 있는 열매들을 먹고 산다.

경쟁종과 포식자 및 기생자 등이 감소되고 먹이가 증대되면 결과적으로 선택압이 낮아지며, 이 경우 특수 유전자만 빈도가 높아지는 일은 일어나지 않는다. 이와 같이 되면 개체군은 폭발적으로 개체수가 불어나고, 종내의 변이성이 증대된다. 선택압 감소에 대한 좋은 예는 오스트레일리아에 토끼와 곡물의 해충이 침입하여 폭발적으로 증식한 경우라던지, 미국의 흰불나방이 우리나라에 잠입하여 크게 불어난 것 등을 들을 수 있다.

이상에서와 같이 선택압이 낮아지는 원인으로서는 어떤 집단에 대해, ① 경쟁종이 없을 경우 ② 포식자가 없을 경우 ③ 기생자가 없을 경우 ④ 앞의 세 가지가 모두 없는 환경에 놓여 있을 때이다. 이에 관련된 좋은 예는 다윈의 방울새에서 찾아볼 수 있다.

Darwin의 방울새의 조상이 처음으로 Galapagos 제도에 도달했을 때 그 곳에서는 몇 안 되는 약간의 새들이 살고 있었을 것이다. 방울새를 포식하는 뱀이나 조류 및 포유류 등은 아마도 없었거나 또는 극히 적었을 것이다. 이러한 좋은 환경에서만 휘파람새 종류나 딱따구리에 유사한 종류들이 진화할 수 있었다. 만약 진짜 휘파람새나 딱따구리 새들이 이미 있었다면 그들의 효과적인 생활양식 때문에 Darwin의 방울새 같은 경쟁자의 처지에 있을 종들이 출현하기는 어려웠을 것이다.

1.6. 종의 상사성

우리는 생물이 유전적으로 가까워서가 아니라 비슷한 생태학적 조건에 적응해 옴으로써 다른 종의 생물이면서 서로 비슷하게 보이는 경우를 많이 본다.

예를 들면, 새와 박쥐 또는 고래와 물고기 같은 종은 서로 외면적으로는 닮았으나 근연관계를 나타낼 상동성과는 거리가 멀다. 이와 같이 서로 다른 계보의 두 종이 진화를 통해서 서로 가깝게 닮는 현상을 **수렴진화**(收斂進化, convergent evolution)라고 한다. 이것은 원래 서로 다른 두 가지 표현형에 대해서 자연도태의 힘이 비슷한 방식으로 작용할 때 일어나는 것으로 설명되어지고 있다.

수렴적응(收斂適應, convergent adaptation)은 그 환경이 특별히 필요로 하는 적응의 면에서는 더욱 현저히 나타나며 예를 들어보면 다음과 같다.

① 급류에 사는 동물은 급류에 적응하도록 발달한다. 같은 무척추동물로서 근연성이 없는 편형동물, 거머리, 달팽이, 물진드기 또는 많은 곤충의 유충 등은 급류에 적응하여 물의 저항을 적게 받도록 모두가 매끈한 유선형을 가지고 있다.

② 수생포유류나 조류는 고래, 바다표범, 펭귄에서 보는 것과 같이 추위를 막기 위해 피하지방이 발달되어 있다.

③ 고래는 포유동물이지만 수중에 살기 때문에 물고기와 마찬가지로 몸이 유선형으로 되어 있다.

④ 양서류인 개구리와 파충류인 악어 그리고 포유류인 하마는 서로 이질적인 종류에 속하면서도 모두 물 속에서 호흡하는 동물이다. 그들은 몸이 물 속에 잠겨있으면서도 코와 눈만은 물 위로 내놓을 수 있도록 적응되었다.

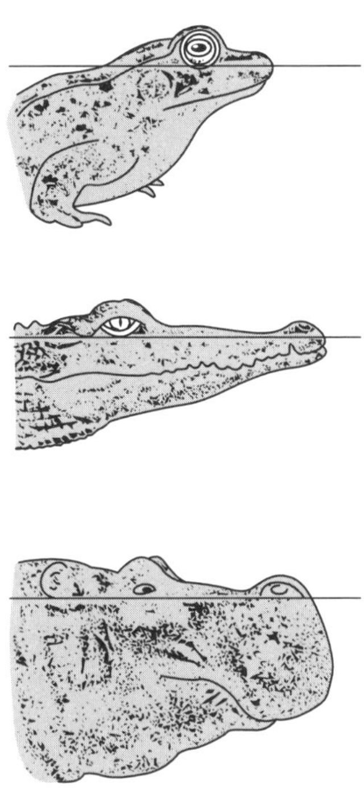

그림 2-5. 개구리, 악어, 하마의 수렴적 적응

이들은 물 속에 잠겨있으면서도 코와 눈만은 물 위로 내놓을 수 있도록 적응되었다.

1.7. 종의 분화

종(種, species)이란 고유(固有)하고 명확한 형태적 특징을 지니고 있고, 생식적으로 격리되어 있어서 서로 다른 자연 집단과는 유전자의 교류가 이루어지지 않는다. 따라서, **동종**(同種)이란 서로 자유로이 교배할 수 있고 매 세대마다 생식력이 가능한 자손을 생산하는 생물군을 말하고, **이종**(異種)이란 서로 교잡이 이루어지지 않는 자연 집단을 말한다.

진화사상으로 본 종의 분화 과정에는 다음과 같은 두 가지가 관련된다.

첫째, 생물집단의 인자형과 표현형의 변화가 점차적으로 일어나는데, 보통 이러한 변화는 적응에 관한 것이다. 즉, 생물은 둘러싸고 있는 환경을 이용함에 있어 능률을 계속 증가시킨다는 점이다.

둘째, 새로운 종의 형성이다. 지구상 최초의 생명이 단 한 번 생겨났다고 가정할 때 현재 살고 있는 수많은 생물들은 과거 이들의 공통 조상이라도 예상한 생물에서 파생되었을 것이라고 본다면, 진화론은 생물이 어떻게 환경에 보다 잘 적응하게 되었느냐 하는 것과 더불어 새로운 종의 출현 방법에 관한 문제를 다루게 된다.

종의 형성에는 **소진화**(小進化, microevolution)와 **대진화**(大進化, macroevolution) 과정이 있다. 소진화란 새로운 종이 형성과정을 말하고, 대진화란 생물 사이에서 종의 단계 이상의 차이가 생기는 분화과정을 말한다. 대진화 과정은 소진화 과정으로 이해할 수 있으므로 소진화에 대한 내용만 살펴보기로 한다.

(1) 격리

종의 형성원인은 여러 가지가 있지만 그 중 중요한 것은 격리현상이다. 격리현상은 **지리적 격리**(地理的隔離, geographical isolation)와 **생식적 격리**(生殖的隔離, reproductive isolation)로 다시 구분할 수 있다.

지리적 격리란 바다나 호수 또는 산맥 등에 의하여 집단으로 나누어지기 때문에 생기는 격리로서 지리적 격리에 의하여 일어나는 종분화의 모델을 살펴보면 다음과 같은 세 가지 형으로 구분할 수 있다.

① **두 집단으로 분리한 후 합친 경우 :** 지리적 장벽에 의해 두 집단이 분리되지만 두 집단은 자체 내의 생식기작을 통해서 다시 만났을 경우 교미가 가능하므로 한 집단으로 합칠 수도 있다.

② **완전히 분리되거나 제한된 교배 활동으로 잡종이 형성된 경우 :** 지리적 장벽에 의해 분리된 두 집단이 오랜 시간이 경과되어 그 집단이 원래 가지고 있던 생식기작을 상실하게 되면, 사실상 두 집단을 분리하게 된다. 그러나 외래적인 장벽이 무너졌을 때 기존의 종류는 그 환경에서 불리하고 오히려 잡종이 유리하다면, 제한된 교잡지역 내에서의 교잡활동으로 **잡종군**(雜種群, hybrid swarm)이 생길 수도 있다.

③ **상호 교배가 이루어지지 않는 완전한 종의 분화 :** 지리적 격리에 의해 두 종이 분리된 후 많은 시간이 흘러 상호간에 교배가 될 수 없을 만큼 유전적인 차이를 갖게 되면, 완전한 종분화가 이루어진다.

우리나라 한강과 금강에사 어름치, 배가사리, 구구리, 돌상어, 낙동강에서 수수미꾸리,

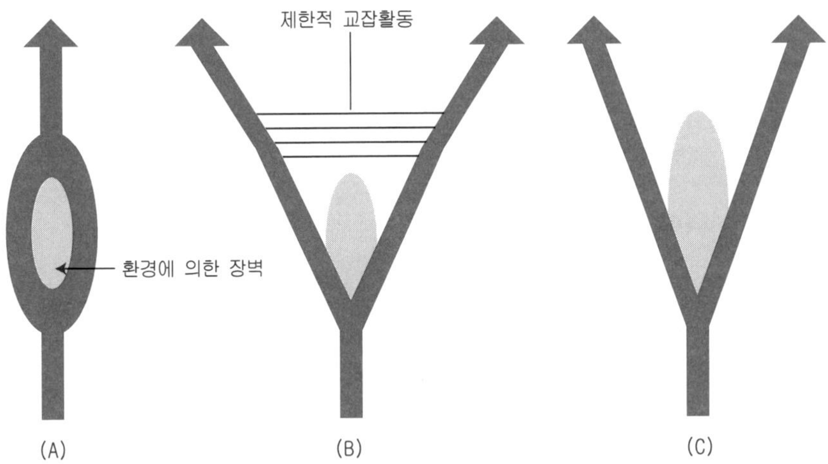

그림 2-6. 지리적 종분화의 모델 (성, 1991)

(A) 두 집단으로 분리 후 합한 경우
(B) 완전 분리 또는 잡종형성의 경우
(C) 완전한 총분화의 형

꼬치동자개, 흰수마자, 섬진강 수계(水系)에서 왕종개 등의 특산 담수어가 산출되는 것은 지리적 격리에 의하여 종분화가 일어난 것이라 추정된다.

생식적 격리는 생리적 격리라고도 하는데 그 초기의 것은 집단유전학 측면에서 보면 **유전적 부동**(遺傳的 浮動, genetic drift)에 의한 돌연변이 인자의 축적 결과라고 할 수 있는 것으로서 다음과 같은 것들이 있다.

① 생태적 서식지가 다르기 때문에 생기는 생태적 격리
② 교미기와 개화기를 달리하는 관계상 생기는 계절적 격리
③ 이종의 암·수간에 성적 매력이 없기 때문에 생기는 성적 격리
④ 교미기의 구조가 적합하지 않은 경우에 생기는 기계적 격리

같은 종의 유전자급원 사이에는 유전자가 자유로이 교류되지만, 다른 종의 유전자 급원 사이에는 교류가 불가능하다. 즉, 위에서 설명한 생식적 격리가 종과 종 사이를 격리시키는 것이다. 따라서 종의 형성과정에는 결국 생식적 격리와 직결된다고 할 수 있다. 일반적으로 생식적 격리가 생기기 전에 자매 집단들 사이에 지리적 격리가 먼저 생기는 것이다.

지리적 격리는 유전적인 차이가 없이도 생길 수 있는데 반하여 생리적 격리는 그 기초에 유전적인 차이가 있어야 비로소 생길 수 있는 것이다. 이와 같은 뜻에서 지리적 격리가 종의 분화, 특히 그 초기단계에 있어서 제 1 차적인 중요성을 지니는 것이다.

(2) 배수성에 의한 종분화

종분화는 일반적으로 오랜 세월을 거쳐서 아종분화, 종분화로 진행되는 것이 보통이지만, 배수성에 의한 염색체변이에 기인하는 종분화는 매우 빠르다.

예를 들어, 4배수체(4n)의 감수분열에서는 2n의 배우자가 나타나게 되고, 이들 2n 배우자 상호간에 교잡이 일어난다. 그러나 2n 배우자와 n 배우자와의 사이에는 보통 교잡이 일어나지 않는다. 이와 같이 하여 배수성의 개체는 유전적으로는 이미 원래의 종과 격리되어 하룻밤 사이에 신종이 출현하게 된다.

배수체에 따른 종형성의 예는 동물에서는 매우 드물고 주로 식물에서 많이 알려져 있다.

(3) 종의 재결합

종의 재결합은 칼라파고스분도에서 곤충을 잡아먹고 숲에서 서식하고 있는 방울새에서 그 예를 찾아 볼 수 있다. *Camarhynchus pauper*와 *Camarhynchus psittacula*의 두 종 중 *C. pauper*가 더 원시형의 형질을 갖추고 있고, 현재 이 종은 찰스섬에서만 서식하고 있다. 그런데, *C. psittacula*는 찰스섬을 포함한 여러 섬에서 발견되고 있는데, 원래 이 종은 찰스섬에는 없었다. 이 두 종은 모두 같은 섬에서 공존하면서 각각 특징을 유지하고 있었기 때문에 이들은 같은 종의 아종일 것이라고 생각되었다.

*C. psittacula*는 *C. pauper*로부터 격리됨으로서 진화된 것이라고 생각되며, 또한 양자는 재결합을 해도 원종으로 되돌아가지 못할 정도로 종분화가 이루어진 것으로 믿어진다. 이 새들의 구애행동에는 부리의 길이가 기반이 되는데, *C. psittacula*의 부리가 *C. pauper*의 부리보다 길다. 두 종은 같은 섬에 살면서도 서식처를 달리하고 있으며, 따라서 교잡이 일어나지 못하고, 또한 생식활동을 하는 시기도 같지 않다. 이들 생식기관의 구조상의 차이도 양자를 격리시키는 기반이 되고, 또한 양자간의 유전자의 차이가 커서 잡종이 형성되어도 번식능력이 약화되거나 불임성으로 된다. 만일 상호 교배가 가능하다면 서로의 차이점은 점차 소멸되고 연속변이를 나타내는 단일 개체군으로 재결합될 것이며 이와 같이 되면 종분화는 일어나지 않는다. 그러나 상호교배가 일어나지 않는다면 종분화가 일

어났다고 볼 수 있는 것이다.

이상과 같은 과정을 거쳐서 한 선조에서 많은 신종이 형성되었을 경우 이것을 **적응방사**(適應放射, adaptive radiation)라 한다.

이들이 만일 재결합된다면 양 종은 살아가는데 요구되는 많은 조건들이 일치될 것이므로 치열한 경쟁이 일어나서 한 쪽이 배제되고 말 것이다. 이와 같은 현상이 중부 갈라파고스의 여러 섬에서 일어났을 것으로 추측되며, 다른 생물의 종분화도 이 경우와 똑같은 과정을 거쳐서 이루어질 것으로 생각된다.

(4) 종의 형성(요약)

한 지역에서 한 종의 개체들이 생식을 통하여 서식지를 넓혀 가는 동안에 환경이 다른 지역으로 분산하게 된다. 초기에는 이들 집단 사이에 유전적 변이에 차이가 없었지만, 환경조건의 차이에 따라 자연도태가 달리 일어나서 어떤 인자형의 개체들은 이들 생활환경의 변화에 적응하여 살아남아 종족을 유지하고 또 어떤 것들은 적응성이 없어 도태될 것이다.

앞에서 설명한 바와 같이 배수성에 의한 종의 분화 등 여러 가지 원인으로 유전적 변이는 계속하여 일어나고, 따라서 자연선택의 작용도 계속된다. 이와 같은 유전적 변이와 자연도태가 집단 사이에서 계속 일어나는 과정에서 자연적으로 형태가 다른 **아종**(亞種, subspecies)이 생기는 것이다.

아종들 사이에는 생식적 격리가 이루어져 있지 않아 교잡은 가능하지만 지리적 격리에 의하여 이들이 서로 만날 기회가 적다. 각 아종 사이에서는 계속하여 유전적 변이가 일어나고 자연선택이 계속되면 형태적으로나 기능적으로나 많은 차이가 생기게 되어 결국에는 아종들 사이에 생식적 격리가 완성된다. 이와 같이 하여 한 종에서 여러 개의 새로운 종들이 생기게 되는데, 이와 같은 과정은 오랜 시간에 걸쳐 점진적으로 완성된다.

2. 상호작용

2.1. 경쟁

자연 상태하에서 서식처를 같이하고 있는 두 종, 또는 두 개체 이상의 생물이 다 같이 필요로 하는 공간·영양분·광선·수분 등 여러 요소를 둘러싸고 그들의 요구량이 공급되는 양보다 클 때는 **경쟁**(競爭, competition)이 일어난다.

경쟁은 같은 종 사이에서 일어나는 **종내경쟁**(種內競爭, intraspecific competition)과 다른 종 사이에서 일어나는 **종간경쟁**(種間競爭, interspecific competition)이 있으며, 이들은 모두 같은 지역 내에서의 생물의 종류나 수를 결정하는데 중요하다.

어떤 두 종의 생물이 차지하는 생태적 지위가 유사하면 할수록 적어도 제한된 자원을 두 종이 공동으로 또는 같은 방법으로 이용하면서 이들 사이에 경쟁이 일어나게 되는데, 그 결과는 ① 공존 ② 한 종의 멸망 ③ 한 종의 강제 이동 ④ 급속한 다른 방향으로의 진화 현상이 일어날 것이다. 특히 네 번째의 다른 방향으로의 진화는 자연선택의 결과 두 종 사이의 특징의 차이가 점점 커지는 현상이 생길 것이다. 왜냐하면, 두 종의 많은 자손 중에서 서로의 유사점이 적으면 적을수록 경쟁에 참여하지 않게 되어 살아남을 가능성이 크고, 반대로 유사하면 할수록 경쟁에 의하여 멸망될 확률이 높기 때문이다. 이렇게 해서 시간이 경과함에 따라 종의 진화는 진행되고 각 종의 생태적 지위는 확립되게 되는 것이다.

일반적으로 종간 경쟁이 일어날 경우 밝혀진 사실은 다음과 같다.

① 생태적 지위가 유사한 종류는 같은 장소에 서식하지 않는다.
② 한 지역에 유사종이 많이 서식하는 곳은 소수의 종류 밖에 없을 때에 비하여 각 종류의 생태적 지위가 좁아지는 경향이 있다.
③ 생태적 지위가 유사한 종류는 환경조건이 비슷한 곳에서 서로 서식 장소를 바꾸는 수도 있다.
④ 경쟁은 계통상으로 인연이 먼 다른 두 종 사이에도 일어난다. 인간의 식량 확보와 곤충의 섭식 경쟁은 그 좋은 예이다.

2.2. 포식

포식자(飽食者, predator)는 2차소비자 이상의 육식동물로서, 생태계 내에서 1차소비자를 조절하기 때문에 그 역할은 대단히 중요하다. 포식자의 수가 비록 얼마되지 않는다 해도 피식자의 개체군에 영향은 대단히 크다. 만일 포식자가 먹이를 구하지 못할 경우에는 그들 자신의 개체수도 줄어들게 된다.

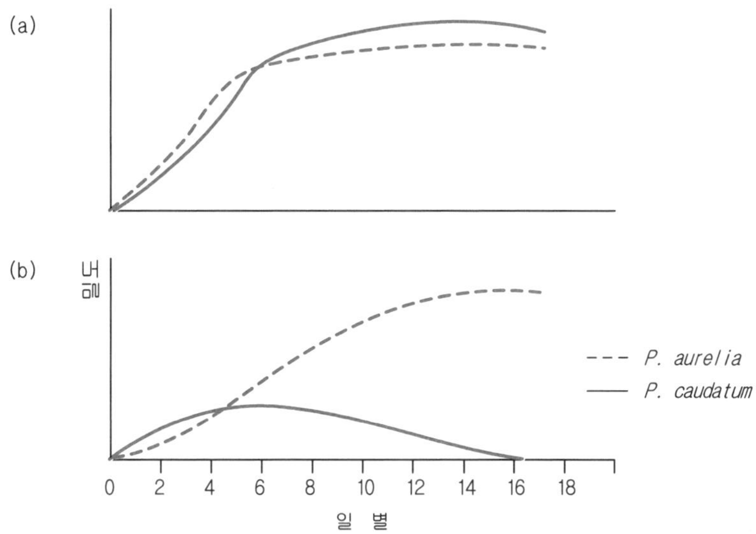

그림 2-7. 같은 생태적 지위를 점유하는 두 원생동물간의 경쟁

단독배양의 경우 먹이의 일정량을 공급해주면 양 종이 각각 전형적인 생장곡선(S자형)을 하지만(a), 혼합배양의 경우(b) *P. caudatum*이 배제된다.

따라서 피식자에 대한 포식자의 강력한 압박은 일방 또는 양편의 개체군을 멸망시킬 수 있으므로 자연선택은 양편의 개체군에 대한 포식의 피해를 감소시키는 방향으로 작용한다.

2.3. 기생

기생자(寄生者, parasite)는 대체로 몸이 작고 **숙주**(宿主, host)의 몸 안이나 몸 표면에서 사는 생물들이다. 그러므로 숙주는 기생자의 에너지원이고 서식처이기도 하다.

일반적으로 기생생물은 포식자보다 번식률이 높고 그 구조나 물질대사 및 생활사 등도 특수화된 점이 많다.

오랜 시일이 경과하는 동안에 포식자와 피식자와의 관계에서와 같이 기생자와 숙주와의 관계는 일종의 평형상태가 성립된다. 기생자에 의한 피해가 격심할 때는 숙주는 이 때문에 전멸할 것이고 기생자도 이어서 전멸될 수 밖에 없을 것이다. 그러나 기생자와 숙주와의 관계가 완전히 평형에 도달되면 숙주는 기생자에 의해서 받는 피해가 적어지지만 이 때문에 기생자도 숙주로부터 많은 시간을 두고 큰 이익을 받게 될 것이다. 이러한 평형상태가

그림 2-8. 기생자(새삼)와 숙주

기생자와 숙주 사이에 평형이 이루어져서 기생자가 숙주를 죽이지 않고 장기간 양분을 흡수하며 생활한다.

계속 되는 것은 기생자에 대한 저항력이 숙주에 생기기 때문이다. 이처럼 기생과 포식과의 관계는 생태적 조절 측면에서 보면 매우 유사하나, 각각 극단적인 상태에서는 많은 차이가 있다.

2.4. 상리공생

상리공생(相利共生, mutalism)이란 두 생물에 서로 이익을 교환하는 것으로서, 한 편이 없으면 상대편이 살아갈 수 없는 불가분의 관계를 말한다. 지의류에서의 곰팡이 식물과 말미잘의 관계 또는 *Trichonympha*라는 편모충과 흰개미와의 관계는 잘 알려진 상리공생 관계이다. 즉, 흰 개미는 섬유소를 주성분으로 하는 목재를 먹지만 그것을 소화하는 효소가 없어서 *Trichonympha*가 분비하는 효소에 의존하고 있다. 따라서 한 편은 서식처를 제공하고 다른 한 생물은 소화된 먹이를 얻게 되므로 서로 상대편이 없으면 살아갈 수 없는, 상리공생 관계에 있는 것이다.

2.5. 편리공생

편리공생(片利共生, commensalism)이란 하나의 개체군은 이익을 받지만 다른 개체군에는 이해 관계가 없는 단순한 공생관계를 말한다. 그 예는 바다 생물에서 많이 찾아 볼 수 있다. 여러 동물들이 파 놓은 굴, 버려진 조개껍데기, 해면 등은 다른 생물들의 은신처가 된다. 이들은 숙주가 이용하지 않는 먹이를 섭취하여 살아가게 되며 숙주에게 어떠한 이익 또는 피해를 주지 않는다.

한편, 만일 두 개체군 사이에 아무런 이해 관계가 성립되지 않으면 **중립공생**(中立共生, neutralism), 한 쪽만 불리할 경우라면 **편해공생**(片害共生, amensalism)이라 한다.

2.6. 타감작용

타감작용(他感作用, allelopathy)이란 1937년 독일의 H. Molisch가 그의 저서 "어떤 식물이 다른 식물에 미치는 영향 – Allelopatie –"란 논문을 발표한데 유래한 말로서, Allelopatie를 번역한 말이다.

타감작용이란 하나의 식물이 떨어져서 생활하고 있는 다른 식물에게 영향을 주는 현상, 즉 식물체의 어느 부분에서 특정 화합물이 생성되어 배출됨으로써 다른 식물이 정상적인 생육에 장애를 받는 현상을 말하며 원격작용(遠隔作用)이라고도 한다.

호두나무는 잎이나 뿌리로부터 juglone이라고 하는 수용성 phenol을 배출하여 그 아래에 있는 다른 식물의 발아나 성장을 저해한다던가, 소나무가 coumaric acid의 유사물질을 배출하여 다른 잡초의 성장을 저해하고, 죽백나무가 lactone이라고 하는 물질을 내어 다른 임상식물(林床植物)의 생육을 저해하는 것 등 여러 식물에서 그 예를 찾아볼 수 있다.

가끔 타감작용 물질은 땅 속에 계속 축적되어 화학물질을 생성한 그 자신이 죽는 경우가 있는데, 이러한 현상을 **자가중독**(自家中毒, autotoxicity)이라 한다. 예를 들면, 해바라기나 개망초류가 자기의 성장 또는 발아를 저해하는 물질을 생산하고 있는 것이다. 그리고, 토마토, 완두, 가지 등의 야채류나 복숭아나무 등은 같은 토지에서 계속 재배하면 성장이나 수확량이 저하되는 소위 연작장해(連作障害) 현상이 있는데 이것도 다른 여러 복합요인과 함께 타감작용이 관여하고 있는 것이 아닌가 생각된다.

자신을 죽이는 행위가 생존의 기본 목적에 어긋나지만 자가중독은 대체로 종의 적응가치를 갖는다고 주장되기도 한다. 왜냐하면 타감작용 물질이 축적되어 중독수준에 이르기까지 오랜 세월이 걸리게 되고, 긴 세월이 지나 번식능력이 약해진 식물개체만 죽게 되며, 이로 인해 새롭고 번식력이 왕성한 식물을 위한 새로운 공간이 형성된다는 것이다.

또 어떤 식물은 치명적인 독성으로 초식동물을 중독시켜 자신의 몸을 보호한다. 십자화과의 식물(겨자, 양배추 등)은 초식동물과 병을 유발시키는 진균류나 박테리아에게 치명적인 겨자기름을 방출한다. 그러나 어떤 초식동물은 타감작용 물질을 중화하도록 진화하여 **중화성 적응**(中和性適應, counter adaptation)을 한다. 양배추흰나비의 유충은 양배추에 있는 겨자기름보다 10배 이상 혼합된 배지에서 더 잘 자랐다. 초식동물을 방어하려는 수단이 역작용되어 양배추흰나비는 겨자기름의 냄새를 이용하여 산란장소로 적당한 식물의 위치를 찾아내기도 한다.

최근 연구로 어떤 양치류, 활엽수, 개화식물은 곤충들의 정상적인 성장과 발생을 저지하는 타감작용 물질이 생산된다는 것이 밝혀졌다. 이 식물에서 생산된 화학물질은 변태과정에서 생성되는 곤충의 호르몬과 거의 동일하다. 유충이 이 식물을 먹으면 타감화학 물질이 변태를 너무 빠르게 하거나 생식력이 없는 성충이 되어 곤충의 번식이 저지된다. 이와 같은 호르몬과 유사한 타감작용 물질이 자연적인 살충제로 사용되면 합성살충제보다 환경훼손이 훨씬 감소할 것이다.

3. 생태계의 진화

3.1. 공진화와 군 선택

장기간에 걸친 생태계의 진화는, 첫째 지질 및 기후의 변화와 같은 외부로부터의 타율적인 힘과 둘째 생태계 내의 생물요소의 활동에 기인되는 내부로부터의 자발적인 과정에 의해서 형성된다.

30억년 전 최초의 생태계에서는 무생물적 과정에 의해서 합성된 유기물을 먹이로 하는 작은 혐기적 종속영양자가 살고 있었다고 생각된다. 환원적인 대기를 산화적인 대기로 바꾼 조류와 같은 독립영양자의 출현 및 개체군 확대에 이어서 생물의 긴 지질시대를 통해서 대기를 제어하였고, 보다 크고 보다 고도로 발달한 다세포 생물이 살 수 있는 점점 복잡하고도 다양한 계(系)로 진화하였다. 이 군집 구조 가운데서 진화적 변화는 종수준이거나 그 이하의 자연선택에 의해서 주로 이루어졌다고 믿어지나 자연선택은 종보다 위의 수준에서도 중요한다. 특히 **공진화**(共進化, coevolution)와 **군선택**(群選擇, group selection) 또는 **군**

집선택(群集選擇, community selection)은 매우 중요하다.

공진화란 경쟁(competition)이나 공생(symbiosis), 그리고 포식자(predator)와 피식자(prey)의 관계 등을 통해 일어나는 진화적 현상이라고 할 수 있다. 즉, 식물과 초식동물, 대형동물과 그 미생물 공존자, 기주와 기생자와 같은 밀접한 생태학적 관계를 갖는 두 개의 주요 그룹간에서 서로의 선택적 상호작용을 포함하는 군집진화의 한 유형을 말한 것으로서, 유전정보의 교환이 최소이거나 또는 전혀 없는 생물간의 진화적인 상호작용인 것이다.

군선택은 반드시 상리공생적인 관계로 결합되어 있을 필요가 없는 생물그룹의 자연선택이다. 군선택은 이론적으로 개체군내의 유전 운반체에게 선택상 불리한 특성이지만 개체군이나 군집에는 유리한 특성을 유지하도록 이끌어 준다.

3.2. 공생과 진화

모든 생물은 주위의 물리적 환경 또는 생물적 환경의 직접 또는 간접적인 영향을 받으며 생활하고 있다. 예를 들면, 클로바의 잎은 토끼를 살찌게 하고, 클로바의 번식은 뒤영벌이 수분을 해줌으로써 더욱 효율적으로 되고, 뒤영벌집은 들쥐가 파먹고, 들쥐는 또 고양이가 잡아먹는다. 이처럼 생물 상호간의 관계는 생물 집단에서 직접 또는 간접적으로 일어나고 있는 것이다.

일반적으로 기생충들이나 병원균들은 오랫동안 맺어온 숙주종보다는 별로 관계를 맺어 본 적이 없는 숙주종에게 더 큰 영향을 준다. 예를 들어 네델란드에서 발생된 어떤 느릅나무 질병은 유럽지역의 느릅나무에게는 별로 해를 주지 않는다. 그러나 미국 일대에서는 느릅나무 수림을 황폐화시킬 정도로 큰 피해를 줄 수 있는 것이다. 즉, 유럽지역의 느릅나무는 경험을 통하여 강한 저항성이 생기도록 진화했거나, 아니면 기생충 스스로가 해를 주지 않도록 진화했다고 할 수 있을 것이다. 그러나, 생물들의 상호관계에서 포식자가 자신의 독성을 상실하도록 진화할 수 없을 것으로 본다.

호주에서 야생토끼의 수를 줄이기 위해 바이러스를 도입한 적이 있다고 한다. 그 바이러스는 *myxoma virus*로서 도입 초기에 상당한 토끼들을 죽게 만들었다고 하는데, 그 후 몇 년이 안 가 토끼들은 사망률이 극히 낮아지게 되었다고 하며, 그 이유는 토끼들은 저항력을 갖게 되었고, 바이러스의 치사성은 약화되었기 때문이었다고 한다(Fenner, 1965). 즉, 그 바이러스는 살아있는 야생토끼의 피만을 빠는 모기에 의해 전달되었기 때문에 강한 독성을 보유한 바이러스의 유전자형은 독성이 약한 유전자형보다도 느리게 전개되어 나간 것으로 볼 수 있으며, 결국 이러한 바이러스에 이롭게 진화했다고 할 수 있을 것이다.

상리공생의 진화에 대하여 아카시아 나무와 개미 사이의 예를 들어보면 다음과 같다. 개미는 아카시아나무의 어린잎 말단부위와 잎자루에서 분비되는 꿀을 섭취하는 한편 아카시아 나무와 경쟁하고 있는 다른 식물종이나 초식동물들을 물리침으로서 그 아카시아나무를 보호하고 있다. 따라서 개미(*Pseudomymex*)와 아카시아 나무 사이에는 고도로 발달된 상호진화체제가 이루어지고 있는 것이다. 그러나 만일 한 종이 배타적으로 다른 종에 의존만 하게 되면 한 종의 멸종에 따라 다른 한 종도 멸종에 이를 수도 있을 것이다.

3.3. 경쟁과 진화

이미 설명한 바와 같이 두 개체 이상의 생물이 다같이 필요로 하는 공간, 영양분, 광선, 수분 및 그 밖의 요소를 둘러싸고 그들의 요구량이 공급되는 양보다 클 때는 경쟁이 일어나고, 이 경쟁은 같은 지역 내에서의 생물의 종류나 수를 결정하는데 대단히 중요하다.

어떤 새종류는 다른 종뿐만 아니라 같은 종의 개체에 대해서도 자신의 영역을 방어한다. 이때 자신의 영역을 표시하기 위한 깃털의 모양이나 발성법 등이 자신의 경쟁자들과 유사하게 발달되어 온 것으로 관찰되며, 이처럼 종들은 경쟁에 반응하여 때때로 수렴진화할 수 있다고 보고 있는 것이다.

이러한 수렴진화는 궁극적으로 열등한 경쟁자를 멸종에 이르게 할 수 있기 때문에 결국 종 사이의 상호작용을 비안정적으로 만들게 하는 요인으로 될 수 있지만, 그러나 이 두 종이 같은 생태적 지위를 갖게 된다면 어느 종도 멸종의 단계는 이르지 않을 것이라고 하는 주장도 있다.

경쟁 배제는 경쟁의 결과만은 아니다. 때때로 잠재적인 경쟁자가 동일한 자원의 다른 부분을 아용하는 방식으로 자원이 분배되기도 한다. **자원분배**(資源分配, resource partition)에는 **공간적 분배**(空間的分配, spatial partition)와 **시간적 분배**(時間的分配, temporal partition)가 있다.

공간적 분배의 예를 들면, 북미의 휘파람새과(warbler)에 속하는 5종의 휘파람새가 가문비나무류를 같은 영양자원으로 이용하지만 이들 5종의 휘파람새는 각각 나무의 다른 부위를 이용하므로 경쟁없이 공존하게 된다.

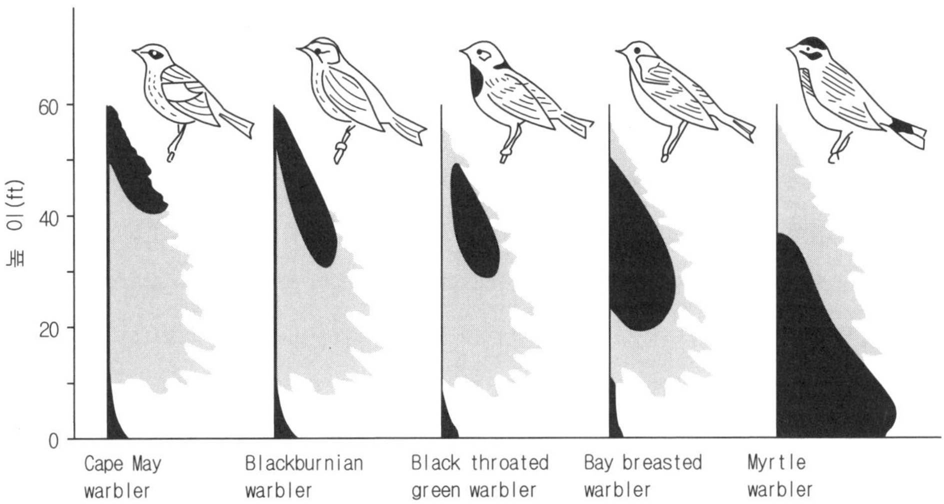

그림 2-9. 5종의 휘파람새의 공존하고 있는 모습(Neil A. Campbell, 1990)

시간적 분배의 예로, 미나리아재비(buttercup, *Ramunclus*)의 한 종은 다년생 초본(pernnial grass)이 출현하기 전인 이른 봄에 자란다. 이같은 시간적 분배는 초원생태계에서 흔히 볼 수 있다.

또 다른 경쟁 배제는 **형질치환**(形質置換, character displacement)이다. 한 지역에 치열한 경쟁이 진화에 영향을 미칠 경우 종의 치환보다는 형질치환을 유도한다. 그 예로서, 중부 유럽의 숲에 서식하는 6종의 박새류는 부리의 크기가 약간씩 다르다. 부리 크기의 차이로 인해 같은 지역에서 두 종이 같은 영양자원을 이용하지 않게 된다. 즉, 부리가 긴 박새는 다른 박새에 비해 상대적으로 큰 벌레를 포식한다. 생물학자들은 6종이 모두 한 조상에서 진화되었으며 현존하는 부리 크기의 다양성을 형질치환의 한 예로 보고 있다.

3.4. 방어적응과 공진화

포식자와 피식자 사이에는 놀랍고도 효과적인 적응이 이루어진다. 포식자의 포획기술이 향상되면 반대로 피식자도 포식자로부터 탈출 기술을 향상시킨다. 피식자의 생존을 위한 적응은 일반적으로 **탈출적응**(脫出適應, escape adaptation)과 **방어적응**(防禦適應, defense adaptation)으로 구분할 수 있다.

일반적으로 식물과 같은 피식자들에게서 나타나는 보호적 장치를 **방어기작**(防禦機作, defense mechanism) 또는 **저항기작**(抵抗機作, resistance mechanism)이라고 하고, 이러한 방어적인 행위를 다시 이겨낼 수 있는 초식동물의 적응현상을 **역방어기작**(逆防禦機作, counterdefense) 또는 **역저항기작**(逆抵抗機作, counterresistance)이라고 한다.

포식자와 피식자 사이의 상호진화는 대부분 점진적인 진화의 개념을 내포하고 있기 때문에 느리게 진행되는 것으로 판단된다. 이에 관한 종분화의 모델들은 포식자와 피식자 사이의 관계를 큰 군집의 일부로서보다는 오히려 독립된 하나의 쌍으로 보기 때문에, 종분화 과정에서의 진화는 보다 빠르게 진행될 것이다. 예를 들어 대부분의 식물종들은 여러 종류의 초식동물을 방어할 수 있도록 선택적 과정을 겪어왔다. 이에 대해 초식동물은 어떤 일부 종류에 속해있는 식물에 대해서만 역방어기구를 발달시켜 왔다.

그러나 대부분의 식물종들은 여러 초식동물종에 동시에 효과적으로 방어할 수 있는 고도의 일반화된 방어기작을 발달시킴으로서 빠르게 저항성을 보유하도록 진화해온 것으로 보인다. 즉, 한 포식자로부터의 공격을 피하기 위한 방어기구가 다른 포식자들의 공격도 동시에 피할 수 있는 방어적 특성을 **교차저항**(交叉抵抗, crossed-resistance)이라고 한다.

그 예로 식물의 탄닌산은 많은 곤충종과 병원성 미생물 등에 걸쳐 넓은 범위에 작용하고 있는 방어기구의 하나인 것으로 알려지고 있다. 왜냐하면 이 탄닌산은 그것을 섭취한 포식자의 체내에서 단백질과 결합함으로써 결국 소화될 수 없는 화합물로 전환시키는 효과를 나타낸다. 따라서 이 탄닌산은 어떤 포식자로부터 공격을 피하기 위한 방어기구로서 다른 포식자들의 공격도 동시에 피할 수 있는 방어적 특성을 가지고 있는 것이다. 이러한 교차저항의 양상에 의해 포식자와 피식자 사이의 빠른 상호진화가 진행되어 온 것으로 알려져 있다.

한편 한 포식자가 여러 피식자들의 방어기작을 효과적으로 동시에 이겨낼 수 있는 역방어기구를 갖도록 진화한다면, 넓은 범위에 걸친 먹이를 쉽게 얻을 수 있을 것이다. 그 예로서 DDT에 대한 저항성을 발휘하는 곤충류의 한 대립형질은 다른 식물의 독성 화합물뿐 아니라 유기인산 등의 살충제에 대해서도 폭넓은 교차저항성을 보인다. 특히 오이에서 분비되는 독성물질인 쿠쿠르비타친에 대해 저항성을 보유하고 있는 거미진드기는 다소의 교차 저항성을 나타내고 있는 것으로 알려졌다.

어떤 생물은 군집 내의 다른 생물과 화학 전쟁을 벌리기도 한다. 이것은 곧 한 생물이 다른 생물에게 해를 미칠 수 있는 화학물질을 방출하는 상호작용인 것이다. 어떤 식물은 초식동물이나 다른 경쟁식물을 죽이는 타감화학 물질을 생성한다. 예를 들면, 떡갈나무(chaparral)에 의해 방출된 화학물질은 땅 속에 축적되어 다른 식물의 발아와 성장을 저해함으로써 부족한 물과 양분을 확보하기 위한 경쟁을 줄인다. 이미 설명한 바와 같이, 이와 같은 타감화학 물질에 의해 때로는 자가중독적응 또는 중화성적응으로의 진화가 이루어지기도 한다.

3장

환경과 행동

1. 행동에 대한 개요

1.1. 행동의 의의

생물의 생존을 위해서 운동과 행동은 필연적이다. **운동**(運動, locomotion)이란 몸의 위치를 변경하는 일을 뜻하는 것으로서 내부 기관의 움직임은 포함되지 않는다. 지상, 지중, 수중 및 공중 등이 생물의 생활권에 속하며 각각의 종은 나름대로의 생활권을 선택하고 있고, 이들은 살아가기 위해 비상(飛翔), 보행(步行), 도약(跳躍)과 같은 운동을 하지 않으면 안 된다.

행동(行動, behavior)을 광의로 해석하면 생물의 각 개체가 환경에 대해서 나타내는 일체의 조정활동으로서 생명체가 환경에 적응할 때, 또는 환경과 상호작용(相互作用, interaction)할 때의 움직임을 말한다. 그러므로, 행동이란 한 생명체의 모든 활동의 총합인 것이다. 이에는 먹이가 되는 생물과 그 생물을 먹고자 하는 생물들의 영향이 포함되고, 또한 그 생물체가 속한 빛, 온도, 계절, 일주기 등 생태계의 특성 변화 등에 대한 반응이 포함된다.

행동의 적응 양식과 본질에 대하여 연구하고자 할 때는 단순한 동물의 행동을 사람의 능력에 맞추어 추리한다거나 영장류와 같은 고도로 진화한 동물의 행동을 단순한 "자극-반응관계" 나 본능, 또는 시행착오학습의 용어로 설명하려고 해서는 안된다는 점에 유념해야 한다.

1.2. 행동의 구분

(1) 유전의 요인 및 환경적 요인에 따른 구분

① **선천적 행동**(先天的行動, innate behavior. 適應行動, adaptive behavior) : 유전적 · 본능적인 행동으로서 개체유지나 종족보존을 위한 행동을 말하며 경험이나 학습과정에 의해서 변형되지 않는 행동으로 1차행동(primary behavior)이라고도 하며 주성행동, 반사적 행동 등이 있다.

② **학습적 행동**(學習的行動, 後天的行動, acquired behavior, 調整行動, adjustive behavior) : 수시로 변화하는 환경에 적응하여 가변적으로 나타내는 행동으로써, 경험 또는 학

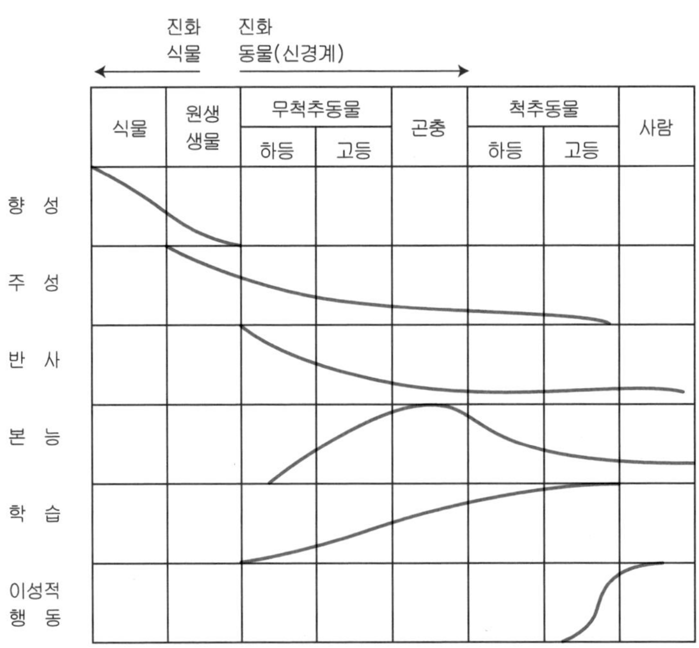

그림 3-1. 계통발생상의 여섯 가지 행동 요소의 비교

습 과정에 의해서 변용되는 행동이며 2차행동(secondary behavior)이라고도 한다. 이에는 익힘, 연합학습(聯合學習, associative learning), 조건지우기와 시행착오적 학습, 통찰(洞察, 內省的學習, insight learning) 등이 있다.

(2) 개체행동인가 또는 집단행동인가에 따른 구분

① **단독 행동**(單獨行動, individual behavior) : 동물개체의 단독적인 행동

② **사회적 행동**(社會的行動, social behavior) : 집단에 속해서의 행동

(3) 행동의 유발인자에 따른 구분

① **반응적 행동**(反應的行動, reactive behavior) : 행동을 유발(release)하는 인자가 외적 인자인 경우

② **자발적 행동**(自發的行動, spontaneous behavior) : 행동을 유발하는 인자가 내적인자인 경우

(4) 계통발생에 따른 구분

행동은 조직화되고 조절된 사회나 군집에 개체를 통합시키는 중요한 수단으로써, 비록 생물의 종류에 따라서 다르기는 하지만, 보통 ① 굴성(屈性, tropism) ② 주성(走性, taxis) ③ 반사(反射, reflexes) ④ 본능(本能, instincts) ⑤ 학습(學習, learning) ⑥ 이성(理性, reasoning)의 여섯 가지의 구성요소의 복합으로 생각할 수 있다. 이 중 굴성을 제외한 다른 5개 요소는 동물과 관계있는 것이다.

2. 식물의 행동

대부분의 식물은 주어진 자극(刺戟, stimulus)에 대하여 같은 방법으로 반응을 나타낸다. 그러므로 식물의 행동은 **선천적 행동**(先天的行動, innate behavior)인 것이며, **성장운동**(成長運動, growth movement)과 **팽압운동**(膨壓運動, turgor movement)이 있으며, 성장운동에는 굴성과 감성이 있다.

(1) 성장운동

① 굴성

식물의 어느 기관이 환경의 자극을 받아 그 자극원을 향하여 구부러지면, 이를 **굴성**(屈性, tropism)이라고 한다. 이 때 자극의 방향으로 향하는 경우를 **양성굴성**(陽性屈性, positive tropism)이라 하고, 그 반대의 경우를 **음성굴성**(陰性屈性, negative tropism)이라고 한다.

② 감성

식물의 굴곡운동에는 굴성과는 달리, 운동의 방향이 기관의 구조에 의하여 정하여져서 외부에서 오는 자극과는 관계없이 일정한 방향으로 일어나는 성장운동이 있는데 이것을 **감성운동**(感性運動, nastic movement)이라고 하며, 이에는 감열성, 감광성 운동 등이 있다.

감열성(感熱性, thermonasty)은 튜립꽃에서 좋은 예를 찾아 볼 수 있다. 튜립꽃은 온도가 높으면 꽃잎의 안쪽의 성장이 커서 열리고, 온도가 낮아지면 바깥쪽이 잘 자라서 닫힌다. **감광성**(感光性, photonasty)의 예는 빛이 자극이 되어 일어나는 생장운동으로서 민들레나 연, 채송화 등에서 그 예를 찾아 볼 수 있는데, 이들의 꽃은 낮에 열리고 밤에 닫힌다. 이것은 빛이 강한 낮에는 안쪽의 생장이 왕성하게 되고 밤에는 빛이 약해지면 바깥쪽이 안쪽보다 잘 자라기 때문이다.

(2) 팽압운동

팽압(膨壓, turgor pressure)이란, 원형질에 의한 물의 내삼투나 팽윤으로부터 생기는 세포의 액체정력학적인 압력을 말하고, **팽압운동**(turgor movement)이란 팽압의 변화에 따라 일어나는 운동을 말한다.

공변세포의 팽압에 의하여 일어나는 기공의 개폐운동 또는 괭이밥이나 클로우버 등에서 낮에 잎이 열리고(빛의 자극으로 인한 팽압의 변화) 밤에 잎이 닫히는 운동은 팽압운동이다. 또한, 미모사의 잎에 빛, 접촉, 전기 등의 자극을 주면 자극을 받은 부분으로부터 차례로 잎이 닫히게 되며, 마침내는 잎자루가 밑으로 처지게 되고, 어느 정도 시간이 지나면 원상태로 되돌아가는데, 이러한 운동은 작은 잎이나, 엽침을 이루는 유조직 세포로부터 물이 빠져나가 팽압이 감소되어 일어나는 팽압운동인 것이다.

3. 동물의 행동

3.1. 동물의 선천적 행동

(1) 주성

자극원에 대한 동물의 감각적 행동을 **주성**(走性, taxis)이라 한다. 주성은 곤충과 같은 좌우 상칭 체형인 동물에서 잘 발달되어 있으며, 좌우의 수용기에 비슷한 자극을 받도록 정위되어 자극원에 접근하거나 또는 멀어지는 것과 같은 성질이 있는데, 이 때 자극원을 향하여 접근하는 것을 양성주성(+의 주성), 자극원에서 멀어지는 현상을 음성주성(−의 주성)이라 한다.

야간에 불빛으로 곤충이 모이는 현상을 **주광성**(走光性, phototaxis)이라 한다. 연두벌레는 주광성을 나타내지만, 광선이 너무 강하면 광선을 피하는 음성주광성을 나타낸다. 그리고 프라나리아(planaria)는 두 눈으로 광선을 탐지하여 주광성을 나타내는데 그림 3-2에서 보는 바와 같이 광선을 두 곳에서 비추면 광원의 중간을 향하여 전진 한다.

페르몬과 같은 냄새물질에 대한 행동을 **주화성**(走化性, chemotaxis)이라 하며, 이는 주로 배우행동 세력권에 쓰인다. 그리고, 중력에 대한 행동적 반응을 **주지성**(走地性, geotaxis)이라 하며, 이는 주로 서식지나 산란장소 및 집짓기 등에 필요한 행동이다. 그러

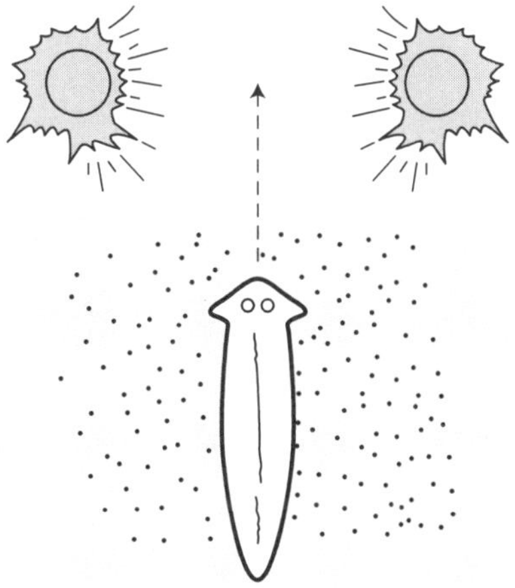

그림 3-2. 프라나리아의 주광성

나, 고등동물에서의 주성은 한정된 경우에만 볼 수 있다. 예를 들면, 쥐를 경사판에 올려놓았을 경우, 눈을 뜨지 않은 출생 직후의 쥐는 음성주지성을 보이며 판자를 기어오르는 행동을 보이지만, 눈이 보이게 되면 주지성은 소실되고 본능이나 학습에 의한 행동이 나타나서 판자에서 도망가려 하는 것을 관찰할 수 있다.

이상과 같이, 자극원의 종류에 따라서, **주기성**(走氣性, aerotaxis), **주류성**(走流性, rheotaxis), **주촉성**(走觸性, thigmotaxis), **주전성**(走電性, electrotaxis), **주열성**(走熱性, thermotaxis) 등 여러 가지가 있다.

(2) 반사

반사(反射, reflex)란 생물이 자극에 대해서 무의식적으로 나타나는 반응을 말한 것으로써, 자극에 대하여 비교적 정형화(定型化)된 고정적인 반응으로 태어날 때부터 지녀온 행동이다. 반사는 신경계를 갖추고 있는 동물에서 볼 수 있는 가장 간단한 양식으로 유전적 신경기구의 산물이라 할 수 있으며, 이로 인하여 불의의 위험 등을 피할 수 있다.

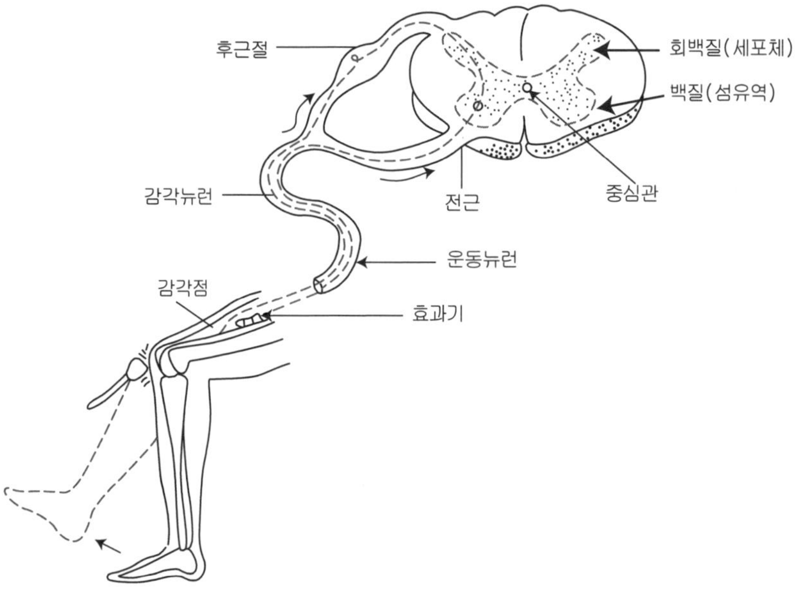

그림 3-3. 무릎반사 활동의 모식도

수용기가 받은 흥분은 감각뉴런을 통과하여 척수에 도달한다. 후근절에 있는 감각뉴런은 척수의 회백질 내에 있는 시냅스에서 흥분을 효과기에 전달하는 운동뉴런과 연결된다.

반사와 주성 사이에는 서로 닮고 있는 점이 있다. 주성은 몸 전체의 정위이며 그 속에 다수의 특정인 반사적 반응이 포함된 경우가 많다.

반사에는 **긴장성 반사**(緊張性反射)와 **위상적 반사**(位相的反射)가 있다. 긴장성 반사는 비교적 장시간 계속되는 조절행위로서 근육의 긴장이나 몸의 평형을 유지하는 것 등이고, 위상적 반사는 짧은 시간에 끝나는 조절행위로서 일종의 굴곡반사인 것이다.

반사의 예를 들어보면 다음과 같은 것들이 있다.

① 사람에게서의 재채기나 무릎반사 등
② 뜨거운 물체에 손이 닿았을 때 자신도 모르게 손을 뗀다.
③ 눈앞에 갑자기 어떤 물체가 날아오면 자신도 모르게 눈이 감겨진다.
④ 강한 빛에 대한 동공의 수축 현상
⑤ 음식을 씹으면 입에서 침이 나온다.
⑥ 개구리의 식도 반사 : 개구리는 머리를 절단해도 식도에 먹이를 넣어주면 반사적 반응에 의하여 먹이를 삼키고 수주일간 생존을 할 수 있다.
⑦ 파리는 발바닥에 맛 수용기가 있어서 설탕 등 음식물에 앉기만 하면 주둥이가 저절로 뻗쳐진다.
⑧ 무척추동물의 교미는 반사적 행위인 것이 많다.

(3) 본능

본능(本能, instinct)이란 동물의 행동 중 연습이나 모방 없이 태어날 때부터 유전적으로 몸에 지니고 있는 행동을 말하며, 그 형태에 따라 분류하면, ① 섭식본능 ② 모성본능 ③ 생식본능 ④ 방어본능 ⑤ 귀소본능 등이 있다.

본능 행동의 특징을 보면 다음과 같다.

① 본능은 학습과 관계없는 유전현상이다.
예를 들면, 갓난아기의 젖 빠는 행위, 병아리가 알껍질을 깨고 나오는 행위, 거미가 거미줄을 치는 행동, 새가 둥지를 트는 행동, 오리새끼가 어미 뒤를 따라가는 행동 등 여러 가지가 있다.
② 본능은 고정된 행동으로 생존목적에 알맞도록 되어 있으며 도중에 중지 또는 변경되는 일이 없다.

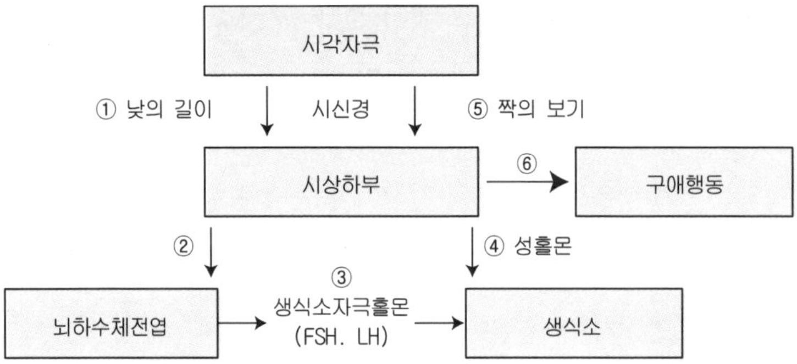

그림 3-4. 외적 및 내적 조건에 의한 동물의 구애행동

③ 본능은 선천적 행동 중 가장 복잡하고 가장 경이적인 행동으로서 적응적이며 방향성을 가지고 있다.

예를 들면 나나니벌이 거미에 알을 낳아서 자신의 알을 부화시키는 과정을 보면, 1. 거미를 독침으로 찔러 마취시키고, 2. 땅에 구멍을 판 후, 3. 거미의 몸 안에 산란을 하고, 4. 구멍 속에 거미를 넣은 후, 5. 흙을 덮는다. 만일 이 때 '2'의 구멍을 파는 도중 거미를 없애버리면 다음 행동을 계속할 수 없기 때문에 '1'에서부터 되풀이 하는데, 이때 어떠한 경우에도 절대로 먼저 판 구멍을 이용하지 않고 다시 구멍을 판다.

척추동물의 본능적 행동은 흔히 생체의 내적환경에 따르고 있다. 대부분의 척추동물의 구애행동은 성호르몬이 혈류에 존재하지 않는 한 이루어지지 않는다. 시상하부(視床下部, hypothalamus)의 혈액 공급에 있어 성호르몬의 존재로 자극되었을 경우 시상하부는 구애를 이끄는 행동을 유발시킨다. 즉, 혈액의 성호르몬의 함량은 뇌하수체의 전엽(anterior lobe)의 활성에 의하여 조절된다.

(4) 방출인자

동물이 어떤 종류의 본능적 행동을 일으킬 수 있는 준비가 체내에서 갖추어져 있을 때 반응을 나타내게 하는 외부의 자극을 필요로 하게 되는데, 그 본능적 행동을 일으키게 하는 신호가 되는 요인을 방출인자(放出因子, releaser)이라 한다.

예를 들면, 큰가시고기는 생식기가 되면 암컷은 수컷의 적색에 끌려가서 수컷이 준비해 놓은 둥지에 들어가 알을 낳는다. 그러나, 암컷은 적색물체라면 어느 것에든지 끌려간다. 일단 암컷이 둥지에 들어가게 되면 수컷이 아닌 어떤 물체이던 꼬리의 기부 근처를 건드리기만 하면 그것이 자극이 되어 알을 낳는다. 이때 방출인자는 적색인 것이다.

유럽산 휘파람새의 일종은 밤에 별을 보고 이동을 한다고 한다. 이 때 별은 방출인자로서, 별은 현재까지 알려진 본능적 행동의 방출인자 중에서 가장 특수한 예라고 한다.

3.2. 동물의 학습적 행동

학습이란 과정에 의하여 생활 경험이 그 개체 위에 흔적을 남겨서 과거의 경험에 비추어 새로운 적응성을 발달시키는 가능성을 동물에게는 있는 것이다. 이와 같이 개인의 경험으로 다소 영속적으로 획득되고, 또는 수정되는 행동을 **학습적 행동**(學習的行動, learned behavior)이라 한다.

학습적 행동에는 사람의 추리에서 보는 바와 같은 매우 복잡한 기호적 처리해서부터 타고난 행동을 학습에 의하여 단순히 변화시키는 것 등 많은 종류가 있다. 그러나, 그 특징은 모두다 그 동물의 행동에 오래 계속되는 변화, 아마도 영구적인 변화는 신경계의 기능의 변화일 것이며, 가령 그것이 영구적인 변화라고 하면 그것은 역시 신경계의 구조의 변화일 것이다.

(1) 습관

습관(習慣, habituation)은 학습적 행동 중에 가장 간단한 것으로써 어느 주어진 자극에 의하여 형성되는 특수한 학습된 감응이다. 그러므로 습관은 적어도 어느 한계 내에서 조건반사에 대한 많은 상호관계를 지니고 있다.

사람의 경우 실제적으로 습관이 인체의 신경계에서 형성되면 그것은 보통 최소한의 의식적인 노력으로 이루어지게 된다. 예를 들면 걷기, 말하기 및 자전거 타기, 자동차 운전하기 등에 관여되는 많은 분리된 활동은 어느 시기에 학습되어야만 할 수 있는 것이다.

(2) 각인

새로 부화한 어린 거위가 움직이는 어떤 물체를 처음 보았다면 마치 어미 거위에 따르는 것처럼 그 물체에 따르게 된다. 이 때 그 물체가 소리를 내는 것이라면 더욱 효과적일 것이다. 이와 같은 현상을 **각인**(刻印, 印象찍히기, imprinting)이라고 한다.

이와 같은 각인은 거위, 닭 등 수종의 조류에서 알려져 있으며, 이 때 어린 거위의 처음 본 물체가 일반 동물(개, 사람 등)일 경우에도 이루어지며, 각인이 이루어지는 기간은 보통 부화 후 36시간이 넘지 않은 매우 짧은 시간이다. 이 같은 현상은 자연상태에서는 어미와 자식간의 상호관계, 또는 그 종 자체의 인식을 정립시키는데 있어 많은 도움이 되는 것이다.

(3) 조건반사

어떤 자극에 의하여 무조건으로 일어나는 반응(무조건반응)이 그 반응과 관계가 없는 제 2 의 자극을 동시에 반복하여 줌으로써 나중에는 제 2 의 자극(조건자극)만으로도 반응이 일어나는 경우를 **조건반사**(conditioned reflex)이라 하며, 학습 중 매우 단순한 모양의 하나이다.

조건반사는 소련의 생리학자 Ivan Pavlov에 의하여 밝혀졌다. 그는 개의 입 속에 육류의 분말을 반복하여 분무시켜 분비된 침의 양을 정확히 기록하였다. 다음 육류의 분말과 먹이로써 제공함과 동시에 종소리를 들려주는 일을 수차례 반복하였다. 그 결과 개는 종소리만 들려도 침을 분비하는 현상이 일어나게 되었다. 이러한 실험에서 그는 종소리에 의한 침의 분비를 **조건반사**(conditioned reflex)라 하였고, 종소리를 **조건자극**(conditioned stimulus), 그리고 육류에 대한 타액의 분비를 **무조건반사**(unconditioned reflex)라고 하였다.

조건반사의 생리적 기본은 특유한 신경에 의하여 침분비의 제어를 담당하는 운동신경에 대하여 뇌의 청각 영역에서의 신경활성의 전이라고 할 수 있다. 실제로 심리학자들의 약간은 학습적 행동은 조건반사의 생성에서 이루어지는데, 특히 조건반사는 인간 행동에서의 대부분의 복잡형의 기본적 단위라고 생각하고 있다.

(4) 도구적 조건부여

도구적 조건부여(instrumental conditioning, operant conditioning)란 자발적 반응을 강화하는 것에 의해 그 반응의 획득을 훈련하는 절차를 말한 것으로서, 조건반응의 성과에 대하여 보수를 주고, 그때까지 이룬 반응을 더욱 강화시키는 방법이다. 강화의 결과 그 반응은 매우 흔하게 일어나게 되며 그 밖의 다른 반응은 탈락되던가 한다.

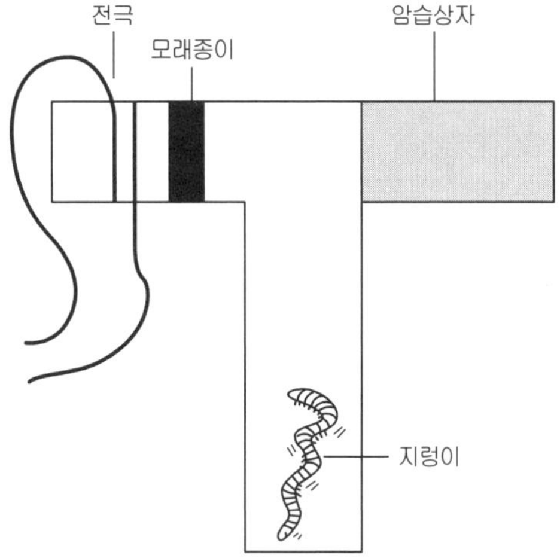

그림 3-5. 지렁이의 시행착오 학습을 위한 T-미로

도구적 조건부여는 비둘기의 실험에서 좋은 예를 찾아 볼 수 있다. 즉, 빛에 대하여 밝기가 다른 두 개의 반점을 놓아두게 되면 비둘기는 보다 밝은 반점을 쪼게 되며 그리하여 보수로서 곡물의 낟알을 얻게 된다. 비둘기를 훈련시켜 탁구와 장난감을 피아노까지 치도록 할 실험 예도 있다.

한편, 도구적 조건부여는 동물이 보상을 받기 위해 하나를 선택하는데 여러 가지의 반응을 시도해 보기 때문에, 이를 **시행착오학습**(試行錯誤學習, trial and error learning)이라고도 한다. 예를 들어 지렁이를 T-미로(迷路)의 어둡고 습기가 차 있는 방으로 이르는 통로를 가게 하고 전기충격과 사포(砂布)를 연결시키는 다른 통로를 기피하도록 훈련시킨다. 이러한 위치습관의 간단한 훈련에서도 올바른 반응이 평균 90%를 얻는 데까지 도달하는 데는 약 200회의 연습이 필요하다. 그리고 개미의 실험에서는 25번의 시행착오를 한 뒤에야 미로를 쉽게 찾을 수 있었다고 한다.

(5) 동기유발

동물을 대상으로 학습적 행동의 연구를 시도할 때에는 그 행동을 하려고 하는 동물의 의욕이나 충동이 문제가 된다. 이러한 동물의 의욕이나 충동은 육체적 필요성과 매우 깊은 관련성을 맺고 있다. 즉, 동물은 배가 고프면 먹이를 찾고, 목이 마르면 물을 찾는 것과 같은 행동은 스스로의 의욕이나 충동이 일어나기 때문인 것이다. 흰쥐의 미로학습 실험을 하

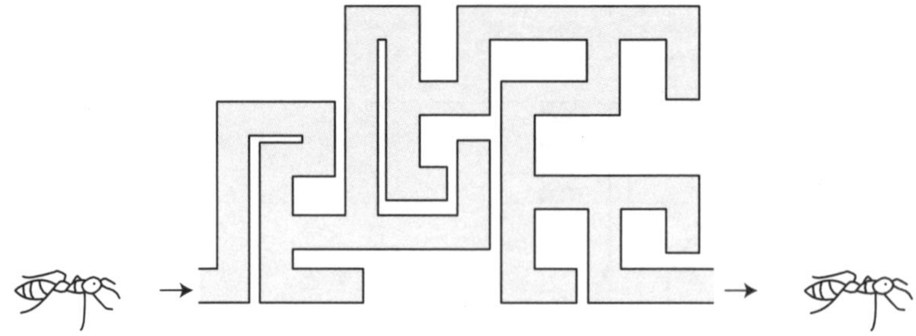

그림 3-6. 개미의 시행착오학습을 위한 미로

려면 약 하루 동안 굶기는 것이 효과적인데 이것은 먹이를 찾고자 하는 의욕의 조건을 미리 제공하기 위한 것이다.

이상과 같은 어떤 행동 또는 충동을 일으킬 수 있는 요인들로서 어떤 행동발생의 출발점이 되는 것을 **동기유발**(motivation)이라 하며, 동기유발에 의하여 발생된 행위를 고정행위양식(固定行爲樣式, fixed action pattern)이라 한다. 동기유발에는 호르몬이나 신경 등에 의한 **내적동기유발**(고치짓기 등)과 빛과 온도 및 이종(異種)이 발산하는 물질(pheromone) 등에 의한 **외적동기유발**의 두 가지가 있다.

인간의 식욕이나 갈증 또는 성욕 등의 육체적 욕구의 행동은 동기유발로 규정지을 수는 없다. 특히 돈을 벌기 위한 인간의 활동은 육체적 욕구를 만족시키기 위한 직접적인 활동은 아닌 것이다.

(6) 통찰학습

동물과 먹을 것 사이에 장벽을 두고 볼 수 있게 하였을 때 어떤 동물은 그 장애물을 돌아서 먹이가 있는 곳을 찾아간다. 예를 들어 천장에 매달아 놓은 바나나를 따기 위하여 유인원이 상자를 쌓아 올린 것과 같은 행동에서 볼 수 있는 것과 같이, 그 동물이 통찰에 의하여 문제를 해결하는 행동을 **통찰학습**(洞察學習, insight learning)이라 한다.

통찰학습은 어떤 문제의 목표를 해결하기 위한 새로운 경험을 쌓기 위하여 둘 또는 그 이상의 고립된 경험을 연결시킬 수 있는 능력이라고 규정할 수 있으며, 여러 가지 학습형태 중에서 가장 발달된 것으로서 고등동물의 일부에서만 볼 수 있다. 원숭이나 유인원이 천정에 매달아 놓은 바나나를 따기 위해 상자를 쌓아 올린다는 실험은 통찰학습의 가능성을 보여주는 것이라 할 수 있다.

(7) 기억

기억(記億, memory)을 광의로 해석하면 동물이 과거의 경험에 의거하여 행동하는 것을 말하고, 협의로 해석하면 과거의 체험의 재생이라고 할 수 있다. 기억에 관한 물질적 연구는 고등동물의 고차적인 행동의 분석과 모든 동물의 본능 분석에 크게 공헌할 것이며, 기억에는 다음과 같은 두 가지의 학설이 있다.

첫째, 기억을 관장하는 특수한 중추가 없다고 하는 학설이다. 즉, 하나의 행동으로 일으킨 신경계의 흥분은 중추신경계의 신경망을 순환하는 동적인 과정이라는 것이다. 따라서 뇌의 어느 부분이 상처를 입어도 기억을 상실한 일이 없다고 한다.

둘째, 기억할 수 있다는 것은 뇌의 영구적이고 육체적인 변화가 일어난 결과라고 주장하는 설이다. 육체적인 변화라고 하는 것은 어떤 synapse의 저항력에서 일어나는 것이라 보고 있으며, 기억은 뇌 속의 어떤 물질에 축적되고 있는 것이라고 보고 있는 것이다.

기억에는 장기기억과 단기기억이 있는데, 장기기억은 한 번 익힌 것이 오랫동안 지속되는 기억이고, 단기기억은 그 당시에만 기억되는 것이다. 이 같은 사실로서, 단기기억은 중추신경계의 시냅스망의 복잡한 연결에 의하여 형성되고, 장기기억은 이러한 과정을 거친 다음에 RNA 또는 단백질의 형태로 뇌세포에 보관되는 것이라고 보고 있다. 학자에 따라서 RNA에 기억이 보관되고 있다는 설과 단백질에 기억이 자리잡고 있다고 하는 설이 있다. 실제로 신경계의 활동이 이루어져있을 때는 RNA의 양이 증대된다는 사실이 지적되고 있다.

인간의 경우 30~40세까지는 척수에서의 RNA의 양이 증가되고, 40세 이후부터 55~60세까지는 RNA의 양이 변화되지 않고 남아 있으며, 그 후에는 현저한 감소를 보인다고 한다.

(8) 언어

사람의 경우 추리, 기호화의 능력 및 그 신경기작에 대하여 아직 밝혀져야 할 부분이 많이 있으며, 동물의 경우는 더욱 그 지식이 미지적이다. 사람과 동물 사이에는 큰 차이가 있지만 어느 정도 연속성이 존재할 것으로 보고 있다.

동물에는 추리화 및 기호화 과정에 대하여 극히 일부만 인정될 뿐이나, 사람에 가까운 영장류 같은 동물에서는 추리와 및 기호화 과정이 그들의 행동에 어떠한 형으로 역할을 이루어가고 있다. 따라서 영장류 이하의 동물들과는 확실히 구별되고 있다. 인간 이하의 동물에게 사람의 능력이 있다고 생각하여 그들의 능력을 과대평가하거나, 또는 동물 특히 영장류를 과소평가하여 그들의 행동을 모두 단순히 "자극–반응"의 조합만으로 설명하려 해서는 안 된다.

사람 및 사람에 가까운 영장류의 언어 발달은, 뇌의 피질 특히 그 연합신경과 그것에 관련된 시상핵(視床核)이 잘 발달함에 따라서, 진화상 몇 가지의 새로운 행동 능력이 출현하였다고 본다. 즉, 추리, 추상능력, 본능 또는 습관 등으로부터 더욱 발달하여 통찰, 추리, 기회의 사용이 가능하게 되었으며, 뒤이어 발달된 언어를 사용할 수 있게 됨으로써 주변 모든 환경과 더욱 더 잘 적응될 수 있었을 것이다.

3.3. 곤충의 행동

곤충의 행동은 섭식행동(攝食行動)이나 배우행동(配偶行動)과 같이 어떤 목적을 위한 일련의 동작으로서 운동을 수반한다. 곤충의 행동은 합목적적이므로 신비시되어 많은 흥미를 불러 일으켜 왔고, 최근에는 자극(刺戟)의 분석과 전달 및 운동의 신경생리에 관한 많은 연구가 전진되어 그 신비로움을 과학적으로 해명하게 되었다. 그래도 아직도 명확하지 못한 많이 점이 있어 계속 관심을 두고 연구할 필요성이 있다.

(1) 주광성 행동

빛은 곤충의 행동에 중요한 역할을 한다. 주광성 중에서 가장 전형적인 것은 **전향주광성**(轉向走光性, phototropotaxis)으로서 수용기가 체축(體軸)에 따라 좌우에 대칭적으로 되어 있는 곤충으로 단안만을 가지고 있는 유충 또는 성충이 좌우의 수용기가 동일한 강도의 자극을 수용하도록 정위하면서 이동하면 결과적으로 광원에 직진(正의 轉向走光性)하거나 또는 광원에 멀어(負의 轉向走光性)지게 된다. 어떤 곤충이 광원에 접근하고 있을 때 같은 강도의 광원을 2개 나란히 해주면 그 곤충은 2광원의 중간을 향하여 전진하게 된다. 그리고 한 쪽의 눈을 도말한 개체를 산광하에 두면 건전한 눈 쪽으로 변경해서 운동을 하므로 원주운동을 계속하게 된다. 전향주광성의 경우는 광원을 형태로써 수용하고 있는 것이 아니므로 유충과 같이 광의 강도를 식별하지 못한 단 안팎에 가지고 있지 않은 것의 주광성은 전향주광성이다. 이처럼 곤충이 두 개의 광원에 대하여 그 중간으로 직진하는 것이 전향주광성이지만 한계는 없다.

두 개의 광원 중 한 개에 대해서만 직진하는 경우 이것을 **목표주광성**(目標走光性, phototelotaxis)이라 부른다. 이 주광성은 복안처럼 발달된 눈의 망막에 한 점의 광원상을 가지고 있으므로서 물체를 광원에 정위하는 것이기 때문에 반드시 좌우 대칭의 눈의 존재를 필요로 하지 않는다. 이러한 점에서 목표주광성은 전향주광성과 매우 다르다. 이 두 가지의 주광성은 동시에 일어나는 일은 없지만 광원에 접근하는 도중에 전향주광성에서 목표주광성으로 끊겨져 나누어지는 일이 있다. 두 개의 광원을 사용해서 조절하면 처음에는 두 개의 광원의 중간을 진행하다가 다음 어느 한 쪽의 광원을 향하여 진행한 경우가 있는데 이 경우를 **지향성주광성**(指向性走光性, phototopotaxis)이라 한다. 이처럼 행동변화의 기구는 그 자체만으로 매우 흥미 있는 점이다.

목표주광성이 광원의 목표로 직진하는 것에 비해 광원에 대하여 체축이 있는 정위각(定位角)을 보유하는, 즉 횡축정위에 의한 주광성을 **보유주광성**(保留走光性, photomenotaxis)이라 한다. 이것은 최초로 개미에서 발견되었다.

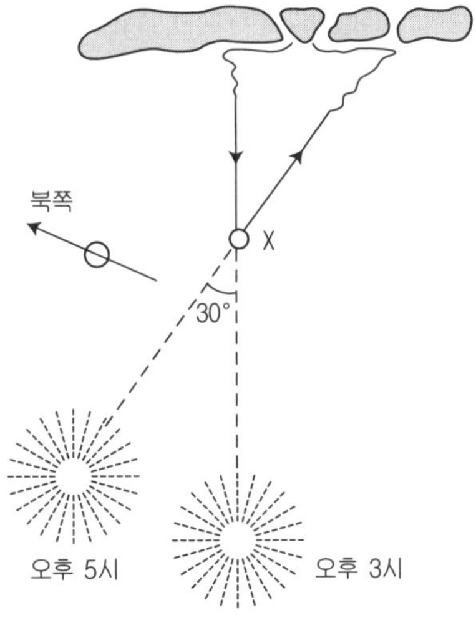

그림 3-7. 고동털개미의 광방위각의 유지

지점 X상에서 오후 3시에 개미를 상자로 피복하고 태양의 위치를 표시한 후 오후 5시에 해방시키면 개미는 집을 떠날 때의 길과 돌아갈 때의 길 사이 각의 차는 태양의 위치변화에 의한 각의 차이와 동일한 각을 유지하면서 집을 찾아간다.

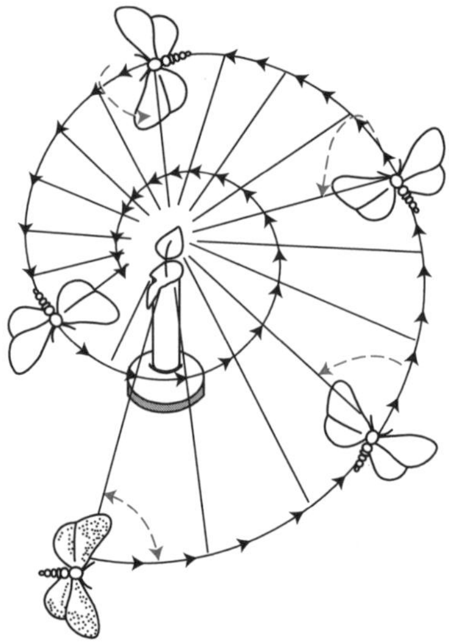

그림 3-8. 나방의 보유주광성

나방은 낮에 태양광선을 지표로 하여 항상 태양광선과 자신의 눈과의 각도가 일정하도록 유지하면서 전진한다. 이들은 밤에 촛불이나 전등을 만나게 되면 그것을 지표로 하여 일정한 각도를 유지하면서 접근한다.

집으로 돌아가는 개미를 잡아서 암상에 넣고, 2~3시간 후에 암상에서 꺼낼 경우 집의 방향과 편차각을 유지하면서 돌아간다. 이 편향각은 정확하게 개미가 암상 속에서 넣어져 있는 동안의 태양이 이동한 각도에 상당하다. 개미는 태양을 지침으로 일정각도를 유지하면서 걸어간다고 생각된다. 이와 같은 예는 다른 곤충에서도 볼 수 있다. 이것은 태양이나 달처럼 멀리 있는 광원에 대하여 보유주광성 곤충이 직진적으로 이동하지만 광원이 매우 가까운 곳에 있는 경우에는 소용돌이 운동 또는 원주운동을 하게 된다. 야행성 곤충이 전등주위를 빙빙도는 것은 좋은 예이다.

(2) 꿀벌의 신호와 의사전달

복잡하고 정교한 꿀벌의 신기한 행동은 감각기나 신경 및 효과기가 없이는 거의 불가능하다. 곤충의 복안은 몇 가지의 색깔뿐만 아니라 여러 가지의 형태로 구별하며 촉각에 있는 후각 수용기로는 여러 종류의 냄새를 구별하고 특히 약한 냄새도 쉽게 감지해 낸다고 한다. 그리고 꿀벌의 구기 부분에는 미각 수용기가 있어서 단맛, 신맛, 짠맛, 쓴맛을 구별할 수 있다. 벌들이 단맛과 쓴맛을 느끼는 것은 매우 유용한 일로 농도가 옅어서 꿀로 만들 수 없는 화밀은 아예 채취하지 않는다.

벌통은 벌들의 생활 중심지이며 그들의 집인 것이다. 일벌들은 꿀을 구하기 위해 멀리 나갔다가 꿀을 구하면 다시 그들의 집으로 돌아온다. 그들은 자기 집을 찾기 위하여 확실히 무엇인가 표시를 하고 있음이 분명하다. 많은 벌들은 정찰병들이 실제로 먹이를 발견하고 자기집으로 돌아온 직후 먹이가 있는 곳으로 날아간다. 이 때 정찰병들은 벌통의 주변에 머물러 있고 일벌들만 날아감에 놀라지 않을 수 없다. 이것으로 우리는 두 가지 사실을 생각할 수 있다. 첫째로 일벌들은 정찰병으로부터 먹이가 있는 장소로 가는 길을 배웠거나, 둘째로 정찰벌들이 가르쳐준 대로 낯선 곳으로 갈 것을 전달 받았을 것이라는 것을 생각할 수 있다.

독일의 학자 Karl von Frisch는 정찰벌에 페인트를 표시해서 이들의 활동을 주시 연구하였다. 그는 정찰벌들은 집으로 돌아온 즉시 꽃가루나 꿀을 저장한 다음 벌집의 수직 표면 위에서 가볍게 춤을 추는 것을 발견하였으며, 이 춤은 벌들이 먹이가 있는 곳으로 날아가도록 유인하는 것을 알게 되었다. 만일 먹이가 벌통으로부터 가까운 곳(75 m)에 있지 않으면 정찰벌들은 꼬리춤을 춘다. 이 춤추는 속도가 벌통으로부터 먹이가 있는 거리와 관계가 있다는 것을 Frisch는 알아냈다. 이 때 정찰벌들은 풍속도 고려하는 것 같다. 또 벌의 꼬리춤 방향은 벌통에서 먹이가 있는 곳의 방향이나 하루 중의 시각과 관련이 있음을 알아냈다. 즉, 하루 중 일정한 시간에 춤추는 방향은 먹이가 있는 곳에 따라 달라졌으며, 일정한 장소에 먹이가 있을 때는 태양의 방향에 따라 춤추는 각도가 달라졌다.

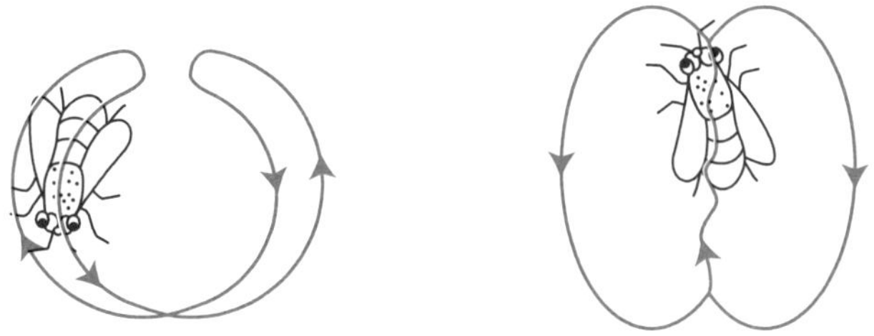

그림 3-9. 벌들의 꼬리춤

왼쪽 : 먹이가 벌통에서 가깝게 있을 때의 춤으로써 원을 그리면서 춤을 춘다.
오른쪽 : 먹이가 벌통에서 100 m 이상 떨어졌을 경우로써 꼬리춤을 춘다. 춤추는 속도는 먹이가 있는 거리를, 춤추는 방향은 먹이의 방향을 제시해준다.

위의 사실로 보아 정찰벌들이 먹이가 있는 방향을 태양의 방향과 관련해서 알려 주었음을 시사해 준다. 그러나 벌통에서 태양을 볼 수 없을 때는 대개 벌들의 수직 표면 위에서 춤을 춘다.

먹이를 구하러 갈 벌들은 정찰벌 주위에 몰려와서 ① 먹이의 종류 ② 먹이가 있는 방향 ③ 먹이가 있는 거리 ④ 만일 먹이에서 냄새가 나는 것이라면 그 냄새가 어떤 것인지 등 네 가지에 대하여 배우게 된다.

춤추는 벌들이 벌통에 오래 머물러 있을 때는 태양의 움직임에 따라 춤추는 방향도 바뀌어진다. 춤추는 벌들이 벌통 안에서 태양의 움직임을 똑똑히 알아내지 못할 것이라는 점을 고려해 볼 때 이와 같은 사실은 놀라운 일이다. 벌들은 무엇인가의 기능으로 시간의 흐름을 알 수 있기 때문에 이와 같은 필요한 수정도 가할 수 있음을 시사해 준다.

먹이가 태양과 같은 방향에 있을 때는 벌들은 머리를 위 아래로 흔들면서 꼬리를 곧게 세운 채 춤을 추고, 먹이가 태양의 좌우로 일정한 각도에 있을 때는 수직으로부터 좌우 같은 각도로 춤을 춘다.

만일 일정한 시간에 설탕이나 빵, 잼 등을 일정한 장소에 둘 경우 정해진 시간이 되면 일정하게 벌들이 설탕을 구하려 날아든다. 이것이 생물학적 시계의 또한 예이다. 정확히 시간을 맞추어 오늘 벌 집단에 온도를 내려 차게 해주거나 이산화탄소와 같은 마취약을

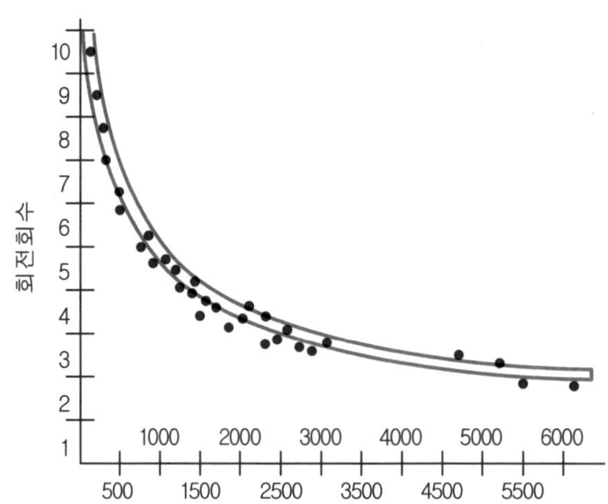

그림 3-10. 먹이가 있는 거리와 꼬리춤의 속도와의 관계 (J.W. Kimball, 1978)

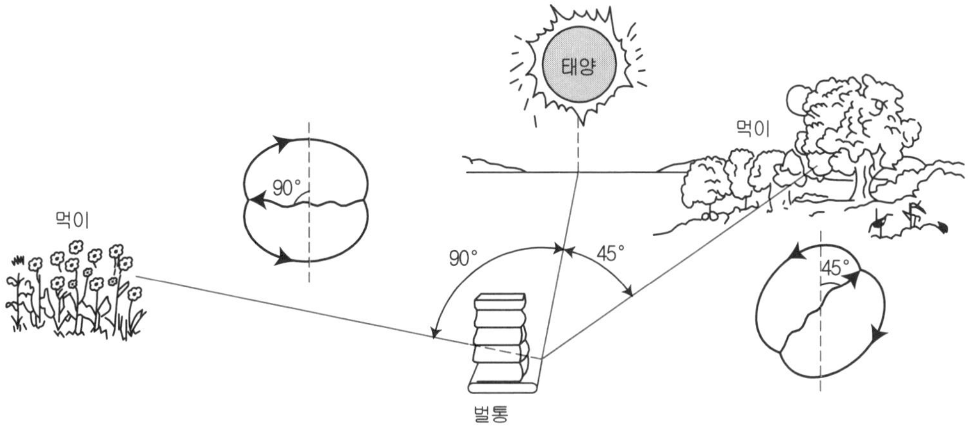

그림 3-11. 벌들이 먹이의 위치를 알려줄 때의 태양과 춤추는 각도와의 관계 (J.W. Kimball, 1978)

쏘이면 다소 늦게 설탕이 있는 곳에 나타난다. 이 같은 벌들의 행동은 대부분 본능적이어서 다소 고정적이다. 그러나 작은 범위 내에서는 그들의 행동을 바꾸기도 하는데, 이것은 후천적 획득행동이며 벌들이 먹이의 위치, 냄새, 시각 등을 알아내는 것도 획득행동의 한 예라 할 수 있다.

(3) 섭식행동

곤충의 **섭식행동**(攝食行動, feeding behavior)은 매우 복잡한 행동으로서 다양한 자극에 대한 여러 반응간에 상호작용을 통하여 단계적으로 진행된다. 그 단계는 5단계로서 ① 접근운동단계 ② 이동의 정지단계 ③ 시식단계 ④ 섭식계속단계 ⑤ 섭식종료단계로 구분할 수 있다.

배고픈 곤충은 섭식 후 얼마 되지 않는 곤충간의 행동에는 먹이 발견의 기회 증대에 관한 행동양식에 있어서 서로 차이가 있다. 첫째 이동운동의 증가에 대한 차이와, 둘째 어느 자극에 대한 반응성의 증가에 차이가 그것이다. 즉, 굶주린 곤충은 더 적극적이고 민감한 반응을 보인다.

곤충의 먹이에의 접근으로부터 섭식에 이르기까지의 행동 방식은 곤충의 종류에 따라 매우 다양하다. 대부분의 곤충은 일단 먹이와 접하게 되면 먹이에 들어 있는 화학물질을 식별하기 위하여 감각기와의 접촉이 뒤 따르며, 이때 감각기가 자극되면 입과 먹이와의 접촉이 이루어진다. 예를 들면, 금파리는 화학적 감각기가 발바닥에 있는데 이 감각기가 자극을 받아야 주둥이를 내뻗어 먹이와 접촉하게 된다. 이와 같이 하여 섭식행동이 시작되지만 섭식의 계속 여부는 입틀에 있는 감각기의 반응에 따라 좌우된다. 음식이 소화되어도 동화됨에 따라 이동운동의 증가 또는 자극에 대한 반응성의 증가와 같은 흥분상태는 감소되는 반면에 섭식을 억제시키는 영향은 증가한다.

대부분의 곤충이 먹이를 발견함에 있어서 주로 시각적 자극과 후각적 자극을 이용한다. 꿀벌과 나비는 빛깔·모양·움직임 등을 이용하여 꽃을 찾으며, 잠자리와 사마귀 등도 주로 시각적 자극에 의하여 먹이를 포획한다. 후각적 자극에 의하여 먹이를 발견하는 예는 똥을 먹고 사는 풍뎅이류와 검정파리류가 있다. 이 곤충들은 그 먹이에서 발산되는 휘발성 물질인 skatol과 암모니아에 유인되는데, 이때 휘발성 물질은 영양물이 들어있는 **지시물**(指示物, indicator)로서의 역할을 할 뿐 그 자체는 영양분이 아니기 때문에 이 같은 물질의 자극을 **신호자극**(信號刺戟, sign stimulus)이라 하며, 그 물질을 **유인인자**(誘引因子, attractive factor)라 한다.

정온동물의 외부기생충들은 시각, 청각, 촉감, 열 및 수분 등을 이용하여 숙주를 찾아낸다. 일단 잠재적 먹이를 찾아낸 다음 뒤이어 섭식행동이 계속되기 위해서는 특정한 자극이 필요하다. 이와 같은 물질을 식욕자극물질이라고 하는데 숙주동물의 종 특이적 물질로서 영양과 무관한 제 2 차 식물물질이라고 한다.

양배추가루진딧물의 경우 이 진딧물의 숙주가 아니더라도 여기에 이 진딧물의 숙주인 십자화과 식물로부터 추출된 sinigrin을 처리하면 흡즙한다. 대부분의 곤충에 있어서 먹이에 포함되어 있는 설탕성분은 식욕자극의 효과적인 물질로 알려져 있으며, 또한 아미노산, 그루코스, 특정 단백질, 아스코르브산 기타 몇 가지 화학물 등도 섭식을 자극하는 것으로 알려져 있다.

누에는 개미누에 때 강한 주광성을 나타내며 이것은 섭식행동과 밀접한 관련성을 가지고 있다. 뽕잎 투과광과 비슷한 황색파장(550~560 nm)에서 누에는 최대의 주광성을 나타내고 있지만 뽕잎을 섭식 중이거나 잠을 잘 동안은 주광성이 나타나지 않은데, 이와 같은 주광성이 한정되어 나타난 이유는 뽕잎의 휘발성 성분에 의한 강한 누에의 유인 효과가 주광성을 약화시키거나 억제시키기 때문인 것이며, 이와 같은 주광성을 억제의 적응적 의미는 누에가 광선에 대한 반응을 잃어버림으로서 먹이에의 정착을 확실하게 하기 위함이라 볼 수 있는 것이다.

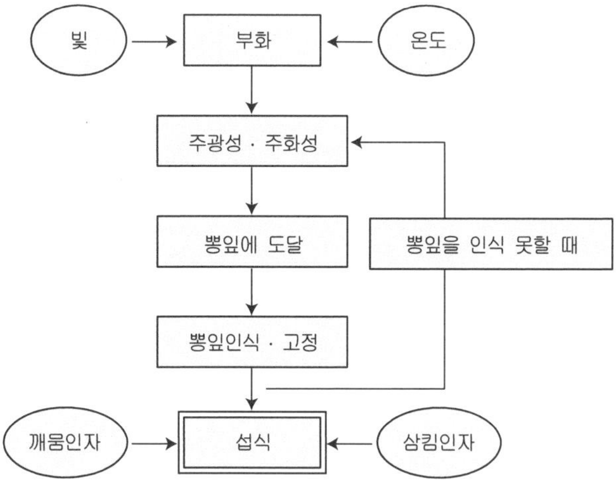

그림 3-12. 개미누에의 주광성과 관련된 먹이 탐색과 섭식과정

뽕잎 중에는 누에의 섭식에 필요한 물질로서의 세 가지 인자(factor)가 있다. 즉, 누에를 유인하는 물질을 **유인인자**(attractive factor), 깨무는 행동을 일으킨 **깨뭄인자**(biting factor), 그리고 연속적으로 먹게하는 **삼킴인자**(swallowing factor)가 있다. 유인인자에는 citral, linalool, linalyl acetate, terpenyl acetate 등이 있으며, 깨뭄인자에는 β-sitosterol, morin 등이 있고, 삼킴인자에는 cellulose가 있다.

막 부화된 개미누에가 뽕잎에 정착하여 섭식할 때까지의 과정을 요약하면, 부화 후 유충은 시각에 의하여 뽕잎에 접근하고 잎 가까이에서는 후각에 의하여 정위를 보다 확실히 하여 잎면에 도달한다. 앞면에서의 유충은 접촉 혹은 후각적 수단에 의해 먹이가 있는 것을 확인 또는 다른 장소로 이동한다. 그리고 뽕잎의 정착인자에 의하여 뽕잎에 정착한 유충은 섭식을 개시한다. 이때 뽕잎의 휘발성 성분에 의하여 주광성을 상실하고 강한 정착성을 갖게 되며 지속적인 섭식 및 성장이 이루어진다.

4장

빛과 생물

1. 태양광

1.1. 광파장

자연상태의 조명은 태양을 광원으로 하며 모든 생물은 이를 이용하고 있다. 태양은 복사에너지의 근원으로 복사선(輻射線)을 방출하고 있다. 복사선이란 원자 내부의 변화에 의하여 방출되는 복사에너지이며, 물리학상으로 **전자파**(電磁波, electromagnetic wave)라고 한다. 전자파의 파장과 주파수 사이에는 다음과 같은 관계가 성립한다.

$$\text{전자파의 전파속도} = \text{파장(cm)} \times \text{주파수(Hz)} = 3 \times 10^{10}\text{(cm/sec)}$$

전자파는 전리작용(電離作用)의 유무에 따라 다음과 같이 분류한다.

① **전리복사선 :** 우주선, γ-선 , X-선 등의 짧은 파장의 전자파
② **비전리복사선 :** 자외선, 가시광선, 적외선 등

전리복사선은 지상에 도달하지 않으며 비전리복사선 중 단파장의 복사선도 대기층을 지나면서 여러 가지의 원인물질에 의하여 일부는 흡수되거나 산란된다. 오존층은 자외선의

표 4-1. 복사선의 파장

복 사 선	파 장
우주선	0.0005(Å)
γ-선	0.001~0.01 nm
X-선	1 nm~10 nm
자외선	
진공자외선	10~200 nm
자외선(C)	200~290 nm
자외선(B)	290~320 nm
자외선(A)	320~400 nm
가시광선	
보라색	400~424 nm
남색	424~491 nm
연두색	491~575 nm
노랑색	575~647 nm
주황색	585~647 nm
빨강색	647~760 nm
적외선	760~1 mm
라디오파와 마이크로파	1 mm~500 m

주) 1Å = 100 mμ (=nm) = 10^{-8}cm

단파장 부분을 흡수하고 수증기는 적외선의 일부를 흡수한다. 그리고 공기 중의 먼지, 기체이온, 물방울 등은 단파장의 복사선을 산란시킨다.

지구상에 도달하는 비전리방사선은 적외선 80%, 가시광선 13%, 자외선이 7%를 차지하게 되는데 이들은 산업공정에서도 발생한다.

1.2. 일사

대기의 상한계에서의 일사강도를 **태양상수**(太陽常數, solar constant)라고 하며, 지구와 태양간의 평균거리인 곳에서 일사에 직각인 1 cm^2의 평면에 1분간에 입사되는 에너지를 칼로리 단위로 표시한 것이 일반적이다.

지표에서 받은 일사량은 공기분자, 수증기분자, 먼지, 구름 등에 의하여 흡수 또는 산란되므로 태양상수의 40~50%에 불과하며, 삼림이나 과수원 내에서는 일사가 엽면에 차단되기 때문에 일사량은 더욱 적어지는 것이다.

1매의 잎을 투과하는 일사량의 비율은 엽질에 따라 다르니 일반적으로 10~30% 정도이다. 몇 개의 잎을 투과할 때에는 투과량은 더욱 감소한다. 예를 들면 제 1 엽에 의하여 투사광의 80%가 흡수되어 20%가 투과되었다고 하면 제 2 엽에서는 그 20%의 80%, 즉 최초의 투사광의 16%를 흡수하고 겨우 4%가 투과되는 것이다. 따라서 잎이 잘 우거져 있는 밑에는 일사량이 대단히 적어진다.

1.3. 광도

광도의 측정은 표준촉광에서 생산되는 광도를 기준으로 한다. 표준 촉광으로부터 1 m 거리에서 받은 광도를 1 lux 혹은 1 m 촉광(M.C)이라고 한다.

광도를 측정하는 기구를 **광도계**(光度計, photometer), **조도계**(照度計, illuminometer), 혹은 간단히 **광선계**(光線計, lightmeter)라고 부른다. 그리고, 광선 외에 복사에너지의 다른 형을 측정하는 기계를 **복사계**(輻射計, radiometer)라고 한다.

빛의 구름이나 안개 등의 장애물에 의해서 가려지지 않고 지면을 비치는 시간을 **일조시간**(日照時間, duration sunshine)이라고 하며, 백분율로 표시하기도 한다. 일조시간은 위도에 따라 계절적으로 변화한다. 즉, 북반구에 있어서 여름철에는 고위도지방일수록 일조시간이 길고, 겨울철에는 저위도 지방일수록 일조시간이 길다. 그리고 그 지방의 해 돋는 시간부터 해지는 시간까지를 **가조시간**(可照時間, possible duration of sunshine)이라 하며, 일조시간과의 가조시간과의 비율을 **일조율**(日照率, rate of sunshine)이라고 부른다.

여러 가지 조건에서의 광도의 변화를 살펴보면 다음과 같다.

(1) 대기 중에서의 광도의 변화

해면상으로부터 고도가 높을수록 공기층은 얇아지므로 광선을 더욱 밝다. 그러나 지면에 가까워지면 대기 중의 질소와 산소는 광선이 가스층을 통과할 때에 단파의 약간을 흡수, 분산되므로 광선은 약해진다. 그리고, 흐린 날의 광선은 보통 광도의 4%로 떨어진다. 이러한 조건 밑에서 장파와 적외선의 대부분은 수증기에 의해 흡수되고, 단파와 자외선은 분산된다. 가스분자와 물방울에 의하여 분산된 광선은 직광과 대조되는 산광이 된다.

2 mile의 고도를 가진 산꼭대기에서는 최고 광도가 129,000 lux에 달하는데, 해면상에서는 107,000 lux 정도 밖에 안 된다. 그러나 구름과 안개에 크게 영향받지 않는다면 고도에 의한 광도의 차는 식물생활에 위기를 가져올 만큼 큰 것은 아니다.

(2) 계절에 따른 광도의 변화

겨울철이라던가 여명 및 일몰시에는 광도가 약하다. 주간의 광도는 하루 중 최고에 도달하고 양 끝으로 약해지는 포물선을 그린다. 하루 중의 최고점에서의 직사광선은 유효에너지 83%를 공급하고, 양 끝의 약한 광선은 산광만으로 되어 있다. 적도에서의 주간은 여름, 겨울을 통하여 12시간에 지나지 않으나, 극지방의 해길이는 여름에는 12시간보다 길어지고, 겨울에는 12시간보다 점점 짧아진다.

(3) 미환경에서의 광도의 변화

미환경에 있어서 조명은 수시로 변한다. 특히 삼림의 수관하에서는 광량에 급속하고도 폭넓은 변이를 가져온다. 바람의 영향, 태양의 각도, 해와 계절의 시간차, 기후의 영향 등은 변화의 요인들이다.

월광도 생물의 광요구조건을 충족시킬 수 있다. 즉, 어떤 종자의 광요구를 0.2 lux로도 충족시킬 수 있으며, 또 어떤 해조에 있어서의 생식 활동을 자극할 수도 있다고 한다.

(4) 수중의 조건과 광도의 변화

수중에서는 광선의 일부가 물 표면에서 반사되고, 또 나머지 대부분이 물의 상층에서 흡수되기 때문에 수중생물은 육상식물보다 약한 조명을 받고 생활한다. 수중에 있어서 스펙트럼 분포는 깊이에 따라 변한다. 장파장의 빛은 표층에서 급격히 흡수되고, 깊은 층에 도달한 것은 주로 단파이다.

광선이 물 속으로 들어감에 따라 광도는 기하학적으로 감소되고, 깊이는 산술적으로 증대된다. 극히 맑은 물에서는 표면에 비치는 광선의 50% 정도가 18 m까지 침투하며, 50 m에서는 약한 광합성을 할 정도의 광선(약 0.0000001%)만이 침투한다. 그러나, 수중의 빛의 양과 질은 수직적으로 변한다. 따라서, 수계에서 생활하는 식물의 광합성 활동과 생장은 이의 영향을 필연적으로 크게 받는다, 한편, 40 cm나 되는 눈 속에서도 광합성이 일어나기도 한다.

(5) 부유물의 조건과 광도의 변화

차관의 역할을 담당하고 있는 것은 공기 중에 떠 있는 고형입자인 먼지나 연기 혹은 수

중에 분산되어 있는 고형물(점토, 플랑크톤, 습원의 교질)이다.

하천이 인간에 의해서 침식이 촉진되어 교지를 많이 품고 있으므로 침수 식물과 이들 식물에 의존하고 있는 동물이 소멸되어 가는 경우도 가능하다. 대기 중의 연기의 입자는 공기 중으로부터 가라앉아서 식물 표면에 얇은 막을 형성하는데 이는 엽록조직에 유효한 광량을 감소시킬 뿐만 아니라, 일부는 기공을 막아 버린다. 특히 끈적끈적한 표면이나 표면에 털을 많이 가진 식물은 그 피해가 크다.

(6) 식물군락 내의 조건과 광도의 변화

식물군락 내의 식물의 종류에 따라 광의 조건은 많은 차이가 있다. 식물군락의 표면에 도달한 광은 일부는 반사하고 많은 부분은 잎에 의해 흡수되기 때문에 지면에 도달하는 광은 극히 일부분에 지나지 않는다. 삼림, 초원, 직물과 같은 군락에서는 아래쪽에 도달하는 광의 양은 위쪽에 분포하는 잎의 양에 대응하여 거의 지수함수적(指數函數的)으로 약해지기 때문에 군락내부는 급격히 어두워진다. 이처럼 군락내부의 광의 강도는 군락을 구성하는 나무의 종류에 따라 많은 차이가 있다.

키가 큰 침엽수의 소나무가 낙엽송림에서는 밝고, 교목의 삼목이나 전나무림에서는 비교적 어둡다. 같은 나무에서도 광이 잘 드는 상층의 잎(陽葉)은 음지가 되기 쉬운 하층의 잎(陰葉)에 비해 엽면적이 작고 엽육조직이 잘 발달하여 두껍고 단단하며 색도 황록색을 띠는 경향이 있지만 음엽은 양엽과 반대의 형태적 특성을 나타낸다.

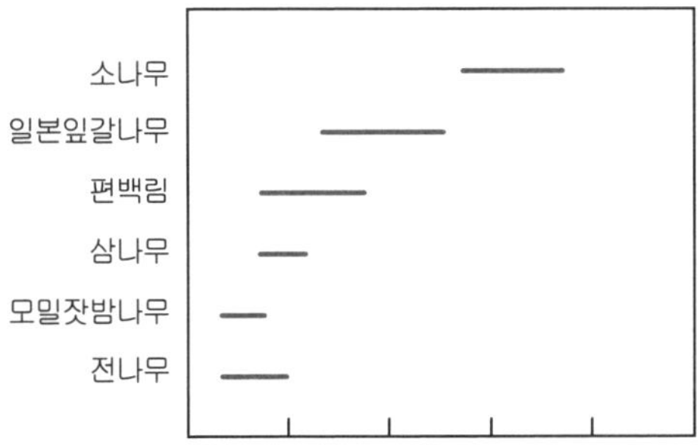

그림 4-1. 각종 삼림내부의 광의 세기 (상대조도%) (김, 박 등, 1988)

2. 광선과 식물반응

일조시간의 길고 짧음은 생물생육과 밀접한 관계가 있다. 어느 특정 지역에 모든 생물이 잘 자란다던가 농작물이 잘 자란다고 하는 것은 토양의 성질과 더불어 일조시간과 관련되고 있는 경우가 많다. 생물은 계절에 따른 환경변화에 자신들의 생활을 정확히 맞추고 있다. 그 중 생식 현상이 가장 현저한 것으로 동물은 적절한 계절에 새끼를 낳아 생장에 지장이 없도록 적응되어 있으며, 속씨식물의 개화 시기는 서로 같아서 타가수분이 가능하다. 선태류, 양치류, 침엽수 및 일부 조류 등도 각각 일정한 계절에만 생식기관을 형성한다. 한편, 식물에서는 여러 가지 다른 반응도 볼 수 있는데, 특히 줄기의 신장, 잎의 생장, 휴면, 저장기관의 형성, 낙엽 그리고 서리(frost)에 대한 저항성의 출현 등이 역시 계절적으로 나타난다.

2.1. 광주기성

일반으로 고등식물의 개화시기는 그 종류에 따라서 거의 계절적으로 일정하다고 생각된다. 즉, 벚꽃은 항상 양춘(陽春 : 4월경)에 국화는 만추(晩秋 : 11월경)에 개화한다고 하는 것과 같다. 이와 같은 사실은 우리 주변에서 늘 접하고 있다.

1920년 Garner와 Allard에 의해서 광주기성이 발견되었다. 가너와 알라드는 식물의 개화시기는 매일의 일장시간의 단축에 의해서 결정되는 일이 많은 것을 알아냈다. 이와 같이 식물이 주야의 장단(長短)에 감응(感應)해서 개화가 일어나는 것을 Garner 등은 photoperiodism(광주기성)이라 하였다.

한편 Garner와 Allard는 일찍이 철새의 이동도 광주기성반응의 결과라고 지적한 바 있으며 후에 이것이 사실임이 입증된 바 있다. 그 후, 곤충의 발달과정과 파충류, 조류, 포유류의 생식현상과 포유류의 털갈이 등의 변화가 광주기성반응으로 나타나는 현상임이 밝혀졌다.

Garner는 광주기성에 관한 연구를 처음 담배에 의하여 관찰하였다. 미국 워싱톤(북위 39°)지역에 있는 마릴란드, 맘모스라는 종류의 담배는 가을까지에 결실이 안 되고 채종(採種)이 곤란하였었다. 그런데, Garner 등은 어느 때 이 담배의 실생을 겨울기간 동안 온실 속에 놓아두었다. 당시 담배는 키가 크지 않은 작은 식물이었는데도 불구하고 잘 개화 결실한 것에 주목하게 되었고, 개화라는 사실이 무엇에 기인하는가의 연구를 시작한 것이다. 그 결과 이 개화의 원인은 식물의 영양조건도 아니고 겨울철 기온의 저하나 일광이 약한 것 중에 기인하는 것이 아니라는 것을 확인하고 드디어 겨울철의 낮시간이 짧고 밤시간이 긴 것이 원인인 것을 알아냈다.

1919년에 그는 담배, 조, 콩, 잠두, 무, 당근, 상추, 양배추 기타 각종의 야생식물을 사용하여 일장시간을 주로해서 7시간 자연일장시간으로써 실험을 행하였다. 그 결과 담배나 콩과 같이 일장시간이 짧을 때는 반대로 개화가 촉진(促進)되는 것과, 무, 당근, 상추와 같이 일장시간이 짧을 때는 반대로 개화가 지연(遲延)된다는 현상을 알아냈다. 그리고 그는 낮의 기간이 짧을 때 개화하는 식물을 **단일식물**(短日植物)이라 하고, 낮이 길 때 개화하는 식물을 **장일식물**(長日植物)이라 한다.

그러나 단일 또는 장일식물이라고 하는 술어는 원래 Garner가 12시간이라고 하는 장일시간을 목표로 하여 그것보다 긴 일장하(日長下)에서 개화하는 식물을 **장일식물**, 12시간 보다 짧은 일장하에서 개화하는 식물을 **단일식물**, 또 짧은 일장에서 긴 일장에 걸쳐서 넓은 범위로 개화하는 식물을 **중간형**으로 분류한 것이다. 그러나 현재에는 단일, 장일식물의 경계를 12시간에 두는 것은 의미를 갖지 않는 것이라던가, 또 후에 말할 환경조건에 의해서 성질이 변한다던가, 혹은 화아분화 전과 분화 후에 성질이 변하는 것이 있으므로 엄밀한 의미의 분류는 하기 곤란하다. 일반적으로는 단일하에서 개화가 촉진되는 식물을 **단일식물**이라 부르고, 반대로 장일하에서 개화가 촉진되는 식물을 **장일식물**이라 부르고 있는 경우가 많다.

그리고, 일장조건에 의해서 개화기에 영향을 받지 않는 식물을 **중간식물**이라고 하지만 이것은 Garner가 보는 바와 같은 넓은 의미의 일장하(日長下)에서 개화하는 식물이면 메밀과 같이 단일(短日)에서 개화가 촉진되는 것의 경우라도 중간 식물에 넣을 때도 있고, 또 벼의 극조생품종 같이 일장의 영향을 전연 받지 않는 것을 중성식물이라 부르거나 혹은 중간, 중성식물을 같은 의미로 사용하고 있는 경우도 있다.

또한 일정한 범위의 일장하에서만 개화하는 특수한 식물이 알려져 있는데, 이것을 **정일성 식물**(定日性植物)이라 부르고 있다. 예를 들면 사탕수수의 어느 품종은 12~12.5시간이라는 짧은 범위의 일장하에서만 개화한다고 한다.

일장조건에 대한 식물의 개화반응에 따라 식물은 다음과 같이 6종류의 일장형으로 구분할 수 있다.

① 단일식물(short-day plant, SDR)

단일조건 아래에서, 즉 어떤 한계일장 이하의 일장에서 개화가 촉진되고 장일상태에서는 개화가 지연되거나 개화하지 않으며 영양생장만 계속한다.

예) 도꼬마리, 담배, 콩, 만생종 벼, 옥수수, 기장, 깨, 대마, 나팔꽃, 코스모스, 사르비아

② 장일식물(long-day plant, LDP)

단일상태에서는 영양생장을 계속하고 한계일장보다 긴 장일조건에서는 생식생장으로 이행되어 개화한다. 장일식물은 한계일장 이상의 24시간 일장 범위에서 개화한다.

예) 보리, 밀, 귀리, 완두, 시금치, 싸리풀, 감자, 무, 사탕무, 상추, 양파, 양귀비, 클로바 등

③ 중성식물(day-neutral plant, DNP)

중성식물은 일정한 한계일장이 없고 장단 어느 일장조건 아래서도 거의 같은 시기에 개화한다. 개화형성에 일장의 영향을 받지 않고 대단히 넓은 범위의 일장에서 개화한다.

예) 토마토, 고추, 강낭콩, 가지, 오이, 메밀, 조생종 벼

④ 정일식물(definite day-length plant, intermediate plant, IPD)

단일이나 장일에서는 개화하지 않으며 어떤 좁은 범위의 특정한 일장 아래에서만 개화한다.

예) 사탕수수(품종 : F106) : 12시간 내지 12시간 45분의 일장에서만 개화한다.

⑤ 장단일식물(long-short day plant, LSDP)

처음에는 장일에 두었다가 그 후에 단일에 옮겨지면 개화하지만 계속 일정한 일장하에만 두면 장일이나 단일에서 개화하지 못한다.

예) 자스민 : 12시간 이상의 장일(12~13시간)에 5일 이상을 두고 12시간 30분 이하의 단일(11~12시간 30분)에 2일 이상 두어야 개화한다.

⑥ 단장일식물(short-long day plant, SLDP)

처음에는 단일이고 후에는 장일조건이 되어야 만 개화가 되고 계속 일정한 일장에 두면 개화하지 못한다.

예) 오리새, 초롱꽃 등

2.2. 식물의 생활에 영향을 미치는 광주기의 역할

식물의 생활에 미치는 광주기의 역할은 다음과 같이 대단히 광범하다.

(1) 발아

식물의 어떤 종자는 식물이 종자의 성숙과정에서 어떤 광주기적 상태에 있었는가에 따라 발아가 결정된다. 종자의 발아는 장일성인 것과 단일성인 것이 있어서 단일조건에서 발아하는 종자는 암기가 빛으로 중단된 조건에서는 결코 발아하지 않는다. 또 다른 식물의 종자는 성숙한 후의 광주기조건에 따라 발아의 정도가 영향을 받기도 한다.

(2) 줄기생성

일반적으로 장일조건에 대한 반응으로 나타나는 줄기의 신장이 가장 보편적인 현상이다. 그러나 장일조건이 개화를 유도하지만 꽃눈의 형성으로 신장이 정지되는 몇 가지의 경우가 있다. 장일조건에서 개화하는 대부분의 식물은 급격한 줄기의 신장이 일어나는데, 이것을 **추대**(抽苔, bolting)라 부른다. 그런데, 일부 식물에서는 가지가 형성되거나 포기가 불어나는 일이 촉진되지만 열대나 아열대의 벼는 장일조건에서 포기가 불어나는 일이 촉진되는 현상이 있다.

대체로 장일 조건일 때는 잎이 커지고, 기공수의 감소, 잎의 육질의 발달, 유기산과 엽록소의 함량이 증가하는 경향이 있다.

(3) 뿌리 및 저장기관

대체로 장일 조건에서는 꺾꽂이(cutting)에서 뿌리의 형성이 촉진되고, 양파의 구근의 형성도 촉진된다. 그리고, 단일 조건일 때 온도의 조건과 더불어 감자 덩이줄기의 유도, 카사바(cassava)의 뿌리줄기의 발달, 무나 다른 식물의 뿌리 및 덩이줄기 같은 저장기관의 형성이 촉진된다.

(4) 생식

광주기는 꽃눈의 형성 이외에 성의 표현, 종자의 발달, 영양번식 등 여러 가지의 생식활동에 영향을 미친다.

① 꽃눈의 형성

꽃눈의 형성은 광주기에 대한 반응으로 결정될 뿐 아니라 그 후의 꽃의 발달 역시 광주기의 영향을 받는다. 딸기의 어떤 잡종(*Fragaria ananassa*)은 개화유도에는 단일조건, 꽃의 발달은 장일조건을 요구한다.

② 성에 대한 영향

여러 식물에서 성의 표현이 광주기의 영향을 크게 받는데, 식물에 따라서 웅성(雄性) 또는 자성(雌性)이 단일 또는 장일조건일 때 형성된다. 이러한 현상은 오이의 품종간에서도 관찰된다.

③ 종자의 발달

콩을 비롯한 몇몇 경우에서 광주기가 종자 발달에 영향을 미치지만 다른 요인들의 간섭도 동시에 작용함이 알려졌다.

④ 영양번식에 대한 영향

영양번식도 대개의 경우 광주기의 영향을 크게 받는다. 딸기는 장일조건에서 **포복지**(匍匐枝, runner)가 발달하며, 선태류에서는 장일 조건일 때 잎주변에서 새로운 개체의 형성이 촉진된다.

⑤ 생식기관의 형성

선태류의 생식기관 형성이 광주기성 반응의 결과인 것으로 알려졌는데 어떤 것은 장일조건일 때 또 다른 것은 단일조건에 반응한다. 침엽수의 생식도 일장조건의 영향을 받는데 역시 식물 종류에 따라 장일조건과 단일조건에 달리 반응한다.

(5) 단일조건에서의 가을증후군

온대지방의 식물들은 가을이 되어 단일조건이 되면 온도 등의 반응에 의하여 여러 가지의 변화를 일으킨다. 단일조건일 때 낙엽이 촉진되고, 줄기생장과 엽록소의 합성이 저하되며, 다른 색소합성과 휴면 그리고 내동성(耐凍性)의 발달이 촉진된다.

일년생식물은 흔히 가을이 되기 전 생장이 정지되면서 노쇠가 이어나 죽는데, 이러한 노쇠는 개화, 꽃의 발달 및 종자숙성을 촉진하는 광주기 조건에서 역시 촉진된다.

(6) 1년생 식물의 생존기간에의 영향

일반적으로 단일식물, 장일식물의 어느 것에 있어서도 개화를 억제하는 일장하에서는 양양성장이 계속되어 생존기간이 길게 된다. Garner 등(1931)에 의하면 장일식물인 꿩의 비름을 12시간 또는 그 이하의 일장하에서 9년간 무개화(無開化)한 채로 재배하였다고 한다. 또 만생종의 벼를 장일하에서 12년간이나 이삭이 나오지 않게 재배하였다고 하며 12년째에 자연일장하에 옮긴 포기(株)는 보통 시기에 출수하였다고 한다.

장일식물인 무는 봄에 갈면 여름까지 개화결실하나 가을에 갈면 월동해서 이듬해 봄에 개화하여 생육기간은 많이 연장된다. 이것은 겨울 동안의 짧아진 자연일장이 식물의 생존기간에 영향을 주기 때문이다.

(7) 실제 재배면에서의 이용

가장 많이 행하여지는 것은 가을에 피는 국화에 대해서 일장처리를 행하여 개화의 시기를 조절하는 것이다. 즉, 9월부터 11월까지는 자연 상태에서 재배한 것을 공급하고 겨울에는 광중단(光中斷)을 이용해서 개화를 지연시켜 12월부터 3월경까지 공급한다. 또 국화는 유묘기(幼苗期)에 저온을 유지시키면 줄기의 신장(伸長)이 늦는 성질이 있기 때문에 이른 가을부터 추워지는 지방에서 저온에 있는 묘목을 가져다가 겨울은 온실 속에서 재배하고 광중단과 단일처리를 적당히 이용하여 3월부터 8월까지 출하를 행할 수 있다.

2.3. 식물의 광주기성에 영향을 미치는 여러 요소

(1) 온도

식물의 광주기성에 영향을 미치는 외부요인(外部要因) 중 가장 큰 것은 온도이다. 단일식물인 도꼬마리의 꽃눈형성(花芽形成)에 요하는 암기(暗期)의 한계 시간은 21.1℃에서는 8.5시간, 4.5℃에서는 11시간이 되고, 저온의 한계암기(限界暗期)에서는 보다 길게 된다는 것을 알 수 있다. 장일식물인 사리풀에서 꽃눈형성에 요하는 한계일장(限界日長)은 30℃에서는 12시간이지만 15℃에서는 9시간이 되고 저온에서 한계일장이 보다 짧게 되는 것이 알려졌다. 단일식물인 코스모스에서 돌연변이의 한 계통은 저온하에서는 단일의 경우에만 개화하나 고온하에서는 단·장일의 어느 조건에서라고 개화로 유도된다.

(2) 빛의 세기와 질

장일처리(長日處理)의 방법으로서 일반적으로 전등조명에 의한 보광(補光)을 해서 낮과 같은 밝은 시간을 연장하고 있다. 이와 같이 식물은 전등 조명 정도의 밝기로서도 장일효과(長日效果)를 나타내는 것이다. 콩과 도꼬마리에 대해서 야간조명(夜間照明)으로 어느 정도의 밝음이 꽃눈분화를 억제할 수 있는가에 대해서 실험한 결과 일장감응에 유효한 빛의 세기는 콩은 5.5 lux, 도꼬마리에서는 3.1 lux 정도였다. 그리고 과꽃이나 삼색제비꽃에서는 낮이 짧은 때에 계속해서 약 4 lux의 빛으로 야간조명을 하였을 경우에 꽃눈(花芽)이 분화되어진다고 밝혀졌다.

광선의 질에 대해서는 각종의 장·단일식물에 대해서 야간의 보조조명(補助照明)으로서 적색광이 사용된 경우에는 백색광의 경우와 똑같은 효력이 있으나 일반적으로 푸른색, 초록색 빛깔은 효과가 없다고 한다. 광주기성의 작용스펙트럼은 적색부분인 600~680 nm에서 최대였고 청색부분인 480 nm에서 최소였으며 그보다 과정이 짧아지면 다시 효과가 커진다고 한다(Parker, 1946).

(3) 식물의 나이와 잎의 수

식물의 내적 조건으로서 식물의 나이를 들 수 있다. 콩과 벼의 민생종의 시험에서 나이가 많아진 것일수록 꽃눈분화와 개화의 시기가 빠르고 단일(短日)에 민간하다는 것이 밝혀졌다. 쌀보리는 어떠한 조건하에서도 7매(枚)의 잎이 나타날 때까지는 유수(幼穗)를 형성하지 않는다고 한다. 화본과 식물의 경우 이와 같은 잎의 수를 꽃눈분화에 있어서 최소잎수(最小葉數)라 한다. 옥수수 중에 일장에 민감한 어떤 계통의 것의 최소잎수는 11매라고 한다. 그러나 이 식물의 종자의 배(胚) 중에 잎의 원기를 7개 볼 수 있다고 한다. 이와 같은 최소잎수에 있어서는 종자 중에 몇 개의 잎이 원기(原基)가 형성되어 있는 경우도 있다는 것이다.

(4) 기타의 외부요인

장일식물인 보리를 질소부족의 상태에 두면 개화가 빨라지고 개화수가 증가되나, 국화는 오히려 개화가 지연된다. 한편, 식물생장 호르몬 또는 지베렐린 등의 처리에 의해서 개화가 영향 받는다.

2.4. 광선요구에 의한 식물의 분류

식물이 광합성에 의하여 정상적인 생활을 하려면 어느 한도 이상의 빛이 필요한데, 그 최소량을 최소수광량이라 한다. 이 양은 식물의 광합성과 호흡량이 상대되는 보상점에 관계되고, 식물의 종류에 따라 대개 정해져 있다. 보통 보상점이 커서(600~1,000 lux 이상) 햇빛이 잘 쬐는 곳에서만 자라는 식물을 **양지식물**(陽地植物, sun plant)이라 하며, 일년생 식물이나 농작물은 거의 양지식물이다. 한편, 보상점이 낮아(500 lux 이하) 그늘진 곳에서 자라는 식물을 **음지식물**(陰地植物, shade plant)이라 한다. 그러나 음지식물의 대부분은 양지에서도 생활한다.

양지식물은 잎의 책상조직이 발달하고 두꺼운 것이 많으며, 잎의 표면에는 밀납성분을 분비하여 자외선을 예방한다. 음지식물은 잎이 얇으며 넓은 것이 많다.

대개의 양지식물은 일광 중에서 잘 자라지만, 그늘 밑에서도 상당히 잘 자라는 것이 있다. 그들은 **조건음지식물**(條件陰地植物, facultative sciophytes)이라 하고, 그늘에서는 살지 못하는 양지식물을 **절대양지식물**(絶對陽地植物, obligative heliophytes)이라고 한다.

습한 기후에서의 식피는 고목, 저목, 관목, 이끼 등의 복잡한 층을 형성하는 경향이 있으며, 식물상의 대부분은 조건 혹은 절대 음지식물이고, 건조한 기후에서는 층이 불분명하며, 큰 나무밑에서만 자라는 작은 나무가 많이 있다.

단풍나무, 너도밤나무, 참나무, 보리수나무, 가문비나무, 전나무, 주목, 측백나무, 비자나무는 절대 혹은 조건음지식물이고, 대부분의 소나무, 버드나무, 포플라, 자작나무, 낙엽송, 향나무는 절대 혹은 조건양지식물이다.

양지식물은 전일광하에서 음지식물보다 광합성작용이 촉진되지만, 음지식물은 얕은 광도에서는 양지식물보다는 더 효과적이다. 만일 양지식물을 오랫동안 그늘에서 자라도록 하면, 그들의 보상점은 낮아져, 전일광에 적응할 능력을 잃는다. 그러므로 양지식물과 음지식물은 생리학적이 아닌 보통 환경을 기반으로 하여 구별하는 것은 곤란하다.

엽록소의 생산속도가 느린 음지식물은 광선이 계속해서 엽록소를 분해하기 때문에 색소의 합성률이 동등하게 유지될 수 있을 때에만 푸른빛을 지닐 수 있다. 그 예로서, 바위손(*Selaginella serpens*)의 짙은 초록색이 대낮에는 현저하게 퇴색되는 것을 볼 수 있다. 이처럼 잎을 광도가 강한 빛을 빛에 옮기면 광합성률의 감소되는데 이는 색소의 급속한 파괴에 의한 것이다. 또 양지의 밝은 곳에서 음직식물이 살지 못하는 이유 중 하나인 것 같다.

특히, 양지식물에서의 빛의 강도는 식물의 광합성 강도와 밀접한 관계가 있으며, 동화물질의 생산량을 통해서 생장에 큰 영향을 미친다. 따라서 빛의 강도가 약하면 일반적으로 작물의 생장이 더딜 뿐 아니라 수확량도 감소하고, 개화기나 결실기가 상당히 지연된다.

이상과 같이 빛의 강도는 이와 같이 동화물질 생산량을 통해서 생장에 영향을 주는 동시에, 식물의 형태에 대해서도 영향을 미친다. 즉, 강한 빛은 줄기의 신장을 억제하고 잎 넓이를 줄이며, 약한 빛은 반대로 줄기의 웃자람이 생기고 잎이 넓어진다. 한편 많은 식물의 경우 광도는 직접 화청소의 형성에 관여하는데 이 색소는 세포의 표층에 자리잡고 있으므로 하부 조직에 광선의 침입을 막는 반사막의 역할을 하고 있는 것이다.

2.5. 광도와 증산

일반적으로 강한 일광하에서는 증산율이 대단히 높아진다. 광선은 공변세포를 열게 하며, 또 원형질막의 투과도를 증대시킨다. 대부분의 식물의 가공은 낮에는 열려 있고, 밤에는 닫혀 있다. 따라서 증산은 날이 새면 급속히 증가되고, 해가 지면 조직의 수분 결핍에 의하려 극히 느리게 된다.

식물의 광선이용률을 보면 음지식물은 광합성에 유효한 광에저지의 73%를 이용할 수 있고, 양지식물은 CO_2의 제한과 수분결핍 때문에 불과 1%를 이용할 뿐이다. 그리고, 나머지 중에서 약 1/3은 잎에서 반사되거나 통과하고, 약 2/3는 흡수되어 에너지로 변화하고, 그 다음에 복사에 의하여 소실되거나 혹은 물의 증발에 이용된다.

2.6. 광선과 발아 및 생식

대부분의 식물은 빛의 유무에 관계없이 종자가 발아하나, 식물의 종류에 따라서는 빛의 유무가 발아에 큰 영향을 주는 것도 있다. 광선과 관련한 식물의 종자 발아형의 유무는 다음과 같이 세 가지 유형으로 구분할 수 있다.

① **광발아종자 :** 어두운 곳에서는 전혀 발아하지 않거나 또는 발아가 나쁘며, 빛에 쪼이면 발아가 대단히 좋아지는 것으로, 담배, 상추, 뽕나무, 차조기, 우엉 등이 있다.

② **암발아종자 :** 어두운 곳에서는 잘 발아하며, 빛에 쪼이면 오히려 발아가 저해되는 것으로, 파속(allium)의 몇 가지 종류, 대다수의 백합과 식물, 호박 등이 있다.

③ **빛과 관계없이 발아하는 종자 :** 화곡류, 옥수수, 대다수의 콩과작물 등

많은 잡초 중 광발아종자는 필요한 빛이 종자에 도달할 수 있도록 천파(淺播)해야 하며, 암발아종자는 빛이 충분히 차단되도록 심파(深播)할 필요가 있다.

광발아종자의 발아는 어두운 곳보다도 밝은 곳에서 촉진되는데, 다수의 광발아종자에 있어서는 끝까지 밝은 곳에 두지 않아도 한 번만 어느 시간 빛에 쪼이면, 그 후는 어두운 곳에 두어도 빛의 효과가 나타난다.

온도와 발아에 필요한 빛의 강도와 사이에는 어떤 관계가 있으며, 일장조건은 광발아종자의 발아에 큰 영향을 미친다. 광발아종자는 일반적으로 일장이 길어지면 발아율이 증가하지만, 어느 한계의 일장에서 최고치를 나타내고, 그보다 길어지면 발아율이 비교적 저조한 현상을 보인다.

종자의 발아에 관련한 빛의 흡수에 있어서 적어도 두 가지의 물질이 관계한다. 그 하나는 발아촉진 범위의 파장을 흡수하는 물질이고, 다른 하나는 발아억제 범위의 빛을 흡수하는 물질이다. 같은 빛이라고 광발아종자에 대해서는 발아촉진적으로 작용하고 암발아종자에 대해서는 억제적으로 작용하는 것은 이들 두 가지의 물질이 함유되는 비율이 다르기 때문이라고 보고 있다.

건조해서 휴면상태에 있는 종자는 빛의 효과가 없으므로 종자의 생리적인 활동을 시작하기 위해서는 흡수, 산소호흡, 적온 등의 발아조건을 갖추어야 한다. 그러므로, 빛은 2차적으로 작용하는 것이다.

광발아종자의 빛에 의한 발아촉진은 먼저 빛이 씨 안에 있는 물질에 흡수되어 광화학적 반응이 일어나고, 이것이 발아를 촉진하도록 작용한다고 보고 있는 것이다.

2.7. 자외선과 식물

자외선은 식물 생육에 큰 영향을 끼친다. 예를 들면, 저지보자 고지로 갈수록 자외선량이 많은데, 이것이 고산식물의 형태를 특수하게 만들어주는 하나의 원인이 된다. 일반적으로 자외선을 조사한 식물은 줄기의 단소, 잎면의 축소 및 구조의 변화, 모용(毛茸)의 발달, 뿌리의 발달, 저장물의 증가, 줄기와 잎에 회청소의 존재, 엽록소의 증가 등 고산식물의 특징이라고 할 수 있는 형태를 나타낸다.

자외선 중에서 비교적 장파장의 부분은 식물의 생장에 대하여 자극적인 작용을 하나 파장이 짧아지면 짧아질수록 생장에 대해서 억제적인 작용을 한다.

그리고, 자외선은 과실의 성숙에 좋은 영향을 끼친다. 과수류 등에서는 성숙기에 자외선량이 적어지면 과실의 당함량(糖含量)이 감소된다. 섬유작물과 같은 것은 자외선을 억제하여 재배하는 것이 양질의 섬유를 생산할 수 있다.

3. 빛과 동물

3.1. 광주기성과 생식

동물 중에도 식물과 같이 주기성을 나타내는 것이 있다. 예를 들면 꾀꼬리와 종달새 등은 일조시간이 길 때 알을 낳고 번식을 하며, 두견새나 참새들은 봄에 더 많이 울어댄다. 사슴이 가을에 암컷을 찾아다닐 때 수컷끼리 싸움을 하고, 송어는 일조시간이 짧을 때 알을 낳고 번식을 한다. 개구리 알은 보통 태양광선을 쪼이면 발육이 빠르고, 연어의 알은 광선이 있을 때 빨리 부화한다.

새들의 울음은 흐리거나 안개가 짙은 날은 울기 시작하는 시간이 비교적 늦고 그치는 시간이 빠르다. 휘파람새는 햇빛을 받는 시간을 길게 해주면 봄이 오기 전에 울어대기 시작한다. 이것은 햇빛에 쪼이는 시간이 뇌하수체 전엽에 작용하여 생식선을 발육시키는 호르몬을 분비시키고, 그것이 장소에 작용하여 성호르몬의 분비를 촉진시켜 일어나는 생식활동인 것이다.

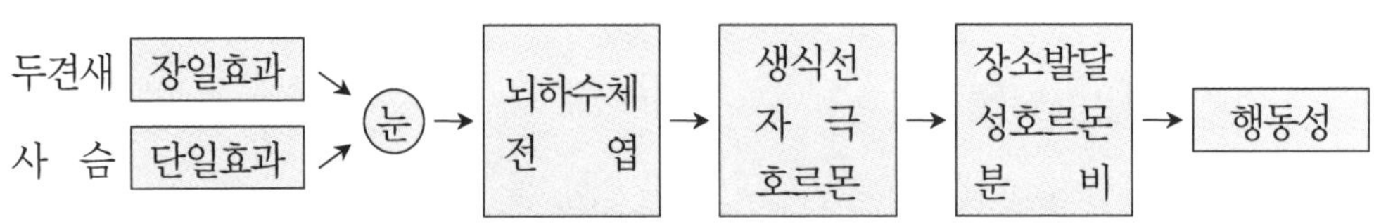

철새는 봄에 일장이 길어지게 되면 생식선호르몬의 분비를 증대시켜 북쪽으로의 이동이 시작되고, 가을의 짧은 일장은 생식선호르몬의 감소를 일으켜 남쪽으로 이동하게끔 자극을 준다.

3.2. 광선과 몸의 빛깔

일조시간의 길이에 따라 동물의 몸 빛깔이 변한다. 빛이 약한 곳에 사는 동물의 몸 빛깔은 흰색 또는 연한 색이고, 빛이 강한 곳에 사는 동물의 몸 빛깔은 대부분 짙은 색이며, 개구리나 물고기 등에서 그 예를 쉽게 찾아볼 수 있다. 물고기는 빛이 눈으로 들어가면 자율신경 말단을 자극해서 색소과립이 집합되어 색이 곱고, 개구리는 눈으로 들어가는 빛이 뇌하수체 중엽을 자극하면 흑색소포가 확대를 일으켜 몸 빛깔이 짙어진다.

사람의 경우, 열대의 햇빛이 강한 지역에 사는 사람들은 피부색이 검고 한대의 햇빛이 약한 지역에 사는 사람들은 피부색이 희다. 자외선은 원형질에 해로우므로 이것을 막으려고 사람의 피부에는 멜라닌 색소가 생겨 피부색이 검어지기 때문이다. 파충류는 색소세포를 넓혀 자외선이 몸 안으로 들어오지 못하도록 하고 있다.

3.3. 광주기적 활동

많은 식물들은 24시간을 주기로 하여 꽃이 피었다 오므라졌다 한다. 이와 같은 현상은 동물의 활동에서도 널리 볼 수 있는 것으로, 생물이 갖추고 있는 일정시간에 여러 가지의 기능을 맞추어서 반복하는 작용을 생물시계(生物時計, biological clock)라고 하며, 일주기, 월주기, 계절적 주기에 맞추어서 생물시계가 성립되기도 한다.

(1) 일주기 및 월주기

하루 주기로 행동을 바꾸는 예는 야행성 동물이 매 24시간마다 활발히 활동하는 것이나, 초파리가 새벽녘에만 많은 알을 낳는다던지 누에고치를 자연상태에 두면 아침 일찍 우화(羽化)한 경우 등 많은 예를 들 수 있다. 이러한 주기적인 행동은 단순히 낮과 밤이 바뀌는 하루 주기에 기인한 것임을 쉽게 알 수 있으나 이것이 완전한 해답이라고는 단정할 수 없다. 예를 들면, 실험실 내에 계속적으로 조명을 비추어 동물을 일정한 환경하에 두더라도 이들의 주기적 행동은 계속된다. 그러나 이들은 정확히 24시간의 주기를 갖는 것이 아니고 23시간 또는 25시간의 변화된 주기를 갖기도 한다. 이와 같이 24시간을 주기로 하여 일어나는 리듬을 **일주기리듬**(circadian rhythm)이라고 하며 낮과 밤이 바뀌는 정상적인 조건하에서는 대부분의 경우 이러한 리듬은 정확히 24시간 주기를 갖는다.

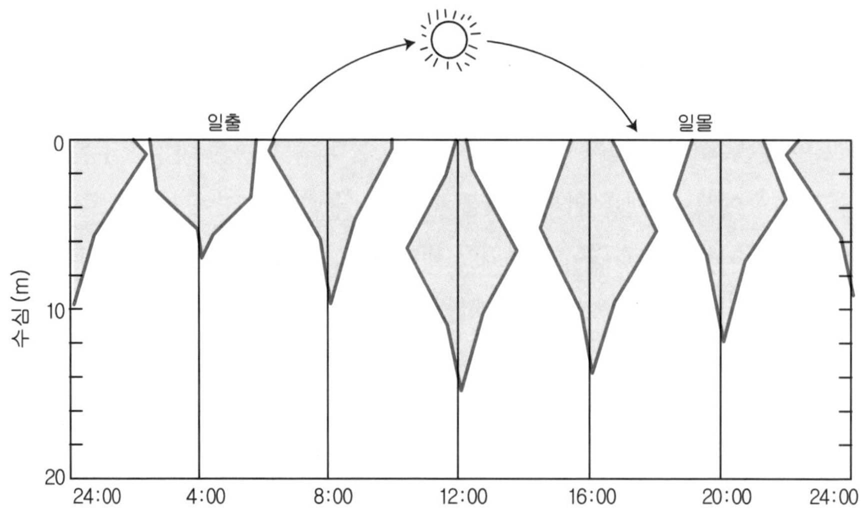

낮에는 하층으로, 밤에는 상층으로 이동한다.

그림 4-2. 담수산 동물성 플랑크톤의 수직적 일변화

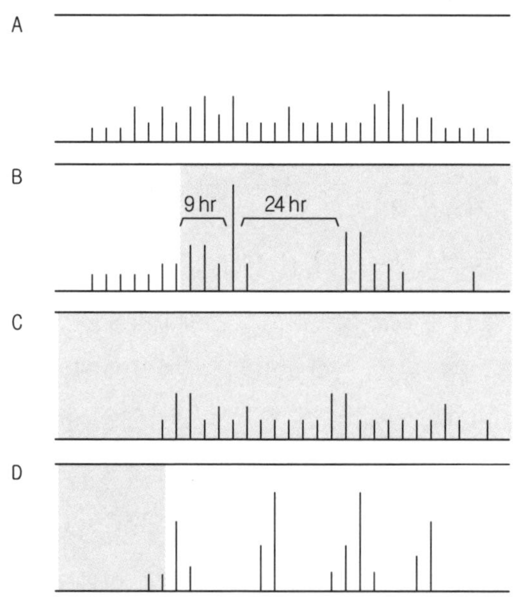

그림 4-3. 광선의 시간 조절과 우화 리듬

항명(A)과 항암(C)조건에서는 하루 종일 계속적으로 우화하지만, 항명의 것을 항암으로 교체하면 9 + 24 n의 우화리듬이 일어나고(B), 항암의 것을 항명으로 교체하면 1 + 18 n의 우화리듬(D)이 생긴다.

동물의 대부분은 주행성과 야행성으로 나뉘어져 서로 교체하면서 활동을 하고 있다. 예를 들면 주행성은 우리가 주변에서 흔히 볼 수 있는 많은 종류의 조류나 포유류 등이 있고, 야행성 동물은 올빼미나 쏙독새(토문조)와 같은 야조(夜鳥), 모기나 나방류 등이 있다.

바다나 호수에서는 동물 플랑크톤의 일주활동을 볼 수 있다. 이러한 작은 동물은 야간에는 먹이가 많은 표층으로 이동하고 주간에는 어두운 심층으로 가라앉은 주기적인 상하운동을 하고 있다. 플랑크톤이 상승하면 그것을 잡아먹는 보다 큰 동물이나 물고기도 그곳에 모여 야간의 표수층(表水層)은 좋은 먹이의 장(場)이 된다. 물벼룩과 야광충도 낮에는 물속 깊은 속에서 있다가 밤에는 수면으로 올라오는 현상을 보인다.

만일 낮과 밤의 시간을 인위적으로 조절하면 그 리듬이 바뀌는 현상을 볼 수 있다. 예를 들어 누에고치(번데기)를 자연상태에 보호하면 아침 일찍 우화 하지만 번데기를 항명(恒明) 또는 항암(恒暗)하에 두면 그림 4-3의 A, C에서와 같이 하루 종일 우화한다. 그러나 이들의 명암을 교체하면 또 다른 형태의 새로운 일주 우화리듬이 형성될 수도 있을 것이다.

생물 중에는 때로는 2주간 또는 4주간의 주기를 갖는 것도 있다. 캘리포니아의 grunion이란 어류는 보름달과 초생달이 뜰 때 해변으로 올라가 알을 낳는데, 이는 약 2주간의 간격을 갖는 경우이다. 이러한 행동은 달의 양상이나 조류의 높이에 의해서 이루어지는 듯하다. 인간의 월경주기는 달의 양상과는 관계가 없으며 행동적이라기 보다는 생리적인 현상인 것이다.

(2) 연주기

대부분의 곤충은 겨울에 성체가 죽고 알이나 번데기로 월동한다. 따라서 개체군의 크기는 계절에 따라서 크게 달라진다. 곤충 중에서 번데기로 월동하는 산누에(작잠)는 봄이 되면 휴면에서 깨어나 두터운 고치 속에서 나방으로 변태되어 나오는데 어떻게 봄을 알고 깨어 나오는지 매우 신비스럽게 생각되었다. 이것은 어떤 종류의 빛이 두터운 고치층을 통과해서 번데기의 신경기관에 전달되어 잠자고 있는 번데기의 뇌에 도달하기 때문이다. 뇌에서는 일종의 계산기와 같은 기능이 작용하고 있어 하루 24시간 동안 밝은 시간과 어두운 시간을 계산하고 있다. 봄이 되어 낮의 시간이 점차 길어지면 번데기는 잠에서 깨어나 나방이 된다. 겨울동안 일조시간이 8시간 정도일 때는 번데기는 휴면상태로 지나게 된다. 일조시간이 길어지면 뇌신경세포의 호르몬 분비가 활발해져서 휴면에서 깨어나 탈피하게 된다.

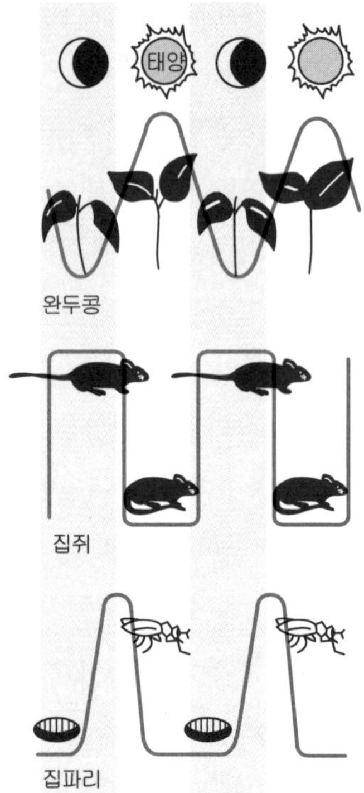

그림 4-4. 생물시계의 세 가지 형태

완두콩 : 밤에는 아래로 늘어지지만 낮에는 바로 선다.
쥐 : 낮에는 쥐구멍 속에 있지만, 밤에는 활발하게 행동한다.
집파리 : 우화하는 시간은 대체로 아침나절이다.

철새의 이동도 **연주기**(年週期, annual rhythm) 현상의 한 예이다. 겨울에는 여름새가 더운 곳으로 이동하고, 겨울새가 추운 곳으로부터 이동한다. 이와 같은 철새의 계절이동을 일으키게 하는 환경요인으로는 기온의 변화, 일조시간의 변화 및 이에 따르는 먹이의 소장(消長) 등이 있다.

많은 동물은 계절에 따라서 활동성과 개체군의 크기가 달라진다. 포유동물 가운데도 모피의 계절적 변화가 온도와는 달리 일조조건 변화에 의해서 일어나고 있다는 것이 알려졌다. 학자들은 인공적으로 매일 일조시간을 짧게 하여 가을의 자연상태로 만들어 줌에 의하여, 아메리카 족제비의 갈색모피를 백색의 겨울털로 바꿀 수 있었는데, 이 겨울털은 일조시간을 길게 하여 주면 또다시 여름털로 되돌아온다. 마찬가지로 갈색의 여름털을 가지고 있는 아메리카 눈신토끼의 경우 일조시간을 겨울 같이 9시간으로 하면 21℃라고 하는 여름 기온이라도 겨울털은 그대로 유지한다.

양서류와 파충류 중에는 온대지방과 한대지방에서 겨울에 체온이 내려가서 물질대사가 극도로 저하되고 활동이 둔해지는 **동면**(冬眠, hibernation)에 들어가는 종이 있다.

열대지방에서는 월별기온변화는 낮과 밤에 따르는 온도의 변화보다도 크지 않다. 우기와 건조기가 교대되는 열대지방에서 동물의 활동은 일반적으로 우기보다도 건조기가 저조하다.

(3) 주기성의 체계

주기성의 체계는 대단히 복잡하다. 생물시계가 동물체내에 어떤 복잡한 체계로 내장되어 있다는 전제를 할 경우 동물체내에 내장되어 있는 체내시계의 감각과 작용에 대해서는 극히 신비스럽게 생각하지 않을 수 없다.

생물체가 어떤 환경 변화를 예견하고 그에 순응한다면 매우 이로울 것이다. 태양계의 역학과 관련하여 일주기와 월주기 및 연주기의 세 가지는 생물체에 이로움을 줄 수 있을 정도로 변화가 규칙적이다. 생물체가 환경 속에서 이런 규칙적인 변화를 예감하고 준비하는 데에는, 일종의 시계와 여기에 관련된 여러 가지 메카니즘들이 필요하다.

현재 제기되고 있는 여러 가지의 이론 중 생물시계에 대한 한 예를 보면, 생물의 체내시계는 외부의 힘에 의하여 규제된 것으로, 마치 인간이 만든 시계가 전자회로나 태엽을 감아줌으로써 움직이는 것과 같다는 견해가 있다. 예를 들면 인공적으로 명암의 시간을 변화시켜 24시간보다 짧은 하루를 만들어 준다면, 생물시계는 멈추고 만다는 증명을 한 실험에 의해서 이 견해는 뒷받침되고 있다.

생물시계가 제대로 작동하기 위해서는 지구의 자장이나 기압, 그리고 우주선까지도 외부의 힘으로서 필요하다는 것을 생각할 수 있다.

또 생물을 형성하는 원형질이 시계의 기능을 가지고 있어, 이것이 환경에 다라 섭식행동이나 번식행동을 하기 쉽도록 진화한 결과가 소위 생물시계라고 불리우는 현상이라고 하는 설도 있다. 이 견해는 또 많은 사람들에 의해서 지지되고 있는데 생태학자가 중요하다고 생각하고 있는 외적요인을 모두 제거하여 버렸을 경우에도 생물은 그 주기적 행동을 오랫동안 지속한다는 실험이 이를 입증하고 있다. 이를 견해가 어떻든 생물시계가 존재한다는 것은 의심할 여지가 없다.

4. 광선의 인체작용

일광(日光)이란 지상에 도달하는 태양복사선을 말하는데, 이 일광은 중추신경을 자극하여 마음을 상쾌하게 하고 신진대사작용을 양호하게 하며 발육 및 뼈의 성장에 유효하다. 그리고, 피부와 병적세포에 작용하여 병원균을 죽이거나 억제시킨다. 그러나 일광에 과하게 노출될 때는 가시광선, 적외선, 자외선 등에 의하여 피해를 받게 된다.

4.1. 가시광선

태양광선 중 가시광선의 범위는 13%에 불과하며 그 파장의 범위는 약 400~700 nm로 보고 있다.

가시광선은 망막을 자극하여 명암과 색의 감각을 일으키게 하는데 555 nm에서 가장 강한 것으로 알려져 있다. 가시광선은 동공의 확대 수축으로 망막이 받는 광량(光量)이 잘 조절되어 불편을 느끼지 않으나 광량이 강렬하거나 미약할 때는 신체에 양향을 미친다.

인간의 정신과 감정은 주위 환경의 밝기에 따라 고조되기도 하고 저조되기도 한다. 조명이 양호하면 조심성이 많아지고 정신력이 선명 쾌활해지고 활동적이 된다. 그러나 조명이 불량한 환경하에서는 대체로 기분이 우울해지고 활동이 둔해지는 경향이 있다.

가시광선에 의한 신체반응은 직접작용과 간접작용으로 구분할 수 있으며 일반적으로 조명부족과 조명과잉으로 일어난다.

직접작용이란, 조직 내에 광선에너지가 흡수됨으로써 일어나는 조직성분의 화학변화인데 이에 대해서는 잘 알려져 있지 않다.

간접작용은 세포가 발산하는 화학신호이며 바이오리듬과정에서 보는 신체활동과 수면 등이 그 예이다. 송과선(松果腺)의 멜라토닌(melatonin) 합성이 억제되고 성선의 성숙과 활동에 영향을 미치는 것 등이다.

조명이 부족하면 망막에 도달하는 광량은 눈꺼풀과 동공에서 조정되므로 실제로 불편을 느낀다. 특히 어두운 조명에서 작업을 할 경우는 시력저하, 눈의 피로로 인한 능률저하 및 사고 발생의 원인이 되기 싫고, 장기간 계속되면 근시가 유발되기 싫다. 특히 시력이 약해지기 시작한 중년층 이상에서는 두통과 눈의 피로감 등이 쉽게 나타나므로 적당한 조명하에서 작업을 하여야 할 것이다.

표 4-2. 작업 중 밝기의 표준

작업구분	허용기준(lux)
초정밀작업	600 이상
정밀작업	300 이상
보통작업	150 이상
기타작업	70 이상

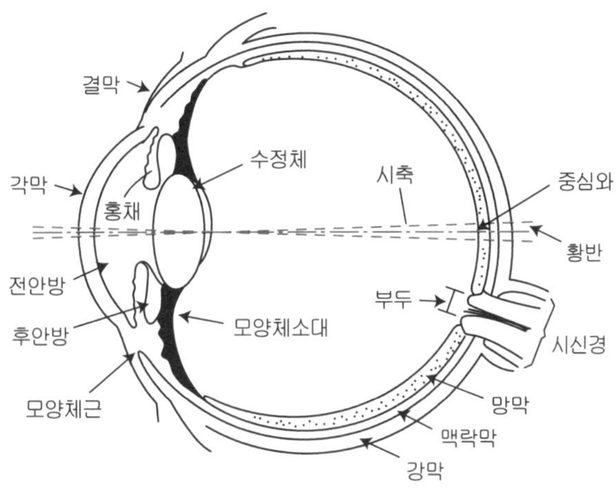

그림 4-5. 눈의 구조

조명 과잉상태에서의 눈부심은 망막을 자극해서 잔상을 동반한 시력장해, 시야협착을 일으키며 망막변성, 황반부변성 등이 일어날 수 있다. 특히 장기간의 암순응의 저하 및 광시가 발생할 수도 있다.

사람의 눈이 강열한 섬광에 노출되거나 태양을 오랫동안 직시할 때, 특히 일식(日食)을 관찰하다가 실명할 수도 있다. 그러므로 강한 빛에 시력을 노출시키지 않도록 주의하지 않으면 안 된다.

4.2. 적외선

적외선은 비전리방사선의 80%를 차지하며 주작용은 온열효과(溫熱效果, thermal effect)이며, 태양으로부터는 물론 전기, 용접, 가공공정 등 여러 산업공정에서 적외선이 방출되는 한편, 인체도 피부온도에 상당한 만큼의 적외선을 복사한다. 그러나 그 양은 의복, 옥내 기후의 영향을 크게 받는다.

적외선은 피부에 온열감을 주지만 눈으로는 느끼지 못한다. 적외선의 열작용은 조사된 부분의 피부를 덥히고, 혈류를 통하여 전신을 가온한다. 적외선 파장별 작용을 보면, 1,500 nm 이상의 파장에서 피부와 눈을 투과하지 못하나, 750~1,300 nm의 적외선은 1.5~4.0 cm까지의 조직을 투과하며 국소혈관의 확장, 혈액순환의 촉진 및 진통작용을 나타낸다. 1,100 nm의 적외선은 각막과 눈을 투과한다. 적외선에 의하여 피부온도가 45℃까지 오르면 피부는 화상을 입으며 0.1초 동안에 20 W/cm^2 적외선에 폭로될 때에는 망막에 화상을 입는다.

4.3. 자외선

일반적으로 자외선은 400~100 nm 사이의 파장을 갖는 전자파를 의미하며 파장이 310 nm보다 긴 것을 근자외선, 이보다 짧은 것을 원자외선이라고 부르기도 하지만, 200~290 nm를 자외선 C, 290~320 nm를 자외선 B, 320~400 nm를 자외선 A로 분류하여 사용되기도 한다. 특히 이 중 280~315 nm의 자외선을 Dorno선이라고 하며 인체에 유익한 작용을 한다. 또한 이 선은 생체와 관계가 깊다고 하여 **생명선**(生命線)이라고도 한다. 그러나 강한 선량이거나 장시간 노출되었을 때는 유해작용이 나타난다.

자외선의 발생은 태양광선의 약 7% 정도이며 전기 용접 및 자외선등에서 발생한다.

(1) 자외선의 유익작용

자외선의 유익작용은 비타민 D의 생성과 살균작용을 들 수 있다.

체내 지질의 일종인 7-dehydrocholesterol 또는 이와 비슷한 steroid 물질은 280~320 nm의 파장을 가진 자외선에 의하여 광화학적 작용을 일으켜 진피층에서 비타민 D를 생성한다.

자외선의 살균작용은 핵단백(nucleoprotein)을 파괴함으로써 살균이 되는 것으로써 254~280 nm의 파장부분이 가장 강력하다. 지구에 도달하는 태양복사선은 280~328 nm의 파장을 가진 약한 자외선에 의하여 약간의 살균작용이 있다.

기타 자외선의 유익작용은 적혈구와 백혈구 및 혈소판이 증가하는 경향이 있고, 물질대사작용이 항진된다는 보고가 있으나 실제로 그 효과는 별로 없으며, 다만 피부질환에 자외선을 조사하면 병적조직을 파괴하고 신생조직의 증식을 촉진시키므로 좋은 효과를 얻을 수는 있다.

(2) 자외선의 유해작용

자외선의 유해작용은 피부에 대한 작용과 눈에 대한 작용으로 크게 구분할 수 있다.

① 피부에 대한 작용

피부에 대한 자외선 흡수는 320~380 nm의 자외선은 상피층에서 흡수되고 나머지는 진피층에서 흡수된다. 강한 홍반(紅斑, erythema)작용을 나타내는 자외선의 파장은 260 nm와 290 nm이고 320 nm 이상에서는 홍반작용이 거의 없는 것으로 알려졌다.

피부에 자외선이 흡수되면 2~5시간 후에 히스타민이 유리되어 모세혈관을 확장시킨다. 그리고 자외선 조사량이 너무 많을 때는 모세혈관의 투과성이 증대되어 조직의 부종이 생기며 수포형성과 박피현상이 일어나고 때로는 피부에 궤양을 만들기도 한다. 그리고 홍반형성에 이어 색소침착이 생긴다. 기저세포층에까지 도달한 자외선에 의하여 말피기층에 있던 멜라닌 색소가 진피층으로 이동하고 또 한편으로는 색소가 증식한다.

자외선에 의하여 표피와 진피의 두께가 증가하는데 자외선량이 많을수록 현저하며, 280~320 nm 이하에서 피부암이 발생하는 수가 있는데 이는 선원이나 농민들에게서 가끔 볼 수 있다. 특히, 옥외에서 coaltar 유도체, 벤조피렌, methyl cholanthrene, 기타 anthracene 화합물 취급 근로자에게서 피부암이 많이 발생하는 것으로 알려졌다.

한편 사람에 따라서는 자외선에 의하여 광알레르기성 반응도 일어날 수 있는데, 이것은 습진상(濕疹狀, eczmatous) 알레르기성 반응으로 나타나며 보통 노출 1~2일 내에 발생하게 된다. 단, 알레르기성 반응은 노출부위 또는 기타부위에서도 발생할 수 있다는 특징이 있다.

이상에서와 같이 자외선의 피부에 대한 작용은 홍반형성, 색소침착, 피부의 비후, 피부암 및 광알레르기 반응 등이 나타날 수 있는 것이다.

② 눈에 대한 작용

자외선은 눈에 매우 민감하게 작용한다. 240~310 nm 파장의 자외선은 눈의 각막상피에서 흡수되고, 360 nm의 파장이 가지는 3.5 eV의 광전자 에너지는 수정체를 흥분시키고,

수양액(水樣液, aqueous humor) 또는 유리체액(琉璃體液, vitreous humor)에 형광을 발하게 하여 일시적으로 시력이 흐려지게 하고 눈의 피로감을 갖게 한다.

자외선과 직접 관련 있는 살균등 취급자나 용접공정을 수행하는 작업자들은 특히 자외선에 의한 시력장해의 피해를 받지 않도록 주의해야 할 것이다. 강한 자외선에 장시간 노출되었을 때는 눈에서 이물감을 느끼게 되고, 충혈이 심하여 눈이 부시고, 눈물이 많이 나며 안검경련(眼瞼痙攣)을 일으킬 수 있다. 물론 안검경련은 눈을 감으므로 인하여 손상된 각막을 보호하기 위한 생리적 반사작용이지만, 그 정도가 심하여지면 백내장까지도 일으킬 수 있는 것이다.

(3) 자외선에 대한 대책

일반적으로 산업장에서의 자외선에 폭로되는 것을 방지하기 위하여 ① 검은색 보안경이 달린 용접용 헬멧을 착용한다. ② 작업장 주변에 칸막이를 하여 자외선을 차단함으로써 다른 사람의 피해를 줄인다. ③ 자외선을 직접 들여다보는 일을 삼간다. ④ 피부 노출을 방지하기 위해 옷을 입거나 보호용 크림을 바른다. ⑤ 강한 햇빛에 노출되는 것을 피하고 필요시 차광 보안경을 착용한다.

5장

온도와 생물

1. 온 도

온도의 상승과 하강에 따라 느껴지는 한난(寒暖)의 변화는 대기의 많은 변화 중에서 쉽게 감지할 수 있는 것으로서, 그 정도를 나타내는 단위를 우리는 **온도**(溫度, temperature)라고 한다.

생물에서 중요한 온도는 기온, 지온, 수온 및 생물체온 등이다. 우리는 보통 기온을 많이 사용하고 있으나, 이것은 자료를 얻기 쉽기 때문에 편의상 사용하는 것이고, 실제로는 생물과 가장 관계가 깊은 온도를 사용하는 것이 좋다. 예를 들면 기온과 생물체온과는 상당히 다르며, 식물에 직접 영향을 주는 것은 기온이 아니라 생물체온이므로 기온보다는 생물체온이라는 것을 유념해야 한다.

지온이나 수온은 기온에 비하여 관측하기 쉬우나 국지적인 조건의 영향을 받기 쉬우므로 기온만큼 넓은 지역의 온도를 대표할 수는 없다. 온도는 위도나 표고에 의해 변화함과 동시에 계절적 추이에 따라서도 변동하는데, 이와 같은 온도의 변화는 작물의 분포와 생육을 지배한다. 우리나라는 남북으로 길고 동서로 표고차가 커서 기온의 변동폭이 크며, 연간의 계절적인 변화도 확실하다.

우리나라의 기온은 평지에서는 대개 12~1월이 가장 낮고, 8월이 가장 높으며, 하루 중에는 해뜨기 직전이 가장 낮고, 오후 2~3시경 기온이 가장 높다.

지온은 토지의 열용량, 비열, 열의 전도 등에 따라 열을 받는 량과 방출하는 량의 차로 정해진다. 대략 50~60 cm의 얕은 곳에서는 기온과 태양광선이 얼마나 쪼이느냐에 따라 영향을 받지만 1년 중 기온의 변화에 따라서 변화하는 곳은 지하 약 7 m까지이다.

수온은 물의 열용량, 비열, 열전도도 같은 여러 물질적 성질이 공기와 다르기 때문에 기온에 비하여 변화하는 폭이 좁다. 해양을 예로 들면 최고가 30℃이고 최저가 −3℃ 정도이다. 같은 지점에서 연중의 변화하는 폭은 10℃ 이하인데 깊은 곳에서는 큰 변화가 없고 대개 2~3℃밖에 안 된다. 호수나 늪에서는 해양보다 수온의 변화가 크지만 기온보다는 작다.

생물의 생명현상은 생물체내에서 일어나는 물질들의 일련의 화학변화라고 할 수 있다. 그 속도는 온도의 영향을 많이 받으므로 생물체내의 물질대사는 직접, 간접으로 온도의 영향을 받고 있다. 환경에서 오는 온도요인은 태양의 복사열, 기온, 지온, 수온 등으로 나누어진다. 복사열은 태양에너지의 약 80%를 차지하는데 태양의 고도, 일조시간 등으로 정해지고, 위도, 토지의 고도, 계절, 기후, 하루 중의 시간 등에 의해 지배된다.

2. 온도와 식물반응

2.1. 유효식물의 온도

식물의 생활에 미치는 온도의 영향은 식물의 종류와 생리작용에 따라 다르지만, 식물의 생활은 어느 일정한 온도, 즉 최저와 최고온도 범위 내에서 이루어지고 그 사이에 가장 적당한 온도가 있다.

생물의 활동은 온도의 고저에 따라 크게 영향을 받는다. 대부분의 생물이 생활하는데 적당한 온도를 최적온도(20~30℃)라 한다. 그러나 생물의 종류에 따라서 이들의 이러한 온도는 달라진다. 특히 극지나 온천 등 특수한 온도환경에 적응된 생물도 있다. 또한 이러한 온도는 생물의 종류, 즉 종과 품종에 따라서도 달라진다.

식물은 그 자체가 주변 환경온도의 영향을 받기 때문에 그 지리적 분포에 따르는 유전적 적응성에 의해 적온을 달리할 뿐만 아니라, 또한 계절에 의해서도 그 생존양식을 달리한다. 비교적 적온의 범위가 높은 온대의 식물은 추운 겨울에는 종자나 지하경 등 저온저항성이 강한 생육상을 나타낸다. 여름식물과 겨울식물과는 적온과 최고 및 최저 온도의 범위가 다르고, 또 같은 작물이라도 생육단계, 조직, 기관에 따라서도 달리 나타난다.

이상에서와 같이 식물의 종이 다르면 동일한 기능에 대한 기준온도도 달라지는데, 예를 들면 수박, 수수, 야자의 생장에 필요한 최저온도는 15~18℃이고, 귀리와 밀 등의 최저온도는 -2~5℃ 사이에 있다. 그리고 북극의 그늘식물의 생장에 대한 최고온도는 빙결에서 몇 도 이상 초과하지 못하는데 반하여 열대 선인장의 일종은 그 조직 온도가 56.5℃이고, 기온이 58℃ 때에도 잘 자랄 수 있다. 또한 어떤 북극의 해조와 설조(雪藻)는 온도가 결코 0℃가 넘지 못하는 입지에서 생활할 수 있는데 반하여 온천의 마름은 77℃의 물 속에서도 살아간다.

같은 개체의 식물에 있어서 잎, 줄기, 뿌리 등 여러 기관은 동일한 기능에 대하여 서로 다른 기본온도를 가지고 있고, 식물이 생장하는 데도 최고온도와 최저온도 및 최적온도가 있다.

식물이 고온이나 저온에서 오랫동안 있으면 말라 죽는다. 이것은 대개의 경우 수분조건과 밀접한 관계가 있다. 즉, 수분의 흡수와 방출이 평형을 유지하지 못하던가 혹은 동화작용과 호흡작용의 수지가 균형을 이루지 못하기 때문이다. 만일 온도가 극히 낮아 세포사이나 세포 안에서 물이 얼 때에는 원형질은 물은 잃던가 혹은 물이 얼 때, 부피가 급격히 늘어난 조직이 파괴되어 해를 입는다. 식물체는 온도가 높을 때에는 수분을 증발시키고 온도가 낮을 때에는 지방이나 당류를 저장함으로써 그 해를 피하려고 한다.

식물은 생활적응 범위 내에서 온도가 변화함에 따라 동화나 호흡 또는 수분을 흡수하는 생리작용이 달라진다. 물론 이 온도는 식물의 종류와 나이, 그 밖의 여러 조건에 따라 다

표 5-1. 종자의 발아 및 생장에 미치는 온도(℃)의 영향 (김, 박 등, 1988)

식 물	최저온도		최적온도		최고온도	
	발아	생장	발아	생장	발아	생장
밀	0~0.4	5	25~30	29	31~37	42
옥수수	4.8~10.5	9	37~44	34	44~50	46
참 외	15.6~18.5	-	31~37	-	44~50	-
호 박	-	19	-	34	-	46

르다. 일반적으로 원형질이나 생리작용에 관하여는 효소의 작용에 해가 되지 않는 한 생리작용은 온도가 높아짐에 따라 왕성해진다.

일반적으로 따뜻한 지방에 있는 보통의 식물은 20~30℃가 동화작용을 하는데 가장 적당하지만 음지나 고산에 있는 식물은 10℃ 전후인 경우도 있다. 그리고 호흡작용이 이루어지는 가장 적당한 온도는 하등식물의 경우는 30~38℃, 고등식물의 경우는 0~50℃에서 이루어지는 것으로 간주되지만 생물의 종류에 따라 많은 차이가 있다.

식물은 동화작용으로 만들어진 물질과 호흡작용으로 소비된 물질의 차만큼 생장하는 것으로 볼 수 있으므로 생장에 미치는 온도의 영향은 대개의 경우 이들 두 작용이 온도와 어떠한 상호관계에 놓여있는가를 규명하면 된다.

2.2. 기온과 식물반응

(1) 식물의 생육 온도대

연등온선(年等溫線)을 기준으로 하여 작물 생육지대를 구분하면 ① 한지대 ② 냉지대 ③ 중지대 ④ 난지대 ⑤ 열지대 등 다섯 지대로 구분할 수 있다. 냉지대와 중지대는 여름철 온도의 고저에 따라 이것을 다시 하난지대(夏暖地帶)와 하냉지대(夏冷地帶)의 두 가지로 구분할 수 있다. 우리나라는 대부분이 하난지대에 속하나 남해안일부와 남해상의 섬들은 난지대에 속하며, 개마고원지대를 비롯한 북부 내륙의 산악지방은 하냉지대에 속하고 있다. 이들 지대 중 작물의 종류가 제일 많은 곳은 난지대이고, 다음으로 중지대, 열지대, 한지대의 순으로 적어진다.

일반적으로 한지대식물은 열지대식물에 비하여 당연히 열의 요구가 적지만 광합성 능력을 비교하면 고온에서 자란 것은 고온을 필요로 하고, 저온에서 자란 것은 저온에서 충분히 광합성을 하고 있다. 식물은 주어진 온도적 환경에 쉽게 적응될 수 있다. 그러나 작물재배에는 실 이익을 위한 적당한 온도가 반드시 필요한 것이다.

(2) 식물의 생육과 변온

식물의 생육환경으로서의 온도는 일정하지 않다. 계절적 및 일변화와 같은 주기적 온도변화에 따라서 식물의 생육도 변화한다.

Went(1944)는 토마토의 생장과 온도에 관한 시험에서 식물생장은 항온하에 두는 것보다도 적당한 변온하에 두는 편이 양호함을 규명하고 이 사실을 **온도주기효과**(溫度週期效果, thermoperiodicity)라고 했으며 이것은 여러 학자 등에 의하여 인정되었다.

일반적으로 기온의 일교차가 큰 지역에서 지배한 벼는 그렇지 않은 벼보다 현미의 무게가 무겁고 겨층도 얇다는 것도 변온에 의한 효과라고 할 수 있다. 많은 작물은 냉야온(冷夜溫)에 의해 생육이 촉진되지만 밀, 보리, 완두 등은 반대로 야고온(夜高溫)에서 생장이 촉진되기도 한다. 한편, 월년작물은 늦가을이 되어 최저기온 5℃ 이하가 되면 저온에 대한 저항성이 생기기도 한다. 알팔파와 양배추를 수일간 1일 24시간 중 수시간만 0℃에 접촉시킴으로써 인위적으로 저온인내적응효과를 얻을 수 있다고 한다.

작물은 종류에 따라 다르기는 하지만 일반적으로는 온도조건에 의하여 영향을 많이 받는다. 작물의 재배가 기온에 의하여 제한되는 조건을 보면 다음과 같다.

① 생육 가능한 온도의 기간이 너무 짧을 때
② 생육이 가능한 온도기간 중 평균온도가 너무 높거나 낮을 때
③ 과도한 고온이나 저온이 내습하여 생장기에 커다란 피해를 받을 때
④ 겨울철 휴면기의 온도가 너무 낮아서 심한 피해를 받을 때
⑤ 병충해의 만연에 알맞은 온도 조건에 있을 때

(3) 저온과 휴면

추운 지방에 자생하는 많은 식물은 해마다 휴면기를 지낸다. 즉, 얼마동안 왕성히 자란 후에는 외부조건이 생장에 양호하더라도 그들은 휴면(休眠, dormancy)에 들어가는데, 이 휴면은 겨울의 저온에 접촉으로 인하여 깨게 할 수 있다.

만일 이러한 식물이 장기간 저온에 접촉되지 않으면 따뜻한 기후가 도달해도 곧 싹트지 않으며, 잎, 꽃, 열매의 발달이 억제된다. 저온 접촉으로 인한 휴면타파의 온도는 식물의 종류에 따라 다르다. 복숭아는 7℃에서 400시간 이상 계속되는 것은 요구하고, 딸기의 일종(blue berry)은 800시간이 필요하며, 사과는 그 이상을 요구한다.

휴면은 환경의 필연성과는 관계가 없다. 휴면기의 요구는 결코 추운 기후의 식물에 국한된 것이 아니다. 예를 들어 항시 더웁고 습한 열대의 많은 식물도 늘 균일한 생장 현상을 유지하는 것이 아니라 발육 도중 어느 시기에 휴면현상을 보이고 있기 때문이다. 휴면은 보통 생리적으로 대단히 필요하다. 저온은 더러 꽃눈의 형성을 자극하는데 필요하고, 식물

의 종자가 성숙 후 왕성하게 발아하도록 하는데도 도움이 된다.

어떤 식물은 휴면기를 가지고 있지 않은 것도 있지만, 생활사를 빨리 완성하려면 발아 후 혹은 발아하는 동안에 저온을 요구한다. 즉, 봄보리를 봄에 뿌리면 개화 결실하지만, 가을보리를 봄에 뿌리면 개화 결실하지 않는다. 그러나 가을보리를 봄에 인공적으로 발아시켜 약 40일간 0℃ 정도의 저온처리를 하였다가 뿌리면 그 저온이 꽃눈을 형성하는 자극제가 되어 그해에 개화 결실을 한다. 이와 같이 개화를 촉진시키기 위해서 겨울철을 지내는 것과 같은 조건에 처리하는 처리법을 **춘화처리**(春花處理, vernalization)라고 한다.

춘화의 기구에 관하여서는 현재 호르몬설과 원형질변화설의 두 가지 학설이 있다. 호르몬설이란, 호르몬 물질이 씨눈의 생장점에 작용 또는 생성되고, 이 물질의 작용에 꽃눈분화가 이루어진다는 것이고, 원형질 변화설이란 춘화에 의하여 개화에 관계하는 호르몬과 같은 이동성물질이 형성되는 것이 아니라, 생장점의 원형질에 어떤 질적 변화가 일어나고, 이것이 꽃눈 혹은 유수(幼穗)를 형성하는 원인이 된다는 것이다.

(4) 냉해와 동해

식물은 급격한 저온현상으로 인하여 피해를 받기도 하는데, 저온에 의한 식물의 피해는 냉온장해(冷溫障害)와 동해(凍害)로 구분된다. 냉온장해는 피해를 미치는 온도는 보통 0℃ 이상이고 세포조직 안에 결빙이 일어나지 않은 경우이고, 동해는 0℃ 이하로서 결빙하는 경우이다.

온대 또는 한대 원산인 식물은 자연상태에서 냉온 장해를 받는 일이 비교적 적지만 원산인 식물은 0℃에 가까운 저온에 접촉하거나 0℃에 가까운 온도의 물에 침수되는 경우 쉽게 피해를 받는다. 또한 온대의 여름철에 이상저온의 장기화로 인하여 피해를 받는 일이 있는데, 이것을 냉해라고 한다.

냉해에는 급성적인 것과 만성적인 것이 있다. 급성장해는 수시간 내지 1일 후에 피해에 의한 반점이 나타나는 현상을 보이는데, 이 반점은 원형질에 죽고 세포 내용물이 세포간격에 침윤하기 때문에 나타난 다른 것이다. 만성적인 장해는 냉온에 두었을 때에 1일간은 완전히 정상상태에 있지만, 5~6일 지난 후에 식물체가 팽압을 잃고 시들게 되는 현상이다.

식물의 저온저항력은 종에 따라 상당한 차이가 있다. 벼나 면화 등의 열대성식물은 저온이나 빙점 이상의 온도에 접촉하면 상해를 입지만 다른 종류의 식물은 얼 때까지 해를 입지 않는다. 또 추운지방에 자생하는 어떤 식물은 조직이 단단하게 얼며, 온도가 −62℃

로 떨어져도 견딜 수 있는데 특히 은화식물(隱花植物)의 종자는 -270℃에서도 얼지 않는다고 한다.

식물에 대한 저온 저항력을 보면, 종자와 포자는 일반적으로 저항력이 강하고 어린 싹 꽃잎은 보통 늙은 식물보다 추위에 더 예민하다. 그리고 나무가 어릴수록 늦은 봄의 서리에 상해를 받기가 쉽다.

(5) 저온에 대한 적응

식물의 저온에 의한 상해 정도의 결정 조건은 ① 최저온도의 정도와 기간 ② 무기영양과 조직의 함수량 ③ 일장 등에 의하여 야기되기 전 생리조건 ④ 식물 생리적 특성 및 적응 등에 의하려 결정된다.

식물의 저온인내적응은 대개 원형질에서 파생되며, 저온의 상해를 모면하기 위하여 일시적으로 원형질에 주어지는 적응을 **경화**(硬化, hardening)라고 한다. 이 경화의 유인 조건은 인위적으로 생장을 갑자기 중지시킴으로써 유인할 수 있는 것으로 그 방법은 수시간 동안 빙점 근처에서 냉처리하는 방법과 건조한 환경에서 유인할 수 있는 방법이 있다.

경화의 예를 들면, 은실에서 자란 어린 식물을 냉상에 한동안 방치하거나 또는 가볍게 물을 줌으로써 경화 될 수 있고, 관개하는 과수원의 나무는 물을 주지 않으므로써 간단히 이른 가을 서리에 대하여 경화될 수 있다.

내동성(耐凍性)에 관하여서는 체내의 생리적 조건을 들어 보면 다음과 같다.

① 식물체의 함수량, 즉 세포내 자유수의 함량 감소는 내동성의 증강요인이 된다. 이것은 세포안의 자유수가 많을수록 세포의 결빙에 따르는 세포 부피의 변화가 커서 원형질의 기계적 변형이 커지기 때문이다.

② 세포액의 삼투압을 높이면 내동성이 증대된다. 삼투압이 높아질수록 결빙점이 낮아지고, 세포 내의 결빙이 잘 일어나지 않으며, 세포의 결빙에 의하여 탈수되는 수분량이 감소하고 원형질이 기계적 변형을 받는 일이 적어지기 때문이다.

③ 세포 내에 친수성 콜로이드의 함량이 증가되면 내동성이 증가한다. 세포내 친수성 콜로이드 함량이 증가하면 결빙할 수 있는 자유수의 함량이 적어지고, 세포 내의 결빙이 잘 일어나지 않고, 주어진 온도에 있어서의 세포 밖의 결빙에 의하여 세포에서 탈취되는 수분이 적어지고 용적의 변화가 적어지기 때문에 결과적으로 내동성이 증가한다.

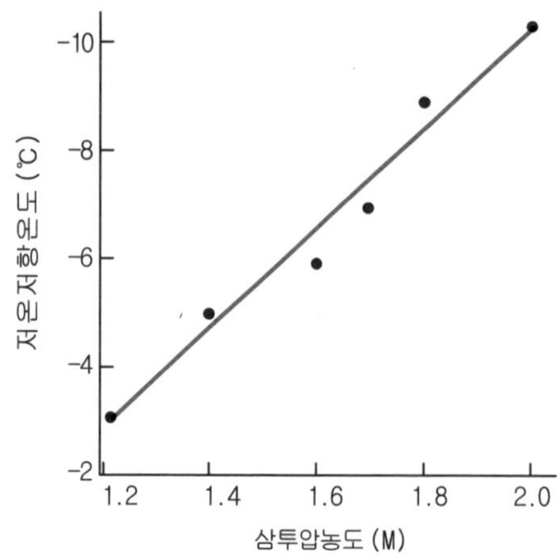

그림 5-1. 삼투압농도와 저온저항온도와의 관계

치자나무 잎에서 포도당에 의한 삼투압의 농도가 증가됨에 따라 저온에 대한 저항력도 증대한다.

④ 당류의 함량은 세포삼투압에 큰 역할을 맡고 있는 것으로, 삼투압이 높으면 ②에서와 같이 내동성이 증대된다. 예를 들어 가을에 파종하는 화곡류는 겨울의 저온기간에 식물체내 환원당량이 증가함으로서 내동성이 증대된다.

(6) 고온의 영향

식물 생존의 적온을 벗어난 지나친 고온은 건조를 가져오고 호흡과 광합성간의 불균형을 초래하여 직접 원형질에 해를 끼친다. 지나친 고온에서 식물은 휴식상태로 들어가거나 황화(黃化)현상을 초래한다. 그리고 좀더 가열되면 결국 치사온도에 달하게 된다.

식물은 고온에 대처할 수 있는 여러 가지 적응현상이 발달되어 있는데 그 내용을 보면 다음과 같다.

① 고온은 증산율을 높임으로써 잎의 온도를 조절한다.
② 엽신의 수직방향은 엽온을 저하시키는 자세가 된다. 태양광선에 직각으로 놓여있는 잎보다 적어도 3~5℃가 낮다.
③ 잎표면의 백색은 광선을 반사함으로써 온도를 저하시킨다.
④ 죽은 털로 덮여서 산 세포를 가려 온도를 조절한다.

표 5-2. 몇 종류의 식물에 대한 고온 저항성

식 물 명	열사온도	노출시간
녹조류	70~75℃	몇시간
해조류	27~42	12시간
다육식물	53~54	10시간
감자잎	42.5	1시간
소나무와 싹모	54~55	5분
보리종자	65	6~8분
토마토열매	45	-
사과	49~52	-
흑송화분	70	1시간

⑤ 두꺼운 수피가 인피부의 형성층을 절연시킨다.

⑥ 원형질의 함수량을 낮추므로서 온도를 조절한다.

식물의 줄기는 잎이나 뿌리보다 고온에 의하여 상해를 더 받는 경향이 있다. 소나무의 어린 싹의 고온상해는 45℃의 토양온도에 의해서 시작되지만 어떤 종은 70℃의 토양에서도 견딜 수 있는 것이 있다.

대체로 자연생 식물 뿌리는 일반적으로 과열의 상해를 피할 만큼 깊지만, 화분 속에 자라는 식물은 뿌리가 화분의 안쪽에 모이는 경향이 있다.

온도조건이 서로 다른 식물을 보면 온도가 낮은 곳에서 사는 식물들은 고온에 대한 저항성이 약하고, 사막식물 같은 것은 고온에 대한 저항성이 강하다. 그리고 대체로 종자나 하등식물은 고온에 대한 저항성이 더 강하다.

2.3. 지온과 식물반응

지온이 상승하면 토양수분 증발이 빨라져 수분 저하의 원인이 되기도 하지만 직접적으로 식물에 영향을 주기도 한다. 대체로 지온은 기온과 상관이 있기 때문에 지온이 높으면 식물체내 수분증발력이 높아져 위조의 원인이 되기도 하고 여러 가지 생리적 작용이 저하되기도 한다.

한편, 지온의 저하는 대체로 뿌리의 흡수력이 약해지는 원인이 되는데, 그 이유는,

① 토양온도의 저하는 뿌리가 흡수하기 위한 수분의 이동을 방해한다.

② 저온은 뿌리의 신장을 감퇴시키고 그 결과 흡수율이 저하된다.

③ 세포막의 투과성은 온도의 저하에 따라 감소하므로 이것은 흡수 감퇴의 원인이 된다.

④ 원형질과 세포막내의 교질물질의 점성은 온도가 저하됨에 따라 증가하고, 이것이 토양과 뿌리의 목관부분에 있는 세포층을 가로 끊고 이동하는 물의 운동을 감소시킴으로 흡수력이 감퇴한다.

담배와 같이 잎이 넓은 식물은 지온이 3~5℃로 내려가면 낙엽이 되고, 목화는 17~20℃에서 잎이 시들어 떨어지는데 이것은 토양으로부터 흡수력이 감퇴되기 때문이다.

2.4. 수온과 식물의 생육

수온과 식물의 상관관계는 벼를 위주로 하여 설명하고자 한다. 수생식물의 대부분이 그렇듯이 벼의 생장온도도 기온보다는 수온이 더 직접적이고 중요한 환경 요소로서 작용한다. 그 이유는 양분과 물을 흡수할 수 있는 뿌리의 활동이 잠겨있는 물 온도의 높고 낮음에 지배되고 있다는 점과, 줄기나 잎을 만들어 가는 생장점이 생육기간 중 물 속에 잠겨있는 기간이 대부분이기 때문에 수온의 높고 낮음은 벼의 생육에 지대한 영향을 미치는 것이다.

벼에 대한 수온의 영향은 직접 또는 간접적인데, 직접적이란 물 위의 미기상 범위 안에 있는 점이고, 간접적이란 뿌리의 활동력을 통한 영향인 것이다. 예를 들면 이삭이 나온 직후의 개화수정 때 기온은 높으나 수온이 낮아서 뿌리의 활동이 약하면 수정작용이 방해되어서 결실이 안되기 쉽다.

벼의 경우 수온이 13~14℃ 이하일 때 뿌리의 양분흡수나 생장점의 세포 증식은 그 활동이 거의 정지되고 적온인 30℃ 정도까지는 수온에 비례해서 활동이 증가한다. 한편, 기온이 높고 수온이 낮으면 벼는 잘 자라지 않지만, 기온이 낮고 수온이 높을 때에는 비교적 잘 자란다. 이처럼 수온이 벼의 생육에 미치는 영향은 대단히 큼을 알 수 있다.

벼의 발아, 생육 등 발육의 적온은 30~32℃이지만 전체 생육 기간을 통해서 계속 이와 같은 온도가 필요하지는 않다. 논물의 결실에 장해를 일으키는 수온과 장해가 전혀 일어나지 않는 수온은 품종이나 수온의 표시 방법 등에 따라 다소 달라지며, 대체로 19℃ 이하에서는 잘 여물지 않고 22℃까지는 1℃ 높아짐에 따라 20% 이상 결실률이 증가된다고 한다.

2.5. 식물체온

(1) 잎의 온도

잎의 온도는 각종 기상조건과 잎의 크기, 형태, 색상 및 식물의 생리작용 등에 의하여 지배된다. 낮에는 일사에 의해서 높아지고, 밤에는 야간 복사의 영향을 받아 낮아지기 마련이다. 일사나 바람은 잎으로부터의 증산을 촉진하여 잎의 온도를 저하시키는 작용을 하고, 바람이 강해지면 잎은 그만큼 많은 공기에 접촉되게 되므로 엽온은 기온과 같아지려고 한다.

특히 잎의 온도에 영향을 미치는 일사의 영향은 대단히 크다. 일반적으로 맑은 날씨에 바람이 약할 경우 낮에는 기온보다 2℃ 내외가 높고, 밤에는 3℃ 내외가 낮은 것이 보통이다. 시간적으로 보면 대체로 15시경부터 21시경까지는 엽온이 기온보다 높고, 0시부터 12시경까지는 기온이 엽온 보다 높은 경향이 있다. 그러나, 일사가 강한 높은 산 같은 곳에서는 잎의 온도가 기온보다 훨씬 높을 수도 있다.

(2) 줄기의 온도

줄기는 외피와 내피로 구성되며 온도도 그 구성에 따라 달라진다. 일반적으로 외피로부터 내부로 들어감에 따라 온도 변화가 작아진다. 또한 줄기의 온도는 일사를 받는 측이 온도가 높고 못 받는 측이 온도가 낮다. 예를 들어 사과 줄기의 온도는 일사를 받고 있는 남서측과 받지 않는 북동측에서의 온도차는 25℃ 정도가 된다고 하며, 복숭아나무 가지의 경우는 남북 양측의 온도차가 16~17℃ 정도가 된다고 한다.

특히 줄기온도의 변화는 기온보다 늦어지므로 겨울철 극한시의 줄기 내부의 온도는 기온보다 대체로 높다.

(3) 싹과 꽃의 온도

싹의 온도는 발아와 관계가 있어서 온도가 낮으면 발아가 억제된다. 꽃의 온도는 수정과 밀접한 관계가 있어서 어느 정도 이상 꽃의 온도가 낮아지면 수정이 방해되기도 한다.

사과의 휴면싹의 온도는 낮에는 기온보다 높으나, 밤에는 기온보다 낮아지는 것이 보통이다. 한편, 활동을 개시하고 있는 딸기의 싹 온도는 언제나 기온보다 낮다고 하는데, 이것은 싹에서 증산이 왕성하고 열을 방출하기 때문에 낮에 일사에 의하여 온도를 높이는 작용마저도 감쇄되기 때문이라고 보고 있다.

일사를 받고 있는 꽃의 온도는 엽온과 같이 대체로 기온보다 높다.

(4) 과실의 온도

과실의 온도는 과실의 성숙, 저장 등과 관련하여 중요한 것이다. 과실의 온도는 생육기나 과실의 크기에 따라 다르다. 복숭아, 배, 수박 등의 과실온에 대하여 조사한 것을 보면, 일광의 직사를 받지 않는 복숭아나 배 등의 과실온은 대체로 그 최고 온도가 기온보다 낮으며, 최저온도는 기온보다 높다. 수박과 같이 큰 것들은 그림 5-2에서 보는 바와 같이 일사를 받는 쪽과 받지 않는 쪽과의 온도차이가 크게 나타난다.

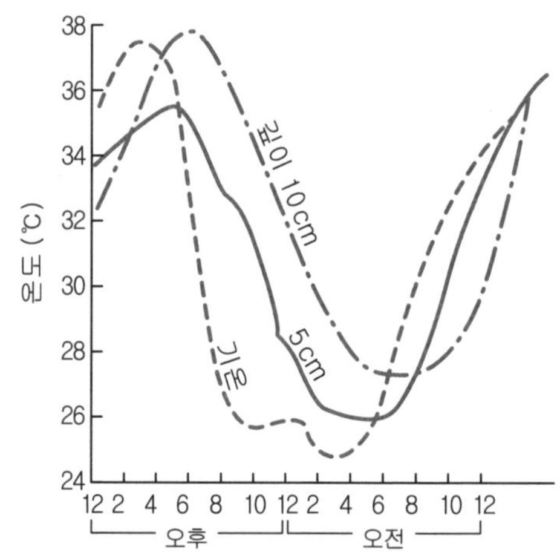

그림 5-2 과실의 온도와 일변화

2.6. 온도와 식물간의 상호작용

(1) 단풍

여름을 지나 온도가 내려가고 수분이 부족하게 되면 이로 인하여 세포 내에서는 당분이 저장되고 엽록소가 분해되는데, 액포 속에 안토시안(anthocyanin) 색소가 많아지면 홍엽(단풍나무, 담쟁이, 옻나무 등)이 생기고, 엽록소가 분해되고 카로틴(carotin)과 크산토필(xanthophyll)이 많이 생기면 황엽(은행나무, 미루나무, 감나무 등)이 된다.

(2) 낙엽

낙엽은 외온이 내려가면 잎에서의 증산량이 줄고 생리작용이 제대로 이루어지지 않기 때문에 생기는 생리현상으로써 추위에 잘 견디기 위하여 적응된 하나의 현상이라 볼 수 있다. 낙엽이 생기는 이유는 온도가 내려가고 수분이 부족하면 잎자루 기부에 떨켜(離層, abscission layer)가 생기기 때문에 일어나는 현상으로 온대에 사는 낙엽수가 가을이 되어 온도가 내려가면 모두 이 과정을 겪는다.

(3) 나이테의 형성

온대에 사는 수목은 계절에 따라 형성층이 기능이 다르다. 봄과 여름철에 생기는 춘재와 늦여름부터 가을까지 생기는 추재의 구별이 생기는데, 이들 경계를 나이테라고 한다. 4계절의 구별이 없는 지방에서는 대신 우기나 건기에 따라 성장속도가 다르므로 이에 따라 가벼운 나이테가 생긴다.

3. 동물의 체열

3.1. 변온성과 항온성

체온에 따라 동물을 분류할 때 가장 기본이 되는 것은 열의 원천을 근거로 하여 분류해야 하지만 때로는 항온성의 여하에 따라서 분류하기도 한다.

(1) 열의 원천에 따른 동물의 분류

열의 원천에 따라 동물을 구분하면 **내온성동물**(內溫性動物, endotherm)과 **외온성동물**(外溫性動物, ectotherm)로 구분된다.

① **내온성동물(endotherm)** : 내온성동물이란 동물이 스스로 열을 발생하여 주변온도(ambient temperature) 이상으로 체온(body temperature)을 높게 유지하는 동물을 말한다. 내온성동물인 조류, 포유류 및 몇 가지의 하등 척추동물이나 수종의 곤충은 대사율을 상승시켜 열을 발생시키거나 열전도를 낮게 하는 보온기작을 통해서 체

온을 상승시키며 이에 따라 열손실을 조절한다. 내온성동물은 같은 크기의 외온성 동물에 비해 대사율이 최소한 5배 정도는 높은 것으로 알려져 있다.

② **외온성동물(ectotherm) :** 외온성동물이란 열을 주변으로부터 얻는 동물을 말한다. 외온성동물인 무척추동물과 대부분의 하등 척추동물은 체온이 주변온도에 따라 변하지만 때로는 대사열에 의해 체온을 주변온도보다 몇도 정도 높게 유지하기도 한다. 외온성동물은 대사발열량이 적고 단열이 잘 안되어 있어 열전도가 높다. 따라서 대사열이 발생하더라도 곧바로 손실되고 말지만, 또한 주변으로부터 아주 쉽게 열을 흡수하기도 한다.

(2) 항온성에 의한 동물 분류

주위환경에 상관없이 체온을 비교적 일정하게 유지하는지 아니면 체온이 변하는지에 따라 분류하는 방식이다.

① **항온성동물(恒溫性動物, homeotherm) :** 항온성동물이란 발열량과 열손실량을 조절함으로써 체온을 일정한 온도의 범위 내에서 유지하도록 하는 동물을 말한다. 예를 들면 포유류의 체온은 대체로 37~38℃이고 조류는 40℃ 정도를 계속 유지하는 항온동물이다.

② **변온성동물(變溫性動物, poikilotherm) :** 변온성동물은 주변 환경의 온도에 따라 체온이 변하는 동물을 말하며 여기에는 모든 하등 척추동물과 무척추동물이 포함된다.

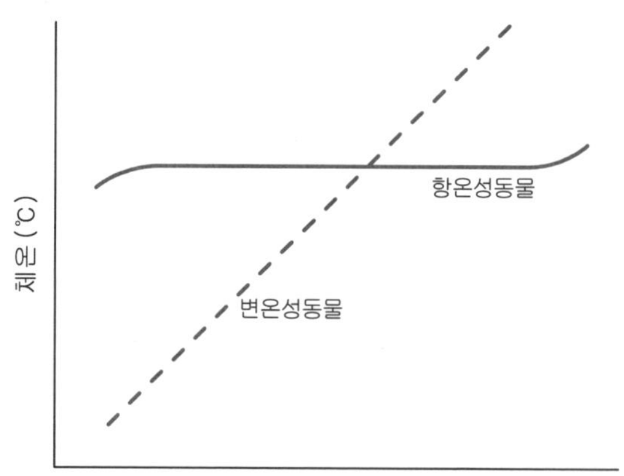

그림 5-3. 항온동물 및 변온동물의 체온과 주변온도와의 관계

③ **이온성동물(異溫性動物, heterotherm) :** 이온성동물이란 체내의 발열정도를 변화시킬 수 있으면서도 좁은 범위의 체온 변화를 조절하지 않는 동물을 말한 것으로써, **부위적이온성동물**(部位的異溫性動物, regional heterotherm)과 **일시적이온성동물**(一時的異溫性動物, temporal heterotherm)이 있다. 마고상어(mako-sharks)와 상당수의 곤충류 등은 신체부위에 따라 체온이 다르게 나타난다. 즉, 내부는 근육활동으로 인하여 체온이 높고 말단조직은 주변온도와 비슷한데 이와 같은 동물을 부위적이온성동물이라고 한다. 그리고 단공류의 *Echidna*와 같이 시간에 따라 체온이 폭넓게 차이가 나는 것을 일시적 이온성동물이라 한다.

이상에서와 같이 생물의 종류에 따라서는 변온동물과 항온동물의 중간형도 있는 것이다. 만일 온도의 원천에 따라서만 내온성, 외온성 또는 변온성, 항온성으로만 분류한다면 그 유형에 맞지 않는 예외가 많이 생긴다. 그리고, 일상용어의 온혈(warm-blooded)동물을 항온동물로, 냉혈(cold-blooded)동물을 변온동물로 보는 것은 잘못이다. 조건에 따라서는 변온동물의 혈액도 따뜻하기 때문이다. 적도 태양 아래서 계속 날아다니는 메뚜기 종류나, 뜨거운 사막에서 한낮에 운동하는 도마뱀의 혈액은 포유류의 온혈보다 온도가 더 높을 수 있기 때문이다.

3.2. 체열과 열교환

열의 작용은 가시광 뿐만 아니라 자외선이나 적외선의 영향도 중요한 대상이 된다. 자외로부터 적외부에 걸친 파장분포를 가진 태양광 중에서 생물은 열의 형태로 에너지를 획득하고 있다. 열의 취득은 생물체 내에서의 화학분자의 작용을 자극하고 화학적 활동을 증진한다.

동물의 체온은 조직의 단위 질량에 대한 열량에 따라서 다르다. 조직은 물의 함량이 가장 많기 때문에 조직의 열용량은 0℃와 40℃ 사이에서 1.0 cal/℃/g이다.

(1) 체액변화의 결정요인

체열의 변화는 다음의 세 가지에 의해서 결정된다.

① 대사작용을 통한 열발생률

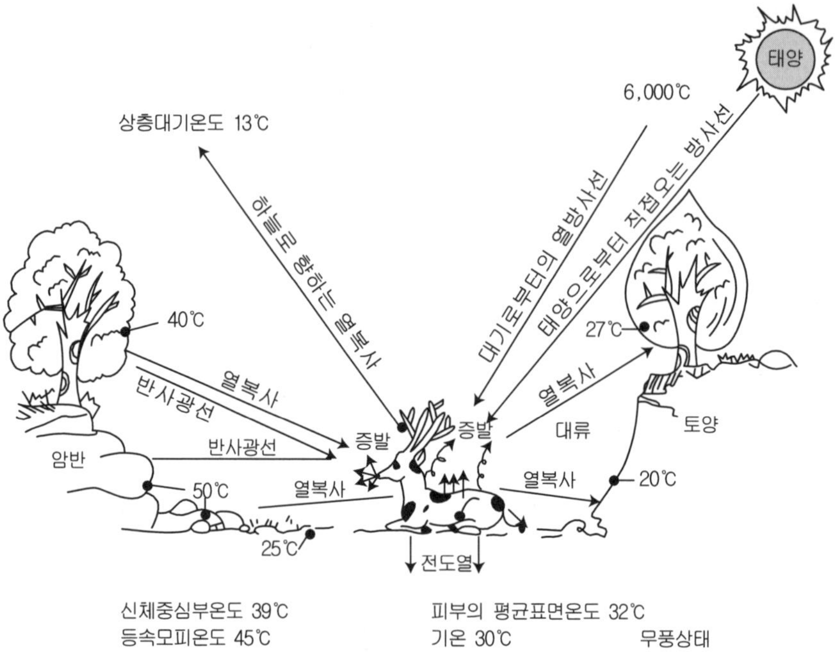

그림 5-4. 동물과 환경간에 이루어지는 열교환

② 열흡수율

③ 환경으로 발산되는 열 손실율

체열 = 열발생 + 흡수열 − 손실열 = 발생열 + 전단열

이와 같이 체열은 열발생률과 열전도율의 변화에 의하여 조절된다.

(2) 열방생률에 영향을 미치는 요인

① 단순운동과 같은 행동기작

② 에너지 비축물에 대한 대사촉진과 같은 자율기작

③ 기본대사율의 증가를 초래하는 적응 또는 순화기작

(3) 동물 체내외로의 열전달율의 결정요인

① **표면적 :** 조직의 단위 무게당 표면적은 체중에 반비례하므로 작은 동물일수록 단위 체중에 대한 교환열량이 많다.

② **주변온도와 체온과의 차이 :** 주변온도의 여하에 따라서 열전달율에 차이가 있다. 동물의 체온이 주변온도와 비슷할수록 몸 안팎으로의 교류되는 열량이 적다.

③ **체중 특이한 열전도(weight-specifc heat conductance) :** 깃털, 모피, 피하지방 같은 것이 작용할 때 열전달율에 차이가 있다. 변온동물의 표면조직은 열전도가 잘되므로 체온이 주변온도와 같다. 그리고, 항온동물은 체표면의 열전도율을 감소시키기 위하여 깃털, 모피, 피하지방 등의 단열장치를 가지고 있으며 이와 같이 단열장치는 체표면과 주변 대기 사이에 온도 구배를 완만하게 해주는 효과가 있고, 또한 깃털이나 모피는 공기를 머물게 하는 기능이 있어 열전달을 지연시키는 효과가 크다.

(4) 동물의 열조절 기작

① 행동적 조절방식(behavioral control)

최적온도에 가까운 환경을 찾아 이동함에 의하여 열조절을 하고 있는 동물로서, 사막에 사는 설치류(齧齒類)의 일종인 다람쥐는 한낮 더운 때는 땅 속에 굴을 파고 들어가 쉬고, 도마뱀은 체온을 상승시키기 위해 햇볕을 쪼이기도 한다.

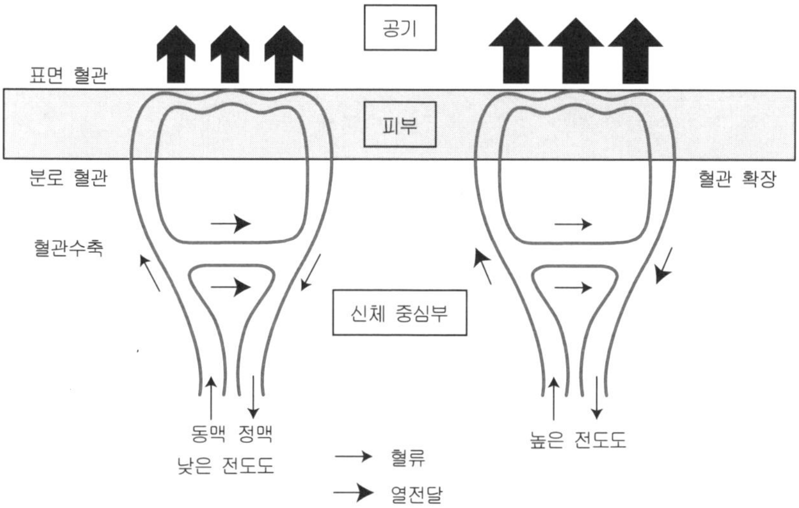

그림 5-5. 피하조직의 혈류조절에 의한 열의 자율조절 방식 (강, 1990)

동맥피는 주변동맥의 혈관운동 조절에 의하여 피부로 흐르거나 또는 분로혈관으로 우회한다. 추울 때는 혈액은 분로혈관(分路血管)으로 우회하고 더울 때는 피부쪽으로 흘러 환경과의 온도 평형을 유지한다.

② 자율적 조절방식(automatic control)

자율조절 기작에는 혈류에 의한 조절방식이 크게 효율을 높인다. 척추동물 체표면의 온도 구배 및 이로 인한 열의 흐름은 피하 혈류의 자율적 조절방식에 의해 조절된다. 외온성 동물은 환경으로부터 열을 흡수하기 위하여 피하 혈류를 증가시키기도 한다. 그리고, 모피나 깃털의 부푸는 정도는 입방근의 활성화 정도에 따라 달라지는데 이는 단열효과에 영향을 미치게 하고, 발한(發汗)과 헐떡거림 및 침흘림 등도 증발에 의한 조절효과가 있다.

③ 적응적 조절방식(adaptive control)

호르몬에 의해 조절되는 것으로 보이는 모피나 피하지방층의 단열장치를 변화시키는 장기적인 변화와, 발한작용의 증발효과에 의한 열손실의 조절과 같은 자율조절 역량의 변화 등을 들 수 있다.

4. 온도적응

4.1. 온도순응

일부 원시 생물을 제외한 대부분의 동물은 0~50℃ 사이에서 생활한다. 그러나 일부 생물은 50℃이상의 고온이나 빙점 이하에서도 생활할 수 있는 것이 있다. 극한적인 추위나 더위에서 생활할 수 있는 능력은 그들 자신의 신체에 의한 인내라기 보다는 오히려 온도에 대한 저항의 결과로 보아야 할 것이다.

동물이 기후, 고지, 심해 등의 자연적인 환경변화에 대처하여 변화하는 모든 것을 **순화**

표 5-3. 생물의 온도범위

온도범위	생물의 종류
50℃ 이상	온천의 Algae
50	온천 원생동물 및 고온지역 곤충의 한계
39~44	조류의 체온범위
42	사람의 생활 한계
35~40	대개의 포유류의 체온범위
25	해안 무척추동물의 상한선

(馴化, acclimatization)라고 한다. 한편, 실험실에서는 대부분 단열환경인자(온도, 염분, 압력 등)에 대한 반응으로 나타나는 생리적변화에 국한되는데 이와 같이 단일환경 인자에 대처하여 변화하는 것을 **순응**(順應, acclimation)이라고 한다. 여기에서는 순응에 대해서만 생각해 보기로 한다.

개구리를 수주일 동안 정상보다 아주 낮은 온도인 5℃와 약간 높은 25℃에서 각각 순응시킨 다음 10℃, 20℃, 30℃에서 개구리의 산소 소비량을 측정하여 비교해 보면 낮은 온도에 순응된 개구리의 산소 소비율이 10℃와 20℃에서 더 높다.이와 같이 개구리는 같은 실험 온도에 대해서 체내 대사율이 달리 하도록 보상적인 변화가 생기며, 이와 같은 보상적인 변화는 적응에 유용하게 이용된다. 예를 들면 저온에 순응한 개구리는 대사율을 높임으로 저온에 의해 야기되는 효소의 기능 약화에 대하여 어느 정도 보상할 수 있을 것이다.

겨울과 여름 개구리의 근육은 주어진 온도에서 수축 특성을 달리하고, 저온에 순응한 물고기는 신경전도가 안될 만큼 낮은 온도에서도 신경전도가 지속되는데, 이러한 현상은 조직에서 이루어지고 있는 것이다.

4.2. 온열중성대

동물은 종에 따라 그 대사속도를 최저로 유지할 수 있는 특유의 온도범위를 가지고 있다. 이 온도범위를 **온열중성대**(溫熱中性帶, thermoneutral zone)라 한다. 이것은 피부의 온도조절을 함과 동시에 물리적 과정만으로 체온을 일정하게 할 수 있는 종 특유의 온도범위이다. 만일 외기온이 이 온열 중성대보다 높게 되면 동물은 고온지역을 피하여 저온의 차폐물이 있는 곳으로 이동하는 현상을 보이는데 이것은 고온피해, 즉 과온증을 막기 위한 일종의 행위인 것이다.

외기온의 온열 중성대보다 더욱 낮아지면 대사속도를 상승시켜 체온을 높이는데, 대사속도의 증가가 시작되는 온도를 임계온도(臨界溫度)라 하고, 이 과정은 에너지를 소비하게 된다. 만일 이 에너지를 다시 보충하기 위해서는 다량으로 먹이를 취해야 하고 소비하는 만큼 다시 에너지를 생산해야 한다.

내온성동물을 호흡계(respirometer)에 넣고 주변 온도 변화에 따른 산소 소비량을 측정하면 그림 5-6과 같이 나타난다. 곡선의 정확한 형태나 양쪽의 직선 기울기는 동물의 종류, 적응 정도 및 생활양상에 따라서 다르다.

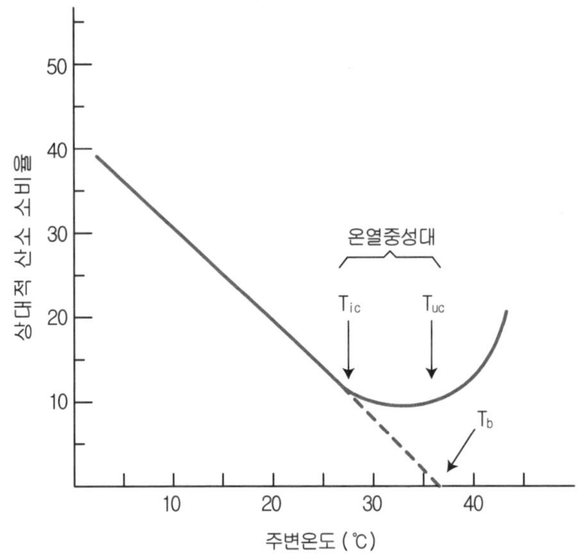

그림 5-6. 주변온도의 변화에 따른 포유류의 산소 소비율 의 변화 (정,1982)

T_{ic}, T_{uc}는 각각 하한 및 상한온도, T_b는 체온

실험적으로는 산소 소비량이 최소인 온도 범위가 되었을 때를 온열중성대라 하고, 온열중성대의 양 끝 온도를 각각 하한온도(lower critical temperature), 상한온도(higher critical temperature)라고 하지만 이는 항온동물이 살 수 있는 극한 온도를 의미하는 것은 아니다. 하한온도 이하에서는 주변온도 감소에 비례하여 산소 소비율이 증가한다. 이 직선 기울기의 연장선이 가로축과 교차하는 곳, 즉 산소 소비율이 0인 지점이 이 동물의 체온(37℃)이 된다. 그리고 상한온도 이상으로 주변온도가 상승하면 산소 소비율은 급증하지만 직선적인 증가를 보이지는 않는다.

4.3. 온도적응기작

체온 조절을 위한 항상성기작(恒常性機作, homeostatic mechanism)은 체온이 주위온도가 미치지 않게 보호하도록 전개되며, 이 기작이 부적당하거나 불가능할 경우 행동적응(行動適應, behavioral adaptation)이 따른다. 외온성동물인 파충류의 피부는 태양의 복사열을 받아 열을 흡수하지만 항온동물은 피부를 사용하여 대류나 증발에 의한 열의 낭비를 막는다.

항온동물의 열평형은 물리적 요인이나 대사열 생산량에 의한 열손실 사이에서 이루어지며 계속적으로 온도를 유지하는 기작은 물리적, 화학적 기작에 의존한다.

항온동물에 있어서 온도조절은 화학적 기작보다 우선은 물리적 기작에 의존한다. 화학적 조절은 음식물이 충분치 못할 때 사용되리라고 예상되는 것이다. 물리적 조절에 대한 보충으로 화학적 조절을 사용할 필요가 있을 때 근육과 간에서는 열생산량을 증가시킨다.

근육대사는 섬유의 비동기연축(非同期攣縮, asynchronous twitch)을 통해 생기며 이것이 불충분할 때 몸이 떨린다. 이 때 부신피질이나 갑상선은 활동을 증가시켜 부신수질에 의해 아드레날린의 분비가 촉진되고, 그 결과로 대사율이 증가된다. 만일 추위가 더 심해저서 대사량이 약해지면 물리적 조절을 수행하기 어렵고 심하면 의식불명상태에 이르러 대단히 위험한 상태가 된다.

체온의 조절을 위하여 체표면은 대단히 중요한 역할을 한다. 체표면으로부터 수분을 증발시키는 조절은 중요한 체온의 물리적 조절방법이다. 인간은 모피(fur)가 적어서 특수한 경우이지만 몹시 더우면 1시간에 1 L의 땀을 증발시킨다. 이처럼 고등포유류의 경우 증발은 열을 내보내는데 도움이 된다. 조류나 유대류(有袋類, marsupial), 설치류, 토끼류는 땀샘(sweat gland)이 부족하다, 따라서, 수분을 증발하는데 다른 방법을 사용한다. 즉, 설치류 및 많은 유대류들은 침을 많이 내어 그들의 모피를 핥고, 조류나 개, 소 등은 헐떡거려 숨을 뿜어냄으로써 수분을 방출한다.

지방, 모피, 또는 가죽 등에 의한 체표면의 격리는 서식지와 계절에 따라 다르며, 그 예를 들어보면 다음과 같다.

① 추운 곳에서 계속적으로 생활하는 동물은 더운 곳에서 사는 유사종(related species)보다 외피(coat)가 두껍다. 특히 극지방의 동물은 열대지방 동물보다 약 9배나 두텁다.
② 사막에 사는 낙타의 혹이 좋은 예이지만 피부지방은 사막에 사는 포유동물의 체표면에 제한되어 있다. 이는 체표면의 다른 부위가 효과적으로 열을 상실하도록 하는 방열기(radiator)로 작용한다.
③ 고래나 바다표범과 같이 추운 지방에는 사는 동물의 피부지방층은 두껍다. 그리고 바다표범의 지방은 몸의 다른 부분과 피부가 효과적으로 분리되어 있어서 피부 온도는 주위의 물 온도보다 약간 높다.

체온 조절을 위한 행동도 대단히 중요하다. 변온동물과 마찬가지로 항온동물도 냉(cold)

이나 열(heat)에 대해 행동적응을 나타내는데, 특히 조절능력이 없는 어린 것들에게서 나타난다. 춥거나 더운 날씨에는 조류나 포유류는 그늘을 찾거나 땅에 굴을 판다. 조류나 어류의 계절이동(seasonal migration)은 부적당한 온도를 피하기 위한 행동기작으로 설명할 수 있다.

5. 체온조절

5.1. 수계생물의 온도조절

어류가 생활하고 있는 물은 지상보다 온도의 변화가 적어서 어류의 생활온도 범위는 육상동물보다 대체로 협온성이다. 물론 제한요인의 상한 또는 하한에 가까워지면 이들은 적온의 범위를 찾아 이동하면서 적응력을 기르게 된다.

온천에 살고 있는 한 어종은 그 환경보다 저온의 미환경을 구하기 위해 이동하는 특성을 유지하면서 생존을 유지하고 있다. 그리고 많은 어종의 상한온도는 42℃ 정도이지만 어떤 곤충에서는 50℃에서 생존하는 것이 알려져 있고, 또 고온성의 세균이나 조류는 70℃에서도 생식이 가능하다.

만일 세포내에 얼음이 생기는 그 생물은 회복불능의 장애를 받는다. 즉, 얼음이 생김으로써 각 구조가 기계적으로 파괴되기 때문이다. 그럼에도 어류 중 극해의 빙하(-1.7~-1.8℃)에서 살고 있는 예외적인 어류도 있다. 이들 어종은 과냉각 상태에 있으나 실제로 이들 어류의 혈액의 빙점은 해수의 빙점온도보다 상당히 낮다. 그 이유는 확실히 알려져 있지 않지만 알라닌(alanine), 트레오닌(threonine), 아세틸(N-acetyl), 갤락토사민(galactosamine), 갤락토스(galactose) 등으로 된 당단백질군이 북극해 어류의 항빙결기구에 관여하고 있는 것으로 알려져 있다.

한편, 북극해의 송어(*Salvelinus alpinus*)는 겨울 동안 얕은 극해에서 보다 따스한 담수로 이동함으로써 온도를 조절하여 살아가고 있다.

습기가 있는 육상의 변온동물은 체표면에서 물의 증발로 인해 주위 공기보다 체온이 좀 낮은 것은 보통이지만 메기(catfish)나 청어(herring)와 같은 어류는 비열수용기(special heat receptor)를 가지고 있어서 임의의 온도를 찾을 수 있다.

5.2. 무척추동물의 온도 조절

대부분의 무척추동물은 보통 땅 속에 구멍을 뚫고 들어가 있거나 또는 차폐물을 찾아서 극단적인 태양복사를 피하므로서 온도를 조절하고 있다.

특히, 곤충은 아주 심한 이동력을 가진 동물이며 적응도 다양하다. 곤충이 날 때의 많은 량이 필요 에너지는 태양에너지의 흡수에 의하여 보충한다. 낮은 온도에서는 곤충은 나를 수 없다. 날기 위해서는 태양에너지의 흡수로 체온을 상승시켜야 한다. 나비는 태양광선에 대하여 직각으로 날개를 펴 태양 에너지를 다량으로 흡수한다, 이와 같은 물리적인 과정을 잘 이용하여 행동반응을 하고 있다.

사막지방의 메뚜기(*Schistocerca*)의 열조절반응을 보면, 저온도에서는 거의 행동하지 않고 있다가 17℃에서 움직이기 시작한다. 그리고 몸을 태양과언에서 직각으로 향하게 하여 기능한 한 최대한의 태양열을 흡수하도록 자세를 갖춘다. 만일 체온이 40℃ 정도로 높아지면 태양복사에 몸을 평행으로 정위시켜, 태양복사의 입사량을 감소시키거나, 다리를 직립시켜 지면으로부터의 복사열을 피하기 위하여 몸을 분리시키거나, 또는 식물체를 기어오른다. 메뚜기는 40℃ 정도의 온도에서 과열의 위험상태가 되고 45℃에서 치사온도가 된다.

행동방식에 의한 체온조절방식 이외에 곤충은 기문(氣門)에 의한 호흡에 의해서 수분을 증발시켜 체온을 낮게 조절하고 있다. 그러나 호흡에 의한 증발은 어느 한도가 있고 건조조건에서는 그 효과가 적다. 왜냐하면 많은 수분의 상실은 장애를 초래하기 때문이다. 곤충에 있어서 수분의 상실은 체표로부터의 증발을 방지하기 위한 쿠티쿨라층으로 방지되고 있다. 사막 곤충은 거의 완전하게 체표가 불삼투성인데 고온에서는 수분증발 방어구조의

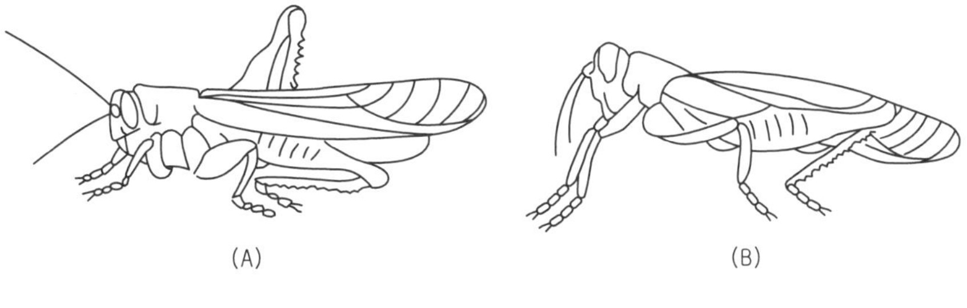

그림 5-7 태양열에 의한 메뚜기의 온도조절 (E.J.W. Barrington, 1980)

(a) 온도가 낮을 때는 태양을 향해 몸을 기울여 태양복사열을 최대한 흡수한다.
(b) 온도가 높은 낮에는 몸을 태양빛에 평행되게 하고, 몸을 지면에서 분리한다.

쿠티클의 상태에 변성이 일어나 수분 상실이 증대하므로서 저온을 유지할 수 있는데 실제로 이와 같이 하여 환경보다 5℃ 정도 낮아진다고 한다.

꿀벌은 벌통 안의 온도가 높을 경우 날개운동으로 증발을 촉진시킴으로써 온도를 낮추고 있다. 온도를 내리는 정도는 환경온도가 40℃일 때 36℃까지 내리고 있다. 한편, 온도가 낮을 때는 집단을 만들어 몸을 서로 붙이고 몸을 심하게 움직여 열을 발생시킴으로써 온도를 조절하고 있다.

5.3. 양서류, 파충류의 온도조절

유상척추동물의 온도조절은 수분의 조절기구와 밀접한 관계를 가지고 있다. 수분 상실의 조정적인 측면에서 본다면 파충류가 양서류보다 유리하다. 왜냐하면 양서류는 피부로부터의 수분 증발 억제를 거의 할 수 없기 때문이다. 또한 양서류는 그 피부의 투과성이 높은데 관련하여 그에 알맞은 조절기구는 없다. 일생 수생생활을 하는 것은 환경의 온도와 체온은 거의 같고, 어류와 같은 반응을 보이며, 적당한 서식처를 구해 생활하고 있다.

육상생황을 겸하는 양서류는 피부를 통해 수분을 증발시킴으로써 열을 상실하는데, 마치 습구 온도계가 공기 유동으로 습도가 포화에 이르지 않았을 때의 움직임과 같은 현상을 나타내고 있다. 또한 이들은 곤충과 마찬가지로 태양복사로부터 열을 받아들거나 땅 속에 구멍을 뚫어 피함으로써 생명을 유지하기도 한다. 이 구멍 속은 지표보다도 온도가 훨씬 낮고, 대사속도는 현저히 저하하기 때문에 오랜 건조기간(여러 해) 거의 움직이지 않고 살 수 있다.

일반적으로 불삼투성으로 알려진 파충류의 피부도 정상 환경에 있는 한 피부로부터 수분 증발이 행해지고 있다. 사막의 도마뱀(*Sauromalus*)은 악어의 수분증발량 5% 정도에 불과하다. 증발에 의한 수분상실은 피부로부터 행해지는 것이 대부분이고 호흡계도 이에 관여한다.

도마뱀의 일종인 *Varanus*는 온도가 상승함에 따라 호흡속도가 증가하는데 이것은 포유류의 헐떡임에 해당하고, 이 운동으로 체온을 내릴 수도 있고, 대사속도를 상승시켜 체온을 상승시킬 수 있다. 이들은 같은 크기의 포유류의 열생산량 보다 훨씬 많다고 한다.

파충류에서 볼 수 있는 체온조절에 대한 대사과정과 물리적인 변화는 포유류의 항온성의 조절작용에 비하여 선조적인 양상을 나타내고 있다.

5.4. 항온동물의 온도조절

(1) 열발생

한냉조건에서의 열발생은 근육운동의 작용과 대사에 의한 조절 및 미약하지만 특이동적 작용(特異動的作用)에 의한다고 볼 수 있다.

한냉조건이 되면 수의적(隨意的)인 근육운동이 반복되어 행해지고 다시 불수의식적인 몸 떨림의 근육운동이 생긴다. 이와 같이 하여 통상 5배 정도의 열발생이 일어나게 된다고 한다.

대사에 의한 열발생은 열발생행동(calorignic action)을 촉진하는 호르몬의 작용에 의한 것이다. 이에 관여하는 호르몬 물질은 부신수질에서 분비되는 아드레날린인데, 비교적 단시간에 영향을 미치고, 장기간의 동일한 작용에는 갑상선 호르몬인 티록신과 트리요오드티로닌은 비교적 장기간에 영향을 미친다.

한냉조건에서 따뜻한 먹이에 의한 열발생을 특이동적작용이라 하는데, 이것은 혈액에 의한 소화산물의 흡수에 이어 대사속도를 촉진하는 현상으로 이 영향은 먹이 단백질, 탄수화물, 지방 등이 관여하는 것이라 보고 있다.

사람의 경우 모든 세포들은 물질대사를 통하여 열 생산을 하지만, 그 중에서도 주된 열 생산 기관은 간장, 심장, 뇌, 신장 및 내분비선 등이다. 이들 기관들은 안정시에도 비교적 활발하게 화학적 변화를 일으켜서 열을 생산하며 체열의 50%를 담당한다. 또 골격근의 부피는 몸 전제의 약 1/2 정도나 되는 많은 부분을 차지하며 체열 생산량도 많아 총 체열의 40% 정도나 담당한다고 한다. 안정시에는 열생산량이 그리 많지는 않지만 근육이 활동할 때에는 안정시의 10배까지도 열을 증가시킬 수 있다고 한다.

물리적 현상으로는 피하지방에 의한 단열효과가 있다. 여자는 남자에 비하여 피하지방이 발달되어 10% 이상 방한력(防寒力)을 가지고 있다. 한대지방의 동물이 온대나 열대에 비해 피하지방이 발달된 것은 저온환경하에서의 생존반응의 하나로 볼 수 있다.

(2) 열의 손실

열의 손실에 대한 조절작용은 물리적 현상과 생리적 현상의 두 가지 측면에서 설명할 수 있다.

몸 중심부의 온도와 외기 온도 사이의 구배가 조정작용에 관여하고 있다. 이것은 열 이용과 열의 전도, 대류, 복사, 증발 등의 물리적인 현상이다.

① **전도(傳導, conduction)** : 전도는 동물이 찬물체에 접촉함으로써 체열이 전달, 방출되는 것을 말한다. 사람이 마루바닥에 앉아 있다면 체열은 마루바닥으로 전도되고 전도된 열은 대류에 의하여 소모되어버릴 것이다.

② **대류(對流, convection)** : 공기가 더워져서 팽창하면 가벼워지므로 상승하게 된다. 인체에서의 피부온도에 의하여 가온된 공기는 끊임없이 하부에서 상부쪽으로 상승하면서 소실하는데, 이러한 대류로 인한 열의 손실은 외부환경으로부터 강한 바람을 받게 되면 열손실을 촉진하게 된다. 선풍기를 돌렸을 때 시원함을 느낀 것은 공기의 대류를 크게 하기 때문이다. 이 때 몸에서 느끼는 감각은 차고 센 바람일수록 심하게 느껴지는데 이를 **체감온도**(體感溫度)라 하며 겨울철에 바람이 심할 때 더 춥게 느껴지는 것은 체감온도 때문이다.

③ **복사(輻射, radiation)** : 복사는 생물체와 그 주위물체 사이에서 서로 적외선을 주고받는 현상으로 일어나는 것을 말한다. 대개는 신체 표면의 열이 그 주위온도보다 높기 때문에 주위에서 체표면으로 들어오는 것보다 나가는 열량이 많다. 따라서 열이 손실된다.

④ **증발(蒸發, evaporation)** : 증발에 의한 열손실량은 첫째, 수분이 피부로부터 눈에 보이지 않는 증기가 되어 손실되는 것과 폐로부터 호흡에 의하여 소실되는 것이 있다. 둘째, 눈에 보이는 것으로써 수분상실을 조절할 때 생기는, 즉 피부에 있는 땀샘을 통한 땀의 방출이다. 사람은 피부와 호흡에 의한 수분증발로 체열손실의 약 30%가 증발한다.

인간은 보통 29℃의 온도에서 발한이 시작되고 공기의 습도에 좌우된다. 고온다습한 조건에서는 땀을 증발할 수 없고 피부 위에 액체가 되어 괴며, 열손실에는 도움이 되지 않는다. 이와 같은 상태에서는 헐떡거림이 중요하게 되고 땀샘은 거의 가지고 있지 않은 조류나 포유류, 예를 들면 개에서는 이러한 현상을 자주 볼 수 있다. 헐떡거림은 본래가 얕은 외호흡을 심하게 하는 것이며, 습윤한 호흡표면이라던가 구강의 점막에 공기의 유동을 강하게 일으키는 것이다.

생리적인 현상으로써 피부로의 혈류를 억제함으로써 조정되고 있다. 대개의 체표층에서의 혈관은 가운데가 죄어져 있고, 보다 다량의 혈액은 심층혈관으로 흐르도록 되어 있다.

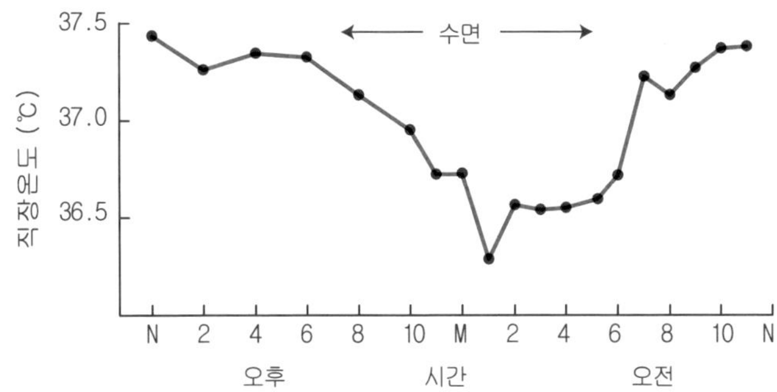

그림 5-8. 일일의 체온 변동

열은 동맥혈로부터 체표층을 점유하고 있는 정맥으로 흐르고 있기 때문에, 정맥혈이 몸의 표층에 이를 때에는 대부분의 열을 손실한 상태이고, 반대로 정맥혈은 서서히 열을 얻으면서 몸의 중심부로 돌아가는 것이다.

(3) 항온기구

조류와 포유류 같은 항온동물이 높은 체온을 유지하고 있는 것은 태양복사로부터의 열의 흡수나 대사에 의한 열의 생산, 환경에의 열상실과 균형을 잘 유지하고 있기 때문이다. 그들이 몸 중심부의 체온이 높다는 것은 다음 두 가지 요인에 의한 것이다. 첫째는 기초대사 속도가 높게 유지되고 있는 것이고, 둘째는 체표면의 절연이다. 즉, 조류에서는 깃털을, 포유류에서는 털이 체표를 싸고 또 체표에 지방의 침착을 만들어 열절연을 하고 있다.

내온성인 항온 동물은 냉장고나 항온기의 온도조절기(thermostat)와 비슷한 체온조절기구를 가지고 있다. 항온기의 온도 감각기(temperature sensor)는 고정점 온도(setpoint temperature)와 물의 온도를 비교하면서 온도조절을 한다. 물의 온도가 고정점 온도 보다 낮으면 온도 조절기는 회로를 차단하여 "물의 온도 = 고정점 온도"가 될 때까지 가열시키고, 그 이상이 되면 회로를 열어서 가열을 멈추게 한다.

항온동물에 있어서 체온이 어떻게 항온조절되는지는 아직 완전히 밝혀지지는 못하였지만 위에서 설명한 항온기의 온도조절기와 비교된 설명이 가능하다. 항온동물은 신체의 여러 부위에 여러 개의 온도 감각기를 가지고 있고, 체온조절기를 고정점 온도에 맞추기 위한 몇 가지 발열기작과 열교환기작을 가지고 있어서 온도조절기는 발열기작뿐만 아니라 보온 및 열손실기작까지 조절한다. 이처럼 항온동물의 온도조절기는 항온기의 온도조절장치와 같이 가열시키고 냉각시키는 주기적인 조절작용은 물론 창문을 여닫거나, 벽과 지붕의 단열 장치의 역할을 조절하고 있는 것과 같다. 단, 항온동물의 조절기는 항온기의 온도조절장치와는 달리 단순히 켜고 끄는 장치가 아닌 필요에 따라 대사작용에 의한 발열률의 크기가 다르게 조절할 수 있는 특수한 기능이 보완되어 있다고 볼 수 있다.

사람을 비롯한 많은 포유동물의 시상하부는 항온기의 조절기와 같은 역할을 하는 곳으로써, 체온을 37℃의 조절점(set point)에 맞추어 놓았다고 생각하면 된다. 시상하부 내의 온도에 예민한 반응을 보이는 신경세포들의 흥분 역치를 상황에 따라 변동시키면 발열이 될 수도 있고 체온이 낮아질 수도 있다.

일반적으로 발열이 시작될 때는 우선 골격근의 불수의적 수축으로 인한 떨림으로 나타나고 피부에 분포되어 있는 혈관이 축소되면서 추위를 느낀다. 이어 발열물질의 제거로 인하여 시상하부의 항온조절기의 조절점이 환원되면 혈관이 다시 확장되어 원상태로 돌아오고, 땀이 나면서 다시 정상적 체온으로 돌아간다.

시상하부의 체온조절 중추는 말단조직 및 심부 온도수용기로부터 들어오는 정보를 종합하여 고정점 온도와 비교하여 열손실기작 또는 열발생기작을 조절한다(혈액을 차게 또는 덥게). 이 혈액은 순환계에 의해 혼합 및 분포되고 온도감응기 및 시상하부 중추부에 피이드백이 된다. 감응기에 의해 이입되는 온도정보가 고정점 온도에 접근하면 체온조절 효과기의 활성을 감소시키고, 고정점 온도와 일치하면 효과기의 활성이 정지된다.

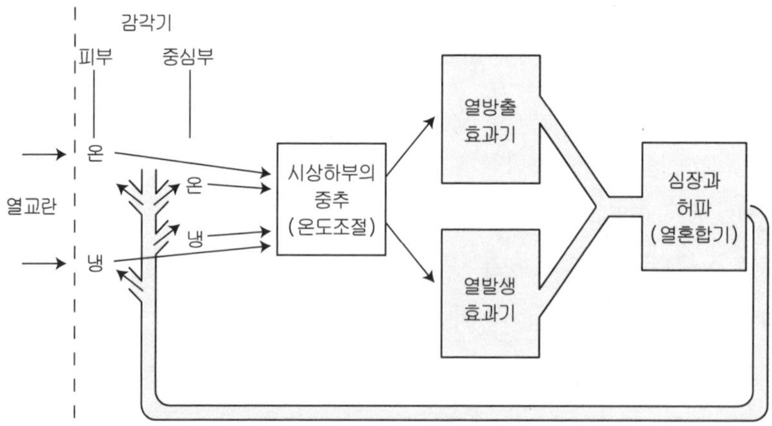

그림 5-9. 포유류의 체온조절 기구

6. 온도와 동물의 휴면

6.1. 곤충의 휴면

추위가 다가옴에 따라 먹이의 자원이 없어질 것이 예상되면 곤충은 종족을 유지하기 위하여 발육 중 어느 시기를 일시 정지하는데 그 형태는 두 가지가 있다.

첫째는 한냉으로 인한 일시적 발육정지 현상으로써 **휴지**(休止, quiescence)현상이 있으며, 이것은 대사나 발육이 느린 속도로 진행되거나 또는 일시정지 하였다가 환경조건이 좋아지면 즉시 정상 상태로 회복되는 경우이고, 둘째는 **휴면**(休眠, diapause)현상으로써 어떤 특정 환경 조건에 접할 경우 내분비(內分泌, internal secretion)지배에 의한 대사와 발육이 정지되는 현상으로써 어떠한 불리한 환경조건이 다가오고 있음을 예고하는 신호로서의 역할을 한다. 이 경우는 휴지현상과는 달라서 환경조건이 좋아진다고 하더라도 곧바로 다시 발육을 시작하지 않는다.

일반적으로 열대성곤충은 휴면이 뚜렷하지 않은 곤충이 많고 온대와 한대에 분포하는 종은 겨울기간에 휴면하여 월동하는 것이 많다.

곤충은 휴면하는 종과 하지 않는 종이 있다. 팥바구미(*Callosobruchus chinensis*)와 바퀴(*Blattella germanica*) 등은 휴면을 하지 않기 때문에 온도와 습도만 적합하면 1년 중 어느 때라도 각 생육단계의 개체를 볼 수 있고, 배추밤나방(*Barathra brassicae*)과 이화명나방(*Chilo supperssalis*) 등은 휴면한다.

그런데, 곤충은 동일종이라도 휴면하는 개체(계통)와 휴면하지 않는 개체(계통)로 나누어지기도 한다. 곤충의 휴면을 발육단계에 따라 구분하면 알휴면, 유충휴면, 번데기휴면, 성충의 휴면으로 구분할 수 있다.

알의 휴면에는 누에, 흰불나방 등이 있고, 유충휴면에 속한 곤충은 복숭아순나방(*Grapholitha molesta*), 옥수수들명나방(*Pyrausta nubilalis*) 및 이화명나방(*Chilo suppressalis*)이 있다. 번데기 휴면은 배추밤나방과 *Cecropia*충이 있으며, 성충휴면은 오이잎벌레(*Aulacophora femoralis*), 콜로라도잎벌레(*Leptinotarsa decemlineata*) 및 흉줄노린재과에 속하는 *Scotinophora lurida* 등이 있다.

6.2. 일반동물의 휴면

동물의 휴면은 일반적으로 **수면**(睡眠, sleep), **둔감상태**(鈍感狀態, torpor), **동면**(冬眠, hibernation), **하면**(夏眠, estivation)의 네 가지 형태로 구분할 수 있다.

(1) 수면

수면에 대해서는 사람을 비롯하여 여러 종류의 포유류를 대상으로 하여 많은 연구가 이루어져 왔으나, 그 기작은 아직 명확하지 않다. 뇌 기능의 광범위한 조절과 관계된 것이 아닌가 보고 있다. 대부분의 포유류의 수면은 체온과 시상하부의 온도감각이 감소하는 것과 관련이 있는 것으로, 깨어있는 동안에 중추신경계의 조직액에 수면 촉진 물질이 축적된다고 추정하고 있으나, 그 물질의 성상과 작용에 대해서 잘 알려져 있지 않으며 앞으로 많은 연구가 필요하다.

(2) 둔감상태

둔감상태란 하면을 취하고 있는 것 같이 기능이 둔한 상태를 말한다. 외온의 변화에 대한 체온 조절은 대단히 중요하다. 체온과 주변온도 차이가 적을수록 환경에 빼앗기는 열은 감소한다. 또한 동물은 체온이 감소할수록 지방조직과 같은 저장 에너지가 열로 전환되는 율이 낮아지므로 섭식을 행하지 않을 기간에는 가능한 한 체온을 낮게 유지하는 것이 효율적이다. 대체로 체구가 작은 내온성동물은 대사율은 높고 비축 에너지량은 적기 때문에 먹이섭취 활동이 중단된 기간은 굶고 있는 것과 같이 보인다. 이때 이들은 마치 하면을 취하고 있는 것 같은 둔한 상태를 보이는 소위 둔감상태를 보이는데, 이같은 둔감상태에 체온과 대사율을 아주 낮게 유지하고 있다가 둔감상태에서 깨어날 때에는 저장된 갈색 지방을 산화시키는 활발한 대사작용을 통해 체온을 상승시킨다. 다수의 조류 및 소형 포유류는 매일 같은 둔감상태를 겪기도 한다고 한다.

(3) 동면

동면이란 보통 겨울잠을 말한 것으로서 설치류(齧齒類, *Rodentia*), 식충류(食蟲類, *Insectivora*), 익수류(翼手類, *Chiroptera*)에 속하는 포유류들 중에는 추위에 대비하여 충분한 에너지를 저장하였다가 추운 겨울이 되면 수 주간 또는 수 개월간 깊은 동면에 들어간

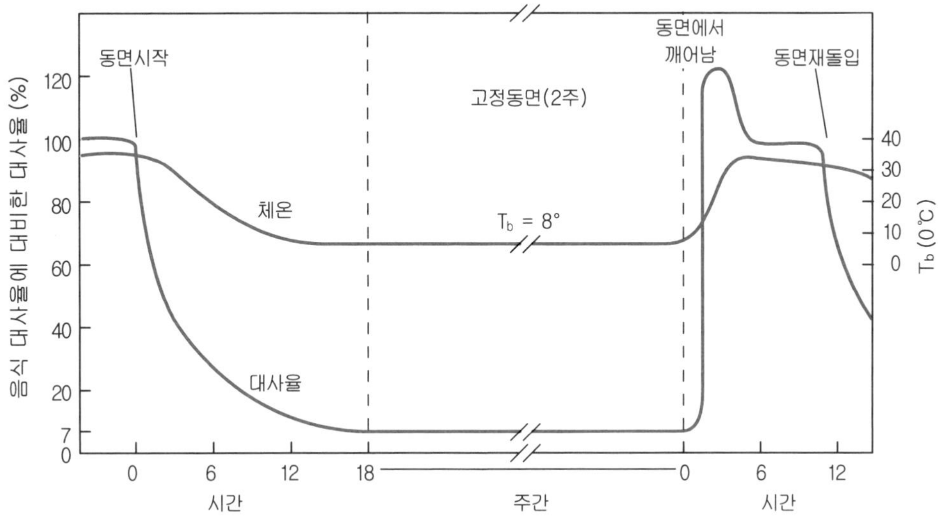

그림 5-10. 4℃ 항온기에 저장한 다람쥐의 동면과 대사율

다. 동면하는 동물들이 깨어날 때는 방광을 비울 때, 주변온도가 위험수위로 낮아질 때, 그리고 온도가 정상으로 회복되어 활동할 수 있는 시기가 되었을 때이다. 둔감상태나 동면 중에는 온도조절기작이 없어지는 것이 아니고 단지 고정점 온도를 낮게 유지할 뿐이며, 동물이 깊은 동면상태에 들어갈 때는 고정점 온도가 하루에 2.5℃ 정도씩 낮아진다.

둔감상태나 동면상태와 같이 체온이 낮아지면 몸의 기능이 아주 완만해지며 전체 혈액 순환량도 정상 상태의 10% 수준으로 감소하는데, 다람쥐는 동면이 시작되면서 체온조절기의 고정점 온도를 낮추어 대사율을 감소시키고 체온을 주변 온도보다 1~3℃ 높게 유지한다. 깨어날 때는 고정점 온도를 38℃로 높이고 강열한 대사 발열을 통해 체온을 고정점 온도로 상승시킨다. 다람쥐가 동면에 들어갈 때 둔감상태로 되기까지는 12~18시간이 걸리지만 깨어나는 데는 3시간 밖에 걸리지 않는다. 이와 같은 중간크기 정도의 포유류는 갈색지방 강력한 산화에 의해서 체온을 상승시키고 동시에 온몸을 전율시켜 대사율을 급상승시킴으로 깨어나는 속도는 빠르다.

동면(hibernation)하는 대부분의 박쥐는 다른 포유류가 계절적인데 반해 낮에 동면을 하고 밤에 활동하는 이상한 동면상태에 취한다. 박쥐의 체온은 저녁에 먹이를 먹으면 올라가고 낮에는 주위의 온도와 같게 된다.

(4) 하면

하면은 주로 열대의 심한 건기가 있는 지방의 척추 및 무척추동물에서 볼 수 있는 것으로, 주변 온도가 높거나 건조로 인한 위험이 있는 경우 휴면하는 것을 말한다.

Helix나 Otala같은 육상형 달팽이는 건조가 장기화 되면 점막 같은 물질을 분비하여 입구를 봉함으로 증발에 의한 수분 손실을 방지하고 휴면하며, 작은 콜롬비아 다람쥐는 더운 늦여름 동안 굴 속에서 지내면서 심부의 온도를 주변 온도 높이로 유지하고 있다.

7. 온도가 인체에 미치는 영향

특수한 경우가 아닌 일상적인 환경하에서는 한여름의 혹염이나 한겨울의 혹한이 아닌한 온도문제는 소홀하기 쉽다. 그러나 지나치게 높고 낮은 온도가 아니더라도 우리는 우리의 주변 사람들로부터 온도에 의한 피해를 직·간접적으로 받으며 살아가고 있음을 흔히 볼 수 있다. 특히 생산 공정에 의한 특수성이 요구된 산업장에서는 불가피하게 인체에 불리한 기후 조건이 조성되는 경우가 있으며, 이러한 환경에서 작업을 하면 인체생리적인 피해는 물론 정신적인 부담을 갖게 되며 능률 또한 저조할 수 밖에 없다. 따라서 적절한 온도관리는 인체생리적 효과는 물론 작업능률을 올리는 매우 중요한 요소가 된다.

7.1. 온도에 대한 생체반응

온도에 대한 인체 반응의 효과를 보면 저온황경하에서는 체열 발생을 촉진시키고 체열방출을 감소시키는 반응이 나타나며, 고온환경에서는 반대의 반응이 나타난다. 그러므로 저온환경이란 체열발생이 체온방출보다 적어 체온이 낮아질 가능성이 있는 환경을 말하고, 고온환경이란 체온방출보다 체열발생이 많아 체온이 높아질 가능성이 있는 환경을 말한다.

인체와 환경 사이의 열교환 조건으로서 체열방출에 영향을 주는 온열의 4조건을 기온(氣溫), 기습(氣濕), 기류(氣流), 복사열(輻射熱)이 있다.

기온은 온감(溫感)의 기본이 되며, 기습과 기류는 땀흘림에 의한 증발에 영향을 주어 체열방출현상이 일어나고, 복사열은 주로 환경온도가 낮을 때는 체열방출에 효과적이지만 태양광에 직사될 때는 온도가 체내로 흡수괴어 체온을 높이는 효과가 있다.

표 5-4. 안정시의 체열 생산율(체중 70 kg)

부 위	체열생산(Cal)	%
골격근	1,000	59.5
간	368	21.9
신 장	74	4.4
심 장	60	3.6
호 흡	47	2.8
기 타	131	7.8
계		100

표 5-5. 체온방출열(체중 70 kg)

방열종류	방열량(Cal)	%
분뇨	48	1.8
호흡	84	3.5
폐표(肺表)증발	182	7.2
피부증발	364	14.5
피부복사전도	1,792	73.0
계		100

저온환경하에서의 인체의 반응은 다음과 같다.

① 몸의 떨림 ……… 체열 발생
② 수의(隨意)운동의 증가 ……… 체열 발생
③ TSH(thyroid stimulating hormone) 분비의 증가 ……… 체열 발생
④ 피부혈관 수축 ……… 체열방출 감소
⑤ 몸 웅크리기 등 신체부위의 변화 ……… 체열방출 감소
⑥ 발한(發汗)억제 현상 ……… 체열방출 감소

고온환경하에서의 인체반응은 다음과 같다.

① 식욕부진 ……… 체열생산 감소
② 근육이완, 나태 ……… 체열생산 감소
③ TSH 분비 감소 ……… 체열생산 감소

④ 피부혈관 확장 ········	체열방출 증가
⑤ 발한 ········	
⑥ 호흡촉진 ········	
⑦ 신체 노출부위 증가 ········	

인체의 가장 쾌적한 온도환경(18~20℃)에서는 복사에 의하여 약 70%의 열이 방출되는데, 환경온도가 34℃가 넘으면 발한에 의해서 100% 체열방출이 일어난다.

7.2. 저온장애

저온장애에는 저체온증, 동창, 동상, 침수족 등이 있다.

7.2.1. 저체온증

저체온증(低體溫症, hypothermia)은 열방출량이 열생산량보다 많을 때 발생하며, 체열방출의 과다에 기인되는 경우와 체열생산의 부족으로 인한 경우가 있다.

(1) 체열방출 과다에 의한 저체온증

체열방출 과다에 기인되는 경우는 노출성 저체온증과 침수성 저체온증 및 기타 원인에 의한 저체온증 등이 있다.

노출성 저체온증은 저온환경하에서 활동할 때 발생할 수 있는 것으로 영하 또는 영상의 저온환경, 저기습, 강풍 등에 노출되거나 얇고 습한 의복의 착용으로 인해 체열 방출이 과다하여 체온이 저하하게 된 경우로서 활동을 많이 하는 운동선수나 군인들의 경우에도 발생할 수 있으나 허약체질의 노인이나 어린아이에서 잘 발생한다.

침수성 저체온증은 환경과의 열교환에 민감한 머리, 안면, 목, 액와부 등이 낮은 온도의 물에 침수되었을 때 발생하기 쉽다. 물은 공기에 비해 열전도율이 25배나 높기 때문이다.

기타 원인에 의한 저체온증에는 부상 등으로 인한 신체운동의 부자유나 약물 또는 알코올 중독 등에 의하여 체온이 저하된 경우이다.

(2) 체열발생 부족에 의한 저체온증

체열발생 부족에 기인되는 경우는 거의 인체 내 특수 질병을 수반하는 경우로서 중추신경계 장해로 인한 대사성 기능의 장애는 체온조절 문제를 발생하고, 단백질이나 칼로리의 부족으로 체열의 발생이 감소되거나, 지방층이 적어 단열효과가 줄어들기 때문에 체열방출이 증가하여 체온이 저하된 경우가 있다.

(3) 저체온증의 증세

① 저온장애가 있을 경우 피부를 만지면 매우 차며 말초부위에 청색증이 나타나는 것이 특징이고 심하면 피부에 반상의 부종이 생긴다.

② 의식이 혼미해지며 졸리거나 인사불성이 되고 심하면 혼수상태가 되거나 의식착란 또는 환각증상이 나타나기도 한다.

③ 호흡회수와 호흡량이 감소하고 저혈압성 지맥을 볼 수 있다.

④ 신체적 행동이 자유스럽지 못하며 심할 경우 신체의 경직성을 볼 수 있다.

⑤ 전신저온 증상의 경우 심부체온별 증상을 보면 다음과 같다.

35℃ – 심한 몸의 떨림 현상

32℃ – 의식이 흐려지고 혈압측정이 어려워짐

28℃ – 심근(心筋) 흥분성으로 인한 심실세동(心室細動) 현상

25℃ – 자발적 심실세동

24℃ – 폐부종 발생

20℃ – 사망(심장정지)

7.2.2. 동창

동창(凍瘡, chilblain)은 말초성저온질환(peripheral cold illness)의 일종으로서 "얼음이 박힌 것"과 같은 속칭에 걸맞는 말로써 동상(凍傷)과 구별된다.

동창이 발생하기 쉬운 조건은 바람이 세고 습하고 비오는 날씨에 잘 발생하며 온도의 범위는 1~16℃되는 초겨울에 주로 손가락, 발가락, 손등, 발등, 볼, 귀, 무릎, 정갱이 앞부분 등에 잘 발생하며, 홍반성 종창과 반점 및 수포 등이 생긴다.

대체로 저온환경하에서 활발하게 활동을 하는 운동선수나 군인측에서 많다.

예방을 위하여 다음과 같은 조치가 필요하다.

① 양말, 장갑 등 의류를 건조하게 하여 몸을 보호한다.

② 손, 발 등을 찬물에 오래 담그지 말아야 한다.

③ 영양분을 충분히 섭취한다.
④ 매일 운동을 하는 것이 좋다.
⑤ 특히 찬비, 진눈깨비, 눈 등을 피하는 것이 좋다.

7.2.3. 동상

동상(凍傷, frostbite)은 실제로 신체조직이 동결됨으로 인하여 세포구조에 물리적 손상이 일어나기 때문에 발생하는 것으로써 표면온도가 빙점 이하인 물체와 직접 접촉할 때에도 환경온도와는 관계없이 동상에 걸릴 수 있다. 그리고, 피부의 이론상의 빙점은 −1℃이지만 여러 가지 체열방출 조건의 원인이 증가하면 체열발산이 커지므로 동상이 빨리 일어날 수 있고, 일단 동상의 과정이 시작되면 진행이 빠르다.

예방저치사항은 다음과 같다.

① 0℃ 이하의 저온접촉을 피한다.
② 보온효과가 높은 신발, 장갑, 의복을 착용한다.
③ 영양을 충분히 섭취한다.
④ 특히 담배를 피우지 않는 것이 좋다.

동상이 걸렸을 시는 해동이 쉽게 되도록 38~43℃의 따뜻한 물에 담그는 것이 좋다. 그러나 치료에는 의사의 지시에 따라야 한다.

7.2.4. 침수족

침수족(浸水足, immersion foot)은 영상의 물에 발을 오래 담그거나(10~12시간) 발에 습기가 많을 때 발생한다. 증세는 저온으로 인한 혈관 수축으로 조직의 저산소증과 빈혈이 발생한다.

일명 참호족(塹壕足)이라고도 하는데 이 말은 1차대전 때 병사들이 습기찬 참호에서 오래 머물러 있는 동안 많이 발생하였다 하여 사용된 말이다.

예방으로는 ① 발을 건조하고 청결하게 하여야 하며 ② 발에 잘 맞는 신발을 신고 ③ 발을 찬물에 담그지 말아야 한다.

7.3. 고온장애

7.3.1. 홍색한진

홍색한진(紅色汗疹, heat rash)은 열성발진이라고도 하며 여름철 고온다습한 환경하에서 주로 피부가 약한 어린이나 고온다습한 환경하에서의 작업자들에게 잘 발생하며 속칭 “땀띠” 라고 한다.

원인은 땀을 많이 흘린 결과 피부의 각질층이 박리(剝離)되어 땀샘을 메움으로서 땀이 나오지 못하고 이어 땀샘 내에 머물러 있는 땀의 압력으로 인해 땀샘에 염증이 일어난 것이다.

증상은 발생부위에 홍색수포(紅色水泡)가 생기고 발병부위가 가려우며 대퇴부 내면, 얼굴 등에 많이 발생하나 온몸에도 발생할 수 있다.

예방 관리는 피부를 건조 및 청결히 하고, 통풍이 잘되도록 하여야 한다. 병세가 있는 부위는 건조로션이나 탈크분말을 발라주면 효과적이다.

7.3.2. 열부종

열부종(熱浮腫, heat edema)은 알도스테론이나 항이뇨호르몬이 증가하여 체액공간이 확대되거나, 열방출을 위한 피부혈관의 확장으로 인하여 부종이 발생한 것으로 고온에 순화되지 않은 사람이 갑자기 더운지방으로 가게 되면 잘 발생한다.

증상으로는 손이나 발 및 무릎 등이 부어오르는 증상이 나타나며, 고온지방으로 이동을 한 후 오래 서 있거나 앉아있을 경우 잘 발생하므로 주의를 해야 한다. 고온순화가 되면 자연 치유된다. 고온순화의 기간은 약 1주일 내지 10일 정도면 된다.

7.3.3. 열탈진

열탈진(熱脫盡, heat exhaustion)은 고온환경에 순화되지 못한 사람이 고온환경에서 땀을 많이 흘리거나 심한 운동 또는 작업을 할 때 잘 발생하며, 수분감소에 의한 원인과 염분감소에 의한 원인이 있으며, 열피로현상이라고도 한다.

증상은 땀을 흘리며 안면창백, 권태감, 전신피로, 무력감, 갈증, 맥박 및 호흡촉진, 식욕부족, 구토 등의 증상이 나타난다. 체온은 38~40℃로 약간 높다.

예방을 하려면 고온환경의 작업자에게는 먼저 고온순화를 시킨 다음 작업에 임하도록 하며 작업자는 매 두 시간 이내의 간격으로 휴식을 취하도록 하는 것이 좋다.

7.3.4. 열실신

열실신(熱失神, heat syncope)은 지나친 땀흘림으로 인해 체액이 상실되거나 오래 앉아 있거나 서있음으로 인하여 말초 정맥혈이 정체됨으로 인하여 발생되는데, 더운 환경에서 오래서 있을 때 몸이 허약한 계층에서 뇌빈혈이 발생한다. 그리고 실내의 덥고 환기 불량한 방이나 욕실에서 사우나 등으로 과도한 피부혈관 확장이 원인이 되어 뇌빈혈로 실신을 일으킬 수 있다.

증상은 땀흘림이 심하며 체온은 정상을 유지한다. 의식상실의 경우 눕거나 구부리면 곧 회복된다.

주의할 점은 눕거나 앉거나 하는 자세를 갑작스럽게 변화시키지 말아야 하며 발병시는 곧 회복되지 않을 경우 즉시 의사의 지시를 받아야 한다.

7.3.5. 열경련

열경련(熱經攣, heat cramps)은 장시간 고온환경에서 운동이나 노동을 할 때 땀을 많이 흘리고서 수분은 보충되었으나 염분의 보충이 불충분할 때 발생한다. 그 이유는 체액의 염분감소로 근육의 수축성이 높아져 있는 상태에서 칼슘용량의 감소가 원인인 것으로 보고 있다.

증상은 복부와 사지근육의 강직, 동통, 경련 등이 일어나며 체온은 정상이나 땀흘림이 심하다.

이를 예방하기 위해서는 심한 작업 등으로 인하여 땀을 많이 흘릴 경우 수분과 염분을 적절히 공급하면 된다. 환자가 발생하면 시원한 곳으로 옮기고 0.1%의 소금물을 마시게 하면 효과적이다.

7.3.6. 열사병

열사병(熱射病, heat stroke)은 일명 일사병이라고도 하지만 엄밀한 의미에서는 이들을 구별해야 한다고 한다. 그러나 그 증상과 예방 치료 등이 열사병과 비슷함으로 보통 열사병과 같이 취급하고 있다.

열사병은 장시간 고온환경에서 육체작업 등을 할 경우 땀흘림이 과도하여 땀샘이 피로해지고 땀흘림의 기능이 정지됨으로써 열방출기능에 장애가 오고 심부체온이 상승함으로써 열사병이 발생하는 것으로 해석되고 있다. 따라서 열사병은 땀흘림 기능정지가 병의 원인으로 보고 있다. 단, 일사병은 강한 태양광선의 조사로 뇌온이 상승하여 뇌혈관확장 또는 뇌부종이 일어나 시상하부의 체온조절중추 이상을 초래시키는 것이 원인으로 보고 있다.

열사병의 특징은 체열이 높아지는 것과 땀이 나지 않은 것을 들고 있다. 증상을 보면 체온이 41~42℃ 이상으로 상승하여 의식이 혼란해지고 두통, 구토, 무력증, 권태감 등의 증상이 있다.

예방은 고온하에서의 격렬한 운동이나 작업을 피한다. 병이 발생할 때는 시원한 곳으로 환자를 옮기고 의사의 지시를 따른다.

6장

토양과 생물

1. 토양의 생성

1.1. 토양의 생성과 토성

토양은 식물이 무기양분을 흡수하는 장소일 뿐만 아니라 육상동물의 먹이 공급 및 은신처이며, 토양미생물이나 토양생물의 생활장소인 것이다. 토양은 생물의 환경으로서 대단히 중요하지만 생물은 또한 토양의 형성에도 큰 역할을 담당한다.

토양은 암석이 물리화학적인 풍화작용에 대해 생긴 모래나 점토에 죽은 생물체가 분해하여 생성된 유기물(腐植)과의 혼합물이다. 따라서 토양의 중요한 모체는 암석이다. 광물로 이루어진 모암은 공기 중의 산소, 탄산가스, 수증기 및 온도의 변화 등으로 부서지는 소위 풍화작용과 화학적 작용을 거쳐 변화하며, 생물학적 작용 즉, 식물의 뿌리나 미생물이 분비하는 물질에 더욱 촉진된다.

풍화작용에 의해 토양재료가 만들어지면 그곳에 지의류(地衣類, *Lichenes*)나 선태류(蘚台類, *Bryophyta*)가 생기고 또한 시간이 지남에 따라 식물도 생육하며 생물로부터 유래한 유기물의 집적이 주로 표층에서 일어난다. 이러한 생물의 작용에 의해 오랜 기간에 걸쳐 토양이 형성된다.

토양이 유년기로부터 노년기 사이에 현저히 변화하는 것은 광물 및 유기 성분이다. 이 두 성분은 기후 기타 인자의 변화에 의하여 서서히 그 환경 조건에 맞도록 변한다.

토양은 **고상**(固相), **액상**(液相), **기상**(氣相)의 3상으로 구성되어 있다. 토양을 구성하는 고체재료의 입자 크기와 그의 분포는 토양의 물리적 특정을 결정하는 중요한 성질이다.

고상은 모래나 점토 및 유기물의 고체를 말하며 토양의 대부분을 차지하고 있다. 액상은 이들 고체간의 공극을 채우고 있는 물질을 말하며, 기상은 공극을 채우고 있는 공기나 가스를 말한다.

이상 세 가지 상의 비율은 토양의 종류나 기상에 따라 다르지만 고상은 보통 약 50% 정도, 액상과 기상은 각각 25% 정도이지만 비가 내린 후에는 액상이 증가하고 맑은 날씨가 계속되면 기상이 증가하며, 액상과 기상의 비율은 뿌리쪽으로의 산소나 물 공급에 관계하고 있다.

보통 고체의 약 95%는 무기입자이며, 토양은 고체입자 직경의 크기에 따라 **자갈**(gravel), **모래**(sand), **미사**(silt) 및 **점토**(clay)로 분류되며 입자가 더 가늘어질수록 단위 중량당의 총 표면적은 더 커진다. 그리고 이 넓이가 클수록 흡수력, 팽윤성 및 점착성 등은 커진다.

모래, 미사, 점토의 3성분이 각각 전량의 몇 %(중량비)를 점유하는 가의 비율에 따라 토양은 **사토**(砂土), **사양토**(砂壤土), **양토**(壤土), **식양토**(埴壤土), **식토**(埴土)의 5군으로 구분하며, 이것을 **토성**(土性, soil texture)이라고 한다.

표 6-1. 토양입자의 구분

구 분	토양입경 (㎜)		1g당 입자의 수	1g당 입자의 전표면적
	미국식	국제식		
조역(組礫)	2㎜			
세역(細礫)	2~1	2㎜<		
조사(粗砂)	1~0.5	2~0.2	5.4× 1.2	21㎠
중사(中砂)	0.5~0.25			
세사(細砂)	0.25~1	0.2~0.02	5.4× 105	210
극세사(極細砂)	0.1~0.05			
미사(微砂)	0.05~0.002	0.02~0.002	5.4× 108	2,100
점토(粘土)	0.002>	0.002>	7.2~1011	23,000

사양토와 식양토 및 식토는 각각 모래, 미사, 또는 점투가 상대적으로 많은 토양을 일컫고 양토는 점토 20%, 미사 40%, 그리고 모래가 40% 혼입된 토양을 일컫는다.

토성이 식물의 생육에 주는 영향을 보면, 사토는 배수가 지나치게 잘되어 영양분이 결핍되기 쉬우며, 양토는 사토와 식토의 중간으로서 배수, 통기가 잘되어 작물의 생육에 적합하다. 식토는 흙의 유기물 함량은 보통 5% 정도이지만 습하면 점성을 띠고 건조하면 딱딱하게 굳어지는 등 물리적 성질이 불량하기 때문에 작물을 경작하기에는 부적합하다.

토성을 개량하기 위해서는 보통 객토(客土)를 실시하거나, 퇴비 등의 유기질물 또는 개량제 등을 이용하기도 한다. 만일 하층토에 상층토와 반대의 토성인 토양이 있으면 깊이 갈아엎고 양토양을 혼합하기도 한다.

1.2. 부식

부식(腐植, humus)이란 토양에 가해진 유기물이 미생물 분해작용에 의하여 조직이 변질된 교질상(膠質狀)의 복잡한 물질이다.

부식은 썩은 나무줄기 또는 잎 등의 진한 색깔의 잔재물이라 할 수 있으며, 흙과 함께 섞여 표토(表土, topsoil)의 진한 갈색 또는 검은 색의 특성을 띄게 한다. 부식은 가벼운

그림 6-1. 3각 도표에 따른 토성의 구분

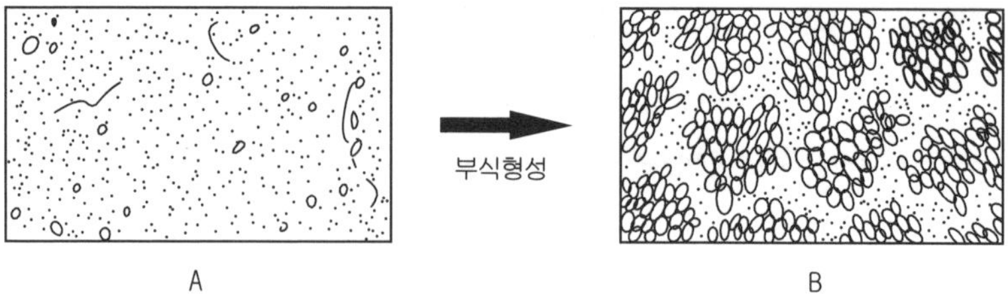

그림 6-2. 부식빈약토양과 부식풍부한 토양

A : 통기 및 침수력이 불량한 토양임
B : 통기성과 침수력이 양호한 토양임

물질로써 흡수성이 있어 보수력과 이온교환능력이 매우 양호하므로 사질토에 부식을 더하면 이온교환능력과 보수력을 향상시킨다. 식토에 부식을 더하면 부식의 흡수성(해면체성질)은 토양을 느슨하게 하고 침수성, 통기성 및 작업성을 향상시킨다.

미사토 또는 양토에 부식을 더하면, 물의 침투력과 보수력, 이온교환능력, 통기성, 작업성 등이 부식빈약 토양에서는 모두 보통이지만, 부식이 풍부한 토양에서는 매우 향상된다. 그러므로 부식토는 모든 농업토양 중에서 가장 좋은 토양이다. 즉, 부식함량이 많은 양토는 수분함량이 많을 때 깨끗하게 깨어져서 쉽게 조그마한 덩어리로 되지만, 부식이 없는 양토는 진흙 덩어리가 되어버린다. 그리고, 건조해지면 부식함량이 많은 양토는 더 작은 덩어리로 깨어지지만 부식이 없는 양토는 벽돌처럼 덩어리가 되어버린다.

부식은 썩은 유기물의 잔존물이므로 부식이 형성되기 위해서는 우선 생물폐기물이 공급되어야 한다. 자연생태계 내에 생물폐기물의 주요 공급원은 죽은 생물체이다. 즉, 토양의 표면에 떨어진 잎, 줄기, 잔가지 및 토양 내에 죽은 뿌리가 주가 되며 동물의 배설물 및 사체 등도 있으나 이것은 일반적으로 큰 영향을 미치지는 못한다. 토양구조를 개선해 주는 생물체의 종류는 수많은 종류의 박테리아, 진균류, 원생동물, 개미류, 곤충류, 노래기류, 거미류, 지네류, 지렁이류 및 달팽이류 등이 포함된다. 이들 생물체의 먹이 활동은 죽은 생물체를 분해하여 부식과 무기토양입자를 잘 혼합시켜 토양구조를 개선해 준다.

1.3. 부식과 식물생육과의 관계

부식은 복잡한 조선을 가진 물질군으로서 토양의 종류에 따라 그 성질이 매우 다르므로 식물의 생육에 미치는 영향도 같지 않다. 부식의 주 기능은 식물 양분을 저장하고, 수분을 흡수 유지하며, 토양의 이화학적 성질을 개선하는 등 주요한 역할을 한다. 이와 관련하여 여러 가지의 일반적인 부식의 기능과 더불어 식생과의 관계를 좀 더 자세히 살펴보고자 한다.

① 부식은 치환성염기(置換性鹽基)와 암모니아를 흡착하는 능력, 즉 염기치환용량(鹽基置換容量)이 크다. 따라서 부식은 비료를 보유하는 힘이 커서 식물 양분의 유실을 막을 뿐만 아니라 흡착된 양분은 식물에 알맞게 공급된다.

② 부식은 물을 흡수하는 힘이 크므로 빗물에 대한 토양의 유실을 감소시키고 보수력에 의해 가뭄의 피해를 줄임으로서 식물 생육에 지대한 영향을 준다. 부식은 그 무게의 4~6배의 물을 흡수하고, 포화대기 중에서 부식은 80~90%의 물을 흡수하는 데 비해 점토는 15~20%에 지나지 않는다.

③ 부식은 토양의 완충능(緩衝能)을 증대시킴으로 토양산성의 심한 변화를 막아 작물의 생육을 도울 뿐만 아니라 식물에 해로운 Al^{+3}을 흡착하여 그 해를 감소시키고, 또한 구리(Cu)와 같은 중금속이온의 유해작용도 감소시킨다.

④ 부식은 토양의 색을 갈색 또는 회색으로 만들므로 온도를 상승시키고, 또한 토양 미생물의 활동을 활발하게 하므로 유용한 화학반응을 촉진시켜 준다.

⑤ 부식은 질소·인산·규산·석회·황 등 많은 식물의 양분을 오래 보유하고 있고, 아들 성분은 부식의 분해로 인하여 유효화 되므로 식물 양분의 저장고와 같은 역할을 한다.

⑥ 부식은 호르몬과 각종 비타민을 함유하고 있어 고등 식물과 토양미생물의 생육을 돕는다.

이상에서 살펴본 바와 같이 부식의 작용은 식물의 생육에 대단히 중요한 또한 부식함량은 지력 판정의 지표가 된다. 그러므로 토양의 생산량을 유지하기 위해서는 충분한 양의 부식이 함유되도록 해야 한다.

표 6-2. 부식함량에 따른 용어의 표현

부식함량 (%)	용어
2~5	함유(with some)
5~10	풍부(rich in)
10~20	매우 풍부(very rich in)
20 이상	부식토(humus)

2. 토양반응과 식물

2.1. 토양반응의 의미

토양반응을 표시할 때 pH를 쓰는데 이것은 토양이 산성인가 아니면 알카리성인가를 말한 것으로서 그 값이 7.0이면 중성, 7.0 이하이면 산성, 7.0 이상이면 알카리성이다.

일반적으로 황의 함량이 많은 **산성황화토양**(酸性黃化土壤, acid sulfate soil)을 **특이산성토양**이라고도 하는데, 이러한 토양의 특징은 건조하면 황산이 생기기 때문에 pH값은 4.0 이하로 떨어지지만, 습윤상태에서는 토양 중의 철 등과 황화물을 형성하기 때문에 중성에 가까워진다. 이러한 토양은 작물의 수량이 매우 적은 지역이며, 해안지대의 배수가 불량한 곳에서는 유기물, 황 등이 표층토에 집적되어 소위 특이산성토양을 이루고 있는 곳이 많다.

pH는 토양 중 양분의 유효성에 끼치는 영향이 가장 중요한데, 강산성에서는 유효성이 낮아지고, 약산성에서는 일반적으로 증대된다. 작물은 종류에 따라 반응에 대한 적응성을 달리하므로 작물의 생산을 유리하게 이끌기 위해서는 그 토양에 알맞은 작물을 선택하거나 또는 작물에 알맞은 반응으로 토양관리에 의한 개선을 도모해야 할 것이다.

우리나라 내륙지방의 토양은 대부분이 상성이고 해안지대의 신 간척지 또는 바닷물이 침입하는 지대의 토양은 알카리성이다.

표 6-3. 토양의 pH 범위와 용어의 표현

pH 범위	구 분
<4.5	극히 강한 산성(extremely acid)
4.6~5.0	매우 강한 산성(very strongly acid)
5.1~5.5	강한 산성(strongly acid)
5.6~6.0	약한 산성(medium acid)
6.1~6.5	매우 약한 산성(slightly acid)
6.6~7.3	중성(neutral)
7.4~7.8	알칼리성(midly alkaline)
7.9~8.4	약한 알칼리성(moderately alkaline)
8.5~9.0	강한 알칼리성(strongly alkaline)
>9.0	매우 강한 알칼리성(very strongly alkaline)

2.2. 토양산도 변화의 원인과 개량

2.2.1. 산도변화의 원인

토양산도의 변화를 주는 물질로는 유기질과 무기질이 있다. 암석을 이루고 있는 1차 광물이 풍화작용을 받거나, 동식물의 유체가 토양에 가해져서 분해되거나, 또는 Ca^{+2}, Mg^{+2}, K^{+}, Na^{+} 등의 각종 염류가 토양 중에 머물고 있는가, 아니면 다른 곳으로 흘러가는가에 의해 산성 또는 알카리성 토양이 되기도 한다.

토양 산도의 변화에 대하여 여러 가지 원인 주요한 몇 가지만 요약하면 다음과 같다.

(1) 강우량에 의한 변화

강우량이 토양수분의 증발량보다 많은 곳에서는 규산염의 분해로 인하여 유리된 염기가 유실되어지므로 산성토양이 될 수 있는 것이다. 암석의 풍화물이 토양생성작용을 받는 토양분화 과정에서도 토층 내에서의 수분 이동이 위 아래 어느 쪽으로 분리되느냐에 따라 반응이 달라진다.

강우량이 많아 토양이 습한 상태로 되면 물이 아래층으로 침투되기 쉽고, 이 때 염기도 같이 세탈되므로 토양은 산성이 된다. 그리고, 반대로 건조상태 아래에서는 토양수가 아래층으로부터 토양층으로 모세관 힘에 의해 상승하며, 토양표면으로부터는 물이 증발하므로 토양수에 용해되어 있던 염기는 토양층에 쌓이게 되어 반응은 알카리성으로 되는 것이다.

(2) 부식에 의한 산성화

부식은 수소이온을 흡착하거나 또는 해리하는 카르복실기, 페놀성수산기, 아미노기 등을 가지고 있는데, 카르복실기의 H^{+}는 페놀성수산기의 H^{+}보다 해리되기 쉬우므로 비교적 강한 산성을 나타낸다. 또한, 부식은 Al^{+3}, Fe^{+3} 등과 같이 복합체를 만들기 때문에, 이것이 가수분해되면 H^{+}가 생성되어 산성의 원인이 되기도 하며, 유기물의 분해에 의해 생성된 이산화탄소와 유기산도 토양산성화의 원인이 되기도 한다.

(3) 시비에 의한 산성화

비료에는 여러 가지 종류가 많이 있는데, 그 중 황산암모늄, 염화암모늄, 요소 등의 질소비료는 함유성분인 SO_4^{-2}, Cl^{-} 등과, 요소의 분해로 생성되는 CO_3^{-2} 등과 같은 부수적인 성분에 의하여 산성이 되기도 하고, 또한 질산화 작용에 의하여 NO_3^- 이온이 생성되는 과정에서 H^+가 증가되기 때문에 토양의 산성화가 촉진된다.

2.2.2. 토양의 개량

(1) 산성토양의 개량

산성토양의 개량을 위하여 흔히 사용되고 있는 방법에는 두 가지가 있다. 그 중 하나는 직접적인 방법으로서 알칼리성 물질을 첨가하는 방법이고, 다른 하나는 유기물 사용에 의한 간접적인 방법이다.

① **알칼리성 물질의 첨가 :** 산성토양은 칼슘이나 마그네슘 등의 염기성 물질이 용탈되어 있기 때문에 수소이온의 농도가 높은 토양이다. 따라서, 산성토양을 개량하기 위해서는 알칼리성 물질을 첨가해 주어야 되는데, 현재 많이 사용하고 있는 물질로는 탄산석회와 탄산마그네슘을 주성분으로 하는 석회분말이나 백운석분말 등이 있다.

② **유기물 시용 :** 퇴비나 녹비같은 유기물의 시용은 산성토양을 간접적으로 개량하는데 도움이 된다. 즉, 유기물의 시용은 토양부식의 증대뿐만 아니라 토양의 물리화학적 성질 및 미생물적 성질을 개선함에 매우 효과적이고, 이와 같은 효과는 토양개량에 도움이 되는 것이다. 또한 유기물에 함유되어 있는 질소, 인산, 칼리와 철, 망간, 붕소, 마그네슘 등 특수 성분도 공급할 수 있어 그 효과는 매우 높다.

(2) 알칼리성 토양과 개량

우리나라의 알칼리성 토양은 NaCl, $MgCl_2$ 등을 다량 함유한 해성충적물질(海成沖積物質)에서 유래된 간척지토양에서 염분의 제거가 불충분한 토양 또는 바닷물의 침입을 받는 토양 등이 있다. 알칼리성 토양은 표층에 집적된 염류의 종류에 따라 백색인 것과 흑색인 것이 있는데, 백색을 나타내는 것은 탄산석회가 집적되었을 때 $CaCO_3$, NaCl, Na_2SO_4 등의 백색 때문이고, 흑색을 나타낸 것은 Na염이 표층에 집적되어 표층토의 유기물질을 분산시켜 토양입자의 표면에 이들 유기 교질물이 피막을 형성하기 때문이다.

알칼리 토양은 고농도의 유리염류를 제거하여야만 수분이나 양분의 흡수가 저해되지 않아 작물을 재배할 수 있다. 염류를 제거하는 방법은 다음과 같은 것들이 있다.

① **담수 갈아주기 :** 담수원이 충분하면 가을부터 이듬해 이른봄까지 계속 담수하였다가

봄에 경운하여 반복적으로 물을 갈아 준 후 벼 등을 재배하면 효과를 볼 수 있다.

② **비료에 의한 방법 :** 암모늄태질소(NH_4-H)와 칼리질 비료를 조금씩 여러 번 나누어 준다. 그리고 지하수위가 높거나 관개수로가 높아 배수가 곤란한 곳에서는 소석회와 탄산석회 등과 같은 것을 시용하면 효과가 있다.

③ **암거배수 :** 토층 내부의 배수를 촉진하기 위하여 암거(暗渠)배수시설이나 명거(明渠)배수시설을 하면 효과적이다.

2.2.3. 토양반응과 식생

(1) 토양미생물의 작용

토양미생물은 산성반응에 의하여 그 활동이 저지되며, 이것은 질소, 유황 및 기타 양분의 원소 가흡성에 영향을 미친다. 그리고 미생물은 유기물을 분해하여서 복잡한 이들 원소 화합물을 간단한 화합물로 변화시킨다.

질소고정균은 산성반응에 민감하다. 이들은 산성토양에서 생육하지 못한 경우가 많고, 생존한다 해도 그 기간은 비교적 짧다. 질소고정균 중 *Clostridium pastorianum*의 최적 pH는 6.9~7.3이고 산성의 한계는 5.7이라고 한다. 그리고 *Azotobacter*의 최적 pH는 6.6~7.0이며 산성의 한계는 약 6.0이다.

알칼리성에 대한 생육 한계는 각 뿌리혹균 모두 pH 약 9.6 정도이다. 그러나 일반적으로 최적 pH는 7부근이다. 알팔파나 스위트크로바의 뿌리혹균은 pH 6.5 이하의 산성토양에서는 거의 생존이 어렵다.

(2) 식물의 병원 미생물

식물의 병원이 되는 각종 미생물에는 토양 반응과 밀접한 관계가 있는 것이 있다. 십자화과 식물의 뿌리혹병의 병원균인 *Plasmodiophora brassicae*는 그 숙주식물보다 산성에 견디는 힘이 강하다. 그러나 산성토양에 어느 정도 석회를 가용하면 숙주식물에 있는 기생 병원균에는 나쁜 영향을 준다. 이에 대해 감자의 창가병(瘡痂病, scab)의 병원균인 *Actinomyces chromogenus*는 숙주인 감자보다 산성에 약하다.

밀의 입고병(立枯病)을 일으키는 병원균 *Phiobolus graminis*는 산성보다 알카리성반응에 잘 생육된다. 그러므로 이 병은 석회질토양에서 발생하기 쉽다. 또한 토마토의 위조병은(萎凋病)은 토양의 산도가 감소 할 정도로 발병이 적다. 담배의 뿌리 썩는 병균의 발육은 강한산성에서 억제된다고 보고되고 있다.

(3) 식물의 생육

통양 중 양분의 변화는 pH의 영향을 크게 받기 때문에 pH는 양분 변화의 조정자로 볼 수 있다. 그러나 한편 토양 중에서는 화학반응과 생물활동의 결과로서 pH 자체도 변화되는 복잡한 과정이 일어나고 있는 것이다.

식물은 종류에 따라 반응성이 매우 다르다. 알팔파를 비롯한 약간의 목초류는 알칼리성에 강하여 **호석회석작물**(好石灰石作物, lime loving crop)이라고 한다. 그러나 침엽수나 진달래, 철죽, 나무딸기와 잡초류 중 질경이, 시금, 제비꽃, 비름 등은 강산성토양에서 잘 자란다. 그러므로 이들 식물의 생육상으로 보아 토양반응을 육안으로 어느 정도 판정할 수 있다.

표 6-4. 작물별 산성에 대한 저항력의 강약

저항력의 구분	작 물
가장 강한 작물	논벼, 밭벼, 귀리, 소나무
강한 작물	옥수수, 조, 고구마, 메밀, 감자, 토란, 수박, 아마
다소 강한 작물	무, 토마토, 잠두, 피, 참나무
약한 작물	쌀보리, 완두, 고추, 당근, 우엉, 가지, 파, 아카시아
가장 약한 작물	보리, 시금치, 상치, 콩, 자운영, 팥, 양파, 느티나무

표 6-5. pH와 작물의 수량비

작물명	pH 5.4	5.8	6.5	7.1	7.5
귀리	95	97	95	99	100
보리	66	77	91	97	100
밀	78	82	93	100	98
알팔파	61	68	81	97	100
옥수수	90	91	97	100	96

3. 토양공기

3.1. 토양공기의 구성과 공기유통

토양공기는 식물의 뿌리에 산소를 공급할 뿐만 아니라 토양성분과 양분에 산화적 변화을 일으키기도 한다.

습윤한 기후하에서는 식물의 뿌리가 신장할 정도의 범위 내에서의 토양의 공기 구성은 대기의 그것과 거의 같으나 다른 점도 있는데, 그것은 탄산가스와 수분함량이다.

대기의 구성은 산소 약 21%, 질소 약 79%, 탄산가스 0.03%를 넘는 경우도 있다. 피복식물이 덮인 곳에서는 지표면에 접한 부분의 공기 속의 탄산가스는 가끔 0.03%를 넘는 경우도 있다. 토양의 공기는 산소가 보통 2~21%, 질소는 75~90%, 탄산가스는 0.1~10% 정도이고, 기타 아르곤과 여러 종류의 가스로 조성되어 있다.

작물 무재배지에서의 탄산가스는 0.3~0.95%인데 대하여 재배지에서의 탄산가스는 0.3~2.0%라는 결과로 보아 작물을 재배하였을 경우 탄산가스가 증가됨을 알 수 있다. 초생지에서는 탄산가스가 많아 1.6% 정도가 포함된다. 작물의 재배지에 탄산가스가 많은 이유는 잎의 호흡작용의 결과 생긴 탄산가스가 점차 지표면에 축적되어서 토양 중에 삼투되기 때문이다. 특히, 비옥토양에서는 미생물의 활동에 의하여 탄산가스가 많다.

식물의 뿌리에 활동하는 토양공기의 교류에 크게 영향을 끼치는 것은 양분보다는 산소의 공급과 이산화탄소의 배제에 의한다고 볼 수 있다. 토양공기의 유통은 토양과 대기의 온도, 기압의 차, 바람의 작용, 수분 량의 변화 등에 의하여 이루어지지만, 작용면에서는 어느 것이나 미약하고, 결국은 공기 자체의 확산에 의하여 이루어진다고 보아야 할 것이다.

앞에서 설명한 바와 같이 토양공기 중에는 대기에 비하여 이산화탄소가 많고 산소가 적기 때문에 토양 중의 이산화탄소는 대기 중으로 확산, 이동하고 산소는 토양 중으로 이동한다. 이 확산운동은 평형상태가 될 때까지 이루어져서 토양공기는 대기의 조성과 비슷하게 된다.

토양 중에 가스가 확산하는 속도는 토양의 조성 및 구조와는 별로 관계가 없다. 만일 확산작용이 감소되면 이산화탄소가 토양 중에 축적하게 되고, 식물 뿌리나 미생물의 호흡으로 방출되는 이산화탄소도 배제되기 어렵게 된다. 토양공기의 유통을 원활하게 하기 위해서는 토양의 입단화를 시도하고, 심토의 경운 또는 표토를 갈아 공기 유통을 꾀하여야 한다. 왜냐하면 토양공기의 유통은 공극량과 밀접한 관계가 있기 때문이다.

3.2. 토양공기와 생물활동

토양공기는 토양생물의 호흡원으로서 만일 공기가 부족하면 그 활동이 둔해질 뿐만 아니라 미생물에 의한 유기물의 분해도 매우 늦어지는 것이다. 토양미생물은 산소가 부족하면 유기물 중의 산소 또는 무기산화물 중의 산소를 이용하여 생활하게 되므로 토양 중에서는 아황산, 황화수소, 아질산 기타 여러 가지 환원성 유해물질이 생성되어 식물에게 해롭게 되는데, 비록 그 농도가 낮아도 식물에는 매우 해롭게 된다. 만일 과습상태의 중점토양(重粘土壤)에 부식화가 잘 되지 않은 미숙유기물을 다량 시용했을 경우 식물은 피해를 더욱 심하게 받는다.

산소가 부족하고 이산화탄소가 많을 때는 식물은 각각 독립된 인자로서 작용하는 것 같다. 이산화탄소의 함량이 10~20% 이상이라 하더라도 산소의 공급이 있으면 식물은 생육을 지속할 수 있다. 그러나, 충분한 양의 산소가 공급되어야 만 그 기능을 다할 수 있는 것이다.

보통 작물이 정상적으로 생육하기 위해서는 토양공기 중의 산소가 10%는 함유되어 있어야만 하며, 식물의 종류에 따라 산소요구량이 높거나 낮은 식물이 있다. 이들을 3구분하여 보면 다음과 같다.

① **산소요구량이 높은 작물 :** 감자, 토마토, 완두, 보리, 양배추, 사탕수수
② **산소요구량이 중간인 작물 :** 옥수수, 밀, 완두, 귀리, 대두
③ **산소요구량이 낮은 작물 :** 벼, 기장

한편 사과나무의 뿌리가 살아가려면 토양공기 중의 산소가 최소한 3%가 있어야 하며, 현존하는 뿌리가 생장하기 위해서는 5~10%, 그리고 새로운 뿌리가 생장하기 위해서는 12% 정도 있어야 한다고 한다.

토양의 통기성이 식물 생육에 미치는 영향을 고려할 때, 논 또는 저습지에 생육하는 생물들은 특수한 적응이 필요함을 알 수 있다. 논이 물에 잠겨 있는 동안 토양 내 산소 농도는 매우 낮지만, 벼는 뿌리에 통기 조직이 발달되어 있어 지상으로부터 산소를 공급받아 산소 부족의 환경에 적응한다.

토양공기의 산소 분압은 식물에 뿐만 아니라 토양 내의 소동물 및 미생물에도 영향을 미친다. 토양 미생물 중에서 질산균, 실소 고정균, 황산균과 대부분의 토양 소동물들은 호기

적으로 생활하므로 산소 분압이 낮으면 이들의 활성이 저하되고, 반대로 혐기적으로 생활하는 미생물들의 활동은 활발해진다.

식물의 양분과 수분을 흡수하는 뿌리털의 발달은 토양 중의 공기가 적당히 유통되어야만 이루어진다. 토양의 공기가 불량하고 배수가 좋지 않은 경우에는 근모의 발달이 어렵게 된다. 토양 속의 호기성균도 공기유통이 잘 이루어지지 않을 경우는 그 번식과 활동이 억제되고, 유리질소를 고정하는 근류균(根瘤菌)이나 *Azotobacter* 등도 질소를 고정하지 못하게 되며, 유기물의 분해도 늦어진다.

4. 토양수분

4.1. 토양수분의 종류와 수분항수

(1) 토양수분의 종류

식물의 물의 흡수는 토양의 함수상태와 밀접한 관계가 있다. 토양에 함유되어 있는 물은 흡착수와 모관수 및 중력수의 3종류가 있다.

① **흡착수(吸着水, hygroscopic water) :** 분자간 인력에 의하여 토립(土粒)에 흡착되어 있거나 혹은 토양콜로이드입자의 팽윤에 의하여 흡수 보유되어 있는 물로서 작물에는 전혀 이용되지 않는다.

② **모관수(毛管水, capillary water) :** 토양간의 모세관인력(毛細管引力)에 의하여 흡수 보유되어 있는 물로서 식물에 가장 유효하게 이용된다.

③ **중력수(重力水, gravitational water) :** 중력에 의하여 토양간을 흘러가고 있는 물로서, 토립과의 결합친화력이 약하다. 중력수는 아래로 내려가서 지하수(underground water)가 되는데, 지하수는 토양이 건조하면 모관인력에 의하여 다시 토양 중에 올라오게 되므로 식물이 이를 이용할 수 있게 된다. 그러나 이 물의 토양 흡인은 높이에 제한이 있고 상승 속도도 아주 느리기 때문에 극히 미약하다.

(2) 수분항수

토양수분이 작물에 이용되는 정도는 토양함수량의 다소에 따라 차이가 크다. 토양 중의 물을 식물이 이용함에 있어 토양함수량이 어떠한 관계에 있는가를 알기 위하여 최대용수량(最大容水量)과 수분당량(水分當量), 포장용수량(圃場容水量) 및 위조계수(萎凋係數) 등의 수분항수(水分恒數, moisture constant)가 이용되고 있다.

① 최대용수량(maximum water holding capacity)

얇은 토양의 층이 모관인력에 의하여 흡인한 최대수분용량을 그 토양의 건조중량에 대한 백분율로 표시한 것이다.

② 수분당량(moisture equivalent)

두께 1 cm되는 토양이 물로 포화된 다음 중력의 1,000배의 힘에 대항하여 보유하는 물을 토양의 건조중량의 백분율로 표시한 것이다.

③ 포장용수량(field capacity)

포장토양에 있어서 중력수가 배제되어 모관수의 이동이 거의 없어졌을 때의 토양함수량을 토양의 건조중량에 대한 백분율로 표시한 것이다. 즉, 배수가 완전히 포장에서 중력에 저항하여 남아있는 토양수분으로서 작물재배상 매우 중요하다.

④ 조위계수(wilting coefficient)

조위계수는 물리적인 측청치인 최대용수량과 수분당량 및 포장용수량과는 뜻이 다른 생리적인 측정치인 것이다.

토양 중에 물이 줄어듬에 따라 식물의 뿌리는 차차로 흡수가 곤란해져서 지상부가 시들기 시작하고, 더욱 토양함수량이 줄어들면 완전히 시들게 되는데, 이때 물을 주지 않는 한 회복할 수 없게 된다. 영구조위라는 것은 토양에 관수하는 일이 없이 포화습도상태의 공기 중 중에 옮겨서 24시간 방치해도 위조로부터 회복할 수 없는 정도의 상태를 말하며 식물이 이 상태에 있을 때를 **영구조위점**(永久凋萎點, permanent wilting point)에 있다고 한다.

조위계수의 측정은 영구조위의 최초 징후가 나타났을 때의 토양수분을 토양의 건조중량의 백분율로 표시하는 것이 보통이며, 지시식물로는 보통 미모사, 해바라기 등이 쓰이고 있지만 어느 식물이라도 상관은 없다.

4.2. 유효수분과 흡수

(1) 유효수분과 함수량

식물이 토양 중에서 흡수 이용하는 물을 **유효수분**(有效水分, available water)이라고 하며, 이용할 수 없는 수분을 **무효수분**(無效水分, unavailable water)이라고 한다. 토양함수량이 저하하면 토양입자의 주위에 물은 점차로 강한 힘에 의하여 유지되기 때문에 뿌리의 흡수력이 이 힘을 이기지 못하여 뿌리는 물을 이용할 수 없게 되며, 이때의 물은 무효수분이 되는 것이다.

따라서 유효수분은 포장용수량에 조위계수까지의 범위의 물이며 거의 모관수인 것이다. 그리고 유효수분과 무효수분과의 경계가 조위계수이며 이 이하의 토양수분에서는 작물이 흡수할 수 없게 되므로 시드는 것이다. 사토(砂土)에서는 유효수분의 범위가 좁고 식토(埴土)에서는 그 범위가 상당히 넓다. 그리고, 강우나 다량의 관수에 의한 포장용수량 이상의 잉여의 물은 지하에 침투해버리고 작물에 이용되지 않으므로 이것을 **잉여수**(剩餘水, surplus water)라 한다.

토양의 수분공급력은 최대용수량에서 가장 크고 함수량이 줄어들수록 차차로 감소하며 조위계수에서는 작물의 뿌리가 흡수할 수 있는 범위에 있어서의 가장 작은 값을 나타낸다. 최대용수량에서는 뿌리의 흡수는 쉽지만 토양 중의 산소가 줄어서 뿌리의 흡수가 저하되므로 최적함수량은 크게 문제시할 것은 못되나 밭작물의 지배에서는 특히 토양 중의 산소공급과 관계가 있다.

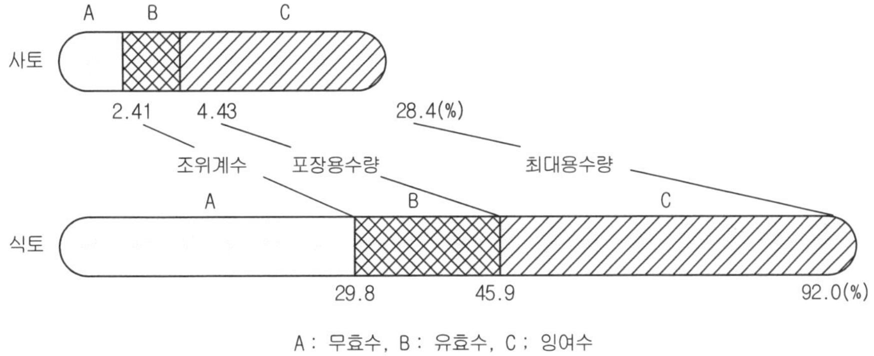

그림 6-3. 토양수분의 삼태

함수량을 표시하는 데는 **대건량법**(對乾量法)과 **대용적법**(對容積法)이 있다. 작물의 생리작용의 입장에서 토양 중의 수분이 다소 문제 되는 것은 중량적으로 나타낸 물의 비율이 아니고 일정한 넓이의 토양 속에 함유되는 물의 정량이므로 대용적법이 합리적인 함수량의 표시법이라 할 수 있다.

(2) 수분흡수에 영향을 주는 조건

식물이 물을 흡수하는 것은 뿌리를 둘러싸고 있는 외계조건, 즉 토양조건과 뿌리 자체의 체내조건과의 상호관계에 따른다. 토양조건은 뿌리의 체내조건에 영향을 주기 때문에 그 생장상태가 달라지는데 이와 같은 토양수분의 흡수와 밀접한 관계를 가진다. 뿌리가 그 흡수면 근처 토양의 유효소분을 전부 흡수해버리면 그 근처로 향하는 토양 모관수의 이동은 아주 느려지므로 그 이상의 흡수가 곤란해지지만, 뿌리가 다시 수분이 많은 곳으로 향하여 신장하게 되면 흡수를 계속할 수 있게 된다.

뿌리의 생장에 영향을 주는 토양조건은 간접적으로도 흡수에 영향을 주게 되지만, 직접적으로 영향을 주는 몇 가지의 조건에 대하여 살펴보면 다음과 같다.

① 토양함수량

수분보유력은 토양함수량이 증가하면 감소하고, 함수량이 감소하면 수분보유력이 증가하게 되는데, 뿌리의 흡수력이 수분보유력과 같아지면 수분을 흡수할 수 없게 되며 결국 식물은 시들게 된다. 그러므로 토양조건은 뿌리의 흡수와 깊은 관계를 유지하고 있다.

② 토양액의 농도

뿌리에서의 물 흡수는 토양액과 뿌리중심부 세포액의 확산압낙차(擴散壓落差)에 의하여 흡수되는데 만일 토양액의 삼투압이 세포액보다 높으면 물을 뿌리에서 빠져 나오게 된다. 그러나, 염생식물(鹽生植物, halophyte)은 염분농도에 대한 저항력이 매우 크다.

③ 토양온도

저온에서는 물의 흡수율이 저하한다. 왕성하게 생장하고 있는 온실식물의 토양표면에 얼음을 놓아 온도를 강하시키면 식물은 수시간 내에 시들게 된다. 그러나 토양상태가 다시 원래의 상태로 되면 식물도 정상 회복됨을 관찰할 수 있는데, 이것은 저온에서 물의 흡수가 저해를 받기 때문인 것이다. 그 이유는 물은 저온에서 높은 점도(粘度)를 갖게 되고, 원형질의 삼투성은 감소되며, 뿌리세포의 생장은 억제당하기 때문이다.

④ 토양공기

토양공기 유통이 잘되지 않은 토양에서는 흡수율이 감소된다. 이는 특히 산소 부족으로 인한 뿌리의 생장과 대사활동 등에 방해가 되기 때문이다. 이러한 예는, 비가 많이 온 직후 햇볕이 나면 잎이 부드러운 초본류나 담배 및 가지 등의 식물이 바로 시들게 되는 현상에서 찾아 볼 수 있다. 이는 배수가 잘 안된 토양에서 심하게 나타나며, 토양 내의 공간이 빗물로 가득 차 있어 물의 흡수가 저해되고 더욱이 강한 햇볕하에서는 증산작용이 활발하게 일어나면서 식물체내 수분의 부족을 초래하기 때문이다.

5. 토양미생물

5.1. 토양미생물의 종류

토양을 생활의 근원지로 하고 있는 고등식물의 근계(根系)나 토양미생물 및 토양동물 등은 그들 주변의 토양환경과 밀접한 상호작용에 의해 연결되어 있어서 전체로 볼 때 하나의 계(系)를 이루고 있는데. 이것을 **토양생태계**(soil ecosystem)라 한다.

토양생태계 중 토양미생물이 대부분을 차지하고 있으며 토양생태계에 중요한 역할을 담당하고 있다. 토양미생물의 종류는 조류(藻類), 사상균, 방사상균 및 세균류 등이 있다. 한때는 원생동물(protozoa)과 선충류(nematode)도 이에 포함시켰으나 지금은 소동물로 취급하고 있다. 조류에는 녹조류(green algae), 남조류(blue green algae), 규조류(diatom) 등이 있으며, 사상균에는 버섯균(mushroom), 곰팡이(mold), 효모(yeast) 등이 있고, 세균류(bacteria)에는 호기성과 혐기성이 있다.

토양미생물 중에는 동식물에 유해한 것도 있지만, 유익한 작용을 하는 것도 많이 있다. 즉, 암모니아 화성작용(化成作用)이나 질소고정작용(窒素固定作用), 질화작용(窒化作用), 탈질작용(脫窒作用) 등은 매우 유익한 작용으로서 토양생산력의 지표로 쓰이는 경우가 많다. 또한 부식의 생성에 토양미생물이 관여하고 있으며 간접적으로도 식물에 중요한 역할을 하고 있고, 또한 페니시린이나 스트렙토마이신 등 의학 방면에서도 우리들의 생활과 밀접한 관계를 맺고 있다.

(1) 조류

조류(藻類)는 현미경으로 볼 수 있는 것부터 육안으로 용이하게 식별할 수 있는 다육섬유상인 것까지 여러 가지 종류가 있다.

조류는 대체로 기름진 토양에 많고, 경지보다 초지에 종류가 많은데, 규조류는 대체로 오래된 정원에, 그리고 남조류나 녹조류는 풀밭이나 논에 나기 쉽다.

토양 중 녹조류의 수는 희석법에 의하여 그 개수를 측정할 수 있지만, 남조류는 측정하기 어렵다. 녹조류는 1 g에 대하여 최저치가 약 100,000으로 보고 있으며, 남조류도 거의 같은 것으로 추정한다. 그 수는 토양의 깊이에 따라서 달라, 표층토에는 많고 하층토에는 적으며, 특히 깊은 곳에서는 겨우 포자로서 존재하는데 불과하다.

토양 중에 서식하는 조류(algae)는 지름이 3~50 μm인 단세포로 되어 있고, 엽록소(chlorophyll)를 지니고 있어 빛 에너지와 이산화탄소를 이용하여 유기물을 합성하는 것과 광합성을 하지 않고 종속영양적인 생활을 하는 것이 있다.

조류의 영양 섭취 방법은 다음과 같은 두 가지의 방법이 있다.

① 표층 토양의 빛 받는 부분에서는 광합성에 의하여 유기물을 생산하고, 토양에 식물의 양분이나 에너지 물질을 공급하며, 녹색식물과 같이 질산염 및 기타의 양분을 고정한다.

② 빛이 도달하지 않은 하층의 토양에서는 엽록소가 그 기능을 상실하므로 광합성에 의한 유기물을 생성할 수 없다. 따라서 에너지 및 양분을 이미 만들어진 유기물에서 취하는 방식, 즉 사물기생(死物寄生)의 방법을 취하여 토양이 에너지 저장물질의 소비자가 된다. 따라서 토양 조류 중의 엽록소는 보조적으로 작용하며 빛이 있으면 기능을 발휘하지만 빛이 없을 때에는 작용하지 않는다.

토양 속에서의 **조류의 기능**은 다음과 같다.

① **유기물의 생성 :** 유기물의 생성은 빛에 의하여 이루어지며 토양표면에서 한정된다. 이 유기물은 부식의 재료가 되며 질소 고정균 기타 토양미생물의 식료가 된다.

② **질소의 고정 :** 남조의 염주조(念珠藻, *Nostoc*)속에 속하는 조류 중에는 빛이 없는 곳에서도 질소를 고정시키는 것이 있다. 특히 질소균과의 공생은 고정된 질소의 양을 증가시킨다.

③ **양분의 합성 :** 토양 중의 가용성인 질소를 섭취하여 화합물을 이루고 또 간단한 설탕류와 같이 용이하게 분해되는 화합물을 합성한다.

④ **산소의 공급 :** 토양에서 조류는 물에 용해된 탄산가스를 분해하고, 용액 중에 산소를 유하여 뿌리의 호흡을 용이하게 한다. 이 작용은 습윤지에서 효과적이고, 벼는 이 형태의 산소를 비교적 많이 이용한다.

(2) 균류(Fungi)

토양 속의 균류의 종류는 수백 종에 이르며 보통 원생동물이나 세균과 함께 존재한다. 그러나 그 수는 방사상균이나 세균보다는 적다.

토양 중에 분포된 균류 중 비교적 중요한 것은 *Penicilium*, *Fusarium*, *Mucor*, *Aspergillus* 등 많은 종류가 있다.

균류는 엽록소를 갖고 있지 않기 때문에 에너지는 토양의 유기물에서 섭취한다. 대개는 기생물로서 동물이나 식물체에서 생장하지만, 비기생적인 것은 토양 중에서 섬유소나 리그닌 기타 각종 유기물을 침해한다. 그러나 기생적 성질인 균류는 사물기생의 미생물이 발달하면 억제된다. 퇴비를 사용하면 사물기생의 생물상이 증가되며 뿌리의 부패를 일으키는 균류를 억제할 수 있다.

균류는 일반적으로 호기성으로서 하층토보다 표층토에 많다. 그리고 통기가 좋은 사토(砂土)에서는 통기가 나쁜 중점토양 또는 습기토양보다 많다. 토양반응에 대해서는 세균만큼 예민하지 않아 산성, 중성, 알칼리성의 어느 토양에서도 생육되지만, 특히 산성이 되면 증가되는 경향이 있고 석회를 더하면 감소되며, 일반적으로 산성 미경토(未耕土)에 많다. 그러나 일반적으로 산성토양에는 *Penicillium*, *Tricoderma* 등이 많고, 중성토양에는 *Mycogen*, *Botryosprium*, *stachybotrys* 등이 많이 발견된다.

표 6-6. 토양 중에 존재하는 균속

속 명	종의 수	속 명	종의 수
Penicilium	124	*Mortierella*	19
Fusarium	42	*Pythimum*	15
Mucor	42	*Saorolegnia*	14
Aspergillus	32	*Monosporium*	11
Achlya	25	*Chaetomium*	10

(3) 방사상균

방사상균(放射狀菌, Actinomyces)은 분류학상으로 사상균과 세균의 중간에 속한 것이라 생각하여 사상세균(絲狀細菌, thread bacteria)이라고도 하는데, 사상(絲狀)을 이루는 점에서 곰팡이와 비슷하고, 크기와 포자형성과정은 세균과 비슷하며, 분지상(分枝狀)의 균사는 그 지름이 0.2~0.5 μm이다.

방사상균의 알맞은 산도는 pH 6.0~7.5이며, 산성을 좋아하지 않아 pH 5.0 이하에서는 생육이 저하된다. 에너지 및 영양원은 탄수화물과 단백질의 분해하여 이용하며, 특히 분해되기 어려운 lignin과 keratin 등의 부식성분을 분해하기도 하며, 식물의 병해에 관계되기도 한다. 그러나 방사상균에 의한 식물의 병해는 토양반응이 적절한 조절로서 억제할 수도 있다.

(4) 세균

세균(bacteria)은 세포분열에 의하여 증식하기 때문에 분열균이라고도 하며, 그 크기는 0.3~50 μm(평균 0.5~3 μm) 정도이다. 이들은 보통 중성부근에서 번식 및 활동성이 강하지만 황세균 같은 것은 산성에도 인내성이 강하다.

세균의 활동에 필요한 에너지원에 따라 **자가영양세균**(무기영양세균, autotrophic bacteria)과 **타가영양세균**(유기영양세균, heterotrophic bacteria)으로 대별한다. 자가영양세균은 암모니아, 아질산, 황, 아산화철 등과 같은 무기물을 산화함으로서 에너지원을 얻고, 타가영양세균은 유기물을 산화하여 에너지원을 얻으며, 비타민 또는 아미노산의 요구성에 따라 다시 세분하기도 한다.

자가영양세균에는 질산화성균, 황세균, 철세균 등이 있으며, 타가영양세균에는 비공생유리질소고정균, 공생유리질소고정균(근류균), 암모니아화성균, 섬유소분해균 등이 있다. 물론 이들은 통기성의 여하에 따라 **호기성세균**(好氣性細菌, aerobic bacteria)과 **혐기성세균**(嫌氣性細菌, anaerobic bacteria)으로 구분할 수도 있다.

표 6-7. 세균의 최적 pH

세균별	최적 pH	세균별	최적 pH
질산균	6.8~7.3	황세균	2.0~4.0
아질산균	6.7~7.9	단서질소고정균	7.0~8.0
질산환원균	7.0~8.2	근류균	6.5~7.5

영양급원에 따라 세균을 분류하면 다음과 같다.

- 세균류
  - 자가영양세균 (무기영양)
    - 질산화성균 : 호기성질산균, 호기성아질산균
    - 황세균
    - 철세균
  - 타가영양세균 (유기영양)
    - 비공생질소고정세균 : 호기성세균, 혐기성세균
    - 공생유리질소고정세균 : 근류균
    - 암모니아화성균 : 호기성세균, 혐기성세균
    - 섬유소분해균 : 호기성세균, 혐기성세균

5.2. 토양미생물의 작용

(1) 유익작용

① **비질소유기물의 분해 변화 :** 각종 미생물의 활동에 유기물은 간단히 무기물로 분해된다.

② **암모니아 생성작용 :** 신선한 유기물이 토양에 가해지면 그 속에 함유되어 있는 단백질, 아미노당, 핵단백질 등이 분해되어 최종적으로 무기태질소인 암모니아, 질산, 아질산 또는 질산가스, 아산화질소 등으로 변화한다.

이에 관여하는 세균은 대부분의 유기영양미생물로서 암모니아 산화균이며 *Nitrosomonas*, *Nitrosococcus*, *Nitrosogloea* 등 여러 종류가 있으며, 반응식은 단백질 → 아미노산 → NH_4^+의 형식이다.

③ **질산 생성작용 :** 암모니아가 질산으로 산화되는 과정으로 화학무기영양세균에 의한 반응이며, 이에 관여하는 세균군은 아질산 산화균으로 *Nitrobacter*, *Nitrocystic* 등이 이에 속하며 반응식은 $NH_4^+ \rightarrow NO_2^-$이다.

④ **유리질소고정작용 :** 공중질소를 고정하는 미생물은 독립생활을 하는 공생질소고정균(non-symbiotic nitrogen fixation bacteria)으로서 *Azotobacter*속과 *Clostridium*속이 있고, 다른 생물과 공생하는 공생질소고정균(symbiotic nitrogen fixation bacteria)으로서 *Rhizobium*속(콩과식물과 공생)이 있다.

콩과식물은 그 생육에 필요한 질소의 1/3을 토양으로부터 얻고, 2/3를 공중질소고정

표 6-8. 토양미생물의 분해물질과 미생물의 종류

구 분	사 상 균	방사상균	세 균
Cellulose 분해	*Aspergillus* *Fusarium* *Trichoderma*	*Nocardia* *Streptomyces* *Micromonospora*	*Acromobacter* *Bacillus* *Cellulomonas*
Lignin 분해	*Coprinus* *Agaricus* *Poria*	-	-
Pectin 분해	*Fusarium* *Verticillium*	*Streptomyces*	*Bacillus* *Erwinia* *Clostrdium*
Chitin 분해	*Fusarium* *Aspergillus* *Mucor*	*Streptomyces* *Micromonospora* *Nocardia*	*Achromobacter* *Bacillus* *Pseudomonas*
Ammonia 산화	*Asspergillus*	*Streptomyces*	*Mycobacterium* *Bacillus* *Nitrosomonas*
질산 산화	-	-	*Nitrobacter*
질산 환원	-	-	*Achrombacter* *Pseudomonas* *Thiobacillus*
무기황 산화	*Aspergillus* *Penicillium*	-	*Thiobacillus* *Beggiatoa* Green bacteria
무기황 환원	-	-	*Bacillus* *Clostridium* *Desulfovibrio*

에 의하여 얻는다. 콩과식물의 질소는 전질소의 2/3가 지상부에 들어있고 나머지 1/3이 지하부에 들어 있으므로 고정된 질소는 지상부에 해당되는 것이다.

⑤ **가용성 무기성분의 동화 :** 미생물의 활동 결과 생긴 간단한 용해성 무기물은 미생물에 의해 동화된다.

⑥ **무기성분의 변화 :** 직접 및 간접으로 미생물의 작용을 받는 무기성분 중에는 인, 유황, 마그네슘, 철, 망간, 알미늄, 규소 등이 있다. 이들 원소는 본래 불용해성인 형태였던 것이 미생물의 생리작용 결과 생긴 탄산, 안산, 황산, 아황산, 초산, 아초산과 같은 것으로 용해성이 되는 것이다. 즉, 불용해성 인산염은 용해성 인산염으로, 난용성(難溶解性)석회와 마그네슘화합물은 용해성화합물로, 그리고 불용성칼리화합물은

이용성(易溶解性)화합물이 된다.

⑦ **길항작용(拮抗作用) :** 미생물 상호간에는 어떤 것이 다른 것의 활동에 대하여 그 무엇인가 영향을 주고 있다. 때로는 한 종의 미생물이 다른 종의 미생물에 의하여 멸망되는 일도 있고, 박테리오파아지에 의하여 영향을 받는 일도 있다. 세균은 가끔 감자의 창가병을 일으키는 방사상균에 대하여 길항작용을 갖는다. 또 균류나 방사상균의 어떤 것은 소맥의 뿌리를 침해하는 균류의 활동을 억제한다.

⑧ **안정응집체(安定凝集體) 또는 입단(粒團)의 생성 :** 토양에 콜로이드 유기물로 이루어지는 부식현탁액을 가하면 안정된 구조가 얻어진다. 식물체는 미생물에 의해 분해되어 유기물은 콜로이드로서 존재하고, 다른 토양입자의 작용으로서 토양의 구조에 변화를 준다. 그리하여 물에 안정된 응집체 또는 입단(aggregate)을 생성하며, 그 결과 식물에 통기성과 보수력 등을 향상시켜 준다.

⑨ **생장촉진물질 :** 미생물의 유기물을 분해하는 도중 비타민과 같은 생장물질을 생성한다.

(2) 유해작용

토양미생물이 고등식물에 끼치는 유해작용을 들어보면 다음과 같다.

① **식물에 병을 일으키는 미생물이 많다 :** 잘룩병, 날개무늬병, 더뎅이병, 뿌리썩음병, 풋마름병, 무름병, 둘레썩음병, 시들음병, 깜부기병 등 여러 가지 병을 일으키는 병원균이 있으며, 선충에 의한 피해도 많이 있다.

표 6-8. 근류의 질소고정 체제

구 분	근류조직의 발달		
	출현기 분화 ⟶ 신장 ⟶ 성숙		붕괴 ⟶
공생관계	기생	공생	
근류의 생체중	증가 ⟶	감소	⟶
근류균		간상균(bacteroid)	
근류색소		적색 헤모글로빈	녹색 헤모글로빈
전분축적	–	+	–
질소고정기간		⟵⟶	

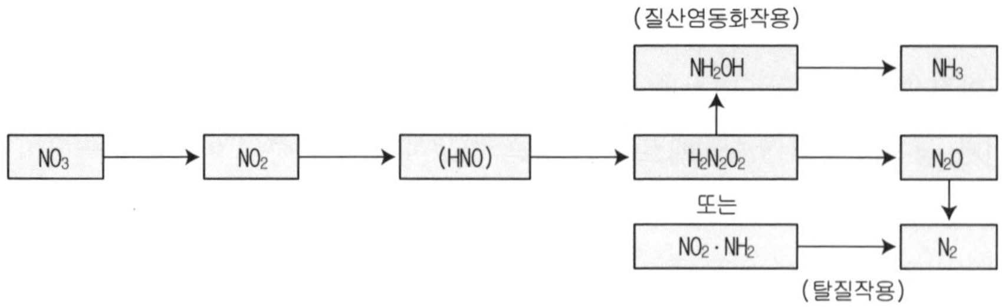

그림 6-4. 탈질작용과 질산염 동화작용의 경로

② **질산염의 환원 및 탈질작용 :** 토양의 질산환원균이 활동하는 상태는 산소가 결핍하였을 경우와 다량으로 분해되기 쉬운 유기물이 있을 때이다. 그러므로 탈질작용은 산소결핍의 상태에서는 표토에서 일어나기 쉽다. 그러나 조건이 구비되면 심토에서도 일어난다.

③ **황산염의 환원 :** 벼에 비료로서 황산염을 더하였을 경우에 미생물의 작용으로 황산염이 환원되어 황화물, 황화수소를 낳고 벼는 이 때문에 장해를 받아서 소위 뿌리썩은 현상을 일으키는 일이 있다. 그러나 황산염의 환원은 반드시 특수한 미생물에의해서만 기인하는 것이 아니라 논의 일반적 환원상태에 따라 일어나는 수반적 현상으로 간주한다.

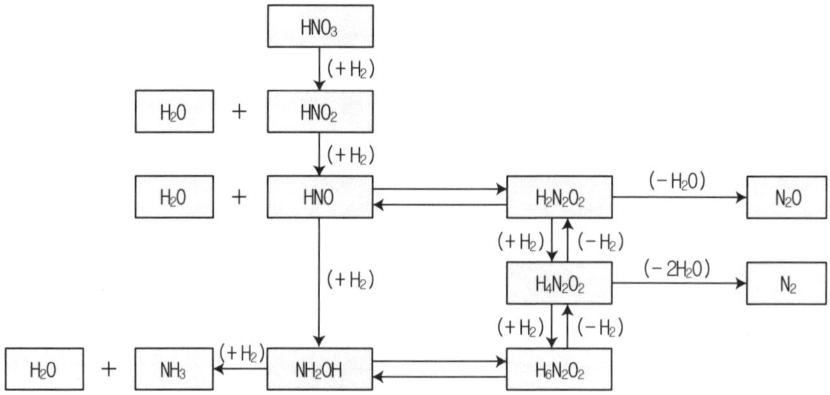

그림 6-5. 질산의 환원경로

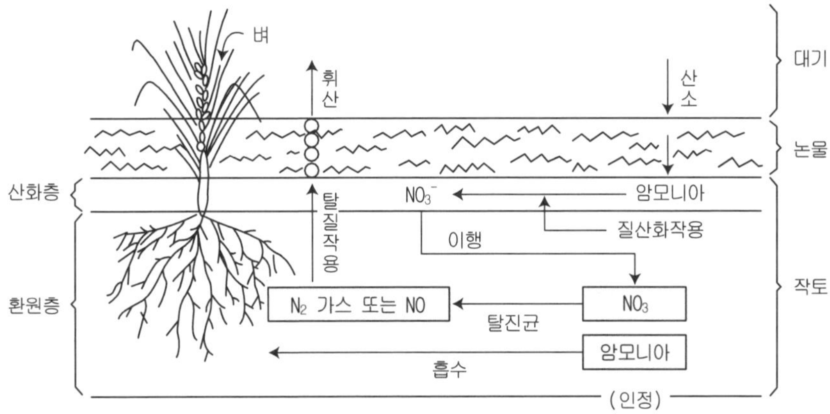

그림 6-6. 논에서의 탈질현상

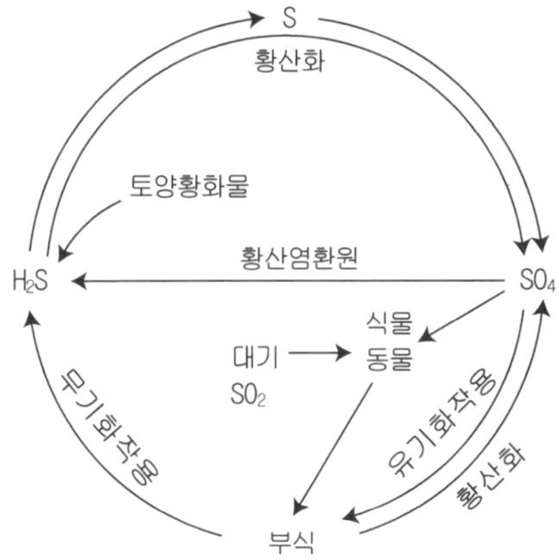

그림 6-7. 황의 순환도

④ **고등식물과 미생물의 양분쟁탈 :** 미생물은 양분의 용탈을 막는 점에서는 유익한 작용을 한다. 그러나 식물이 양분을 흡수하는 시기에 미생물이 활동하여 질소, 인산, 칼리 등을 섭취하면 식물은 양분의 쟁탈에 패배한다. 가흡태질소가 있고 또한 분해되기 쉬운 탄소를 더하였을 경우 미생물의 활동으로 탄소를 소비한다.

6. 토양동물

6.1. 토양동물의 서식환경 및 특징

지상과는 달리 토양 속은 습도가 높고 연 중 온도가 그리 심하게 변화하지 않으며, 동물에 해로운 자외선이나, 외적에 시달리는 일이 적으므로 동물에게는 가장 안전한 환경이라고 할 수 있다.

토양은 아무것도 심지 않은 토양인가, 아니면 관목림 또는 교목림인가에 따라 생활조건이 다르고, 같은 교목림이라 하더라도 소나무 같은 양수림인가 너도밤나무 같은 임수림인가에 따라 차이가 있다. 온도만 하더라도 아무것도 심지 않은 토양은 일광을 많이 받기 때문에 삼림보다 따뜻해지기 쉽지만 또한 차가워지기도 쉽고, 온도의 변화도 삼림에서보다는 크다.

삼림의 지면에 쌓인 낙엽은 외기의 변화를 완화시켜주고 적당한 습도를 유지하도록 하며, 또 땅속에 사는 동물의 중요한 먹이가 되는 부식량도 많으므로 삼림은 동물이 살기 좋은 장소라고 할 수 있지만, 땅 속 5 cm쯤 되는 곳에서부터는 동물의 수는 차차 줄어들어 20 cm 이하에서는 아주 드물다. 그러나 그 수는 계절에 따라서도 변화하여 겨울철 지면이 얼면 따뜻한 곳을 찾아 깊은 곳으로 찾아 들어가도록 노력한다.

토질에 따라 여러 식물의 군락이 생기는 것과 같이 동물에서도 그러한 관계는 있다. 염분이 많은 곳을 찾아 생활하는 곤충도 있고, 화강암지방에는 적지만 석회암지역에는 육지조개가 많다. 또한 토양의 특성에 따라서도 토양 동물의 종류가 달리 분포되고 있음을 알 수 있다.

토양동물 중에는 생활사의 전부를 땅속에서 보내는 종류와, 일시적으로 또는 발육과 정중의 어느 단계를 토양의 표면이나 토양 속에서 생활하는 것이 있다. 전자의 경우를 토양동물에 대한 좁은 의미(狹義)의 정의라 한다면 후자를 넓은 의미(廣義)의 정의라 할 수 있다. 그러나 토양동물이란 생활사 중에 어느 한 단계, 즉 알 또는 유충의 단계만을 땅속에서 지낸다 하더라도 토양에는 여러 가지로 영향을 주고 있기 때문에 토양동물의 정의는 넓은 의미로 해석하는 것이 좋다.

토양동물은 반고체성인 토양 중에서 어둡고, 습하고, 비교적 온도변화가 적은 서식환경에서 생활하기 때문에 일반동물에서 볼 수 없는 다음과 같은 여러 가지의 특징이 있다.

① 약한 이동력

대부분의 토양동물은 몸이 작고 날개와 다리 등이 퇴화되어 있어 이동속도가 느리다. 이것은 토양매체의 성질에도 원인이 있지만 토양 속에는 먹이가 대부분 풍부하기 때문에 생활을 완료하는데 빠른 이동이 별로 필요없는데 기인된 적응현상으로 볼 수 있다.

② 체형 및 기관의 특징

서식환경의 특성에 따라 차이가 있지만 대체로 토양하층 서식동물은 토양표층 서식동물에 비하여, 체형이 작고, 다리가 짧거나 퇴화 되었으며, 날개가 소실된 것이 많고, 시각기관이 없거나 발달하지 못한 것이 많다. 예를 들면, 토양하층에 사는 톡토기나 노래기는 토양표층에 사는 톡토기나 노래기보다 다리가 훨씬 짧고, 지렁이는 다리가 없다.

③ 체색의 단순성

대부분의 토양동물의 체색은 갈색 또는 백색이 지배적이다. 지표층에 사는 동물은 주변환경의 색과 비슷한 색깔을 띄는 것이 많지만, 땅속에서 서식하는 동물의 체색은 색소가 상실되어 있어서 백색이다. 일반적으로 동물이 체색을 갖는 의미는 자외선으로부터의 몸의 보호와 동종 또는 이종간의 상호작용을 유력하도록 함에 있는데, 토양속의 암흑 속에서는 별의미가 없으므로 토양동물의 체색은 매우 단순하다.

④ 이동기관의 변이

토양동물 중 땅강아지와 두더지 같은 종류는 앞다리가 굴을 파기에 알맞도록 적응된 굴혈지(掘穴肢)를 가지고 있고, 지렁이와 선충 및 노래기, 지네 등은 몸이 가늘고 길어 토양중의 작은 간극을 이동하기 용이하도록 적응되었으며, 대부분의 파리유충이나 응애류 및 딱정벌레목의 일부는 토양속의 좁은 간극을 이동하거나 은신하기 쉽도록 편평한 체형을 가지고 있다.

⑤ 생식적 특징

토양중은 온도의 변화가 별로 크지 않고 먹이도 쉽게 얻을 수 있기 때문에 대부분 소산성(小産性)이고 연중 번식을 계속하는 등 그 시기가 불확실한 것이 많다. 그리고 토양동물은 지상동물처럼 몸의 크기나 외형 및 체색 등에 의하여 암수를 구별하기 어려우며, 성비에 있어서는 암컷의 개체수비율이 높은 것 등의 특징이 있다.

6.2. 토양동물의 구분

토양동물은 종 수가 다양할 뿐만 아니라 서식장소, 식성, 동물의 크기 등 다른 점이 매우 많기 때문에 토양동물을 구분하기란 쉽지 않다. 그러므로 토양동물을 이해하기 편리하도록 인위적 분류방식을 중심으로 몇 가지 설명하고자 한다.

(1) 체장에 따른 구분

몸길이에 따라 소형, 중형, 대형 및 거대형으로 구분한다.

① **소형동물(microfauna)** : 체장 0.2 mm 이하의 작은 동물로서 편모충, 섬모충, 윤충류 등 여러 종류가 있다.
② **중형동물(mesofauna)** : 체장 0.2~2 mm 크기의 동물로, 톡토기, 진딧물, 응애 등 여러 종류가 있다.
③ **대형동물(macrofauna)** : 체장 2 cm 이상인 동물로서 딱정벌레, 개미, 노래기 등 여러 종류가 있다.
④ **거대형동물(megafauna)** : 체장 2 cm 이상인 동물로서 지렁이, 두더지, 도마뱀 등 여러 종류가 있다.

(2) 서식장소에 따른 구분

토양동물은 토양과 접하고 있는 환경, 즉 각종 토양층과 유기물환경 및 자연적 또는 생물 등에 의한 구조물(예 ; 개미나 쥐 등의 巢穴 등) 등에서 그 종류에 따라 다양한 서식환경을 이루며 살아가고 있다.

① **낙엽층 서식동물** : 납엽층에 서식하는 동물로 쥐며느리, 노래기, 땅지네류 등이 있다.
② **땅속서식동물** : 낙엽층 및의 땅속에 사는 동물로서, 지렁이, 두더지, 선충 등이 있다.
③ **돌 밑에 사는 동물** : 주로 돌 밑을 서식환경으로 하여 살아가는 동물로서, 노래기, 지네, 먼지벌레 등이 있다.
④ **죽은 나무에서 사는 동물** : 대형식물의 유체 내부에서 주로 사는 동물로서, 흰개미, 딱정벌레, 노래기류 등이 있다.

⑤ **동물유체에 사는 동물 :** 조류, 포유류, 파충류 등의 유체를 중심으로 하여 주로 살아가는 동물로서, 송장벌레, 수시렁이, 쉬파리유충 등이 있다.

⑥ **배설동물 :** 주로 동물의 배설물과 더불어 살아가는 동물로서 쇠똥구리류와 파리류 등이 있다.

⑦ **버섯에 사는 동물 :** 주로 버섯을 배경으로 하여 살아가는 동물로서 버섯벌레, 버섯파리의 유충, 풍뎅이붙이 등이 있다.

⑧ **이끼에 사는 동물 :** 주로 이끼 속에 사는 동물로서 곰벌레, 와충류, 응애 등이 있다.

(3) 토양체재형에 따른 토양곤충의 유형

토양은 대단히 많은 곤충이 생활근거로 하고 있다. 한국산 곤충은 현재 28목(目)으로 분류되어 있는데, 이 중에서 토양곤충을 포함하지 않는 목은 하루살이목·잠자리목·강도래목·대벌레목·이목·날도래목·벼룩목의 7목 뿐이며, 나머지 21목은 대부분 또는 일부의 종이 토양성이다.

곤충의 종류에 따라 곤충과 토양의 연관성이 긴밀한 것과 그렇지 못한 것의 여러 단계가 있다. 체재양식(滯在糧式)별로 대별하면, 일생 동안 땅 속에서만 생활하는 것과, 지상과

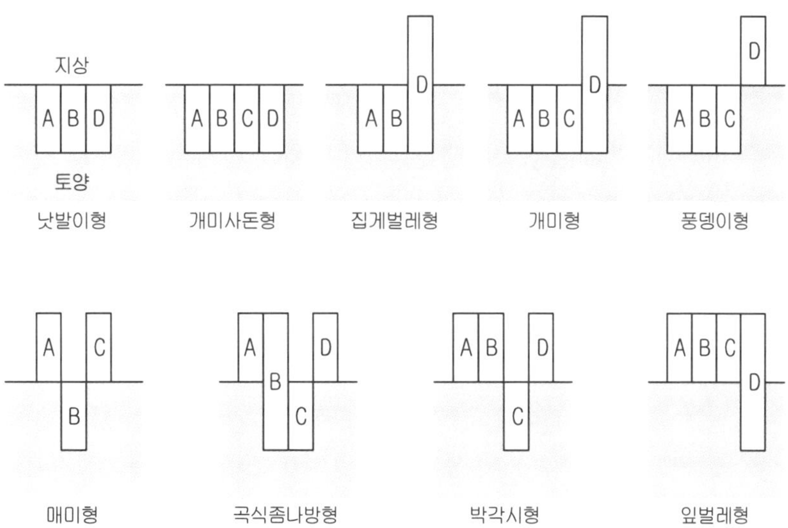

A : 알, B : 유충 또는 약충, C : 번데기, D : 성충

그림 6-8. 토양체재형에 따른 곤충의 유형

지하를 서로 왕래하는 것 및 유충기에만 지하생활을 하는 것 등으로 분류할 수 있으며 그 내용은 다음과 같다.

① **낫발이형과 개미사돈형 :** 알부터 성충까지 일생동안 지중생활을 하는 형으로서, 톡톡이목·낫발이목·좀붙이목·개미사돈과 등이 있다.
② **집게벌레형과 개미형 :** 성충이 되면 지하와 지상을 왕래하는 형으로, 집게벌레목·메뚜기목(귀뚜라미)·벌목(개미)·딱정벌레목 등이 있다.
③ **풍뎅이형 :** 알·유충·번데기 등의 시기를 지중에서 보내고 성충기만 지상 생활을 하는 형으로, 딱정벌레목(풍뎅이·방아벌레), 파리목(각다귀·털파리), 풀잠자리목(명주잠자리), 벌목(나나니·거미벌) 등이 있다.
④ **매미형과 곡식좀나방형 :** 지상부에 산란하지만 부화약충이 곧 땅속으로 들어가는 매미형과, 부화유충이 약간 성장한 후에 땅속으로 들어가는 곡식좀나방과 등이 있다.
⑤ **박각시형 :** 번데기 시기만 땅속에서 지내는 형이다. 번데기는 활동기가 아니므로 토양곤충으로 취급하기는 곤란하다.
⑥ **잎벌레형 :** 모든 생활을 지상부에서 하지만 월동하기 위하여 성충이 땅속으로 들어가는 형으로, 딱정벌레목(잎벌레-무당벌레), 벌목(뒤엉벌), 메뚜기목(모메뚜기) 등이 있다.

6.3. 토양동물의 생태적 지위

토양동물은 미생물과 상호협동으로 생물유체의 분해에 관여하며 지중의 활동으로 토양의 물리적 성질을 좋게 하는 등 토양호나경에 좋은 영향을 끼치기도 하고, 또는 식물에 피해를 주기도 한다.

생태계에서의 토양동물의 지위는 용어의 정의에 따라 소비자 및 분해자의 측면에서 생각할 수 있다. 즉, 모든 생물의 유체를 무기물로 분해하는 미생물만을 분해자라고 한다면, 토양동물은 당연히 소비자인 것이다. 그러나, 토양동물의 분야에서는 그 나름대로 분해자와 포식자로 구분한다.

분해자를 구분하면 소형분해자와 중형분해자 및 대형분해자로 구분할 수 있고, 포식자는 소형포식자, 중형포식자, 대형포식자 및 거대형포식자로 구분할 수 있으며, 해당 동물의 예를 몇 종류만 소개하면 다음과 같다.

분해자
- 소형분해자 – 아메바 윤충
- 중형분해자 – 톡토기, 선충, 응애류 등
- 대형분해자 – 지렁이, 노래기, 흰개미, 딱정벌레 등

포식자
- 소형포식자 – 섬모충류, 윤충류, 곰벌레 등
- 중형포식자 – 앉은뱅이, 선충, 총채벌레, 좀붙이 등
- 대형포식자 – 땅지네, 먼지벌레, 개미사돈, 개미, 거미 등
- 거대포식자 – 두더쥐, 땅쥐, 쥐, 도마뱀 등

이상의 분해자와 포식자와의 관계를 보면, 소형분해자는 식물유체나 미생물(하등식물) 등을 먹고 산다. 소형분해자는 소형포식자의 먹이가 되고, 중형분해자는 중형포식자 또는 대형포식자에, 대형분해자는 대형포식자에, 그리고 대형포식자는 거대포식자에게 먹히는 관계, 즉 식물유체에서 시작하여 거대포식자에 이르는 먹이연쇄, 먹이망이 형성된다.

분해자의 경우에는 유기물을 무기물까지 분해하지는 않지만 유기물을 단순히 유기물로 분해하거나 부수는 동물도 포함시킨다. 이에 대하여 포식자는 분명히 소비자이다.

토양곤충의 경우 별도로 생태적 지위에 따라 분류하면 다음과 같다.

- 소비자
  - 근식자 : 방아벌레(유충), 굼벵이, 매미(약충), 땅강아지, 각다귀(유충), 뿌리기생진딧물, 깍지벌레
  - 포식자 : 먼지벌레, 개미사돈, 침노린재, 명주잠자리(유충), 개미, 병대벌레(유충), 꽃노린재, 풍뎅이붙이
- 분해자 : 톡톡히, 흰개미, 바퀴, 털파미(유충), 꽃등에(유충), 송장벌레, 꽃벼룩(유충), 바구미(유충), 나무벌(유충), 수시렁이

곤충에는 분해자 및 소비자로 취급하기 어려운 것도 있다. 즉, 산 식물의 뿌리를 직접 먹는 근식자(根食者)로서의 곤충과 미생물을 먹는 곤충이 있는데, 근식자는 소비자로 취급하고, 미생물을 먹는 곤충을 편의상 분해자로 취급한다. 그 이유는 포식자 또는 균식자로서의 구별이 어려운 토양동물이 많고 균이나 세균을 먹는다고 하지만 균이 붙은 식물유체까지 섭식하여 분해하는 작용이 있기 때문이다.

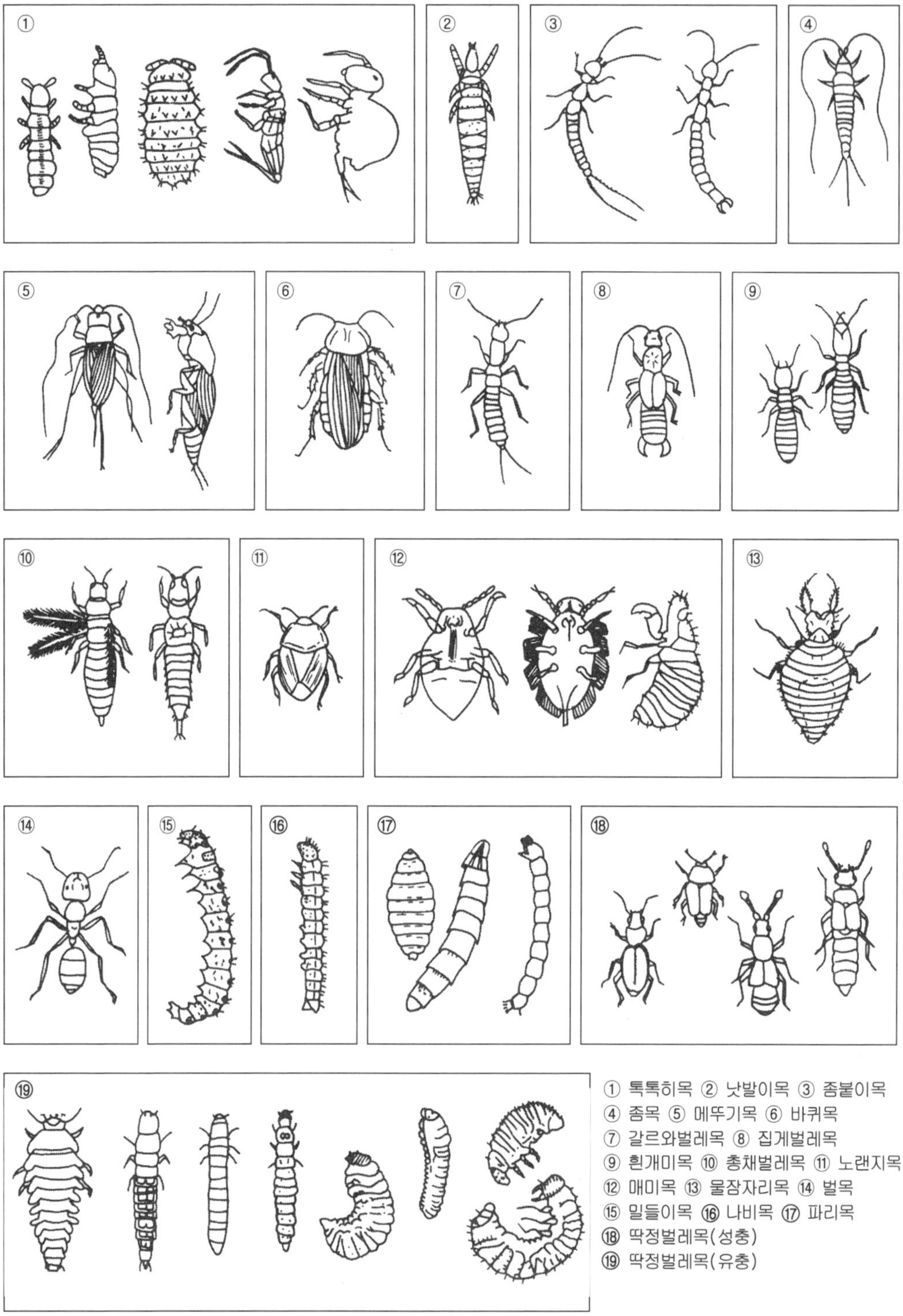

① 톡톡히목 ② 낫발이목 ③ 좀붙이목
④ 좀목 ⑤ 메뚜기목 ⑥ 바퀴목
⑦ 갈르와벌레목 ⑧ 집게벌레목
⑨ 흰개미목 ⑩ 총채벌레목 ⑪ 노랜지목
⑫ 매미목 ⑬ 물잠자리목 ⑭ 벌목
⑮ 밀들이목 ⑯ 나비목 ⑰ 파리목
⑱ 딱정벌레목(성충)
⑲ 딱정벌레목(유충)

그림 6-9. 주요 토양곤충의 종류

6.4. 주요 토양동물

(1) 선충

선충은 그 식성에 따라 부생성선충(腐生性線蟲)과 포식성선충(飽食性線蟲) 및 기생성선충(寄生性線蟲)의 세 가지 종으로 구분할 수 있다.

부생성선충은 동식물의 유체를 먹고 살고, 포식성선충은 다른 선충이나 작은 지렁이 등을 먹고 살며, 기생성선충은 그 생활의 어느 기간에 고등식물의 뿌리에 기생하여 살아간다.

토양 중에는 자유생활을 하는 부생성과 포식성이 압도적으로 많으며, 그 수는 토양에 따라 다르지만, 토양 중에 1 g당 50마리 이상 있으며, 기생성 선충은 농업상 재배 작물에 피해를 주는 일이 많다.

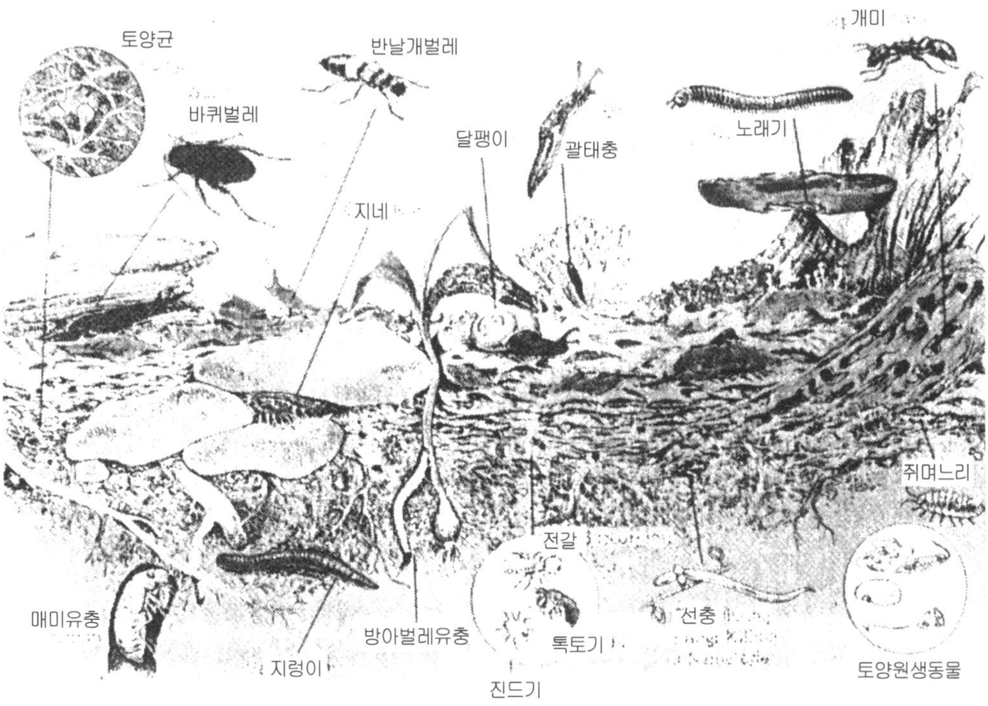

그림 6-10. 토양생물

(2) 지렁이

지렁이는 유기물의 함량이 많고 석회와 물기가 많은 점토질토양에서 잘 서식한다. 그리고, 지렁이는 식물체를 다량으로 섭취하는 분해성 동물이라고 할 수 있으며, 섭취량의 약 90%를 배설물로서 배출한다. 이러한 과정에서 죽은 식물체는 파쇄되어 토양입자와 혼합됨으로서 분토(糞土)라고 하는 입단구조를 형성한다. 이것은 토양의 통기성 보수성을 증가시키고 토양비옥도를 높여주기 때문에 지렁이와 같은 토양동물은 "**자연의 쟁기**" 라고 불리워 진다. 열대지방에서는 흰개미가 이와 같은 역할을 하고 있다.

예를 들면 지렁이가 죽은 생물체를 먹이로 할 때 그들은 무기 토양입자들도 섭취한다. 광물질 입자가 지렁이 창자를 통과하면서 소화되지 아니하는 유기물질과 섞여져서 점성을 띠게 된다. 일년 동안에 헥타르당 40톤 이상의 흙이 지렁이 소화기관을 통과하게 된다. 이 양은 표층토 10 cm의 깊이 토양이 25년간에 한 번 지렁이의 내장을 통과하는 셈이 된다.

지렁이의 끈적끈적한 분비물은 지렁이가 사는 굴을 미끈미끈하게도 해주지만 부식에 더해지면 토양입자와 더불어 아교성으로 만들어 준다. 그러므로 부식형성은 토양입자들은 큰 덩어리가 되도록 뭉쳐주고 동시에 여러 동물체의 땅굴파기 활동은 토양구조를 느슨하게 하고 다공질로 만들어 준다.

(3) 쇠똥구리

쇠똥구리는 알에서 깬 후부터 일생동안 초식동물의 똥을 먹고 산다. 쇠똥구리는 양처럼 매우 긴 창자를 가지고 있으나 소화능력은 부실하다. 이들은 무척 많이 먹지만 거의 대부분을 배설해 버린다. 이러한 소화부실은 이 곤충에게는 비효율적이겠지만 자연계의 물질순환을 위해서는 아주 중요한 의미를 지닌다. 우리 인간 생활 중에서 큰 비중을 차지하고 있는 소, 말, 양, 낙타 따위도 완전한 소화능력을 갖고 있지는 않아 이들의 풀을 먹고 배설한 똥은 대부분이 섬유질이거나 고분자 상태의 유기물로 되어 있다. 따라서 이 분비물들은 쉽사리 썩지도 않으며 식물들은 이러한 똥을 직접 영양원으로 이용할 수가 없다. 그러나 쇠똥구리가 한 번 먹고 난 똥은 섬유질이 아닌 상태까지 분해되었기 때문에 식물이나 박테리아가 직접 이용할 수 있는 영양원이 된다. 더욱이 쇠똥구리류는 땅속으로 똥을 운반한 후 그곳에서 먹고 배설하기 때문에 분해물들은 빗물이나 바람에 흘러가 버리지 않고 그곳의 땅의 비옥도를 높여준다.

죽은 생물체의 대부분이 동물체의 먹이 활동과 그로 인한 부식 형성 과정도 표토 혹은

그림 6-11. 쇠똥구리

그 근처에서 이루어진다. 이 결과 부식이 없고 옅은 색깔의 저층토 위에 진하고 부식이 풍부한 검은 표토가 형성되는데, 만일 얇은 층의 표토가 유실되면 물리화학적의 좋은 특성을 잃어버리기 때문에 식물성장에 불리하다.

(4) 두더지

두더지는 숲이나 풀밭의 부식질이 많은 곳에 사는 동물로서, 특징을 보면 주둥이가 길고 뾰족하며, 눈과 귀가 작고 기능이 빈약한 반면 촉모가 발달하였다. 다리는 5개의 발가락이 있고 끝에 갈구리발톱이 있으며, 앞다리는 굴혈지(掘穴肢)로 매우 발달되었고 꼬리는 짧다.

두더지는 집(巢)을 중심으로 하여 여러 방면으로의 갱도(坑道)를 뚫고 다니면서 다양한 생물을 포식한다. 갱도의 형태에는 천정이 없는 갱도(open trenches)와 낙엽층 밑의 천갱도(淺坑道, surface burrows), 지하 깊은 곳의 심갱도(深坑道, deep burrows)로 구분되는데 천갱도는 주로 더운 여름철에 만들며, 심갱도는 추운 겨울철에 만들어 여러 해 사용한다.

먹이로는 지렁이를 비롯하여 곤충, 육산패각류, 지네, 거미, 노래기, 개구리, 도마뱀,

그림 6-12. 두더지

쥐, 작은 새 등 매우 다양하게 포식하지만 그 중에서도 지렁이를 가장 좋아한다고 한다.

두더지가 토양에 미치는 긍정적인 측면을 보면, ① 갱도에 의한 토양의 통기성 및 투수성을 향상시켜 주고, ② 토양의 유기물과 무기물의 혼합으로 토양의 질을 개선해주며 ③ 토양 해충의 포식으로 병해충을 방제해주고, ④ 기타, 갱도는 타동물의 은신처 및 생활장소로서 이용될 수 있는 좋은 역할을 해준다. 다음으로, 두더지가 토양에 미치는 부정적인 영향을 보면, ① 갱도를 형성함으로서 토양을 들뜨게 하기 때문에 토양침식의 위험성이 증대될 수 있고, ② 토양개선에 매우 도움을 주는 지렁이 등을 포식함에 따라 오히려 토양개선 효과를 더디게 하기도 하며, ③ 경작작물을 훼손시키기도 하는 부정적인 측면이 있다.

7. 토양환경의 생물학적 평가

7.1. 토양동물의 지표

토양의 종류가 다양한 만큼 토양동물의 수도 다양하고 그 서식환경 또한 매우 다르다. 따라서 이러한 특성을 이용하여 토양의 성질 및 그 상태를 평가하려는 시도가 있다.

식생 및 토양의 차이에 의해 토양동물상은 현저하게 다르게 나타난다. 이것은 토양동물의 환경적응 능력이 적은 것과, 이동력이 부족하다는 원인이 있는 것으로 생각되며, 약간씩 다른 환경의 차이를 예민하게 반영하기 때문이다.

지표로서의 토양동물은 오랜 기간동안 그곳에 생활하고 있는 만큼 그 상(相) 또한 그 토양이 가지고 있는 각종 요인이 복잡하게 얽혀져 있는 것의 반영과 가정을 가능케 한다. 특히 토양 조사의 자료를 농작물 재배 측면에서 이용하려는 경우에는 토양생물을 지표로 하는 방법은 유용하게 적용할 수도 있을 것이다.

토양속에서 서식하고 있는 많은 동물들은 육상의 동물과 같이 자연환경의 상태에 따라 종조성이 달라진다. 아울러 인간에 의한 자연 파괴의 영향도 민감하여 그곳 환경의 양호함 또는 열악함을 대변해 준다.

일반적으로 자연도를 보는 경우 대부분 식물군락에 의존하지만 토양중의 생물군집이 복잡한 상태로 있으면 그곳은 매우 양호한 환경으로 평가할 수 있는 것이다.

환경평가를 하기 위하여, 토양동물을 지표생물로 할 경우의 장점은, ① 특정 계절에만 관찰할 수 있는 지상 생활과는 달리 거의 연중 조사할 수 있고, ② 대부분의 동물이 이동성이 적고 정주성이 많으며, 거의 서식처를 크게 바꾸지 않는다는 점, ③ 대부분의 토양동물이 환경의 변화에 대하여 단기간에 민감한 반응을 보여준다는 점이다. 단점은 조사현상에서 다소의 도구와 인내심 및 분류학적 지식이 필요하다는 점이다.

7.2. 조사방법

① 조사하고자 하는 지점을 선택하여 50 cm × 50 cm의 정방형 조사구를 설정한다.

② 조사구 내의 낙엽, 부엽, 토양 등을 깊이 10 cm까지 채취하여 작업하기 좋은 곳으로 옮긴다(낙엽, 부엽, 토양은 별도의 봉투에 넣어 취급하는 것이 편리하다).

③ 작업하기 좋은 곳에 비닐을 깔고 그 위에 체(5 mm 전후)로 조금씩 쳐서 내린다.

④ 비닐위에 쏟아진 토립 중에 움직이는 동물을 찾아 확대경 등으로 관찰하여 한다.

⑤ 체 위에 남은 낙엽, 가지, 뿌리 등도 별도의 비닐포위에 쏟아 놓고, 남아 있는 대형동물을 조사한다.

⑥ 채집은 같은 지역에서 최소한 3군데 이상을 반복 조사한다.

⑦ 채집한 동물은 80% 에칠알코올에 넣어 보관한다.

7.3. 조사결과 평가

토양동물에 의한 환경평가는 靑林(1988)에 의하여 많은 연구가 이루어졌다. 그는 그림 6-13과 같이 토양동물을 분류하여 자연도 판정법의 기준을 삼았다.

그림 6-13에서, A그룹의 동물군은 비교적 환경상태가 양호한 곳에서 주로 발견되는 동물로, 이들은 환경저항이 매우 낮아서 오염 또는 훼손환경에 매우 민감하게 반응하여 소멸되기 쉬운 것 들이다. B그룹에 속하는 동물군은 중간이고, C그룹의 동물군에 속하는 종들은 오염환경에 대한 저항성이 강하여 환경오염에 비교적 잘 인내하는 동물들이다.

위에서 A그룹의 것에서 5점을, B그룹의 것에는 3점을, C그룹의 것에는 1점을 각각 주었을 경우 각 그룹속의 모든 동물이 출현하면 100점이 된다. 따라서 자연도가 높은 산림지역의 경우에는 100점에 가까운 점수가 나오고, 인간에 의해 환경이 극도로 파괴된 곳은 0점에 가까운 점수가 나온다.

靑林(1988)은 토양동물에 의한 환경평가방법은 총 100점을 기준으로 하여 다음과 같은 식을 작성하여 활용하였다.

$$
\begin{aligned}
\text{자연도 평점} = & (\text{A그룹 동물군의 수} \times 5) \\
& + (\text{B그룹 동물군의 수} \times 3) \\
& + (\text{C그룹 동물군의 수} \times 1)
\end{aligned}
$$

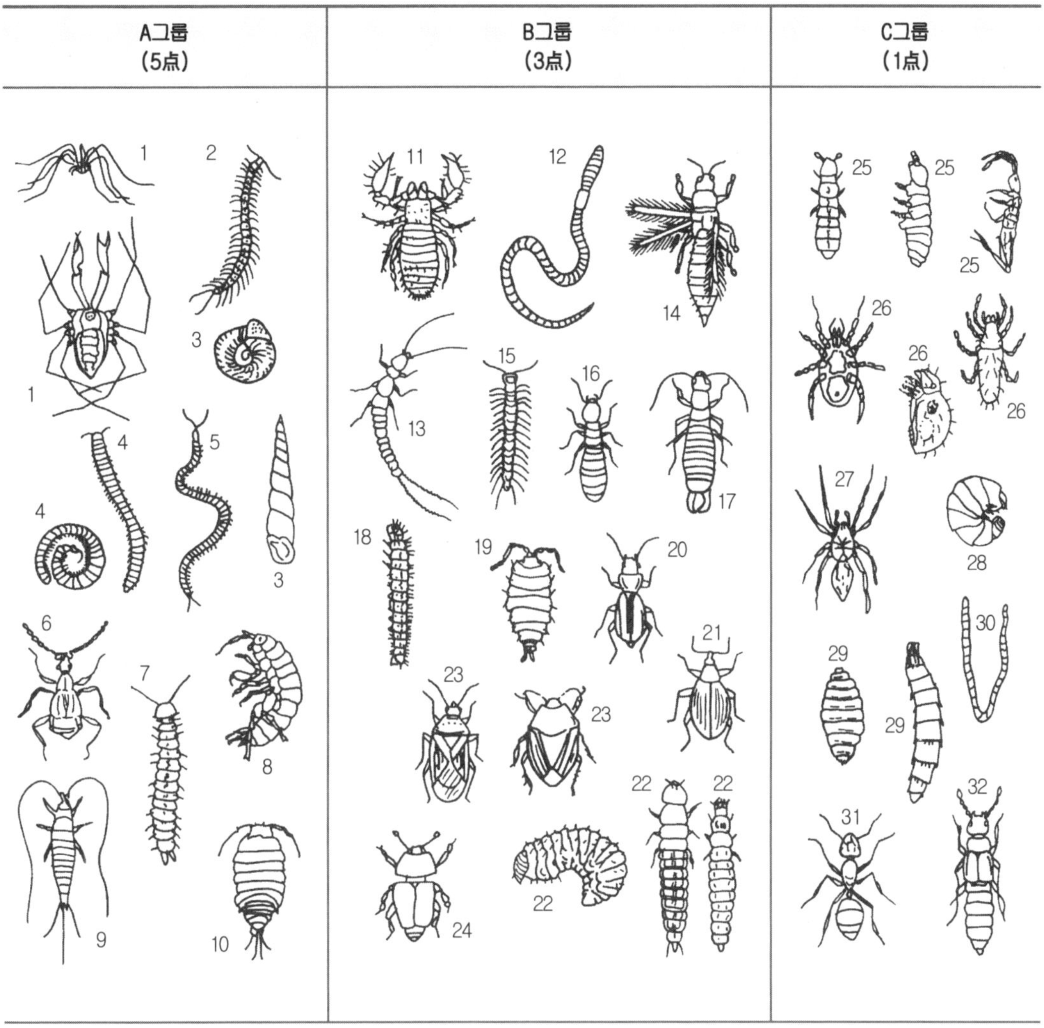

그림 6-13. 토양환경 평가를 위한 대형동물의 구분 (青林, 1988)

A그룹 : 1. 장님거미(3~5 mm), 2. 왕지네(4~13 mm), 3. 육패류(2 mm~3 cm), 4. 노래기(1~5 cm), 5. 땅지네(3~5 cm), 6. 개미사돈(1~3 mm), 7. 애지네(4~7 mm), 8. 옆새우(3~10 mm), 9. 좀류(1~1.5 cm), 10. 육산갯강구(4~7 mm)

B그룹 : 11. 앉은뱅이(2~4 mm), 12. 지렁이(3~4 cm), 13. 좀붙이(3~4 mm), 14. 총채벌레(1.5~3 mm), 15. 돌지네(1.5~2.5 cm), 16. 흰개미(3~8 mm), 17. 집게벌레(1~3 cm), 18. 나방(유충)(5~30 mm), 19. 도롱이벌레(3~12 mm), 20. 딱정벌레(5~ 20 mm), 21. 바구미(4~8 mm), 22. 갑충(유충(3 mm~3 cm), 23. 노린재(2~6 mm), 24. 갑충류(1.5~20 mm)

C그룹 : 25. 톡토기(1~3 mm), 26. 응애(0.3~3 mm), 27. 거미(2~10 mm), 28. 쥐며느리(5~13 mm), 29. 파리, 등애(유충)(2 mm~3 cm), 30. 애지렁이(5~15 mm), 31. 개미(2~10 mm), 32. 갑충류(반날개)(3~10 mm)

7장

물환경과 생물

1. 물의 순환과 중요성

바다와 호수 및 강 등의 물의 세계를 우리는 **수권**(水圈, hydrosphere)이라 한다. 염분을 많이 함유한 바닷물은 지구 전체의 97%나 되며 그 외는 액상, 고체상, 기체(증기) 상태로 육지의 담수에 있다. 이중 담수의 75%는 빙하로 또는 극지방의 얼음으로 묶여있어 육지에 있는 담수는 1%도 못된다. 1%도 안되는 지상의 물은 토양층의 지하수나 호수 및 강물을 이루고 있는데 담수는 대체로 탄산칼슘을 많이 함유하고 있다.

강물은 흘러 염분을 함유한 해수와 뒤섞이고 이들은 거의 담수로 증발하여 수증기가 되고 이 수증기는 응결하여 비와 눈이 되어 지구상으로 다시 되돌아 온다. 물이 지상으로 떨어지면 지표면의 흙으로 들어가고 지표수로서 연못이나 냇물이 되어 다시 바다로 흘러가지만 그 일부는 땅속으로 흘러가 지하수면을 이룬다. 지하수면이란 물로 포화된 흙과 바위의 지하부에 있는 물의 표면으로서 이러한 곳을 **대수층**(帶水層, aquifer)이라 한다. 지상의 담수는 다시 증발하지만 생물들은 이들을 훌륭히 이용하고 있는 것이다.

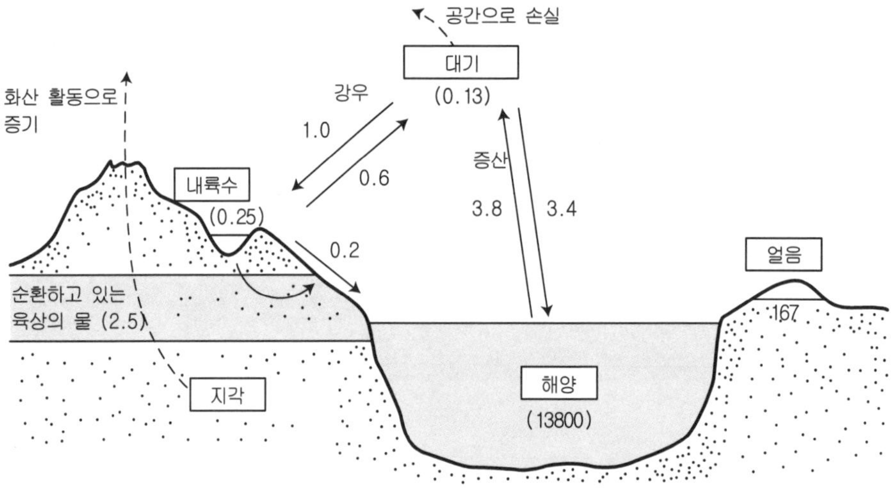

그림 7.1. 물의 순환

숫자는 생물권 내를 순환하는 물의 량을 10^{20} g 단위로 표시한 것임

생명의 역사가 물과 더불어 시작되었듯이 생물은 물을 떠나서 잠시도 살 수 없다. 물은 생명의 근원이자 바로 생명 그 자체라고 할 수 있을 것이다.

생명과 관련된 물의 중요한 특성은 폭넓은 온도범위에 걸친 액체상태로서의 **안정성**(安定性), 물질의 **용매성**(溶媒性), 액체와 기체상태에서의 **투명성**(透明性), **가전성**(可轉性) 등을 들 수 있으며 이들이 생명에 미치는 중요한 작용을 살펴보면 다음과 같다.

① 안정성

액체로서의 물의 안정성은 생물권의 전체적 지구물리학적 특성을 제공하여 생명유지에 직접적으로 관계한다. 즉, 적외광 형태로 대기권에 들어온 태양방사선의 대부분은 대기권의 수증기에 의하여 흡수되고 밤에는 지구로부터 적외방사선이 방사된다. 그러나 대기 중의 수분은 온실의 유리가 열의 손실을 막는 것과 같이 지구 온도의 완충 역할을 하여 소위 **온실효과**(溫室效果, green house effect)를 나타낸다.

이상과 같은 온실효과는 단시간의 급격한 온도 변화가 없도록 조절 역할을 하며, 해양과 내륙에서 생활하는 생물의 생활에 많은 도움을 주는 것이다. 그리고 지상의 물의 분포는 어떤 상태로 변하기 전에 대량의 열을 흡수하여 안정을 기함으로서 생물의 생활에 안정성을 갖게 한다.

② 용매성

물은 생물체에서 우수한 용매(溶媒, solvent)로서 유기 및 무기물을 용해시킨다. 물질대사를 비롯하여 체내에서의 여러 반응의 거의 모두가 수용액의 형태로 이루어지는 것으로서 생명유지에 물은 불가결의 것이다. 특히 물은 표면장력이 커서 광범위한 반응면적을 제공하고 물이 해리하여 생기는 H^{+}, OH^{-}는 화학반응을 촉진한다. 즉 세포의 단백질, 핵산, 지질 및 효소의 성질에 중요한 영향을 미친다.

③ 투명성

물은 액체와 기체상태로서의 투명성을 지닌다. 즉, 액체와 기체상태에서의 물은 가시광선에 대하여 고도로 투명하기 때문에 가시스펙트럼의 태양방사선은 대기권의 수증기와 식물세포의 액상을 쉽게 투과하여 광합성작용에 필요한 에너지를 공급하여 주고, 또한 투명성은 바다와 연못의 표면을 방사선이 침투하게 함으로써 수중식물의 광합성을 위한 에너지 공급에 기여한다. 이처럼 물의 투명성은 생물의 생존을 위하여 대단히 중요하다.

④ 가전성

물은 물질의 운반매체를 담당하는 즉, 가전성(可轉性)이 있어서 생물권이나 개개의 생물체에서는 이것이야 말로 필연적이다. 물에 의한 물질의 이동 없이 생태계의 순환은 성립되지 않는다. 생물체는 수없이 많은 원소들로 구성되어 있고 또 많은 종류의 무기물질을 필요로 한다. 이러한 무기물질은 물에 용해되어서 운반되는 경우가 가장 많다. 무기물이 식물체에 흡수될 때에도 물에 용해된 상태로 흡수가 되어지고 식물과 동물체의 물질 이동도 물이 없으면 불가능하다. 사람의 몸에서 기본적인 운반 역할을 하는 것은 피, 림프, 오줌의 세 가지인데 이들도 대부분 물로 구성되어 있다.

우리 몸에서도 물은 대단히 중요하다. 물은 인체의 약 63~65%를 차지하며, 혈액의 80%가 물이며, 체내에서 물질대사를 비롯한 여러 가지 생리반응에 관여한다.

사람은 음식을 섭취하지 않더라도 물만 마시면 상당한 기간 생존되며, 그 최장기록은 75일간이라고 한다. 그러나 물을 전혀 마시지 않을 경우는 7~10일을 넘기지 못한다.

인체에서 배설되는 물의 양은 보통 하루에 오줌으로서 1.0~1.5 ℓ, 호기 중의 수증기로 0.6 ℓ, 피부에서의 수증기로서 0.5 ℓ 등 모두 2.1~2.6 ℓ 정도라고 하나 고온다습한 환경에서 발한이 격심할 경우는 발한량만으로 1일 10 ℓ에 달하는 경우가 있다. 물의 섭취량이 부족하면 먼저 요 배설량이 감소되고, 다음은 혈액이 농축되고, 또한 조직간 수분이 감소되고, 체내 총 수분량의 20~22%를 상실한 때에는 갈사(渴死)할 위험이 있다. 물은 이처럼 생명유지에 필수 불가결한 것이다.

물의 분포를 보면 지구상에 존재하는 물의 97%가 바다에 있고 나머지 3%도 대부분 극지방의 빙산이어서 사람이 주로 이용할 수 있는 육지의 물은 0.1% 미만에 불과하다.

그런데 산업의 발달에 따라 생활하수와 산업폐수, 축산폐수, 비료와 농약 등이 유출되면서 수질이 급속도로 오염되어 가고 있다. 이런 오염된 물을 정화하기 위한 경제적 부담은 막대한 비용이 소요될 뿐 아니라 정수과정에서 발암성 물질인 트리할로메탄(THM)과 같은 새로운 오염물질이 생성되기도 하기 때문에 오염이 심하면 상수원수로 이용할 수 없으며, 오염이 더욱 진행되면 공업용수나 농업용수로도 이용이 불가능해져 물로서의 가치를 잃게 된다. 그러나 자연상태의 물은 자정작용을 통하여 끊임없이 새로워질 수 있는데, 이것은 곧 자연의 법칙인 것이다.

2. 습도

2.1. 습도표시

습도란 대기 중의 수증기량을 말한다. 대기 중 수증기는 온도에 따라 결정된 일정한 한도가 있으며, 그 이상의 수증기를 함유시키게 되면 응결(凝結)되어 물이 되어 버린다. 만일 일정한 공간이 그 온도에 따라 결정된 최대한의 수증기를 함유하였다면 이 때를 포화되었다고 하며, 그 때의 수증기압을 **포화수증기압**(飽和水蒸氣壓, saturation vapour pressure)이라고 하는데, 이것은 일반적으로 온도의 상승과 더불어 증가한다.

온도가 상승됨에 의하여 포화수증기압은 더불어 급속히 증가한다. 물은 0℃ 이하에서 얼음이 되지만, 때로는 얼지 않고 액체상태로 있을 때가 있는데, 이것을 **과냉각된 물**(supercooled water)이라고 한다. 이러한 과냉각 상태의 예는 대기 중의 안개입자나 구름입자 등에서 볼 수 있는 것으로서 이 때의 온도는 −20℃ 정도까지도 과냉각 상태로 있는 것이다.

습도는 **절대습도**(絶對濕度, absolute humidity)와 **상대습도**(相對濕度, relative humidity)로 표시할 수 있다.

절대습도는 공업상으로는 중량절대습도로 많이 사용하고, 기상관계에서는 용적절대습도를 사용한다. 절대습도의 공업상 표시는 습한 공기 중의 건조공기 1 kg에 대하여, 이것과 공존하는 수증기의 중량 x(g 또는 kg dry air)의 비를 말한다. 따라서 습한 공기의 중량은 1 + x(kg)로 되는데 이것을 중량절대습도라 한다. 기상관계에서는 1 m^3의 습한 공기 중에 함유되어 있는 수증기의 중량을 말하며 (g/m^3, kg/^{3})와 같이 표시하는데 이것을 용적절대습도라 한다.

상대습도는 일상적으로 우리가 공기의 건조 정도를 표시할 때 사용하는 것으로 가장 많이 사용하고 있다. 상대습도는 습한 공기 중에 포함되어 있는 수증기량과 같은 온도에 있어서 포화수증기량과의 비를 백분율로 표시한 것으로서, 다음과 같은 식에 의하여 구할 수 있다.

온도 t℃의 공기 중에 존재하고 있는 수증기압을 e라 할 때(그림 7-2의 A)

$$상대습도(RH) = \frac{e}{E} \times 100$$

e = 온도 t℃의 공기 중에 존재하고 있는 수증기압(그림 7-2의 A점)

E = 온도 t℃에서의 포화공기의 수증기압(그림 7-2의 B점)

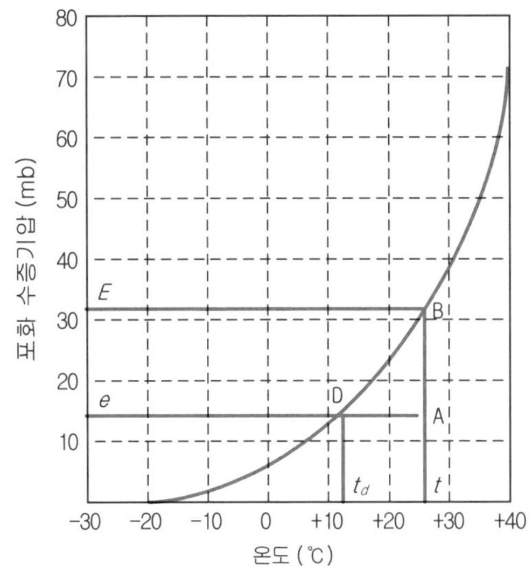

그림 7.2. 포화수증기압과 온도

그림 7-2의 A점으로 표시되는 수증기량을 포함한 공기를 수증기량을 고정시킨 채 점차 냉각시키면 그림의 D점, 즉 온도 t_d가 되었을 때, 그 공기는 포화되어 물체의 표면에 이슬을 맺는다. 이 온도 t_d를 최초에 공급된 공기의 **노점온도**(露點溫度, dew point temperature)라 한다.

2.2. 습도와 생물

습도가 식물에 미치는 주된 영향은 증산작용과 광합성 작용이다. 특히 습도가 식물의 증산작용에 미치는 영향은 현저하다.

밤이 되어 습도가 높아지면 뿌리로부터 흡수되는 수분이 증산량보다 많아지므로 식물체로부터 액체가 스며 나온다. 이것을 야로(夜露) 또는 초로(草路)라고 하는데, 이것은 이슬의 생성 원인과는 다르다.

비오는 날이 많아서 습도가 지나치게 높아지면 엽록소의 형성이 줄어들므로 광합성의 기능이 저하된다. 식물체는 조직이 연약해 지고, 병충해에도 약하며, 곡식류는 품질이 저하되고 꽃색도 연해진다.

식물은 건조 상태에 따라 형태상에도 영향을 받고 있다. 즉, 건조된 곳에 자라고 있는 식물은 증산작용을 억제하기 위하여 선인장과 같이 저수조직이 발달한 식물이 많고, 햇빛이 적고 수분이 비교적 많은 지역에서는 음수림이 발달한다.

습도는 또한 동물생태계에 많은 영향을 미친다. 습도는 곤충 등의 생식작용에 크게 영향을 미치는 것으로 어떤 것은 건조되었을 때, 또 어떤 것은 습윤할 때 생식률이 줄어든다. 특히 이화명나방의 부화율은 건조하였을 경우 심히 줄어든다.

건조된 곳에서의 동물은 수분을 잃지 않기 위하여 딱딱한 껍질로 둘러싸여 있거나, 몸집의 크기에 비하여 표면적이 작다. 이것에 반하여 습윤한 곳에 살고 있는 동물의 껍질은 부드럽고 연한 것이 많다. 한편 사막지대에 사는 낙타는 뱃속에 물을 저장하는 주머니를 갖기고 있어서 건조에 잘 견딘다. 그리고 달팽이 등은 건조할 때 심한 타격을 받는다.

동물의 활동과 성질에 미치는 습도의 영향도 심하며, 개미는 일반적으로 습도가 증가되면 나돌아 다니고, 어느 한도 이상이 되면 오히려 활동하지 않는다. 그리고, 양이나 말 등의 피부는 일반적으로 건조된 곳에서 생육된 것일수록 얇고, 털색이 좋으며 성질이 활발하나 80% 이상의 습윤한 지대에서 생활하는 것은 이와 반대이다. 또한, 누에 사육의 습도는

50% 이상이면 높을수록 식육이 왕성하고 발육이 촉진되지만 생리적인 여러 요인을 고려하여 치잠 때에는 80%, 장잠 때에는 60% 정도로 조절하고 있다.

3. 응결

일정한 온도에서 기 포화된 공간으로 더 많은 수증기가 유입될 경우 대기 중의 작은 입자, 즉 응결핵에 의하여 **응결**(凝結, condensation)이 일어난다. 이 입자는 흡수성(hygroscopic)의 염류나 산류의 미립자 및 이온(ion) 등을 들 수 있다.

이들 응결핵은 건조할 때는 건조한 입자 또는 고농도의 입자가 되어 있으나, 다습조건에서는 수증기를 흡수하여 수용액 상태가 되기 때문에 입자의 크기도 다소 커져 있다. 그리고, 습도가 100%를 약간만 넘으면 급격히 물의 응결이 일어나기 시작하여 구름, 또는 안개 알갱이로 성장하게 된다. 즉, 응결은 정상적으로는 수증기를 함유한 공기의 냉각 결과로서 대기 중에서 일어난 것으로서 이슬, 서리, 안개 등이 있다.

(1) 이슬

이슬이란 지상의 어떤 물체가 냉각되면, 이것과 접촉되는 공기도 냉각되어 수증기가 포화에 달하고, 더 냉각되면 그 일부가 응결해서 물이 되어 지상물체의 표면에 붙는다. 이것이 **이슬**(dew)이다.

이처럼 이슬이 되는 수증기는 미리부터 공기 중에 존재하고 있었던 것인지, 또는 이슬이 맺기 직전에 지면이나 잎면 등으로부터 증발된 것에 기인된 것이라고 보고 있다.

이슬이 맺는 조건은 다음과 같다.

① 지면이나 지물이 복사로 인하여 냉각되어야 한다. 그러므로 이슬은 주로 맑은 날 밤에 많이 맺힌다. 그러나 그늘에서는 낮에도 맺힐 때가 있다. 흐린 날은 복사에 의한 냉각이 강하지 않으므로 이슬은 맺히지 않는다.

② 바람이 없어야 한다. 바람이 있으면 냉각된 공기도 새로운 공기와 교환되므로 노점 이하로 냉각될 기회가 없어지기 때문이다.

③ 지면이나 풀잎 등에 수분이 풍부하게 있어야 한다. 우리나라의 경우 풀잎 위에 붙는 이슬의 량은 0.2 mm 가량 된다고 한다.

화본과식물의 잎끝과 엽연(葉緣)에는 잎속으로부터 배출된 즙액이 붙어 이슬과 같이 보일 때도 있다. 또는 토란이나 연꽃과 같은 잎에는 납질이 있기 때문에 이슬이 모여서 물방울이 될 때가 있는데, 이것을 **노구**(露球)라고 한다.

이슬이 식물에 미치는 영향을 보면 다음과 같다.

① 이슬의 양은 비교적 적은 양이긴 하지만 강우가 적은 지방 또는 가뭄이 심할 때에는 식물의 생육에 다소간 도움이 된다. 즉, 잎이 경사되어 있는 벼나 보리 및 갈대 등의 식물은 잎면에 맺힌 이슬이 줄기를 타고 잎면에 맺힌 이슬이 줄기를 타고 뿌리로 흘러 내리게 되어 수분이 공급되고 있다. 특히 건조한 지방에서는 식물에 많은 도움이 된다.
② 이슬은 농작물에 대하여 지상부로부터의 물 공급원이 될 뿐만 아니라, 이슬에 의하여 작물체의 염류농도가 조절되어 작물생리에 좋은 영향을 끼친다고도 한다.
③ 식물 잎면에 이슬이 많이 맺히면 밤 동안의 호흡 작용이 방해되어서 식물체의 소모가 적어지므로 기온의 일건조가 큰 것과 똑같은 영향을 작물영양생장에 주게 되므로 좋은 결과를 가져온다고 볼 수 있다.
④ 이슬이 자주 맺혀서 작물체의 표면이 젖어 있으면 병원균이 번식되기 쉽다.
⑤ 과실 등은 과실면에 이슬이 많이 붙으면 얼룩점이 생기는 원인이 되어 품질이 나빠질 염려가 있다.

(2) 서리

서리(hoar frost)에는 **결정형**(結晶型, crystalline)과 **무정형**(無晶型, amorphous)의 두 종류가 있다.

결정형 서리란 지면이나 지물이 복사로 인하여 냉각되고, 이것과 접촉하는 수증기가 약 −10℃ 이하로 냉각되어 승화하고, 즉시로 찬 물체에 붙어 서리가 되는 것을 말하고, **무정형 서리**란 공기의 온도가 별로 낮지 않고, 0℃ 이하 몇 ℃에 불과할 때 처음에는 응결이 일어나기 때문에 이슬이 맺히게 되지만 점차 온도가 하강됨에 따라 이슬이 얼게 되며, 그 위에 부분적으로 수증기가 승화되어 달라붙는 것을 말한다.

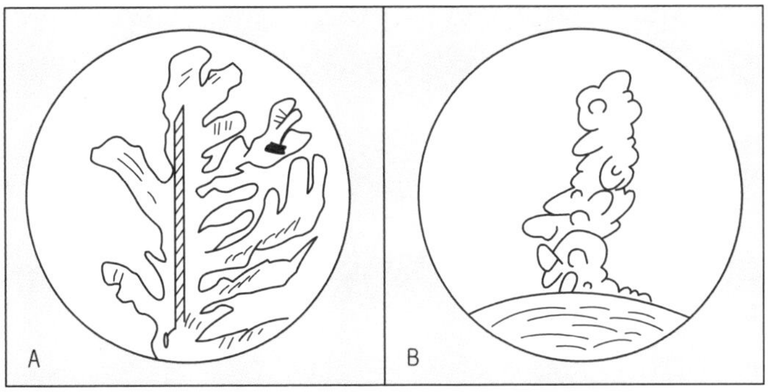

그림 7.3. 결정형 서리(A)와 무정형 서리(B)

서리는 농작물에 피해를 많이 준다. 특히 봄에 늦서리로 인하여 새로 돋아나는 식물의 어린 싹에 막대한 피해를 주기도 한다.

(3) 안개

안개(fog)란 수증기가 지면의 가까운 기층에서 응결되어 떠 있는 현상으로 구름과 비슷하지만 고도가 낮기 때문에 안개라고 하며, 농도에 따라 구분한다.

안개라 함은 관측지점으로부터 1,000 m 이내의 목표물이 보이지 않을 때를 말하며, 그보다 농도가 엷은 것은 **박무**(薄霧, mist)라고 한다. 박무에는 미스트, 연무, 빙무가 있다.

미스트(mist) : 미소한 물방울로 되어 있는 것으로 댐프 헤이즈(damp haze)라고도 한다.

연무(dryhaze) : 눈에 보이지 않는 작은 응결핵이나 세진(細塵)을 말하며, 시정을 나쁘게 한다.

빙무(ice fog) : 기온이 0℃ 이하로 많이 하강하면 물방울이 아닌 미세한 빙정(氷晶)으로 떠다니는 것을 말한다.

안개의 발생요인은 증발요인과 냉각요인이 있다. 증발에 의한 안개발생요인으로는 증기무, 전선무(前線霧)가 냉각에 의한 발생요인으로는 복사무(輻射霧)와 이류무(移流霧)가 있다.

안개가 생물에 미치는 영향은 대체로 다음과 같이 해로운 방향으로 작용하고 있다.

① 안개는 일사를 차단하므로 식물의 광합성 작용을 억제한다. 그러므로 농무(濃霧)가 장기간 계속되면 영양실조의 상태가 된다.

② 특히 생식생장기에 일사가 부족되면 개화가 늦어지거나 수정이 방해되고 또는 성숙이 불량해져서 수량이 줄고 품질이 나빠진다.

③ 안개는 파장이 짧은 자외선의 도달량이 줄어들기 때문에 농작물은 웃자라서 연약해지고 병충해에 걸리기 쉽다.

④ 안개 짙고, 특히 안개 알갱이가 클 때에는 안개 때문에 작물체가 완전히 젖는 경우가 있고, 이와 같은 안개가 계속되면 작물이 쇠약해짐은 물론 과수 등의 성숙기에는 과실 표면이 지저분해져서 상품가치가 떨어진다.

⑤ 안개는 일사를 차단하므로 지면온도가 낮아진다. 이 저온의 영향이 농작물의 생육을 지연시킨다.

4. 강수

강수(降水, rainfall)란 비, 눈, 우박, 싸락눈 등을 말한 것으로서 대기 중의 수증기가 응결이나 승화(昇華)에 의해서 물 또는 얼음의 형태로 변하여 지상으로 떨어지는 것을 말한다.

구름 알갱이가 빗방울이 되기 위해서는 지름이 100배(체적으로 10^6배) 정도로 성장하여야 만 된다. 구름 알갱이의 크기는 지름이 0.03 mm 정도인데 반하여 빗방울(rain drop)은 지름이 수 mm 정도이다.

우리나라는 6월말에서 7월말 사이에 주로 우기에 들어가 장마가 계속되는 일이 많고, 7월부터 9월 초 사이는 태풍이 많이 내습하고 뇌우가 많이 발생하는 시기로서, 대체로 많은 비가 내린다.

4.1. 강우와 그 종류

강우가 형성되는 원인에는 Bergeron의 빙정설과 Langmuir의 부착 성장설이 있으나 아직 확실한 원인을 설명하기에는 부족하다. 원인에 따른 강우의 종류에는 다음과 같이 6종으로 분류할 수 있다.

① **지형성강우**(地形性降雨, orographic rainfall) : 수증기를 다량 함유한 기류가 산맥을 올라갈 때 온도의 단열변화에 의해서 냉각되어 내리는 강우이다.

② **전선성강우**(前線性降雨, frontal rainfall) : 따뜻한 기류가 찬 기류의 윗면을 상승할 때 또는 찬 기류에 의하여 따뜻한 기류가 강제 상승하였을 때 내리는 강우로써, 이것은 온난전선 또는 한랭전선 등의 불연속선상에서 이루어진다.

③ **저기압성강우**(低氣壓性降雨, cyclonic rainfall) : 저기압 상태에서 내리는 강우를 말한다. 즉, 저기압 내에서는 주위로부터 흘러 들어오는 기류가 상층으로 운반되고, 또한 보통 저기압은 그 진행방향의 전면에는 온난전선을, 후면에는 한냉전선을 가지고 있기 때문에 그 지역에서는 각각 전선성강우가 겹친다.

④ **불안정성 소나기**(不安定性소나기, instability shower) : 이것은 한냉전선상에서 잘 나타나는 것이로써, 기층이 불안정한 상태가 되었을 때 또는 따뜻한 기층 위에 찬 기층이 형성되어 불안정하게 겹쳐지면 위아래의 공기가 갑자기 심하게 뒤바뀔 때가 있다. 이 때 일어나는 심한 상승 운동에 동반되어 내리는 소나기를 말한다.

⑤ **수렴성강우**(收斂性降雨, convergent rainfall) : 기류가 수평으로 모여 드는 지방에서는 상층으로 올라가는 기류가 있어야 되는데, 이처럼 기류에 상승성분이 생겨서 내리는 비를 말한다.

⑥ **대류성강우**(對流性降雨, convective rainfall) : 지상의 공기가 국지적으로 강하게 가열되어서 생기는 대류에 의하여 내리는 소나기이다.

(1) 눈

눈(snow)은 빙점하의 구름층에서 수증기가 승화(昇華)하여 생긴 얼음의 결정이다. 눈의 결정형을 대별하면 ① 침상결정(針狀結晶) ② 각주상결정(角柱狀結晶) ③ 판상결정(判狀結晶) ④ 평판(平板)과 각주조합(角柱組合) ⑤ 운립부결정(雲粒附結晶) ⑥ 무정형(無定形) 등으로 구분된다. 보통은 판상(板狀)의 육화형결정(六花形結晶)이다.

(2) 우박

우박(hail)은 공중의 착빙현상(着氷現象)에 의하여 생기는 것으로서 발달된 적란운(積亂

雲)에서 내린다. 적란운이 발달되어 구름 꼭대기가 -5~-10℃ 정도의 높이까지 달하면 빙정(氷晶)이 생기고, 습도가 높은 구름에서 급속도로 성장되어 눈이 결정된 후 떨어지기 시작하는데, 이 때 낙하 도중에 상승되어 오는 수많은 과냉각된 구름 방울이 충돌되어 얼어붙으면서 더 커지게 되여 빠른 속도로 지상에 달하게 되는데, 이것이 싸락눈 또는 우박이다.

(3) 싸락눈

싸락눈(soft hail, snow pellts)은 겨울철 기온이 0℃에 가까울 때 눈에 섞여서 내리는 깨지기 쉬운 백색의 알갱이로서 싸락얼음과 구별하고 있다. 싸락눈은 백색불투명의 설구(雪球)로서 크기는 평균 지름이 2.5 mm 정도이고, 싸락얼음(small hail)은 기온이 0℃ 이상일 때 적란운에 동반되어 내리는 것으로서 사락눈과 내릴 때의 기상조건이 전혀 다르다. 또한, 성질도 딱딱한 얼음 방울로서 우박의 작은 덩어리와 같다.

(4) 동우

동우(凍雨, freezing rain)란 미국에서 sleet 또는 ice pellets라고 불리는 것으로서 빗방울이 낙하되어 오는 도중 하층에 0℃ 이하의 기층이 있으면 이곳을 통과할 때 얼어버리는데 이것을 말한다. 동우는 투명 또는 반투명의 얼음 방울로서 구형 또는 불규칙한 형이며 크기는 지름이 1~4 mm 정도로서 지면에 떨어지면 뛰어 오른다.

(5) 우빙

우빙(雨氷, graze)이란 과냉각된 빗방울이 지면에 도달되는 즉시 얼어붙어서 바윗돌이나 식물 등을 얼음막으로 뒤덮는 현상을 말한다. 대기의 하층에 기온의 역전이 나타나 있고, 높은 곳에서 비가 내릴 경우 이와 같은 현상이 일어난다. 높은 산에 나타나는 **무빙**(霧氷)이나 비행기 날개나 동체에 달라붙는 **착빙**(着氷)도 이것과 비슷한 현상이다.

4.2. 강수와 생물

(1) 빗방울에 대한 식물의 영향

물 없는 식물은 없다. 빗방울은 바로 토양을 적시고 강과 호수와 바다를 이루게 하는 원동력으로서 생명 바로 그것이다. 이처럼 중요한 비이지만 생물에 대한 경미한 피해는 있는 것이다.

빗방울에 의한 식물의 피해는 직접 및 간접적 피해로 구별할 수 있다.

① **직접적인 피해 :** 큰 빗방울 때문에 작물에 직접 충격을 주어 줄기와 잎에 상처를 줄 경우이다. 강우의 강도가 강한 비일수록 농작물 등 식물이 받는 피해도 커진다.

② **간접적인 피해 :** 간접적 피해의 대부분은 직접적 피해에 뒤이어 이루어진다. 그리고, 빗방울이 떨어질 때 흙과 모래의 타격에 의해 줄기나 잎을 상하게 또는 줄기나 잎 밑에 조그마한 흙과 모래를 달라 붙여서 간접적으로 토양 중의 병균을 줄기나 잎에 전파시키는 결과를 가져온다. 또한, 공기 중에 떠 있는 병균을 빗방울에 묻혀서 전파시키는 경우도 있다.

(2) 눈과 생물

눈은 시각적으로 대단히 자연을 아름답게 만든다. 따라서 정서적으로 인간에게 도움이 되기도 한다. 한편 여러 종류의 식물에는 보습작용이 있어 한해에 대한 작물의 보호 역할을 하기도 한다.

표 7-1에서 보는 바와 같이 적설의 심도가 깊을수록 온도가 높아지는 현상이 있어 적설층 아래에 있는 식물은 한해의 피해를 줄일 수 있다. 즉, 적설하에 있는 농작물에 대하여 빙점 이하로 냉각되는 것을 막고, 또 표토의 동결을 막는 데도 도움이 된다.

적설이 적을 때에는 지표부근의 온도는 기온에 따라 내리나 적설이 30~40 cm쯤 되면 기온에 관계없이 영점 전후이므로 적설하의 작물은 엄한기에 추위로부터 완전히 보호된다. 단, 눈이 녹은 다음에는 추위로 인한 피해를 입으므로 주의를 해야 한다. 한편 적설은

표 7-1. 적설층별 온도

적설심도 (cm)	온도 (℃)
5	-11.3
12	- 9.2
23	- 8.4
42	- 3.0
52	- 1.6

증산작용의 감소에 의하여 수분을 잘 보유하고 생존을 완전하게 하도록 하는데 도움을 주기도 한다.

보편적으로 나타나는 적설의 피해는 다음과 같다.

① 봄의 적설은 일사를 막는 역할을 하기 때문에 작물생육상 해가 된다.
② 눈이 내릴 때 바람이 강하게 불면 지형적으로 골짜기를 이루고 있는 곳에는 이상 적설을 유지시켜 적설에 의한 기계적 피해의 원인이 된다.
③ 바람 및 지형관계로 눈이 불균형하게 퇴적되면 한 쪽에 큰 힘이 편재되므로 수간이 기울거나 수간이 부러지는 등의 피해를 받게 된다.

5. 수분과 식물

수분은 원형질의 구성물질로서 생체 중의 80~90%(건조한 종자는 10~15%)를 차지하고 있으며 물질대사에 없어서는 안될 중요한 요인이다. 따라서, 생체에서 물을 제거한다면 생명현상은 정지되고 죽음에 이르게 된다. 지구상의 생물은 물의 존재에 의해 발생하고 물의 존재에 의해 유지되고 있는 것으로 물이 없는 곳에 생명은 존재할 수 없는 것이다.

5.1. 식물생육과 물의 역할

물은 식물체의 중요한 구성요소로서 체내의 수분상태가 중요하다.

그러나 체내의 수분 상태는 외부의 물 특히 토양 중의 수분상태에 의하여 전적으로 영향을 받으므로 환경요인으로의 물은 식물체의 내·외의 물의 관계, 그리고 그 식물의 수분 평형 유지에 관계되고 또한 식물의 생육과도 밀접한 관계가 있는 것이다.

식물 생육에 대한 물의 역할을 살펴보면 다음과 같다.

① **용매로서의 작용 :** 식물에는 많은 영양 물질이 생명활동에 참여하는데 이 영양 물질은 모두 물에 용해되어 식물체내에 흡수 및 이동하게 되고 이 물과 더불어 물질대사 작용이 이루어지게 된다.

② **광합성의 원료 :** 식물은 물과 CO_2 및 빛에너지 등을 이용하여 탄수화물을 합성하며, 그것을 기본으로 하여 생명활동에 필요한 유기화합물을 합성한다. 이 광합성이야말로 모든 생명활동의 근원인 것이다.

③ **체제의 유지작용 :** 식물의 세포질에는 용해된 많은 물질이 있어 외부로부터 물을 흡수하고자 하는 힘인 삼투압이 생긴다. 즉, 삼투압이란 물만 통과할 수 있는 막에 의해 분리되는 용액에 물이 통과하는 것을 막는데 필요한 압력인 것이다. 이 압력 때문에 세포벽을 압박하게 되는데 이를 **팽압**(膨壓, turgor pressure)이라 한다. 즉, 팽압이란 원형질에 의한 물의 삼투나 팽윤으로부터 생기는 세포의 정력학적인 압력을 말한다. 싱싱하게 활동하고 있는 식물의 조직이나 기관은 이 팽압에 의해 체제를 유지하고 있다. 따라서 물이 부족하면 삼투압은 높아져도 팽압이 작아져서 공기 빠진 풍선처럼 그 체제유지를 하지 못한다.

④ **체온의 조절 :** 초본 식물은 매일 식물체 자체보다 여러 배 되는 물을 흡수하고 흡수된 물의 1~2%만이 광합성이나 잎세포의 다른 물질대사에 이용되고 나머지는 증산작용으로 잎에서 증발한다. 그러므로 뜨거운 여름의 햇볕에서는 식물의 체온조절에 물이 중요한 역할을 한다. 즉, 잎에서 증산에 의해 물이 방출될 때 동시에 잎에서 열이 방출된다. 1 g의 물이 증기로 되는 데는 약 539 cal의 열량이 필요하며, 증산에 의해 1 g의 물을 잃게 되면 잎에서 539 cal의 열량이 뺏겨 엽온이 저하하게 되는 것이다. 30℃에 있는 잎은 20℃에서 증산하는 것보다 3배나 빨리 증산한다. 이는 물의 온도가 상승함에 따라 증발 속도가 빨라지기 때문이다.

⑤ **식물의 발육에 대한 영향 :** 수분량의 적당량 유무에 따라 식물은 그 성장에 지대한 영향을 미친다. 뿌리와 줄기 및 잎의 성장과 더불어 생식기관인 꽃의 발생과 열매들의 형질량도 수분의 적당량에 따라 크게 좌우된다. 특히 농업적 생산량 결정 요인에 미치는 영향은 절대적이라 할 수 있다.

5.2. 수분경제

(1) 수분 공급과 소모

식물체의 효율적인 수분 흡수와 수분 손실을 방지하기 위하여 육상 식물은 그 체제가 잘 발달되어 있다. 육상식물에 대한 수분량의 과부족은 생태계의 구조와 생산량을 지배하는 제한요인으로 작용한다. 육상 생태계에 있어서의 물의 공급은 수증기의 응결에 의해, 비나 눈 등의 강수에 의해, 그리고 이슬과 서리 등에 의하여 공급되는 동시에 지면에 의한 증발과 식물체에서의 증발 등에 의해 소실되는데 특히 생물이 이용하는 물은 거의 식물에 의해 소비된다.

생태계의 물의 공급원은 대부분이 강수지만, 이슬이나 서리로 응결되어서 생태계에 물의 급원이 된다. 이 양(응결량)은 강수량에 비하여 극히 적지만, 사막지방에서는 강수량이 적고 주야간의 기온의 교차가 커서 이슬이 생기면 중요한 물의 공급원이 되고 있는 것이다.

(2) 식물체의 수분 경제

육상식물의 시작은 식물체내 원형질의 함수량을 어떤 최저 수준 이상으로 지속할 수 있는 적응력의 진화라 볼 수 있다. 육상식물은 계속해서 대기로 물을 잃고 또 토양으로부터 물을 흡수하지 않으면 안되는데 바로 이 두 과정의 조절작용은 증산작용과 뿌리의 흡수작용인 것이다.

식물체의 각질과 코르크는 물을 투과시키지 않으므로 증산의 위험을 크게 완화시킨다. 즉, 각질과 코르크질은 식물 표면으로부터 수분손실을 대단히 잘 막지만, 그들은 또한 원형질과 대기 사이의 가스교환을 심하게 방해한다. 잎밖에 있는 공기는 CO_2가 0.03%, O_2가 21%이지만, 엽육(葉肉)속의 공기는 거의 물로 포화되어 있기 때문에 증산은 CO_2와 O_2의 흡수보다 좀 더 빠르다.

잎에서 증산되는 물의 약 90~95%가 기공을 통하여 배출되며 표피를 통하는 증산은 매우 적다. 표피증산(cuticucar transpiration)은 생리적 조절을 받지 않지만, 이에 반해서 기공의 증산은 기공의 크기를 조절하는 **공변세포**(guard cell)의 작용에 의하여 생리적으로 조절된다. 물의 대부분이 기공을 통하여 소실되지만 기공의 주기능은 수분 손실을 허용하는 한편 식물의 상부에 양분의 상승률을 증대시키거나 잎의 온도를 내리게 함으로서 식물체내에 매우 이롭게 작용한다.

유관식물은 뿌리를 통하여 물을 흡수하고 동시에, 잎과 줄기로부터 물을 잃어버린다. 이와 같은 물의 흡수와 지출간의 비를 **수분평형**(水分平衡, water balance)이라고 한다. 흡수나 증산의 조절은 환경과 식물자체에 의하여 조절되므로 수분평형의 요인은 내적 요인과 외적 요인으로 나눌 수 있다. 외적 요인은 흡수기관에 흡수될 수 있는 수량과 증산을 촉진하는 요소들이고, 수분평형의 내적 요인은 식물체의 구조적, 기능적 특성을 말한다.

많은 식물의 도관부는 한 번 그 조직에 물이 들어가면 물을 잘 전도하지 못한다. 그러므로 대부분의 식물은 젖은 토양에 뿌리를 박고 있을지라도 여름의 주간에는 흡수하여 잎에 보내는 수량보다 더 많은 물을 잃어버린다. 이로 말미암아 보통 식물에서는 신장이 느리게 되고, 잎의 넓이와 두께가 감소되며, 줄기가 줄어지고, 어떤 식물에서는 꽃이 닫히고 만다.

적당한 수분 조건에서 자란 식물의 형태적 특징을 보면 잎이 감소하고 줄기가 증대되며 잎의 세포가 작아져서 엽신이 작거나 두터워지고 갈라지는 등 여러 가지의 특징이 있고, 생리적 특징을 보면 전분이 적고 당분이 많으며, 개화와 결실이 빠르고, 건조와 열에 잘 견디는 등의 특징이 있다.

5.3. 수분과 식물의 생활형

서로 유사한 환경 즉, 온도와 토양 및 수분 등 비슷한 입지에서 자라는 식물은 그들의 구조에 있어서 많은 유사성을 가지고 있다. 이는 이러한 식물들이 분류학적으로 멀리 떨어져 있을 경우에도 동일한 환경에 대하여 평행으로 발전해 온 결과로 간주된다.

수분관계에 따라 육생 식물을 분류하면, 수생식물(수중식물)과 건생식물, 중생식물, 염생식물로 구분할 수 있다.

(1) 수생식물

수생식물(水生植物, hydrophyte)이란 물 속 또는 물이 많은 곳에서 자란 식물로 소택식물(沼澤植物) 및 습지식물(濕地植物)을 포함한다.

수생식물은 생활장소나 생활양식에 따라 다음과 같이 분류한다.

① **부생식물**(浮生植物, floating plants) - 식물 전체가 수면위에 떠서 생활하는 식물로 개구리밥, 생이가래, 부레옥잠 등이 있다.

② **부유식물**(浮游植物, plankton) - 수중에 부유하는 플랑크톤으로 된 식물로 남조류, 규조류, 녹조류 등이 있다.

③ **정수식물**(挺水植物, emerged plants) - 뿌리를 물밑의 바닥에 고착시키고, 잎의 대부분을 수며위로 나타내는 식물로서 줄, 연꽃, 골풀, 벗풀 등이 있다.

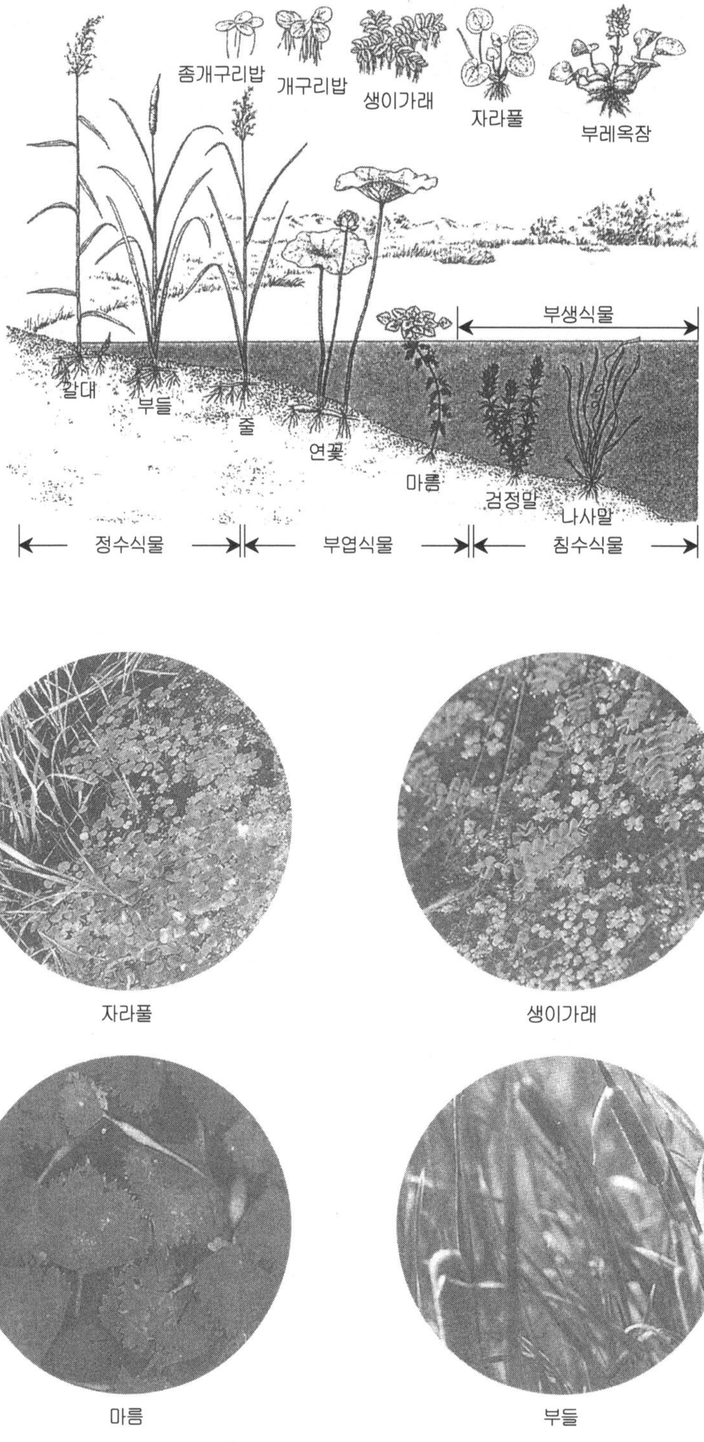

종개구리밥
개구리밥
생이가래
자라풀
부레옥잠
부생식물
갈대
부들
줄
연꽃
마름
검정말
나사말
정수식물
부엽식물
침수식물
자라풀
생이가래
마름
부들

그림 7.4. 수생식물

④ **부엽식물**(浮葉植物, floating leaf plants) – 뿌리를 물밑의 바닥에 고착시키고, 잎을 수면위로 띄우는 식물로서 마름, 수련 등이 있다.

⑤ **침수식물**(沈水植物, submerged plants) – 뿌리를 물밑의 바닥에 고착시키고, 잎새나 줄기가 물 속에 잠긴 식물로 쇠뜨기말, 검정말, 나사말, 붕어말 등이 있다.

대부분의 수중식물에 주어진 가장 뚜렷한 구조적 특성의 하나는, 조직이 해면질로 되어 있고, 세포군의 붕괴에 의하여 가스로 충만한 공소(空所)조직이 발달되어 있다. 그러나 대부분의 중생식물은 세포간격이 연소되어 있으며 통기조직이 발달되어 있다. 예를 들어 연(蓮)의 열매에 있는 큰 공소는 열매에 부력을 주어서 그의 전파를 돕고 있고, 갈조에 붙어 있는 부푼 작은 주머니는 잎을 물 속에 직립하게 하므로 엽록조직이 광선을 잘 받을 수 있다.

수생식물의 수중기관에는 표피 혹은 주피가 없으며 기공이 형성되어도 기능을 행하지 못한다. 이러한 무기능 기공은 유관(維管) 수중식물이 육상식물로부터 진환된 것이라는 중요한 증거가 되는 것이다. 또한 수생식물은 각피와 코르크질이 없기 때문에 담수식물은 수분과 양분을 뿌리로 흡수하지 못하고 직접적으로 흡수한다.

수생식물의 뿌리는 중성식물과 건생식물 보다 짧고 가지가 적다. 그리고, 가는 뿌리는 대체로 뿌리털을 갖고 있지 않으며 뿌리갓이 길게 집 모양으로 되어있어서 뿌리 주머니라고 한다.

(2) 건생식물

건생식물(乾生植物, xerophyte)은 건조한 입지에 사는 식물이라고 할 수 있으며, 건조한 지방에서 개울가나 연못가에 국한되지 않은 모든 식물은 건생식물이라고 할 수 있으나 비가 많은 지방의 건생식물은 형태적, 생리적 방법에 의하여 건조에서 벗어날 수도 있고, 인내할 수도 있다. 일반적으로 건생식물은 단명1년생물, 다육식물, 비다육 다년생식물의 세 가지 형으로 구분할 수 있다.

(가) 단명1년생식물

매우 건조한 곳에 사는 식물은 보통 대단히 짧은 기간 내에 그의 생활환을 완결시키는 키작은 1년생식물을 많이 포함하고 있다. 이러한 식물은 짧은 우기가 시작되면 발아하여 곧 자라게 되며 뿌리 부분의 토양이 마르기 전에 꽃이 피고 열매를 맺는데, 그들은 강한 건조한 대기에서는 견딜 수 있으나, 건조한 토양에서는 견디지 못하여 종자로서 건조의 제한요인을 피한다. 그리고, 주요한 생리적 특징은 아주 짧은 기간 안에 생활환을 완결시키는 능력이 있다는 점이다.

(나) 다육(多肉)식물

다육식물의 형태적 특징은 다육기관으로 하여금 짧은 우기에 다량의 물을 저장할 수 있는 저수조직이 발달된 점이다. 수분이 풍부하면 건생식물의 다육기관은 급속히 부풀어 있다가 다음 건조기에 물을 소모함에 따라 그들은 점점 시든다. 그러나 저수조직이 발달되어 있기 때문에 불리한 건조 환경을 잘 대처해 나가도록 분화되어 있다.

(다) 비다육(非多肉) 다년생식물

비다육식물의 많은 종은 영구조위의 기간을 잘 견디어 나간다. 대부분의 초본식물은 이 인내가 언제나 단기간에 제한되어 있지만, 많은 목본류에서는 수 개월, 혹은 수 년에 걸쳐서 인내하는 형을 볼 수 있다.

비다육식물을 건조에 견디게 하는 형태적, 생리적 특성은 대단히 많지만 그 중 몇 가지 주요한 것을 보면 다음과 같다.

① 직근이 급속하게 신장한다.
② 뿌리계가 엽조계에 비하여 크다.
③ 높은 삼투압과 내건성이 있다.
④ 건기에는 증산을 극도로 저하시키는 능력이 있다.
⑤ 대체로 잎몸이 작다 - 대체로 사막식물은 소엽식물이 많다. 보통 잎의 넓이는 1 cm^2를 넘지 못하며, 이것은 증산을 감소시키는 요인이 되는 것이다.
⑥ 세포가 작고 세포 내 기관인 공토도 적은 특징이 있다. 세포가 적으면 영구조위(永久凋萎)시 유리하게 작용한다고 한다.
⑦ 영양번식이 잘된다 - 사막의 식물은 악조건의 기후에 의하여 쉽게 고사하기도 하지만, 환경조건이 양호해지면 곧 영양번식에 의하여 재생되는 것이 많다. 또 지하부는 죽어도 지상부는 살아있어 환경조건이 개선되면 부정근이 발근되어 살아남는 경우가 많다.

(3) 중생식물

중생식물(中生植物, mesophyte)이란 온대의 물이 있는 육지에서 자라는 대부분의 식물처럼 물요구량이 건생식물과 수생식물 사이인 식물을 말한다.

수분관계에 의하여 생태학적으로 분류한 제 3 의 군으로서 수생식물과 건생식물에서 발견되는 특수한 구조적 적응 특징은 찾아 볼 수 없다. 단, 수생식물이나 건생식물에서 진화되어 온 특별한 중생식물은 제외가 된다.

(4) 염생식물

바닷가와 같이 염분농도가 높은 땅에 사는 식물인데, 일반적으로 다육하고 세포의 삼투압이 높다. 갯질경이, 갯메꽃 등이 있다.

6. 물과 동물과의 관계

환경 구성원으로서의 물과 동물과의 관계는 대단히 중요하다. 이들의 관계는 수중 혹은 지중에 따라 차이가 있고, 같은 수중이라 하더라도 물의 종류와 그 위치에 따라 매우 다르고 복잡하다.

6.1. 동물의 생활장소

(1) 해수

해수는 약 3.5%의 염분을 함유하고 있으며 지구표면의 약 70%를 점유하고 있다. 해수는 비열(比熱)이 커서 다량의 열이 출입을 할 때 온도의 변화가 적으므로 생물이 생활하는데 아주 좋은 환경으로 이루어져 있어 바다에는 식물뿐 아니라 많은 동물들도 살고 있다. 바다 동물들의 체액 조성과 삼투압은 그들의 생활환경, 즉 바닷물과 비슷하여, 체액의 항상성을 유지하는 어떠한 기구가 필요하지 않다. 세포나 조직의 기능은 그것을 둘러싸고 있는 체액의 항상성에 의존하고 있기 때문이다.

(2) 담수

담수는 바닷물에 의하여 염분은 약 1/100 정도에 지나지 않으므로 담수에 사는 동물 체액의 삼투압은 담수의 삼투압보다 훨씬 커서 체액의 삼투압을 조절하는 기능이 발달한 동물이 생활하고 있다. 아메바나 짚신벌레 등은 수축포가 그 역할을 하고 있으며, 다세포동물에서는 배출기관이 그 역할을 담당하고 있다. 한편 개구리와 같은 양서 동물은 피부를 통하여 체내에 들어 온 것과 같은 량으로 수분이 같은 시간에 배출되기 때문에, 외피가 삼투성을 변화시키거나 혹은 물을 삼투시키지 않는다.

담수는 바닷물보다 부력이 작기 때문에 해산동물의 어린 유생에서와 같이 떠다니면서 먹이를 찾을 수가 없다. 따라서 담수산동물은 알 속에서 알맞은 발육시기를 거쳐 부화할 때에는 헤엄을 칠 수 있도록 부화되었다고 볼 수 있다. 그러므로 같은 종속(種屬)의 것이라도 담수에서 사는 것은 알이 커서 영양분과 영양염류를 많이 가지고 있다.

담수에는 산골짜기에서 흐르는 물, 하천, 늪, 호수 등 서로 이질적인 여러 환경조건이 있으며 이러한 환경은 수위가 달라진다던지 또는 심하면 고갈 되어버린다던지 하는 환경적 변화가 수시로 발생한다. 극단적인 경우 물이 고갈되어 버릴 때는 어느 생물은 흙 속에 굴을 파서 가면(假眠)상태가 되는 동물도 있다. 또한 영양염류 등 각종 오염원의 지나친 유입으로 인하여 수질이 오염되며 수질 생태계의 위협을 주기도 한다. 그리고, 담수는 바닷물 보다 온도가 잘 변하므로 온도변화에 견딜 수 없는 것은 생존할 수가 없다.

(3) 육지

수서 동물은 물 속에서만 살아갈 수 있도록 모든 형태적 및 생리적 조건을 갖추었고 육상동물은 또한 육상 환경에 적응할 수 있도록 진화하여 왔다. 육지의 환경은 물의 환경보다 더 가혹하다. 만일 물에 살던 동물이 육지에 살려면 첫째, 공기호흡기능이 있어야 하고 둘째, 온도의 격심한 변화에 견딜 수 있어야 하며 셋째, 건조에 대비할 수 있는 기능이 있어야 한다.

동물의 경우 육지의 환경은 안정성과 항상성이 늘 불안정한 환경이라 할 수 있다. 왜냐하면, 온도, 습도, 일광 등의 기후적 변화가 극심하여 때로는 심한 건조나 과습 등의 환경에 시달려야 하기도 하고 뜨겁고 추운 환경에 견디어야 하기 때문이다. 그러나, 공기는 물보다 밀도가 작아 동물은 민첩하게 활동할 수 있는 조건이다. 서식장소에 식물이 풍부하게 있으면 그 생활은 더 활발해 지고 또 편리한 조건이 되는 것이다. 따라서 불리한 환경에 대한 적응력의 기구가 잘 발달된 동물에게는 육지란 환경은 매우 편리한 환경인 것이다.

모든 동물은 나름대로 불리한 환경에 잘 적응할 수 있도록 진화해왔다. 예를 들어 곤충이나 갑각류는 몸이 건조하는 것을 막으려고 수분을 함유한 키틴질의 외피에 둘러싸여 있고, 달팽이 같은 연체동물은 습한 곳을 좋아하여 비가 올 때나 밤안개가 내리는 야간에 활동하며, 육지에 사는 플라나리아· 선충류· 지렁이 등은 굴이나 돌 또는 나무 밑이나 흙 속에 숨어서 살고, 피부가 연한 잠자리와 땅강아지 같은 곤충은 햇빛을 피하여 어두워질 무렵이나 밤, 또는 이슬 내린 뒤나 비가 멈출 때 주로 활동한다.

6.2. 이온 조성

동물의 생활에서 물의 영향은 그 진화의 문제에서 극히 중요하다. 해산 무척추동물의 체액은 해수의 삼투압과 같다. 생명의 탄생은 바다에 있다고 믿게 하는 이유의 하나가 바로 이 점이다.

세포 내 물질대사의 과정은 물을 매질로 하여 일어나므로 물은 생물체가 기능을 수행하는데 있어서 필수 불가결한 물질이다. 이러한 세포 내 물의 균형은 세포 외 물의 균형에 의존하고 있다. 따라서 세포 외 물의 균형은 동물 전체로서 물의 균형을 유지하는 요인이 된다. 세포 외 물의 균형, 즉 동물의 내적 환경이 늘 안정되어 있어야만 세포 내 물의 균형도 이루어질 수 있다. 비록 삼투적으로 부적합한 환경에서라도 대부분의 동물은 내적 환경을 안정하게 유지해야만 다양한 환경 조건하에서도 생존할 수 있다. 이러한 안정성의 유지는 삼투조절작용이라고 하는 기구가 있기 때문일 것이다.

동물의 내적 환경의 균형을 조절하는 데에는 두 가지 조건이 만족되어야 하는데 그 하나는 적절한 양의 물의 체내 보존이고 다른 하나는 염류나 영양물질과 같은 용질이 적절한 농도로 세포내에 존재하여야만 한다. 어떤 동물의 조직에서는 Na^+과 Cl^-의 농도는 바닷물에 비해 높고 K^+과 2가 이온의 농도는 비교적 낮은 이온의 조성을 가진 세포의 환경을 필요로 하기도 한다. 즉, 간단한 형태의 해양 무척추동물에서는 바닷물 자체가 세포외 매질로 작용할 수도 있다. 그리고, 대부분의 다세포동물에서는 세포 외액의 용질을 조절하는 기구가 마련되어 있어서 동물을 둘러싸고 있는 매질 속의 용질의 농도와는 다른 그 동물에게만 특이한 이온의 농도를 유지하고 있으나, 단, 그 동물은 반드시 가장 바람직한 이온 조성의 환경에 놓여 있다고는 볼 수 없는 것이다.

표 7-2. 동물체액의 무기이온 분포 (Na이온을 100으로 했을 때의 %)

생물명	Na	K	Ca	Mg	SO_3	Cl
바닷물	100	3.61	3.91	12.11	20.90	180.9
해파리	100	5.18	4.13	11.43	13.18	185.5
곰상어	100	4.61	2.71	2.46	-	165.7
대 구	100	9.51	3.93	1.41	-	149.7
개	100	6.86	2.52	0.81	-	128.5
사 람	100	9.22	3.37	1.76	-	101.4

일정한 물의 함량과 이온의 농도를 유지하는 문제 이외에 동물은 대사의 부산물이 쌓여서 세포에 해를 줄 수 있으므로 이러한 부산물을 제거하는 기구가 필요하다. 하등생물에서의 이러한 일은 확산에 의하여 가능하지만, 고등동물에서는 보다 적극적인 방법에 의해서만 가능하다. 특히 순환계를 가지고 육상동물에서는 혈액이 배설기관을 통과하면서 해로운 노폐물을 제거시킴으로써 삼투조절의 역할을 수행하지만, 어류와 수서 무척추동물의 삼투저절을 아가미, 표피, 때로는 장과 같은 기관에서 그 역할을 담당하기도 한다.

삼투조절성 동물은 어느 것이나 세포 내 외 간 이온의 농도에 차이가 있고, 또 세포외와 환경 사이에도 이온의 농도에 차이가 있다. 따라서 이러한 삼투문제를 해결함은 물론 세포 내·외의 농도차와 세포외와 환경간의 농도 차이를 조절하여 유지시켜주는 삼투조절기구가 필요한 것이다.

6.3. 염류와 물의 삼투조절

동물은 끊임없이 삼투균형의 일정한 삼투상태를 유지하고 있다. 언제나 물질의 출입 상황은 들어오는 것만큼 빠져나간다. 담수에서 사는 어류와 무척추동물에서는 아가미의 표면이나 양서류의 표피와 같은 호흡기관의 상피세포를 통해서 물이 흡수되기도 하지만 먹이의 섭취나 물의 직접 섭취 등에 의하여 흡수된다. 흡수된 물은 배설기관을 통하여 체외로 제거되기도 하고 표피나 허파를 통해 증발되기도 한다.

삼투조절의 목적은 물의 흡수나 배출의 문제 보다도 용질의 농도를 일정하게 유지하도록 조절하는데 있는 것이다. 만약 개구리가 체액보다 용질의 농도가 낮은 담수(저장액)속에 앉아 있다면 물이 표피를 통해 계속 체내로 삼투해 들어오기 때문에 들어오는 양만큼의 물을 밖으로 제거하지 않으면 안 되고, 낙타는 소변을 억제함으로써 물을 능률적으로 이용하고 있는 것이다.

삼투조절이란 세포 외 용질의 농도를 적절하게 유지하는 것이기 때문에 개구리는 이를 위하여 남아도는 물을 제거하고 용질을 보존하는 기구의 발달이 필요하고, 낙타는 물의 공급이 제한된 상황에서 물의 보존과 노폐물을 제거하는 두 가지의 문제의 해결 즉, 요소와

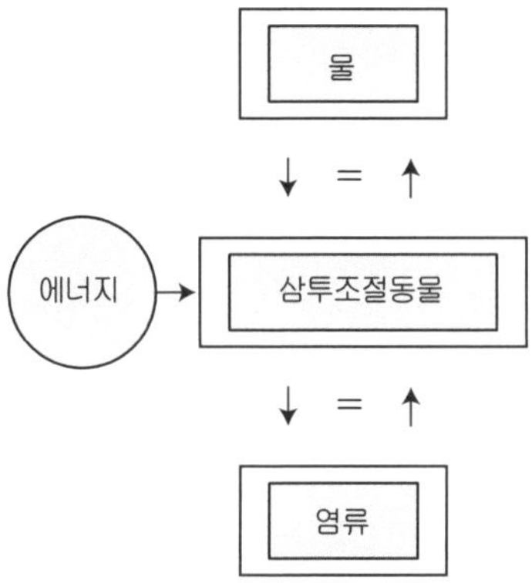

그림 7-5. 물과 염류의 삼투조절

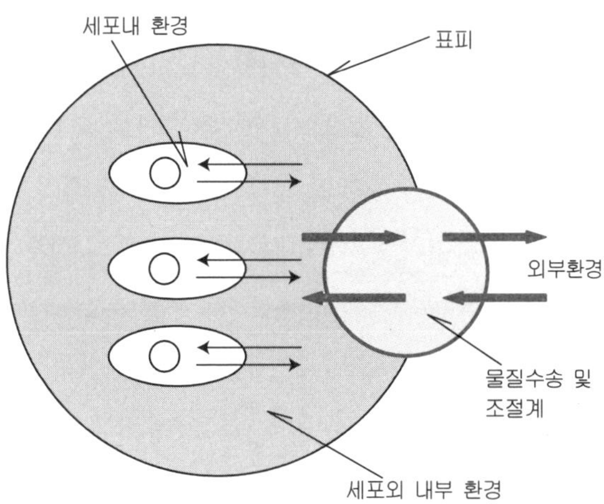

그림 7-6. 삼투농도의 조절

물질수송 조절계가 체외간의 물질수송을 조절함으로써, 체내의 삼투농도가 좁은 범위에서 유지될 수 있기 때문에 세포 내 삼투농도는 체외 환경의 삼투농도에 상관없이 일정하게 유지될 수 있다.

같은 대사과정의 최종산물을 제거시킴과 동시에 물을 보존해야 하며, 증발이나 오줌 생성과정에서 물이 상실될지라도 세포의 용질의 농도를 유지해야만 일정한 삼투 상태가 유지되는 것이다.

환경과 동물 간에서 일어나는 물질의 교환에는 **의무적교환**(義務的交換, obligatory exchange)과 **조절적교환**(調節的交換, regulated exchange)의 두 가지의 형태로 구분할 수 있다.

의무적교환이란 동물이 생리적으로 조절할 수 없는 물리적 요인 즉, 상피세포를 통한 확산, 섭취, 탈수 등의 반응으로서 당연히 일어나는 물질교환이고, 조절적교환이란 생리적요인 즉, 에너지원에 의하여 내적 항상성을 유지하도록 조절되는 경우를 말한 것으로써 상피세포를 통하여 이루어진다.

삼투성 여하에 따라 동물을 구분하면 삼투성 동물과 비삼투성 동물로 구분할 수 있다. 대부분의 해산무척추동물의 삼투압은 해수의 삼투압과 같은데 이를 외부환경에 대하여 **등장성**(等張性, isotonic)이라 하며 이들은 비삼투성 동물로서 삼투적 문제가 없다. 그리고, 해산경골어류와 같이 해수에 비하여 삼투압이 낮은 것을 **저장성**(低張性, hypotonic)이라 하고, 이에 비해 담수산경골어류는 담수에 대하여 삼투압이 높으므로 **고장성**(高張性, hypertonic)이라고 하며, 이들은 삼투적 문제를 내포하고 있는 것이다.

6.4. 삼투조절형 동물과 순응형 동물

앞에서 설명한 바와 같이 동물의 투과성은 삼투적인 것과 비삼투적인 것이 있다.

삼투성 동물은 그 동물이 처해있는 매질의 삼투농도와 다른 체액을 가지고 있다. 즉, 이들은 환경과의 전해질 농도의 차이가 큰 데도 불구하고 세포의 삼투농도를 일정하게 유지하는 삼투조절의 경우로써 이러한 동물은 **삼투조절형 동물**(osmoregulator)이라고 한다.

비삼투성 동물은 체액의 삼투농도를 조절하지 않고 매질의 삼투농도에 순응한다. 즉, 세포가 갖는 삼투내성(osmotic tolerance)에 따라 단순히 순응하는 경우로서 이러한 동물을 **삼투순응형 동물**(osmoconformer)이라고 한다. 삼투순응형 동물은 세포 내 삼투농도를 증가시키는 것은 유기삼투입자(organic osmolyte)를 증가시킴에 의하여 순응할 수 있는 것이다.

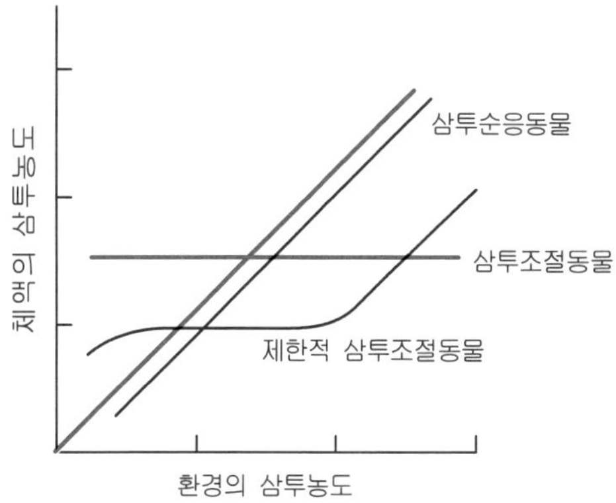

그림 7-7. 수서동물의 체액삼투압과 환경삼투압과의 관계

대부분의 척추동물들은 엄격한 삼투조절형 동물로서 좁은 삼투압 범위의 매질에서만 체액의 용질을 일정하게 유지한다. 단, 동물에 따라 삼투적 차이는 약간씩 다르다. 담수, 기수(汽水, brackish water), 또는 해수에 사는 무척추동물은 다양한 삼투조건에 노출되고 있지만, 일반적으로 해양무척추동물은 해수와 삼투적 균형을 이루고 있다.

엄격한 삼투조절형 동물은 비록 환경의 삼투농도가 광범위하게 변할지라도 내적 삼투농도를 일정하게 유지한다. 즉, 해양 무척추동물 체액의 Na^+, K^+, Ca^{2+}, Mg^{2+}, Cl^-의 농도는 그 동물 주변의 해수 이온농도와 비슷하지만, 담수 및 육상무척추동물의 체액은 담수보다는 진하고 해수보다는 묽기 때문에 이온의 농도에는 많은 변화가 있다.

삼투순응형 동물에는 수서 무척추동물의 일부에서 그 예를 찾아 볼 수 있다. 삼투순응형 동물의 삼투농도는 환경의 삼투농도에 따라 변하기 때문에 내적 및 외적 삼투농도가 정비례 관계를 갖는다. 그러나, 제한된 삼투조절형 동물은 제한된 범위의 외적 삼투농도의 변화에 대해서만 내적 삼투농도를 조절한다.

6.5. 수중 환경에 따른 삼투조절

(1) 담수동물

무척추동물, 어류, 양서류, 파충류 및 포유류를 담수동물의 체액은 그 동물의 매질에 비해 고장액이기 때문에 삼투경사에 따라 물이 체내로 들어가려는 경향이 있는 반면, 동물을 둘러싸고 있는 매질의 삼투농도가 낮기 때문에 체내의 염류를 계속 상실하는 문제를 안고 있다. 따라서 담수동물은 체내에 물이 불어나는 것과 염류를 잃어버리는 기구를 발달시켰다.

일반적으로 담수동물은 물을 거의 마시지 않지만 체내 물이 부족할 염려는 없다. 오히려 담수어류의 체내에 물이 불어나는 것을 막는 방법, 즉 남아도는 물을 신장을 통해 제거하는 일이 중요하다. 담수어류는 신장을 통해 희석된 오줌을 생성하여 내보내고 유용한 염류는 신장의 세뇨관에서 혈액 속으로 재흡수하여 보존한다. 그러나 어떤 염류는 몸 밖으로 빠져나가기 때문에 생물학적으로 중요한 KCl, NaCl, $CaCl_2$, $MgCl_2$ 등이 부족될 수 있으며, 이러한 부족한 염류는 먹이의 섭취에 의하여 보충되어야 하기 때문에 담수동물에서 염류를 보충하는 특별한 기구가 있고, 능동수송으로 묽은 매질로부터 상피세포를 통해 체액 속으로 염류를 흡수시키는 것이다. 이러한 기능은 양서류의 살갗이나 어류의 아가미와 같은 상피세포가 담당하고 어류와 대부분의 수서 무척추동물에서는 아가미가 오히려 신장을 능가하는 삼투조절기관인 것이다.

이상을 요약하면, 물은 수동적으로 들어오지만 신장이나 신장과 유사한 배설기관과의 삼투조절기능에 의해 능동적으로 제거된다는 것이다. 이들 동물들은 삼투농도가 더 낮은 환경 쪽으로 염류를 어쩔 수 없이 잃어버리지만 피부, 아가미 혹은 다른 종류의 상피세포를 통하여 능동적으로 이온을 흡수한다.

(2) 해양동물

해양동물의 수중 환경의 삼투농도에 대한 혈액농도는 등장액과 저장액에 따라 구분하여 설명할 수 있다.

① 환경의 삼투농도에 대한 혈액농도가 등장액을 유지하고 있는 경우

일반적으로 멍게 등을 포함한 해양 무척추동물의 체액의 삼투농도는 바닷물과 유사하다. 따라서 동물은 삼투압조절을 위하여 에너지를 별로 소비하지 않는다. 환경의 삼투농도와 체액 간에 등장액을 유지하고 있는 경우는 많지 않으며 일반적으로 연골 어류인 상어, 가오리, 홍어, 먹장어 등을 들 수 있다. 이들 연골어류는 바닷물과 같은 등장액의 혈장을 가지고 있다. 그러나 무기 이온의 농도는 바닷물에 비해 훨씬 낮은 반면에 요소와 산화트리메틸아민과 같은 유기 삼투입자로 삼투농도의 차를 메우는 점에 있어서 특이하다. 이들은 NaCl과 같은 과잉의 무기전해질을 신장과 직장선(直腸腺, retal gland)과 같은 특별한 배설기관을 통하여 배설한다.

② 환경의 삼투농도에 대한 혈액 농도가 저장액을 유지하고 있는 경우

해양 경골어류의 체액은 대부분의 고등 척추동물의 것과 같아서 해수에 대하여 저장액이다. 이들은 아가미의 상피세포를 통하여 쉽게 물을 상실하는데, 이렇게 상실한 물을 보충하기 위하여 이들 어류는 물을 마신다.

이들 어류는 장의 상피세포를 통하여 해수의 70~80%가 혈관 속으로 흡수되는데, 이때 NaCl과 KCl도 거의 대부분이 혈관 속으로 함께 들어간다. 그리고 장 속에 남아있는 Ca^{2+}, Mg^{2+}과 같은 2가 이온과 SO_4^{2-}은 항문 또는 신장을 통한 배설에 의해 혈액으로부터 제거되며, 물과 함께 흡수된 과잉의 염류 중 Na^+, Cl^-, K^+ 이온은 아가미의 상피세포를 통하여 능동수송에 의해 제거된다. 오줌은 혈액과 등장액이지만 아가미에 의해 제거되지 못하는 Mg^{2+}, Ca^{2+} 및 SO_4^{2-}과 같은 염류가 오줌에 섞여 제거된다.

이상에서와 같이 해양 경골어류에서는 아가미와 신장의 종합적인 삼투작용의 결과로 섭취한 해수와 오줌에 대해 저장액인 물을 보존할 수 있으며, 이와 유사한 방법으로 북태평양에 사는 연어와 같은 경골어류는 해수와 담수 사이를 이동하지만 비교적 일정한 혈장 삼투농도를 유지한다.

바다거북, 악어, 바다뱀과 같은 파충류와 해양조류도 해양 경골어류와 같이 체액에 비해 고장액인 오줌을 생산해 내지 못하지만, 이들 파충류에는 대단히 높은 삼투농도의 고장액을 분비할 수 있는 특수한 기관인 염류선이 있다. 해양조류에서는 눈 밑 부리 위에, 그리고 도마뱀에서는 코나 눈 가까이에, 그리고 기수에 사는 악어에서는 혀에 있다.

표 7-3. 척추동물에서의 물과 염류의 교환

동물 종류	환경에 대한 혈액의 농도	혈액에 대한 오줌의 농도	삼투조절
해양경골어류	저장액	등장액	해수 마심, 아가미에서 분류분비
담수경골어류	고장액	강한 저장액	물을 안마심, 아가미-염류흡수
양서류	고장액	강한 저장액	피부에서 염류를 흡수
해양파충류	저장액	등장액	해수를 마심, 염류선-고장액분비
사막의 포유류	-	강한 고장액	물을 안마시며, 대사수에 의존함
육상조류	-	약한 저장액	담수를 마신다.
해양포유류	저장액	강한 고장액	해수를 마시지 않음
해양조류	-	약한 저장액	해수를 마심, 염류선-고장액분비
해양판새류	등장액	등장액	해수를 안마심, 직장선-NaCl의 고장액분비

바다사자와 물개 및 고래와 같은 해양 포유류는 새와 파충류에서의 염류선 혹은 어류의 아가미와 같은 신장 외 염류 분비기관을 가지고 있지 않으나 대단히 높은 고장액의 오줌을 생성할 수 있는 신장을 가지고 있다. 그럼에도 불구하고 이런 해양 포유류는 바닷물을 마시지 않고 다만 음식에 섞여 들어오는 물만을 섭취한다.

이상을 요약하면, 해양 척추동물은 아가미나 피부를 통해 물을 상실하지만, 물을 보충하기 위해서는 바닷물을 마신 후 과잉의 염류를 환경으로 능동적인 방법에 의해 분비한다. 이러한 과정은 아가미와 염류선과 같은 신장 외 삼투조절기관을 통하여 능동적으로 일어난다. 염류선이나 이와 유사한 기관이 없는 해양 포유류는 바닷물을 마시지 않고 음식에서 물을 얻으며, 신장의 작용으로 삼투균형을 유지한다.

6.6. 육상에서의 삼투조절

수생동물과 달리 육상동물은 공기를 매질로 하는 환경 속에서 살고 있다. 그러므로, 불투과성이 높은 상피세포를 가지고 있는 동물은 공기의 습도가 포화상태에 있지 않다면 바다와 같은 고장액 속에서 살 때와 마찬가지로 쉽게 탈수(脫水)문제에 접하게 된다. 공기를 마시고 사는 동물은 반드시 호흡상피세포를 가지고 있으며, 투과성인 이 상피세포를 통해 물을 상실하게 되어 있다. 만일 이 상피세포가 비투과성이라면 탈수 문제는 피할 수 있겠지만 불행히도 이 경우는 호흡막으로서 부적합한 것이다. 따라서 육상동물에서 이루어지고 있는 여러 가지 방법의 삼투조절에 대하여 설명하고자 한다.

(1) 표피에서의 물의 손실과 획득

육상동물의 표피는 물에 대해 비교적 비투과성이므로 표피를 통한 물의 손실은 거의 없다. 예를 들어서 곤충은 외골격의 표면에 큐티클(cuticle)층을 갖고 있어서 물의 보존에 대단히 중요한 역할을 한다.

그러나, 척추동물의 표피를 통한 물 투과성은 매우 복잡하다. 파충류와 조류 및 많은 종류의 포유류는 비교적 비투과성인 표피를 가지고 있지만, 양서류와 많은 종류의 무척추동물은 투과성이므로 습도가 낮을 때는 표피를 통해 쉽게 물을 잃어버린다. 따라서 이들은 대단히 뜨겁고 건조한 환경을 견디어내기 어렵다. 양서류가 물 가까이 살거나 또는 습기가 많은 곳에서 활동하는 것이다. 그리고 이들은 건조에 대비하여 특별히 큰 방광 속에 많은 물을 저장하고 있다.

방광 속의 물은 건조할 때에 세포간액이나 혈액 속으로 이동하여 그 손실되는 염류와 물을 보충한다. 이처럼 개구리의 방광은 탈수시 물의 저장고로, 그리고 물의 섭취가 과할 때는 염류의 공급원으로 작용하는 것이다.

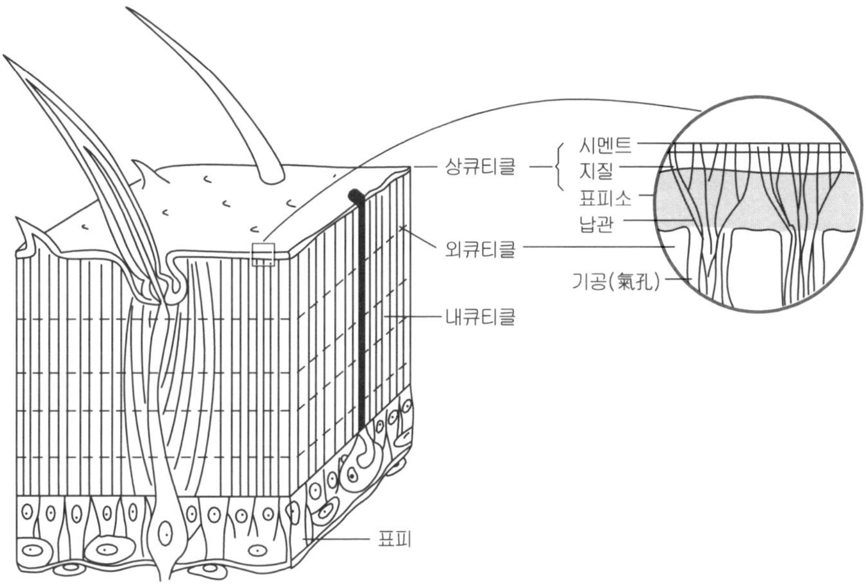

그림 7-8. 곤충 외피의 구조

미세공기에 축적된 지방과 밀납이 탈수를 방지한다.

표 7-4. 동물별 증발에 의한 물의 손실

동물별	물의 손실 (mg/cm^2/h)	비 고
딱정벌레	0.20	30℃ : 상대습도 0%
메뚜기	0.67	30℃ : 상대습도 0%
도마뱀(Gecko)	0.22	30℃ : 건조한 공기
참새	1.48	30℃
아프리카영양	3.24	22℃
사람(나체, 70 kg)	22.32	35℃ : 일사를 받으며

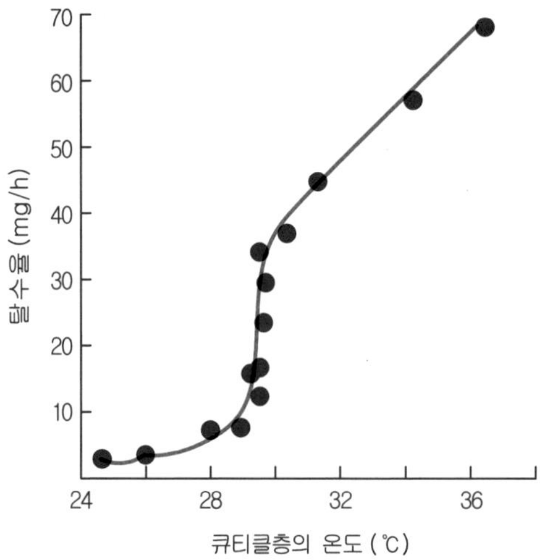

그림 7-9. 바퀴의 탈수에 미치는 큐티클층의 온도의 영향

30℃에서 탈수율의 급격한 변화가 나타나는데 이 온도는 밀납의 융점에 해당한다.

(2) 호흡작용에 의한 수분 조절

육상곤충에서의 물손실은 주로 체내에 분포되어 있는 기관계(氣管系)의 기관지로 이루어진다. 기관지가 열려있는 동안 CO_2와 O_2 및 물이 밖으로 확산 이동하며, 숨문(spiracle)이 주기적으로 닫힘으로써 물의 보존을 돕는다. 헤모림프 속의 CO_2 농도가 상승하면 숨문근육이 이완하여 열리고 가스교환이 가능해진다. 그러나 만약 체내수분 부족의 현상이 초래될 때는 호흡수(respiratory water)를 보존하기 위하여 CO_2의 농도가 호흡공을 열 수 있는 정도에 있을지라도 숨문은 쉽게 열리지 않는다.

많은 육상 척추동물의 경우에는 주로 호흡막의 표면을 통하여 수분을 상실한다. 즉, 육상 척추동물은 호흡막을 체강내에 가지고 있기 때문에 증발에 의한 수분 손실량은 극히 적다. 그러나 허파로 공기가 소통할 때 공기가 수분에 포화되지 않은 상태라면 호흡막의 상피세포로부터 수분이 증발하기 때문에 호흡막이 허파처럼 체강내에 있다고 할지라도 수분은 소실되기 마련이다.

이상과 같은 방법으로 잃어버리는 수분은 호흡기의 조직으로부터 보충되기 때문에 조류와 포유류에서의 수분손실은 체온과 주위 온도의 차이가 클수록 커진다. 이러한 이치는 파충류와 양서류에서도 마찬가지이다. 그리고 더운 공기는 포화시 차가운 공기보다 더 많은 수분을 함유하고 있고 일반적으로 밖으로 내쉬는 공기가 들이마시는 공기보다 덥기 때문에 숨쉬는 동안에 수분을 잃게 된다.

사막에 사는 캥거루쥐나 낙타 및 물개 등 많은 종류의 포유류는 호흡에 의하여 수분을 최소로 감소시키는 방법을 강구하고 있다. 즉, 이들은 숨을 내쉬는 동안 온도가 낮은 비강(nasal cavity)에서 물을 냉각시킴으로써 물을 회수한다. 따라서 이들의 코는 차갑다.

조류와 도마뱀에서도 염류선의 분비물이 바강통로 속으로 빠지기 때문에 분비되는 염류 용액 속의 물이 숨을 들이쉼과 동시에 공기에 흡수되고, 다시 숨을 내 쉴 때 냉각됨으로써 물이 보존된다.

해양포유류는 물 속에서 오랫동안 활동할 수 있는데 특히 코끼리물개는 약 40분간이나 숨쉬는 것을 멈추었다가 5분만 심호흡을 함으로써 대사율을 낮추게 되는데, 이러한 예는 장기간 잠수할 수 있는 해양포유류에서 흔히 찾아볼 수 있다. 이들 코끼리물개는 8~10주간 음식과 물을 먹지 않고 살수 있는데, 이 때 유일한 물의 공급원은 체내의 지방을 산화하여 얻는 물이다. 이 동물은 이유기에 140 kg의 무게에 달하지만 매일 800 g의 물을 상실하는데, 그 중 500 g을 호흡으로 상실한다. 이러한 경제적인 물의 소모는 비강통로의 역류 열교환장치와 주기적으로 대사율을 감소시키는데 원인이 있다.

(3) 배설을 통한 수분 조절

육상동물은 특수한 배설기관이 있어서 물의 손실을 최소한으로 줄이고 있다.

육상 무척추동물 중 곤충은 배설기관으로 말피기씨관을 가지고 있어 질소 및 무기노폐물을 제거할 때 물을 대단히 효과적인 방법으로 보존한다. 말피기씨관(Malpighian tubule)에서 만들어진 오줌에는 질소노폐물이 요산칼슘(potassium urate)의 형태로 존재하는데, 오줌이 직장으로 옮겨진 다음에는 요산칼슘은 요산으로 전환되고 K^+은 직장벽을 투과하여 혈액으로 이송된다. 요산은 물에 대한 용해도가 대단히 낮아 쉽게 침전되기 때문에 직정의 삼투압에는 별로 기여하지 못한다.

거의 물이 없는 서식지에서 살고 있는 육상의 어떤 절지동물(거미류와 몇 가지의 無翅昆蟲의 유충)은 상대습도가 50%밖에 안되는 곳의 공기로부터 직접 수분을 흡수할 수 있다. 곤충의 직장은 직접 공기로부터 수분을 흡수하는 부위로 알려져 있다. 이 직장이 대변으로부터 수분을 흡수하여 대변의 수분함량을 저하시키면 대변은 수분압이 더 높은 공기로부터 수분을 흡수하고 있는 것이다.

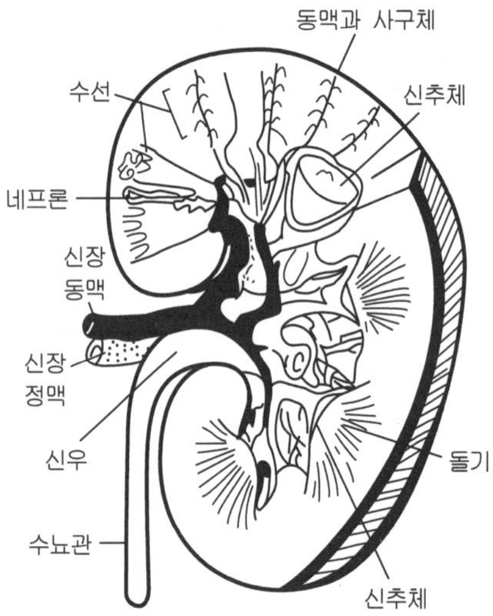

그림 7-10. 포유류의 신장 구조

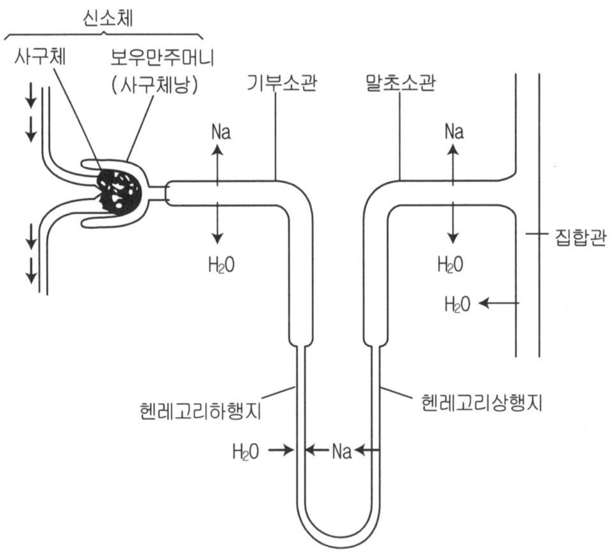

그림 7-11. 포유류에서는 오줌의 형성기전

대부분의 육상 척추동물은 신장을 가지고 있으며 이것은 포유류에서 삼투조절과 배설을 수행하는데 가장 중요한 기관이다. 신장은 역류장치를 이용하여 혈장의 삼투농도보다 더 높은 농도의 오줌을 생성하도록 특수화된 기관이다. 신장의 세뇨관이 마치 머리핀과 같은 고리모양을 하고 있으며, 이러한 특수한 구조를 헨레고리(loop of Henle)라고 하는데, 이것을 조류와 포유류 등이 건조한 환경에서 잘 견딜 수 있도록 기여하고 있다. 이러한 기관이 가장 잘 발달되어 있는 동물은 캥거루쥐와 호주쥐이다.

파충류와 양서류의 신장에는 역류장치가 없기 때문에 고장액의 오줌을 만들 수가 없는 것이다.

(4) 열대 포유류의 수분 조절

일반적으로 항온동물의 경우에 있어서 체내 중심부의 온도보다 외계의 온도가 높을 경우는 외부 온도가 체내에 유입될 가능성이 있다. 한편 그 열은 건조조건하에서 증발하여 발산하게 되고 수분상실이 뒤 따르게 되어 가급적이면 물을 체내에 저장해 둘 필요가 있다. 고온다습의 조건에서는 이와 반대로 증발은 제한되고 열에 의한 스트레스가 나타난다.

사막 동물 중에서 활발하게 운동을 하는 낙타는 탈수 상태를 극복하기 위해 수시로 물을 마시기는 하지만, 인간은 도저히 따라 갈 수 없을 정도의 속도로 장거리 이동을 할 수 있고, 그 지속력은 매우 큰 것이다. 물을 마시는 시간 간격과 수분 상실의 조정과의 관계는 이 동물의 생존에 걸려 있다. 실험에 의하면 낙타가 체중의 20~22%의 수분 상실에 까지 견딘다고 한다. 그들의 조직은 탈수상태에 저항성을 높게 유지하는 것으로 보이지만, 이러한 세포조직에서의 기작에 대해서는 알려지지 않았다.

낙타는 정상적인 상태에서는 불소화배출물 중에 함유된 수분을 장에서 능동적으로 흡수하며 극히 고농도의 요를 배출함으로써 수분상실을 감소시키고 있다. 낙타는 5.5%에 이르는 해수보다도 진한 염수를 마시면서도 장기간의 여행에 견딜 수 있는 것이다. 낙타가 충분히 물을 마실 수 없을 때는 체온의 변화를 일으킨다. 즉, 몸의 중심부의 온도가 주간에는 41℃, 야간에는 36℃로 변환시켜 심한 더위에 견디고 있다. 야간에 체온이 낮아진 이유는 주로 전도와 복사에 의한 것으로써 수분의 유지가 이에 의해서도 이루어질 수 있는 구조로 되어 있다.

캥거루쥐는 낙타와 대조적이다. 이 쥐는 사막의 지면에 구멍을 파는 행동적 적응으로 사막에서 생존하고 있는 작은 쥐로서 건조한 환경에서 물을 전혀 마시지 않고 생존할 수 있는 특수화된 삼투조절 기구를 가지고 있다.

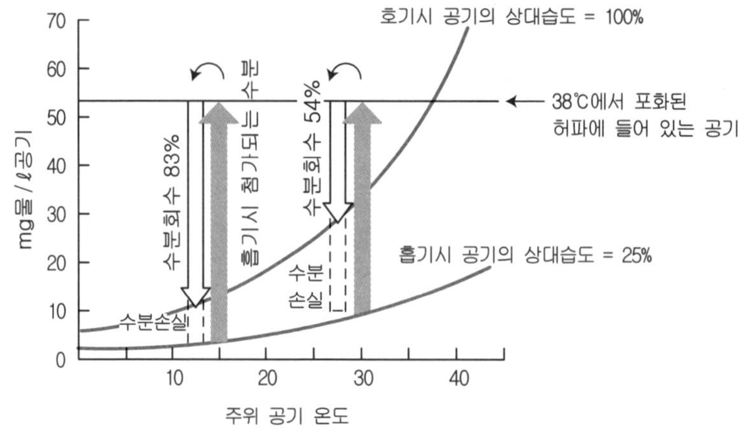

그림 7-12. 캥거루쥐의 호기시 물의 회수

온도 15℃, 상대습도 25%에서 각각 흡기가 이루어졌다면, 이 공기를 38℃에서 포화시키는데 필요한 수분함량은 15℃에 표시한 색기둥에 해당한다. 이와 같은 조건하에서 캥거루쥐는 주위의 온도보다도 낮은 13℃에서 호기한다. 이때 냉각된 물의 함량은 색기둥으로 표시하였다. 오른쪽에 나타낸 기둥은 30℃, 상대습도 25%에서의 캥거루쥐의 수분증발 및 회수를 표시한 것이다.

캥거루쥐의 물보존 전력을 살펴보면 다음과 같다.

① **낮에는 땅굴 속의 시원한 곳에서 보낸다 :** 낮에는 깊이 1 m 정도의 구멍 속에 들어가 있는데 구멍 속의 온도는 지표가 80℃에 이르고 있을 때에도 30℃에 불과하다. 만일 이와 같이 굴속에 숨어 있지 않으면 수분 증발로 인하여 쥐는 치명타를 입는 것이다.

② **효율적인 신장의 기능 :** 캥거루쥐의 신장은 대단히 효율적이어서 높은 농도의 오줌을 배설하고 직장에서 물을 흡수하여 사실상 건조한 대변을 배설한다. 즉, 캥거루쥐는 대단히 긴 헨레고리를 이용하여 사구체 여과액을 농축시킨다.

③ **대사수를 이용한다 :** 캥거루쥐는 건조한 씨를 먹고 살지만 씨로부터 얻는 대사수 즉, 음식물에 있는 수소를 산화함으로써 발생하는 대사수를 이용하여 물의 손실을 보충한다.

④ **비강에서 호흡수를 회수한다.**

캥거루쥐는 이상과 같은 방법으로 물의 획득과 손실의 균형을 유지하면서 물이 없는 곳에서도 살 수 있다.

표 7-5 캥거루쥐에서의 물의 균형

물의 획득		물의 손실	
대사수	90%	증발 + 호흡	70%
건조한 음식 속 물의 이용	10%	오줌	25%
마시기	0%	변	5%
계	100%		100%

7. 수질환경

7.1. 수중 용존가스와 영양염류

(1) 용존산소

생물이 생활하고 있는 육지나 물속에서 산소는 탄산가스와 더불어 2대 요소라고 말할 수 있다. 생물은 호흡에 의하여 산소를 소비하고 탄산가스를 방출한다. 특히 낮에는 식물의 광합성에 의하여 더 많은 산소를 방출한다. 수중에 용존한 산소량은 수온과 수압 및 염분의 농도와 생물의 대사 등에 따라 달라지며, 또한 계절과 지역에 의해 크게 변한다. 상압(760 mmHg)하에서의 물의 산소 포화량은 표 7-6과 같으며, 수중의 용존 산소량이 공기 중보다 훨씬 적어 공기 중의 210 cc/ℓ에 비하여 수중의 용존량은 1/20~1/40 정도밖에 안 된다.

표 7-6 상압하의 물의 산소 포화량

수온 (℃)	O_2 포화량	O_2 (ppm)
0	10.23	14.62
5	8.96	12.80
10	7.93	11.33
15	7.10	10.15
20	6.42	9.17
25	5.86	8.38
30	5.34	7.63

유리산소 즉, 물에 용존한 산소가 공급된 근원은 물표면에서 대기층의 산소가 직접 들어오는 것과 녹색식물이 하는 광합성으로 만들어진 산소로 크게 둘로 나눌 수 있다.

산소의 생산량은 실제에 있어서 계절에 따라서, 하루 동안에는 시간에 따라서 달라진다. 보통 하루 중 최대량은 하오 동안에는 하오 2시경이며 최소로는 해뜨기 직전이다. 계절로는 여름이 최대이고 겨울이 최소지만, 깨끗하고 맑은 얼음 밑에서나 밝은 달빛에도 약간 광합성이 일어난다.

산소의 소비는 수서동물과 수생식물의 호흡으로 일어난다. 이는 수온이 높을수록 더욱 심하다. 수저에 침적되어 있는 여러 가지 유기의 분해·부패는 높은 수온에서 빨리 일어난다. 이런 현상은 여름철 얕은 수체에서 더욱 왕성하다. 여름에 수온이 높아지면 물 자체의 산소를 포섭하는 힘이 약해지므로 물 표면에서 대기 중으로 산소가 발생되어 물속의 산소가 감소된다. 수중 용존산소의 층에 따른 월별 변화는 다음에 의해서 알 수 있다.

지하수는 보통 산소의 함량이 적으며, 어떤 때는 전무한 경우도 있다. 그러므로 상당한 지하수의 유입은 물속의 산소 전량에 미치는 영향이 크다. 어떤 물에서 철은 산성 탄산철 같이 수용성으로 녹아 있다. 이것이 불수용성의 수산화 제 2 철 같은 것으로 될 때에 산소가 감소된다.

$$4Fe(HCO_3)_2 + O_2 + 2H_2O \rightleftharpoons 4Fe(OH)_3 + 8CO_2$$

이 밖에도 산소의 감소 원인은 여러 가지가 있다. 특히 환경오염에 의한 산소의 결핍은 관심을 가져야 할 것이다.

(2) 탄산

가. 수중 탄산의 상태

빗물 중에 CO_2 함유량은 0.6 mg/ℓ이다. 물 속에서는 다음의 화학식에서 보는 바와 같이 CO_2와 H_2O가 반응하여 탄산이 되고, 이것의 일부가 해리되어 수소이온(H^+)과 중탄산이온(HCO_3)으로 된다.

공기 중의 $CO_2 \rightleftharpoons$ 수 중의 CO_2 ······························ ①

$CO_2 + H_2CO_3$ ······························ ②

$H^+ + HCO_3^- \rightleftharpoons H_2CO_3$ ······························ ③

화학반응식 ②는 대기 중의 산소와 더불어 끊임없이 물과 접함으로 일어난다. 물론 물속의 CO_2의 약 1/2이 탄산(H_2CO_3)으로 되고 나머지는 그대로 CO_2로 남아 있는 것이다. 빗물이 지하수가 되어 석회암($CaCO_3$)과 만나면 중탄산염이 된다.

$$CaCO_3 + H_2CO_3 \rightleftharpoons Ca(HCO_3)_2 \quad \cdots\cdots ④$$

만일 물 속에 들어있는 불용성탄산염이 석회암을 만나지 못하면 물 속에 가라앉는다. ②의 반응의 일어나고도 많은 유리탄산가스가 남게 되는데 이것은 중탄산염($Ca(HCO_3)_2$)을 안정시키기 위하여 필요한 것이며, 이러한 CO_2를 안정용 탄산가스라고 한다. 만약 이러한 CO_2가 전부 소비되면 이것을 얻기 위하여 중탄산칼슘은 스스로 해리된다.

$$Ca(HCO_3)_2 \rightarrow CaCO_3\downarrow + H_2O + CO_2 \quad \cdots\cdots ⑤$$

⑤의 반응은 안정용 탄산가스가 확보될 때까지 계속되고, $CaCO_3$가 계속 침전하며, 미약하나마 이온화가 일어난다.

이상에서와 같이 중탄산이온 및 탄산이온으로 존재하는 CO_2를 결합형 탄산이라 하고, $Ca(HCO_3)_2$, $Mg(HCO_3)_2$와 같은 중탄산염이나 $CaCO_3$, $MgCO_3$와 같은 탄산염의 용해에 의해 공급된다.

나. 수중의 탄산변화와 광합성 이용

공기와 접촉한 물의 표면에서 확산에 의해 CO_2의 교환이 이루어진다. CO_2의 용해도는 O_2의 용해도의 200배나 크다.

공기 중의 CO_2 함량보다는 수중의 CO_2 용해량이 더 크다. 많은 식물의 광합성과 호흡에 의해 CO_2의 소비 방출이 행해지는 것으로 CO_2의 일변화는 크다. O_2량의 일변화와 CO_2 함량의 일변화는 역의 상관을 유지한다. 해가 뜨면 광합성은 시작되어 탄산은 소비되어 감소되며, O_2의 양은 이와 반대로 증가하는 경향이 있다. 다시 밤이 되면 광합성 대신 호흡이 행해져 탄산의 방출이 일어나고 O_2의 흡수가 일어나 CO_2는 증가하고 O_2는 감소된다. 유리의 탄산은 또 유기물의 분해에 의해서 물속에 방출된다. 따라서 유기물이 많은 호수 밑은 표면수보다 CO_2가 많다. 일반적으로 CO_2의 수직분포는 표수층이 적고 심수층이 많다.

용존된 탄산가스의 감소는 ① 수생식물의 광합성에 의해 생산되는 탄수화물의 재료로 감소되고, ② 이회토(泥灰土, marl, Ca와 Mg의 탄산염)를 형성하는 생물에 의하여 소비되고, ③ 표면적이 넓고 얕은 수체에서는 증발에 의하여 용해성인 중탄산염을 잃고 탄산염은 침전되어 잃게 된다.

수중식물의 광합성에 있어서 유리의 탄산은 잘 흡수 이용되고, 중탄산염과 탄산염도 물에 용해되면 물과 작용하여 H_2CO_3와 CO_2로 식물에 이용된다. 또한 호소 생물에서의 HCO_3^-는 직접 광합성에 쓰인다는 것이 밝혀졌으며, 수중식물의 광합성이 포화에 달하는 탄산의 농도는 천연의 수중에서는 언제나 실험실에서 측정한 광합성 포화 농도보다 많은 양의 CO_2를 포함하고 있다. 따라서 CO_2 농도가 광합성 생산의 제한 요인이 되는 것은 수계에서 문제가 되지 않는다. 이 점이 육상식물과 대기 중의 CO_2 농도와의 관계에 비하여 다른 점이다.

(3) 미량 용존기체

CO_2와 O_2 이외에도 여러 가지의 기체가 유기물의 분해로 발생되는데 이것들은 대개 유독하며 대부분 산성으로 변화시키고 있다.

메탄가스(CH_4)는 유기산물의 분해산물로서 수저에 많이 있다. 특히 물의 순환이 불완전하게 되면 많은 메탄가스가 방출되며, 이러한 현상은 산소가 고갈되어 가는 때와 일치하는 경향이 있다. 얕고 유기물이 많은 침적된 수체의 밑에서 오후가 되면 거품이 올라오면서 악취가 풍기므로 쉽게 알 수 있다.

황화수소(H_2S)는 여름철에 황을 가진 유기물이 수저에서 무기분해 되므로서 발생한다. 오염된 하수가 많이 들어있는 물에서 흔히 볼 수 있다. 물고기를 비롯한 여러 생물에 극히 유독하며, 이것은 쉽게 생세포 안에 침투하여 산도로 말미암아 생물에 치명타를 입힌다고 한다.

질소는 물밑 유기물의 분해과정에서 생성되기도 하고 대기 중에서 공급되기도 한다. 질소는 수온이 낮으면 잘 녹게 되고, 질소로 포화된 물은 표층에 위치하게 된다. 그리고 수온이 높아짐에 따라 표면의 가스는 방출되므로 질소는 아래층에 더 많게 되고, 이것은 수체 안의 물질순환에는 거의 관계없으므로 항상 포화상태에 가까우며, 포화되면 물고기의 가스병의 원인이 되는 수가 있다.

수소, 아황산가스 및 일산화탄소는 수저에서 유기물의 분해로 발생하지만 극히 소량이며 양이 적을 경우 별로 해로운 것 같지 않다.

(4) 수소이온농도

pH는 일반적으로 물 속에 들어있는 H^+의 양을 표시한 것이다. 이것을 전해질의 이론에 의하여 수학적으로 표시하면 1 L 중의 g 당량수를 H 이온농도 혹은 수소지수라고 하며, 이 수소지수의 역수의 상용지수를 사용하여 표시한다.

모든 용액은 H^+과 OH^-을 가지고 있으며, 전자가 강하면 산성용액, 후자가 강하면 알칼리용액, 양자가 같으며 중성용액이라고 한다. 그러나 어떠한 산성용액에도 극소량의 OH^-이 들어있고 어떠한 진한 알칼리용액에도 극소량이나마 수소이온이 들어 있으며, 순수한 증류수 일지라도 대부분은 해리되어 있다.

$$H_2O \rightleftharpoons H^+ + OH^-$$

일반적으로 산성은 산으로 이용할 수 있는 세기(strength)와 양의 두 인자에 의하여 결정된다. 예를 들면 묽은 용액에서 거의 완전히 이온화하는 HCl은 강산이고 이온화하지 않는 CH_3COOH는 약산이다. 산의 양은 그 산의 이온화 능력에 관계없이 전부 이온화되었을 때 공여할 수 있는 잠재적 H 이온량을 의미한다. 용액 속에 있는 기타 화학적 물질과 산의 양은 노르말 농도 혹은 mol 농도로써 측정된다. 1,000 cc의 용액 중에 1 g 당량인 36.5 g의 HCl, 60 g의 CH_3COOH가 용존되어 있을 때 1 노르말산 용액이라고 한다. 1,000 cc의 수중에 1 g 당량의 1/10이 용존되어 있을 때에는 묽은 산용액이라고 한다.

호소의 pH는 6.0~8.5 정도로 가까우나, 화산성의 무기산성호에서는 유리의 H_2SO_4나 HCl에 의해 산성이 되어 pH 1.0~2.0까지 측정되기도 한다.

이탄지나 수원 같은 것이 있는 호소에서는 부식산에 의해 보통 pH 4.0~6.0 정도이고, 바닷물의 pH 변화는 적어서 8.0~8.4의 값을 보인다. 낮에는 광합성에 의하여 알칼리성을 보여, pH 9.0 정도 되다가, 밤이 되면 동화작용의 중지로 다시 낮아진다.

일반적으로 호소에서 표층수는 광합성에 의해 CO_2가 적어져서 중성 또는 알칼리성이 된다. 식물 프랑크톤이 많은 층에는 강한 알칼리성을 나타냄을 잘 알 수 있다. 심수층에서 유기물의 분해 생물의 호흡에 의해 오존산소가 소비되어 CO_2가 증가되고 따라서 pH는 산성이 되어 pH 6.0 정도의 미산성이 된다.

일반적으로 봄·가을의 순환기에는 전 층이 같은 pH값을 보인다. 정체기에는 위, 즉 표층은 알칼리성, 심층은 산성을 보인다. 그러나 잘 교반되는 얕은 호소에서는 pH가 상하

비슷하며, 7.0 근처를 유지하고 연변화가 심하지 않다. 수직적인 변화를 해양에서 보면 표층은 pH 8.0~8.4, 중층은 7.4~7.9, 심층은 보통 8.0 정도가 된다. pH는 이전의 환경요인으로 중요시했으나 근래는 그 중요도가 저하되고 있다. 즉, 어떤 바다에서는 문제가 안 되기도 한다. 그리고 많은 생물들은 다양한 pH 변화 중에서도 생활하는 것이 있다. 온천에 사는 남조류 중에는 광합성이 pH 3.0에서 가장 활발한 것이 있고 호흡에도 별로 지장 없는 것이 있다. pH는 생물에 직접적인 영향보다는 간접적인 작용을 한다고 볼 수 있다.

(5) 수중의 영양염류

식물의 생활에 필요한 원소의 급원이 되는 염류의 필요량은 염류의 종류에 따라 많이 사용되는 것이 있는가 하면 미량으로도 충분한 것이 있다. 프랑크톤의 조성이 단백질 45~50%, 탄수화물 26~38%, 지방 20~27%로 C, H, O, N, P가 주성분이 되며, 이밖의 무기성분은 아주 적다. 식물 프랑크톤에서 C : N : P의 비는 52 : 7 : 1 정도 된다. 천연의 조건으로는 N, P, Fe와 같은 무기염류는 부족함이 별로 없다.

영양염류의 농도와 생산량과의 관계는 일반적으로 최적 곡선이 된다. 농도의 증가에 의해 생산량은 증대되지만, 너무 농도가 높으면 그 이상 증가되지 못하고 오히려 생산이 저해되지만, 너무 농도가 높으면 그 이상 증가되지 못하고 오히려 생산이 저해되지만, 자연상태에서는 저해가 되도록 영양염류가 대량 보존되는 경우가 별로 없다. 그리고, 대부분의 무기염류는 필요량 이상 존재한다.

가. 질소

질소는 무기태질소 또는 유기태질소의 형태로 물에 용존되어 있다. 질소가스는 10~15 cc/L 정도 있으나 특정의 세균 이외는 이용하지 못하며 수계의 물질 생산에는 별로 관계가 없다.

NH_4-N, NO_3-N, NO_2-N은 식물의 선택성 때문에 섭취되는 양이 다소 다르지만, 언제든지 영양염류의 중요한 질소원이 되고 있다. 또 유기태질소는 산화하여 $NH_4 \rightarrow NO_2 \rightarrow NO_3$를 만들어 질소원으로 쓴다.

해양에는 NO_3-N의 양이 많아 1~600 μg/L 정도 되는데, NO_3-N의 수직분포를 보면 표면 근처는 적으나 심층에는 많으며, 유기태의 양은 표수층은 0.1~0.3 mg/L 정도된다. 호소에서의 NO_4-N, NO_3-N의 함량은 아프리카지방의 호소에서 NO_4-N 0.009 mg/L에 대해 NO_3-N 0.238 mg/L 정도된다. 이에 대해 위스콘시의 호소에서는 NO_4-N 0.049~

0.325 mg/L, NO_3-N 0.01~0.175 mg/L 정도된다. 바다의 무기질소화 합몰에 대한 변화를 보면, 봄에는 식물성 플랑크톤의 대량 증가에 의해 질소량의 감소가 나타나고, 그 직후 NO_4-N의 급격한 증가와, 이어 NO_2-N과 NO_3-N이 증가된다고 한다.

나. 인산

인산은 보통 수중에서 인산염으로 존재한다. 수중에 존재하는 인산에는 용존상태로 있는 가용태인산염과 생물체 이외의 유기물 중에 있는 유기태인산염이 있으며 양자를 합하여 **총인**(總燐)이라고 한다. 총인의 양은 보통 가용태 인산량의 2~3배, 어떤 때는 10배에 이른다.

바다의 표수층에 나타나는 가용태인산량의 변화를 보면 식물성 프랑크톤의 증식이 왕성한 봄에 급격한 감소를 볼 수 있다. 인산염의 최적농도는 식물 종류에 따라 다르나 0.1~1.0 mg/L의 범위에 있으며 그 이상의 농도에서는 저해가 된다. 그러나 공존하는 질소화합물인 질산성 및 암모니아성에 의하여 인산의 최적농도는 변한다. 인을 시비한 수역의 생산량에 대한 것을 보면 규조에서는 광합성의 촉진 효과가 인의 양에 따라 달라진다.

다. 규산(SiO_2)

규산은 수중에서 규산염의 용존하여 일부는 콜로이드대로 존재한다. 호소의 규산 함유량은 일반적으로 열대지방에 많고, 유럽의 호소에서는 적다. 해양에서는 표수층에 0.002~1.00 mg/L도 되고, 심층에서도 4 mg/L 정도된다.

규산도 계절적인 변화가 현저하다. 호소에 따라 차이는 있지만, 대체로 규산의 순환이 명확하여 겨울에는 증가되었다가 봄에는 소모로 감소되어 적어지고, 다시 여름부터 조금씩 많아지기 시작하는 경향이 있다.

7.2. 오염물질이 수질에 미치는 영향

(1) 병원균에 의한 작용

상수원은 가정하수와 각종 배설물 및 공장폐수 등에 의하여 오염되기 쉬운데, 특히 배설물에 의하여 오염되었을 때는 대장균이 검출되는 것은 물론 주요한 수인성 질환으로서 장티프스, 파라티프스, 아메바성 또는 세균성이질, 콜레라, 급성위장염, 유행성간염 등 여러 가지의 질병의 발생할 수 있다.

(2) 산소 소비성 폐기물의 영향

산소 소비성 물질은 유기물 생산 및 제조과정에서의 폐수 등인데, 이러한 폐수는 량이 극히 적을 때는 정상적인 조건에서 수중 산소와 일광 및 수중의 호기성균의 작용을 받아 분해되고 안전한 상태로 된다. 그러나 그 오염물질이 지나치게 많으면 유기물 분해에 필요한 만큼의 용존산소가 호기성균에 의하여 소비되어 없어지기 때문에 나머지 유기물은 혐기성균에 의하여 분해될 수밖에 없다. 이 경우의 분해는 비능률적이어서 물의 색깔이 변하고, 악취를 풍기며 어류생태계를 파괴하고, 수중 부유식물의 광학성작용이 저해되어 물의 자정작용 능력을 잃어버리게 된다.

(3) 부영양화 현상

가정하수, 공장폐수, 농업폐수 등에는 합성세제, 비료 등에서 유래되는 인산염과 더불어 유기물질이 함유되어 있어서 부유생물 등 수중생물이 과도하게 번식하게 되는 소위 부영양화 현상이 있어 그 결과물에서 악취가 나고 물의 이용가치를 상실하게 된다.

(4) 유독성 유기 또는 유기물질의 영향

각종 유독성 유기 또는 무기물질이 하천수에 흘러 바다에 유입되면 이들 하천과 바다가 오염되고, 수중의 부유생물, 해초, 조류 등에 흡수되어 체내에 축적되고, 이어서 이들을 먹고 사는 물고기로, 다음은 다시 물고기를 먹고 사는 물새 등 여러 단계의 식물연쇄를 거치는 동안에 수천 내지 수만 배로 체내에 농축되며, 결국 사람이 섭취하므로서 급성 또는 만성 중독 작용이 나타난다.

(5) 합성세제에 의한 영향

산업문명의 발달과 더불어 가정과 공장에서 대량으로 사용되고 있는 중성세제는 물에서 잘 분해되지 않기 때문에 하수 중의 분해생물을 사멸시키게 되고, 생물학적 작용에 의한 하수처리과정에 영향을 주고, 기포가 형성되어 지속적으로 수면에 뜨게 되므로 수중 산소 공급을 방해하게 된다. 따라서 자연수의 용존산소량이 감소됨으로 수중 생물에 많은 피해를 줄 뿐 아니라 물의 자정작용을 더디게 한다.

(6) 기름 및 기타에 의한 영향

기름 종류의 해양투기는 물의 순환계로서 대기 중으로 증발되는 물의 보급로를 차단하는 작용을 하고 있을 뿐 아니라 수생생물에 극히 나쁜 영향을 미친다.

공업 및 의료 목적으로 사용되거나 발전연료로 사용되는 방사능 물질이 하수나 폐수를 통해서 자연수를 오염시키는 경우가 있고, 때로는 핵폐기물의 바다 투기 또는 핵실험에 의하여 성층권에 생겨났던 방사능물질이 강하하였을 때 생물에 흡수되거나 또는 식물을 오염시킴으로써 직·간접적으로 사람에게 많은 피해를 준다.

7.3. 수질오염의 지표

수질의 오염 현상은 수질과 오염물 사이의 물리학적, 화학적, 생물학적 작용의 복합작용에 의한 것이다. 따라서 단일 요인으로 전체적인 오염도를 표시하기는 곤란하다.

하천 오염의 경우 그 오염 현상은 유역내의 지질이나, 하천의 유량과 유속, 오염 혼입시의 혼합과 희석 및 확산의 상태, 그리고 하천의 자정작용 등에 따라 정도가 다르다. 그리고, 호수의 경우는 오염물의 확산이 늦고 수온의 변화가 느려 오염 현상이 서서히 일어나는 반면 그 피해는 오래 지속되는 것이 보통이다.

일반적으로 오염 현상을 측정하는 항목은 다음과 같다.

① **생물화학적 산소요구량**(Biochemical Oxygen Demand, BOD) : 생물학적 산소요구량이란 수중의 유기물질을 호기성 미생물에 의해 분해시킬 때 소모된 산소량을 ppm으로 표시한 것을 말한다. 따라서 BOD의 값이 높으며 그 수중에는 부패성 물질이 많다는 것을 의미한다.

② **용존산소**(Dissolved Oxygen, DO) : 조류 및 어족 등 수중 생물이 생존하는데 필요한 용존산소량은 5 ppm 이상이 되어야 한다.

③ **화학적 산소요구량**(Chemical Oxygen Demand, COD) : 미생물에 의해 분해가 불가능한 물질을 화학적 산화제를 사용하여 가열분해시 소모된 산소의 양을 말하며, 이는 BOD를 좌우하는 인자에 장해를 주는 독성물질이 수중에 함유된 경우 그 측정에 응용된다. 그러므로 BOD와 COD는 반드시 비례적인 관계가 있는 것은 아니다.

④ **수소이온 농도**(pH) : 수소이온 농도는 수소이온 농도의 역수의 상용 대수를 말하며, 기준은 pH 5.8~8.0 범위이다.

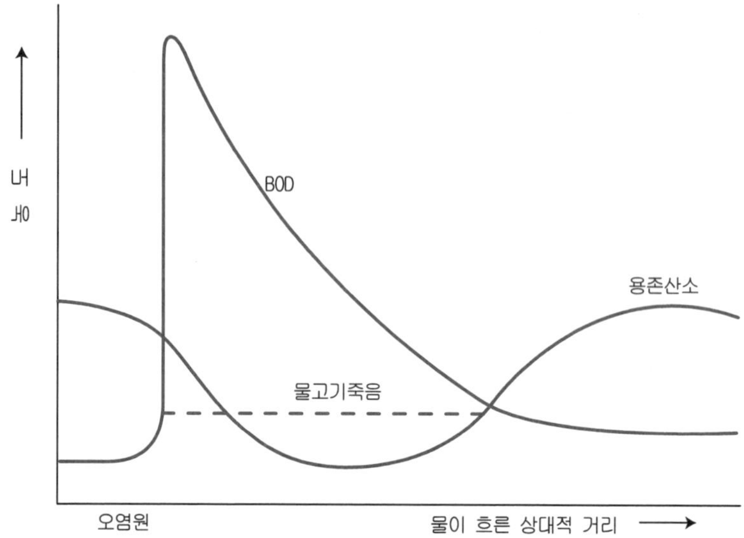

그림 7-13. 물의 자정작용

⑤ **부유성물질**(Suspended Solid, SS) : 부유성물질은 무기성과 유기성이 있으며, 유기성의 것은 부패를 일으켜 메탄가스나 황화수소 등의 발생요인이 된다. 그리고 부유성물질은 수질의 탁도에 관계가 있다.

⑥ **대장균군**(Coliform Group Bacteria) : 이는 인축의 배설물에서 유래되는 것으로 이의 검출은 인축의 분뇨 오염을 나타내며 또한 병원성 세균의 지표로 사용된다. 대장균은 위험한 것이 아니지만 이로 오염된 물은 소화기계 병원균 등이 공존할 경우가 많다.

⑦ **특수 유독물질** : 독성이 있는 특수 유독물질의 검출은 수질오염의 지표가 된다.

⑧ **생물상** : 하천이 오염되어 용존산소가 소모가 늘어나면 수중 호기성세균 및 생물들은 점차로 감소하는 한편 혐기적인 부패미생물과 혐기성 생물들이 점차 증가한다. 따라서 수질오염으로 인한 생물상의 변화 양상은 하천의 자정효과를 측정하는 좋은 지표가 되는 것이다.

7.4. 물의 자정작용

이미 설명한 바와 같이 자연계에서 물은 "**강우 → 해양, 지하, 지표 → 증발 → 구름 → 강우**" 로 순환하고 있다. 이러한 순환 과정을 거치는 동안에 증발과 농축에 의하여 정수(淨水) 되거나 하천 및 호수에서의 물리적 혹은 생물학적 작용에 의하여 자정작용이 일어나는 것이다.

(1) **물리화학적 자정작용 :** 물의 물리적 정화로는 희석, 확산, 혼합, 침전, 흡착, 여과, 폭기 등의 방법에 의하여 자연적으로 이루어지기도 하지만, 인위적인 방법에 의한 수질 정화방법으로도 많이 이용되고 있다. 그리고, 화학적인 방법으로는 산화 또는 가수분해 등이 있다. 즉, 호기성 세균의 작용에 의하여 유기물질이 산화되어 무기성 질소화합물로 변하고 철 또는 망간과 결합하여 침전한다. 한편 산소가 부족한 오염된 물에서는 유기물질이 가수분해를 일으키게 되어 가스를 형성하며 이어서 산화작용을 받게 된다.

(2) **생물학적 작용 :** 오염수 중에 있는 생물, 즉 세균이나 부유생물 및 조류나 어류에 이르는 모든 생물체는 물의 자정작용에 관여하며 그 내용은 다음과 같다.

① 세균이 증식하면 그것을 먹고 사는 원생동물이 발생한다.
② 물이 청결하여 빛이 깊이 침투하면 녹조류가 발생하여 탄산가스나 질소화합물의 소비하고 많은 산소를 생산한다.
③ 원생동물과 조류에 이어 물벌레가 생겨서 세균, 이끼, 원생동물, 기타 유기물질의 분해산물을 소비한다.
④ 다음 단계로 각종 곤충의 유충이나 연체동물 및 물고기 등이 발생하여 물속에 있는 유기물질을 소비함으로 인하여 물이 정화된다.

8. 수질오염과 발생원

8.1. 수질오염의 의의

수질오염이란 자연수가 자연적 및 인위적 여러 요소에 의하여 그 특성이 변함으로서 물의 이용에 장애가 되거나 수중생물에 영향을 주는 것을 말하는 것으로서, 협의적으로는 여러 가지 유기적 배설물에 의하여 병원성 미생물 또는 기생충 등이 인체에 수인성 질환을 일으킬 정도로 수질이 오염되는 것을 말하며, 광의적으로는 물에 부패성 물질과 유독성물질 및 부유물질 등이 혼입됨으로서 액성이 변화하거나 용존산소량이 감소하여 인간 생활과 각종 산업 산업용수의 이용에 직접적인 지장을 주는 것을 말한다.

8.2. 수질오염의 발생원

수질오염의 발생원은 다른 환경오염의 발생원과 같이 인구의 증가와 산업의 발달은 생활용수의 사용량과 생활폐기물의 증가를 가져왔고 그 결과는 수질오염의 원인이 되었다. 따라서 수질오염의 원인이 되는 오염물질을 발생하는 오염원은 생활하수, 산업폐수, 농·축산폐수, 광산폐수 등이다.

① **생활하수 :** 생활하수의 배출원은 생활계의 일반가정과 공중시설 및 산업계의 공장 등이다. 현재 우리나라의 하수 처리율은 8%에 불과하며 생활하수가 수질오염의 주원인이 되고 있으며, 특히 밀접된 대도시 주변 수역의 수질이 점차 악화되고 있다.

② **산업폐수 :** 산업폐수는 각종 제품의 생산 등 산업활동의 결과 생성되며, 생활하수와는 달리 일반적으로 악성이며 중금속 등 유독물질을 다량 함유하고 있는 경우가 많다.

③ **농·축산폐수 :** 농·축산폐수는 그 발생원은 많지 않으나 고농도의 유기물질을 함유하고 있어 심한 수질오염을 유발할 수 있으므로 일정 규모 이상의 축산 시설을 환경 보존법상 폐수처리 시설로 규제하고 있다. 농약 및 화학비료의 과도한 사용도 오염의 원인이 되고 있다.

④ **광산폐수 :** 광산폐수는 대부분 중금속을 함유한 산성광내수가 유출되며 더욱이 이물을 폐광이 된 후에도 계속된다. 공해병으로 유명한 “이따이이따이” 병은 광산에서 흘러나온 폐수의 카드뮴이 농작물과 음료수를 통하여 인체에 축적되어 발생한 것이다.

(1) 질소

질소는 생활하수와 축산폐수 등이 주요한 오염물질인데, 오염 수 중 질소의 형태는 암모니아성(NH_4^+)과 질산성(NO_3) 등의 **무기성질소**와 아민성, 아미노성, 단백질상 등의 **유기성**

질소 및 **총질소**로 대변할 수 있다. 유기성은 수중 미생물 작용 등에 의하여 분해되어 암모니아로 무기화되고 수중 용존산소에 의하여 산화되어 질산성으로 변한다.

(2) 부유물질

부유물질에 의한 수질의 오염은 자연발생적인 것과 인위발생적인 것이 있다.

자연발생적인 현탁은 복류수(伏流水, riverbed water)와 표류수(漂流水, surface water)에 차이가 있다. 복류수는 자연 여과를 받기 때문에 저탁도이지만 표류수는 유역으로부터 여러 가지 현탁물질이 혼입되어 부유물질의 농도가 높다.

탁도의 정도는 계절적인 변동이 있어서 해빙기와 호우시에는 탁도가 급증한다. 이때의 오탁물질은 수화성 점토로서 미립자상의 규산으로 되어있으며, 응집 침전하기 어려운 물질이다. 이러한 현상은 하천의 어디에나 발생되는 자연 오탁인 것이다.

인위 발생적인 현탁물질의 원인이 되는 점토사, 섬유, 미생물, 유기물, 미분탄, 광석분 등이며, 이들 물질은 광산과 각종 유기제조공장 및 점토채취장, 도시하수 등이 원인이 된다.

(3) 트리할로메탄

트리할로메탄(trihalomethane, THM)은 유기성 오염물질을 영양원으로 하여 자란 조류, 자연계 동식물의 사체, 토양중의 유기물질과 부엽토, 동물의 분뇨나 식물의 낙엽 등이 물속에서 미생물에 의해 분해되어 부식질의 일종인 휴민질(humin)이나 피루빈산(pyruvic acid)이 생물학적 반응을 거쳐 상수 정수 처리과정에서 염소 소독을 하면 트리할로메탄이 생성된다고 알려져 있다.

트리할로메탄은 염소 소독시에 발생되는데 염소 중에서도 유리염소에 의해서만 생성되고 다른 원소와 결합된 염소화합물에 의해서는 거의 생성되지 않으므로 정수처리과정에서 소독을 목적으로 사용하는 염소 대신 이산화탄소(ClO_2)를 사용하거나 염소와 이산화염소를 함께 사용하면 트리할로메탄의 생성을 억제할 수 있다.

트리할로메탄은 클로로포름이라 부르는 트리클로로메탄($CHCl_3$)을 비롯하여 브로모디클로로메탄($CHBrCl_2$), 디브로모클로로메탄($CHBr_2Cl$), 브로모포름($CHBr_3$)의 4종류이며 이들을 총칭하여 총트리할로메탄(THMs)이라고 부르기도 한다.

(4) 영양염류

부영화를 일으키는 주요 원인물질들은 영양염류인 질소와 인이며, 이들은 생활하수와 산업폐수를 비롯한 축산폐수에 많이 함유되어 있다. 이들 폐하수가 정체수역에 유입되면 질소와 인은 분해되지 않고 축적되므로 일단 부영화가 발생한 수역에서는 가속적으로 수질이 악화된다.

질소와 인의 발생원은 다음과 같이 자연적인 경우와 인위적인 경우로 대별된다.

① 자연 발생원

수역 : 하천유역으로부터 하천수에 운반되는 토양이나 생물체

대기 : 공기 중의 질소가 물의 표면에 용해

② 인위적 발생원

생활하수 : 분뇨를 비롯한 생활하수

산업폐수 : 1차산업 – 농수산업에서의 배출수

2차산업 – 약품, 발효, 화학비료, 식품, 피혁, 제철 및 석유화학 등에서의 산업폐수

3차산업 – 음식업, 세탁업, 레저시설 등에서의 배출수

(5) 페놀류

페놀(phenol)은 특유한 냄새를 풍기는 무색의 결정으로 페놀수지와 나일론 등 섬유를 제조하는 원료로 사용되고 있고, 살균력이 강하기 때문에 소독용으로도 사용되고 있다. 병원에서 사용하는 크레졸도 페놀류의 일종이다.

염화페놀류의 폐기물은 부주의에 의한 유출로 환경을 오염시킬 수 있는데 배출원은 석유화학 관련 공장, 펄프제지공장, 석탄증류공장 및 농약이나 제초제의 사용 등을 들 수 있다.

페놀류는 염소와 반응하여 염화페놀류를 생성한다. 따라서 상수원수가 페놀로 오염되면 정수처리과정에서 소독제로 사용된 염소와 반응하여 염화페놀류가 생성되는데, 이때 생성되는 일염화페놀이 쉽게 생성된다.

일염화페놀이 수돗물에 1 ppb 이상 함유된 수돗물은 특이한 냄새와 맛을 내므로 마실 수 없게 되고, 2염화페놀은 제초제인 2,4-D의 제조에 사용되고 있으며, 삼염화페놀은 발

암성물질로 알려져 있고, 오염화페놀은(PCP) 과거에 나무의 방충제로 사용하였으나 독성이 강하기 때문에 1986년부터 우리나라에서는 수입과 사용이 금지되어 있다.

(6) 불소화합물

불소화합물은 자연계에서 발생되는 것과 인위적 원인에 의한 발생원이 있다.

자연계에서의 불소는 형석, 빙정석, 불소인회석 등의 광물질에 존재하며, 화강암이 많은 지역의 우물물, 용출수에 함유되는 경우가 있고, 온천지대 등에서는 불화칼슘이 주성분인 형ㅇ석에서 불소가 다량 함유된 지하수가 나오기도 한다. 그리고 지각중의 불소 함량은 0.3 g/kg이다.

인위적 발생원으로는 불소가 함유된 원료를 사용하는 알루미늄 정련공장, 인광성을 원료로 쓰는 비료공장, 유리, 도자기, 타일 등을 만드는 공장에서 발생된다.

불소화합물은 치약, 구충제, 추잉껌, 비타민 보충제 및 의약품에 주로 무기형태로 사용되고, 유기불소화합물은 살충제, 쥐약 등으로 사용된다.

9. 수질오염과 생물 반응

9.1. 수질오염과 식물 반응

여러 가지의 오염발생원에 의한 수질오염의 급속한 오염 진행은 농업용수를 오염시키고, 농업의 주체를 이루는 벼농사 및 관개농업에 심각한 문제를 일으키고 있다.

오염수가 농작물에 미치는 영향은 첫째, 오염수가 직접 작물에 유해작용을 일으키는 경우와, 둘째, 토양의 물리적, 화학적 독성 악화와 토양미생물의 활동을 저해하므로 농작물의 생산에 영향을 미치는 간접적 유해작용으로 구분할 수 있다.

(1) 질소장해

질소는 단백질을 구성하는 하나의 중요한 주성분이고, 식물 생육의 근원을 이루는 원형질의 주요부는 단백질로 되어 있다. 질소는 또한 엽록소의 생성에 필요하여 질소가 결핍하면 잎이 황화하여 탄소동화작용이 억제되고 심한 경우에는 생육이 정지된다.

질소의 공급량이 지나치게 많으면 질소과잉 증상을 나타내어 식물은 경엽이 무성한 진한 녹색이 되어 성숙을 지연시키고 결실을 불완전하게 만들며, 심한 경우에는 수확전에 쓰러진다던가 결실하지 못한 잎이 생긴다.

일반적으로 질소농도 1 ppm 이하에서는 피해가 없거나 적고, 1~5 ppm에서는 피해가 보통이며, 5 ppm 이상에서는 피해가 큰 것으로 나타난다.

(2) 부유물질

점토나 모래 등의 현탁물질이 논토양 표면에 침적되며 토양표면에 고결층을 만들어 토양의 특수성을 나쁘게 하므로 산소의 공급이 원활하지 못하므로 뿌리의 신장 발달을 방해하고 수도 등 수생식물에 영향을 주기도 한다.

(3) 용존산소(DO)

깨끗한 하천수는 보통 수온에 따라서 일정량의 산소로 포화되어 있으나, 분해성 유기물을 함유하는 미생물 활성이 높은 오염수가 유입되면 용수중의 DO치는 급격히 저하한다. 이와 같은 용수는 토양 중 산소보급이 어렵고, 이러한 토양에서 생육하는 식물의 산소 부족을 초래한다. 한편, 토양의 환원화가 촉진되어 H_2S 및 기타 유해물질이 생성됨으로서 벼 등 수생식물의 생육장해의 원인이 된다.

(4) 유분

유분의 오염원으로서는 유전, 석유공업, 자동차공업 등의 산업폐수로서 여러 가지의 피해를 유발한다. 식물이 생육하는 수면의 표면을 피복하면 식물체에 부착, 침투되어 생육장애를 일으키고, 토양 중으로의 산소공급을 방해하고, 수온과 지온을 상승시켜 토양의 이상환원을 촉진하여 근부 현상을 일으키며, 간접적으로 토양의 물리성을 악화시킨다.

경유에 의한 벼의 피해 증상은 잎에 유막의 형성, 엽의 선단이 휘감김, 갈색반점 혹은 황백화 현상, 심하면 전체가 갈색으로 변하여 말라죽음, 분얼기에는 미질을 저하시킨다.

(5) 합성세제

합성세제(合成洗劑)의 오염원은 주로 가정하수이다. 세제는 경성세제(硬性洗劑)와 연성세제(軟性洗劑)가 있는데, 토양에 대한 잔류는 경성세제가 많고, 연성세제는 미생물의 분해가

용이하며 토양에 대한 잔류가 적은 것으로서 벼에 대한 영향은 경성세제로 100 ppm이 되면 수량이 급격히 감소하지만 연성세제는 감수되는 정도가 매우 낮으나, 10 ppm 이상에서 뿌리의 노화가 빨라지고, 추락현상이 나타나며, 미질에 나쁜 영향을 미친다고 한다.

9.2. 수질오염의 인체작용

수질오염의 인체에 대한 작용은 대개 만성적으로 발생하며 그 원인과 증세가 다양하고 비특이적이다.

과거로부터 잘 알려진 수질오염에 대한 인체피해는 병원성 미생물의 오염에 의한 수인성 전염병이었다. 병원성 미생물은 음료수의 정수처리 과정과 하수처리 기술의 발달과 더불어 그 발병률이 현저히 줄어들었다. 그러나 인구의 증가와 산업문명의 급속한 발달은 상수원의 오염을 증가시켰고, 유기물에 다량 혼입되었다. 특히 염소 소독시 이들과 반응하여 trihalomethane(THM)이 발생되는데, 이중 chloroform 등이 발암물질로 밝혀짐으로서 상수 소독에 어려운 문제가 야기되었다.

특히, 근래에 높은 관심의 대상이 되고 있는 virus는 염소 소독으로 완전히 불활성화 시키기 어려운 점이 있고, 또한 유행성 간염에 대한 관리문제도 심각한 문제에 직면하고 있다.

건강과 관련하여 특히 중요한 것은 중금속이다. 중금속은 그 중요성에 비추어 별도의 단원에서 설명해 두었으며, 본 단원에서는 중금속을 제외한 일반 오염과 건강 문제만을 다루었다.

(1) 트리할로메탄

클로로포름은 수돗물에 가장 많이 함유되어 있으며, 인체작용은 중추신경계의 작용을 억제하고 간장과 신장의 작용에도 나쁜 영향을 미치며, 중독되면 의식을 잃거나 혼수상태에 이르고 심한 경우에는 사망하기도 한다. 다른 트리할로메탄도 클로로포름과 유사한 것으로 보고 있다.

사람이 클로로포름에 24~48시간 동안 노출되면 신장이 손상되고 2~5일 지나면 간장이 손상되는데 사람에 대한 평균 치사량은 0.44 mg/kg인 것으로 알려져 있다.

미국의 환경보호청과 국립과학원이 합동으로 구성된 음용수 안전성위원회에서 실시한

클로로포름 안전성 평가에 의하면 음용수 중 클로로포름이 최고로 검출된 농도는 0.366 mg/L이었다. 만일 클로로포름이 0.0017 mg/L의 농도로 오염된 음용수를 매일 2 L씩 평생 동안 마실 경우 발암 가능성은 1/100만 명으로 추정 계산하고 있다.

우리나라를 비롯하여 미국과 일본의 경우 수돗물의 트리할로메탄의 허용농도를 0.1 mg/L을 기준으로 하고 있다.

(2) 영양염류(질소와 인)

영양염류는 부영양화를 일으키는 주 원인이다. 저수지나 호수에 유입된 유입수 중 질소와 인의 농도가 높아지면 이들 영양염류를 섭취하여 생장하는 조류가 번성하게 되므로 물꽃(water bloom)을 피우는 소위 부영양화가 발생하는데 이러한 부영양화가 일어나면 물을 이용하는 데는 다음과 같은 문제를 발생시킨다.

① 조류가 번식하다 죽게 되면 이들이 분해되면서 물속에 녹아 있던 산소가 소모되어 물고기나 다른 생물체가 산소부족으로 피해를 보게 된다.

② 조류가 많이 증식하면 물이 탁하게 되고 색깔이 변하며, 독한 냄새를 풍기거나, 독성을 일으켜 수자원의 이용가치는 물론 휴양지로서의 가치를 저하시킨다.

③ 바다에서 부영양화 현상이 발생하면 적조류에 의하여 적조(赤潮)현상이 생기고 어류를 사멸시키는 결과가 될 수도 있다.

영양염류 중에서 인체에 직접적인 영향을 미치는 것으로는 질산성 질소가 대표적이라 할 수 있다. 물과 음식에 용해되어 있는 질산성 질소는 체내에 흡수되어 혈액속의 헤모글로빈과 반응하여 아질산성 질소로 자신이 환원되면서 헤모글로빈을 메타헤모글로빈으로 환원시켜 헤모글로빈과 산소와의 결합력을 떨어뜨리게 한다. 이때 메타헤모글로빈의 농도가 전체 헤모글로빈의 10% 수준이 되면 병이 발생하는데 이 병을 유아청색증(乳兒靑色症, blue baby)병 또는 메타헤모그로비아라고 하며, 메타헤모글로빈의 농도가 20~50%의 수준에 이르면 무기력, 두통, 의식불명 등의 증상이 나타나게 되고 50% 이상이 되면 위험한 것으로 보고되고 있다.

이 병은 유아나 어린아이에게 발병률이 높다. 성인은 발병률이 적고 위험한 정도까지 이르지는 않는다. 유아나 어린이들은 위액의 산도가 낮아 질소를 아질산으로 환원시키는 미생물을 쉽게 자라게 하기 때문에 메타헤모글로빈으로서의 전환이 쉬우며 메타헤모글로빈을 헤모글로빈으로 전환시키는 효소계가 결핍되어 있고 체중에 대한 음용수의 섭취량이 어른보다 유아나 어린이가 많기 때문에 얼니이에게 발병률이 높다. 우리나라에서도 근래 발병된 보고가 있다.

(3) 페놀류

페놀류는 석유화학 관련 공장 등 여러 산업체에서 발생하며 특히 염소와 반응하여 염화페놀을 생산한다. 페놀류에 대한 일반적 피해 증상은 다음과 같다.

가. 페놀

페놀의 흡수는 증기상태의 경우 호흡기를 통하여 흡수되고, 액체일 경우 피부에 묻어 흡수되며, 다음과 같은 여러 증상이 나타난다.

① 20~50 ppm을 5일 동안 실험동물에 흡입시킨 경우 호흡곤란과 운동마비 등의 증상이 나타났고, 간장 및 신장에 독성이 나타났다.
② 230 ppm의 농도로 8시간 흡입시킨 경우 눈과 코에 자극, 운동장애, 근육경련 등이 있어났으나 하루가 지낸 다음 정상 회복되었다.
③ 흰쥐에 대한 경구독성은 반수치사량 317 mg/kg이며, 이를 체중 60 kg인 사람에게 경구 투여했을 경우로 환산하면 약 19 g이 된다.
④ 사람이 많은 양에 폭로되었을 때는 허탈상태를 초래하고, 피부에 묻었을 때는 국소장애를 일으키고, 눈에 묻었을 때는 각막과 결막에 심한 염증을 일으킨다.

나. 염화페놀류

염화페놀류는 주로 경구 또는 피부를 통해 흡수되며 증상은 다음과 같다.

① 많이 섭취할 경우 점막부식성, 복통, 구토를 수반하는 소화기계의 염증과 혈압강하, 경련, 간장 및 신장장애 등이 나타나고, 심하면 간헐성 경련, 호흡곤란 및 혼수상태를 초래해 사망에 이른다.
② 삼염화페놀은 체온상승과 경련을 일으키며, 흰쥐와 마우스를 대상으로 한 실험에서 백혈구 감소와 골수의 이상 증상이 나타났다. 미국 환경보호청에서 발표한 내용을 보면 삼염화페놀이 12 ppb 수준으로 들어있는 물을 매일 2 ℓ씩 일생동안 마실 때 10만 명 중 1명이 암에 걸릴 가능성이 있다고 보고하였다.

③ 오염화페놀은 피부를 통해 흡수되어 전신중독을 일으킨다. 1%의 용액을 장기간 접촉 시 호흡촉박과 혈압강하, 구토, 체온상승 등의 증상이 일어나고 온몸에서 많은 땀을 흘리게 된다고 한다.

(4) 불소화합물

불소화합물의 인체 유입은 알루미늄 제련소와 도자기 관련업소 등에서 대기 중에 배출되어 호흡에 의하여 흡입되는 경우가 있고, 불소화합물이 함유된 식수나 식품 등을 섭취함으로서 인체에 유입되기도 한다.

인체에 흡수된 불소화합물은 몸 전체에 신속이 분포되는데, 주로 골격에 잔류하고 약간은 치아에 잔류되며 고농도에서는 탄수화물이나 지질, 단백질, 무기질 대사를 방해할 수도 있지만, 동물의 경우 소량의 불소는 반드시 필요한 영양소이기도 하다.

고농도의 불소화합물이 인체에 유입되면 급성 독성을 일으킨다. 즉, 출혈성 위장염, 급성신장염이 발생하고 간 및 심근에 해를 주며 갑상선에도 영향을 준다.

불소화합물은 소량(1 mg/ℓ)으로 치아에는 충치를 예방하는 효과가 있지만 과량(1.5~2.0 mg/ℓ 이상)으로 증가하면 치아에 반점이 생긴다. 불화나트륨의 급성치사량은 약 5 g 이다.

8장

생물학적 수환경평가

1. 종류

수질평가에는 이화학적 수질평가와 생물학적 수질평가로 크게 대별할 수 있고, 그 중 생물학적 수질평가에는 **생물상의 평가**(bioassessment), **생물독성 및 생물농축검정**(toxicity bioassay & measurement of bioaccumulation), **생물지시자**(biomaker)조사, **생물학적 조거 경보체계**(biological early warning system) 등이 있으며, 이들을 간단히 설명하면 다음과 같다.

1.1. 생물상에 의한 평가

생물상(生物相)에 의한 평가는 생물군집이 환경의 변화에 민감하게 반응하는 현상을 이용해서 지속적으로 축적된 여러 오염물질의 영향을 생물상에 의하여 종합적으로 평가하는 방법으로서 현장에서 생물상을 조사하여 개체 이상의 수준에서 총체적인 생태계의 상태를 직접 평가할 수 있는 것이다.

산업과 연관된 오염물질은 수만 종에 이르고 있으며, 이러한 많은 종류의 오염물질을 이화학적 방법에 의하여 모두를 조사한다는 것은 상당히 어려운 일이다. 이화학적 수질평가는 수계의 물리 화학적 특성의 변화를 추정함으로써 오염의 영향을 해석하는데 중요한 단서를 제공한다.

그러나 생물은 어떤 수역의 수질을 종합적으로 반영하기 때문에 이화학적으로 분석할 수 없는 미지의 오염물질의 존재 가능성을 종합적으로 추정 평가할 수 있는 것이다.

따라서, 수질에 대한 효율적 평가를 위해서는 이화학적 방법과 더불어 생물학적 방법의 보완이 필요하다.

생물상에 의한 수질평가의 장단점을 요약하면 다음과 같다.

(1) 장점

① 생물학적 수질평가는 유해한 오수가 현재 하천에 유입되고 있는지의 여부와 관계없이 항상 유효하게 적용할 수 있다. 왜냐하면, 생물계에는 과거 상당히 장시간 동안 흐르고 있는 수질환경의 영향을 받아 평균적인 수질을 유지하고 있기 때문이다. 따라서 이전에 있었던 환경영향에 대해서도 추적할 수 있는 것이다.

② 생물학적 평가는 대개의 경우 단지 1회의 조사만으로도 오탁평균치를 얻는 것이 가능한데 비하여, 화학적 평가는 검사할 물의 채취 및 분석을 수회 반복한 평균에 의하여 그 목적을 이룰 수 있다.

③ 생물학적 평가는 직접적으로 신속하게 이루어지나 이화학적 평가는 항목에 따라서 다르나 대개의 경우 오랜 시간이 걸린다.

표 8-1. 이화학적 및 생물학적 수질평가법의 장단점

내 용	이화학적 방법	생물학적 방법
수질의 반영	제한적	종합적
수질항목의 상승작용	반영불가능	반영가능
수질항목 평가치의 이질성	나타남	나타나지 않음
평가결과의 임의 변동	나타남	나타나지 않음
과거 오염영향 추적	불가능	가능
오염방향의 평가	간접적	직접적
평가의 신속성	항목에 따라 다름	신속
소요 노력	많음	적음
소요 비용	많음	적음
오염물질의 정량	직접적	간접적

④ 생물학적 평가는 이화학적 평가방법에 비하여 소요 노력과 경비가 적게 된다.

⑤ 생물학적 평가는 실무지침을 통하여 초등학생부터 전문가에 이르기까지 손쉽게 적용할 수 있다.

(2) 단점

① 생물학적 평가는 생태계에 유해한 물질의 유입 여부를 증명할 수 있지만 어떤 성분인가는 밝힐 수 없다.

② 생물학적 평가는 문제가 되는 물질의 정확한 수치를 제시하지 못한다.

1.2. 생물독성 및 생물농축 검정에 의한 평가

생물독성검정(生物毒性檢定, toxicity bioassay)은 개체의 사망이나 호흡반응 등과 관련하여, 미지의 독성물질을 포함해서 여러 유해물질의 종합적인 독성을 평가하고, 새로 유입되는 오염물질의 영향을 예측하는데 이용될 수 있다. 생물검정결과는 생물에 이용될 수 있는 유해물질의 독성만을 반영한다. 따라서 단일 유해물질의 독성 또는 복합독성의 정량화, 배출수와 수계에서의 오염물질의 생물학적 영향평가, 지표생물의 급성 및 만성적 독성평가 등에 사용되고 있다.

그러나 독성원인물질에 대한 규명이 어렵고 주위 환경에 따라 독성이 달라질 수 있다. 최근에는 오염물질의 화학적 특성별(친수성, 소수성)로 시료를 분별한 후 독성의 유무를 평가함으로써 독성 원인물질의 종류를 구분하는 방법(toxicity identification and evaluation : TIE)이 개발되고 있다(고, 1997).

폐수에 포함된 유해화학물질의 유입을 최소화하여 인간의 건강과 수서생태계의 보전이라는 수질관리의 목표를 달성하기 위해서는 여러 가지 환경독성학적 개념이 수질관리에 도입되어야 한다. 폐수의 경우 여러 가지 독성시험을 해서 그 독성정도에 따라 배출을 규제하는 것에 대해서도 많은 연구의 필요성이 있다. 현재 생물독성 시험은 대개 물고기와 무척추동물을 이용한 급성 및 만성 독성시험법으로 결정된다. 그러나 앞으로는 단시간 내에 시험이 이루어질 수 있는 효소나 미생물 등에 의한 방법들이 많이 연구되리라 믿어진다.

생물농축측정(生物濃縮測定, measurement of bioaccumulation)은 생물체가 체내에 축

적시킨 오염물질의 양을 측정하는 방법이다. 실험실과 현장 모두 적용할 수 있으며 오염물질의 생물이용도를 평가할 수 있다. 특히 먹이사슬의 상위단계에 위치한 생물에 대한 잠재적인 독성영향에 대한 정보를 제공해 줄 수 있다는 점에서 인간에 대한 위해도를 평가하는데 활용될 수 있다.

1.3. 생물지시자 조사

환경분야에서 외부의 스트레스에 의한 환경의 변화를 나타내기 위하여 **생물지시자**(生物指示者)를 흔히 Bio-indicator, Biocriteria, Biomarker라는 용어를 사용하고 있다. 이러한 용어는 생태계층에서 각각의 변화정도를 나타내는 적절한 지시자들을 의미하고 있다. 이들 중 "Biomarker"란 용어는 생물 생태계의 변화를 뜻하기 보다는 유해 화학물질의 노출에 의한 생물체내의 측정가능한 세포수준 이하에서의 유전자변이, 세포형태의 변화, 생리 화학적 대사과정의 변화 등의 개체이하 수준에서 변화를 측정하여 오염물질의 영향을 평가하는 방법으로, 생물지시자에 의한 수질오염 수준 평가는 민감하고, 경제적이며, 용이하고, 간편한 장점이 있다.

Biomarker의 기법은 저농도 수준의 유해 화학물질에 노출된 생물체가 사망 등의 병변현상을 일으키기 전, 생리화학적 변화가 먼저 일어나는 것을 응용하여 그 변화량을 감지하는 기법이므로 유해화학물질이 유입된 후 하천수에 의해 희석되어 저농도로 존재하게 되는 하천 수질을 평가할 수 있는 방안이 될 수 있다. 또한 시험용생물체를 배양하거나 유지할 필요가 없는 경제적 방법이며, 생물체를 직접 다루지 않는 기법일 뿐만 아니라, 현재 kit 상품으로 개발하고 있으므로 앞으로 매우 사용이 간편할 것으로 믿는다(황, 1997).

1.4. 생물학적 조기 경보체계

생물학적 조기경보 체계(生物學的 早期警報 體系, Biological early warning system)는 유해화학물질에 매우 민감하게 반응하는 살아있는 생물체의 물리적, 생리적 반응을 이용하여 유해화학물질이 생물체에 미치는 영향을 지속적으로 측정함으로써, 심각한 피해가 발생하기 전에 이를 미리 알려주는 조기경보장치의 역할을 한다.

유영활동, 역류성, 선호 또는 회피 등의 행동적 반응들과 호흡률, 심장박동수, 내부 pH 변화 등의 생리적 반응이 이용된다. 이런 반응변수들은 전자기록장치에 의해서 기록, 정량화되어 통계적 분석이 가능해야 하고, 반응이 신속하고 신뢰성이 있어야 한다. 이 방법은 유입·유출수의 감시와 수계환경의 감시에 이용된다.

이러한 감시장치에 이용되고 있는 생물종은 크게 어류와 절족동물, 조개류, 박테리아 등으로 대별할 수 있다. 북미와 남미에서는 주로 어류를 이용하는 장치를 선호하는 경향이고, 유럽에서는 어류와 함께 조개류의 반응도 주요감시장치로 활용하고 있으며, 우리나라의 경우는 어류를 주로 이용하고 있으나, 물벼룩에 대해서도 많은 연구를 수행하고 있다(임, 1997).

장치에 이용하는 생물의 반응은 어류의 경우 호흡의 변화에 의한 민감도, 즉 회피성 등의 여러 행동 등이 이용되고 있다. 그리고 물벼룩의 경우는 활동성이 중요한 관찰 반응이며, 조개류에서는 열고 닫는 조개의 움직임이 중요한 반응인자가 된다.

2. 오수생물계열에 의한 수질평가

2.1. 오수생물계열에 의한 수질판정

오수생물계열(汚水生物系列, Saprobic system)이란 수역의 오염도와 구조 및 기능적인 양상을 생물학적 측면에서 구분한 계열이다. 이때 선택적으로 출현하는 지표종에 의하여 그 수역의 구계를 인위적으로 평가하여 이용할 수 있다.

오수생물계의 기준으로 정한 생물지표 개념은 Kolkwitz와 Marsson(1902~1909)에 의하여 확립된 것으로서 **강부수성수역**(强腐水性水域, Polysaprobic), **중부수성수역**(中腐水性水域, Mesosaprobic), **빈부수성수역**(貧腐水性水域, Oligosaprobic)으로 구분하였었다. 그러나, 그 후 중부수성수역이 너무 광범하여 이를 다시 α-중부수성과 β-중부수성으로 세분화하여 이용하였다. 이 후 많은 학자들의 논란이 있었으나 구계의 범위만 다를 뿐 원리상으로는 차이가 없으므로 현재까지 널리 사용되고 있으며 특성은 표 8-2와 같다.

표 8-2. 오수생물계열의 특성

	강부수성수역	α-중부수성수역	β-중부수성수역	빈부수성수역
화학적 과정	환원과 분해에 의한 부패현상이 심하다.	환원과정이 점차로 줄고 산화과정으로 바뀌어가는 수역	산화과정이 상당히 진행된다.	산화과정이 거의 끝나고 무기화의 완성이 된 단계
BOD	상당히 높다.	높다	약간 낮다	낮다
수중의 유기물	탄소와 고분자탄소 화합물 및 단백질 등의 유기물이 극심함	고분자화합물의 분해에 따른, 아미노산이 풍부한 유기물오염이 심한 수역	지방산의 암모니아 화합물이 많으며, 유기물오염이 약한 수역	유기물 오염이 없는 수역
수중 Bacteria	대량 존재. 1cc에 100만 이상 존재	많은 존재. 보통 1cc에 10만 이상	보통으로 존재. 1cc에 10만 이하	극히 적게 존재. 1cc에 100 이하
식물	규조, 녹조, 접합조, 고등식물 등이 존재하지 않음	조류가 대량으로 발생; 남조, 녹조, 접합조, 규조 등 출현	규조, 족조, 접합조의 많은 종류가 출현. 특히 고조류(장고말)이 많이 분포함	수중 조류는 적으나 착생종류가 많다.
원생동물	원생동물이 우세함. 아메바류, 편모충류 등이 출현하고, 태양충류, 쌍편모충류, 흡관충류는 출현하지 않음	태양충류와 흡관충류 등이 약간 출현하고 쌍편모충은 아직 출현하지 않음	태양충류와 흡관충류 등 오염에 약한 종류와 쌍편모충류가 출현함	편모충류와 섬모충류가 많다.
후생동물	윤충류, 유형동물, 수서곤충 등의 유충이 극소수 출현. 히드라, 담수해면, 선태동물, 소형갑각류, 패각류, 어류 등은 생식을 못함	담수해면과 선태동물이 아직 출현하지 않음. 패각류와 갑각류, 곤충류가 출현한다. 일부 오염에 강한 어류가 생식할 수 있음	담수해면, 선태동물, 히드라, 패각류, 소형갑각류, 곤충류의 많은 종류가 출현함. 양서류와 어류의 많은 종이 출현함	곤충 유충의 종류가 많아짐. 기타 각종의 동물의 출현함

2.2. 수리적 군집분석에 의한 수질판정

수리적 군집분석에 의한 수질평가 방법은 각종의 지표성을 무시하고 종수나 각종의 개체수 조성비와 환경상태와의 유기적 관계에 중점을 두고 평가하는 것이다.

수리적 군집분석방법은 오수생물계열의 변화에 군집의 기능적 변화가 수반된다는 기본적 가정에 근거를 두는 것으로, 이는 군집자체의 정보치를 사용함으로써 분석자의 주관적 오류를 범할 가능성이 전혀 없다는 점에서 매우 이상적 기법의 하나로 볼 수 있다.

그러나 많은 경우 이화학적 수질 요인이 전혀 상관없는 물리적 환경요인의 변화에 의해서도 생물군의 객관적 군집지수는 크게 달라지므로 이를 수질에 대한 직접적인 해석치로 사용한다는 것은 기본적으로 무리가 따른다.

따라서 이러한 군집지수는 오수생물계열의 지표 보다는 복잡한 환경요인에 대한 생물의 반응도 혹은 생물군집의 안정도라고 평가하는 것이 바람직할 것이다. 그럼에도 불구하고 이러한 군집지수가 생물학적 수질평가에 자주 이용되어 온 것은, 주관적 평가의 경우 기본적인 가정치 자체에서 나타나는 오류의 범위가 전체적인 평가에 결정적인 영향을 주는 경우가 많다. 또한 생물 중의 국부적인 적응력에 의해 내성한계 역시 연속적으로 변하며, 객관적 군집지수 자체에도 어느 정도 오수생물계열의 특성이 반영되어 있을 가능성이 크기 때문이다.

일반적으로 환경상태의 평가를 위해 적용되는 군집지수는 다음과 같다.

(1) 우점도 지수

우점종(優占種, dominant species)이란 군락 내에서 가장 높은 생활형을 가지고, 그종의 환경형성작용을 통하여 생육지의 환경조건을 규정하고 있는 종을 말한다. 약간 막연하게나마 단지 조사구역 내에서 양적으로 많은 종을 말하는 경우도 많다. 양적 측도는 개체수, 피도, 중량 등 여러 가지가 쓰이고 있다. 이 경우에는 군락내의 계층에 따라 우점종을 판정한다.

일반적으로 환경상태가 악화됨에 따라 내성이 강한 특성종이 우세적으로 나타난다. 따라서 특정 우점종이 총군집에서 차지하는 개체수비는 환경상태의 지표로서 이용될 수 있다.

McNaughton(1967)에 의한 우점도 지수는 현재 많이 이용하고 있으며, 이것은 우점종 2종이 총군집에서 차지하는 개체수비를 **우점도지수**(優占度指數, Dominance index)로 제안한 것이다.

우점도지수(DI) = n1 + n2 / N

n1 = 제 1 우점종 개체수

n2 = 제 2 우점종 개체수

N = 총개체수

(2) 종다양도 지수

종다양도(種多樣度, Species diversity)는 종다양성과 같은 말로 쓰여진다. 생물군집은 여러 가지 종으로 구성되어져 있고, 구성 종수가 많고 각각의 종개체수의 차가 적을수록 조성이 복잡하다. 이와 같이 군집조성의 복잡함은 종의 풍부함과 개체수의 두 요소에 의해서 결정되며, 이러한 두 요소인 종의 풍부함과 개체수를 하나로 정리해서 다양성이라 한다.

일반적으로 **높은 종다양도**라 함은, 같거나 거의 같은 종들이 매우 풍부하게 있는 경우이고, **낮은 종다양도**라 함은 군집이 적은 종으로 구성되어 있거나 단지 몇몇 종만이 풍부하게 있을 때마다, 만일 한 군집이 10개의 종으로서 100개체로 구성되어 있을 때 최대 잠재다양도는 10개 종이 각각 10개체로 구성되어 있는 경우이고, 최소 잠재다양도는 1개의 종으로 91개체가 구성되고 나머지 9개의 종이 1개체씩으로 구성되어 있는 경우이다.

따라서 높은 종다양도의 의미는 매우 복잡한 군집을 나타낸다. 왜냐하면, 여러 가지의 종이 다양하다는 것은 종간의 상호작용이 다양하기 때문이며, 그 결과 에너지 이동, 먹이망, 포식관계 경쟁, 지위분배 등을 포함한 개체군의 상호작용이 이론적으로 복잡하고 다양하게 되는 것이다.

다양도지수는 생물학적 수질지표로 호소, 하천, 바다의 오염상황 조사 등에 쓰여지는 것으로서, 수역에 서식하고 있는 생물의 종류가 많고, 안정한 생물군집을 형성하고 있을 때는 청수역이 되지만, 반대로 생물의 종류수가 적고, 특정의 생물이 다량으로 번식하고 있을 때는 오염수이다.

다양도지수(H')는 보통 다음과 같은 식이 이용된다.

① Shannon(Wiener)의 다양도지수

$H' = -\sum P_i \log Pi$ $\qquad Pi = n_i / Ni$

② Nargalef(1958)의 정보이론에 의해 도출된 Shannon-Weaner function(H')을 Llyod와 Gheraldi가 변형한 공식(Pielou, 1969)으로서

$H' = -\sum P_i \log_2(Pi)$ $\qquad H' = -\sum \{n_i / N) \cdot \log_2(n_i / N)\}$

$_i$ = 종수

n_i = 수도

P_i = 종 $_i$에 나타난 총개체수 비

표 8-3. 우점도와 다양도에 따른 군집특성 및 환경상태

우점도지수 (DI)	다양도지수 (H')	종간경쟁	군집안정도	환경상태
0.90~1.00	0.00~1.00	경쟁력 파괴	극한 안정	매우 불량
0.70~0.90	1.00~2.00	경쟁력 약함	불안정	불량
0.50~0.70	2.00~3.00	경쟁력 다소 높음	불안정	다소 양호
0.25~0.50	3.00~4.00	경쟁력 높음	안정	양호
<0.25	>4.00	경쟁력 매우 높음	고안정	매우 양호

군집지수간 상호관계에 있어 다양도지수와 우점도지수는 그 이론의 배경에 따라 역상관적 관계를 보여준다. 즉, 다양도와 우점도는 선형에 가까운 2차곡선의 형태로 나타난다.

우점도는 다양도에 비해 간단히 산출할 수 있는 장점이 있다. 즉, 전체 군집의 개체수를 계산하고 우점종 2종에 대한 개체수가 파악되면 실험실내 복잡한 동정과정은 물론 다소 번거로운 통계적 처리 없이 조사 현장에서 즉시 산출할 수 있는 지수로 이용할 수 있기 때문이다. 군집내 종조성 특성에 따른 우점도 및 다양도지수(②의 식)의 구간은 표와 같다.

3. 조류에 의한 수질평가

호수에 유입되는 영양물질이 증가될 때 초기에 나타나는 영향은 어느 기간 동안은 거의 언제나 식물 플랑크톤 생물량의 증가로 나타난다. 그것은 전에 제한 요인이었던 영양물질이 공급되어 환경의 수용능력이 증가되는 것을 반영하는 것이다.

산업의 발달과 인구의 증가로 배출 오염물질량이 증가하여 호수로 많은 오염물질이 유입되어 유기물량 및 질소, 인 등의 영양염류량이 증가하는 부영양화가 급속히 진행되면서 세계 각지의 호수에서 **물꽃**(water bloom)이라고 불리는 조류의 대량 발생현상이 관찰되고 있다. 온대의 호수에서는 봄과 가을에 호소수의 순환이 일어나서 영양염류가 햇빛이 닿는 층으로 운반되기 때문에 식물 프랑크톤의 증식현상이 눈에 띄게 나타난다. 수면 근처가 녹색이나 갈색으로 착색되는 경우에서, 이 현상을 이전에는 물꽃으로 불렀다. 그러나 현재는 부영양의 담수역에서 볼 수 있는 식물프랑크톤의 이상증식 현상, 또는 단시간에 고밀도로

폭발적인 증식을 볼 수 있는 현상을 가리킨다. 또 해양에서 볼 수 있는 프랑크톤의 이상증식에 의한 적조를 포함하는 경우가 있다.

물꽃을 일으키는 원인 조류종은 대개 10여 속으로 *Scenedesmus*속, *Euglena*속, *Chlamydomonas*속 등의 녹조류, *Microcystis*속 등의 남조류, *Cyclotella*속, *Anabaena*속, *Aphanizomenon*속 등의 규조류가 알려져 있으나 이 중에서도 *Microcystis*속이 가장 빈번하게 수화를 발생시키는 것으로 알려져 있다.

물꽃현상이 발생하면 이취(異臭, off-flavor) 발생, 스크린의 폐쇄, 배관에 점액질의 축적 등 상수이용상 많은 문제를 야기시키며 또한 어떤 조류는 독소를 생성하여 물의 생존에 필요한 용존산소가 부족하게 되고 또한 이 분해산물이 다시 조류의 증식에 필요한 영양염을 제공하여 내적 오염 부하로서 작용하기도 한다. 이외에도 물꽃현상은 유원지에서 낚시, 수영, 보오트놀이 등을 방해하며 호수표면을 착색시켜 경관을 해치는 등 나쁜 영향을 끼치게 된다.

출현한 구성군(構成群)의 종류수의 비에 따라서 수역의 수질을 간이 평가할 수 있다. Thunmark(1945)는 녹조류/고조류(장고말)의 비를 사용하여 수질의 영양상태를 비교한 바 있다. 즉, 계산된 값이 0~1이면 빈영양, 1~5이면 약부영양, 5~15이면 강부영양이라고 평가하였다. 이것을 기준으로 하여 Nygard(1946)는 여러 가지 종류수에 대한 비율을 생각하여 조류를 부영양 수역의 것과 빈영양수역의 것으로 분류하였다. 부영양수역의 특징적인 것은 유그레나류, 남조류, 그리고 대다수의 녹조류와 중심류(둥근형)임을 확인하였고, 빈영양수역의 특징적인 것은 고조류(鼓藻類, 장고말류)임을 확인하였다.

① 남조류비율 = 남조류 / 고조류

② 녹조류비율 = 녹조류 / 고조류

③ 규조류비율 = 중심류 / 우상류

④ 유글레나비율 = 유글레나류 / 남조류 + 녹조류

⑤ 복합비율 = 남조류 / 녹조류 / 중심류 + 유글레나 / 고조류

복합비율이 1 이하이면 대부분 빈영양적이고, 1 이상이면 부영양적이다. 이 중에서 1~2.5는 약부영양, 3~5는 중부영양, 5~20은 높은 부영양으로서 약간 오염이 되어 있고, 20~43은 강부영양으로서 유기물에 의한 오염부하가 매우 높음을 인정할 수 있다.

4. 저서성 대형 무척추동물과 수질

저서성 무척추동물(底棲性 無脊椎動物, benthos)이란 물속의 바닥이나 수초를 주변으로 생활하는 생물 중 육안으로 식별이 가능하고 척추가 없는 동물을 말하는 것으로 수서곤충류와 지렁이 및 플라나리아류, 거머리, 새우, 조개류 등을 포함한다.

이들은 종류가 매우 다양하고 각종 환경조건에 대한 적응양식도 고도로 분화되어 있어 수질에 따라 출현하는 종류가 서로 다르다. 따라서 저서성 동물은 수질환경의 지표종으로써 활용도를 높일 수 있기 때문에 앞으로 환경문제와 관련하여 많은 관심을 가져야 할 것이다.

4.1. 수서곤충의 개요

하천이나 연못 및 늪 주변 등의 조용한 가라앉은 수면을 보면 많은 곤충이 돌아다니는 것을 볼 수 있다. 또한 식물이 무성한 얕은 물속에는 기묘한 모양을 한 벌레들이 헤엄을 치고 다니는 것을 볼 수 있는데 이들은 대부분 곤충의 유충들이다. 이처럼 생활사의 전부 또는 그 일부를 물속에서 생활하는 곤충류를 총칭하여 **수서곤충**(水棲昆蟲, aquatic insects)이라 한다. 이들 수서곤충은 원래 다른 육상곤충에서와 같이 육상생활을 하던 곤충 종류가 2차적으로 다시 수중 생활을 하게 된 것으로 대부분 환경의 변화에 대응하여 생활방식이 잘 적응된 것들이다.

수서곤충은 곤충의 전 목(目) 중에서 10여 개의 목에 걸쳐있다. 이들은 종류에 따라 변태과정의 특정시기 중 수중 생활을 하는 시기가 다르며 그 내용을 보면 다음과 같다.

① 유충과 성충의 전 생애를 수중에서 생활하는 것 : 노린재목(半翅目)과 딱정벌레목(鞘翅目)뿐이다. 단, 딱정벌레목 중 반딧물이과의 성충은 육상 생활을 한다.

② 유충시기 또는 유충과 번데기 시기를 물속에서 생활하고 성충시기는 육상에서 생활하는 것 : 노린재목과 딱정벌레 이외의 목. 단, 하루살이목(蜉蝣目), 강도래목(襀翅目), 잠자리목(蜻蛉目) 등은 유충시기를 수중에서 지나고 번데기를 거치지 않고 바로 성충이 되어 육상 생활을 하는 불완전변태(不完全變態)의 곤충이고, 벌목(膜翅目), 뱀잠자리목(廣翅目), 날도래목(毛翅目), 나비목(鱗翅目) 및 파리목(雙翅目)은 완전변태 곤충으로 유충시기와 번데기 시기를 수중에서 지난 다음 성충으로서 육상 생활을 한다.

수서곤충의 생활 장소를 보면 물가의 얕은 곳이나 계류와 같은 곳과 물가에 수초가 무성한 곳에서 많은 종류의 개체수가 서식하며, 정수에서 생활하는 종류들보다 흐르는 유수(流水)에서 생활하는 종류 즉, 계류성(溪流性) 곤충에서 몸의 형태나 생활하는 방법 등이 다양하게 적응되어 있다. 일반적으로 호소(湖沼)에서 생활하는 종류는 많지 않다.

수서곤충을 호흡법에 의하여 분류하면 공기 중의 산소를 이용하는 것과 용존산소를 이용하는 것으로 구분한다.

공기 중의 산소를 이용하는 것은 대부분의 생애를 수중에서 생활하는 노린재류와 딱정벌레류가 이에 속하는데, 이들은 육상에서 하던 호흡법을 그대로 지니고 있으면서 수중에서 공기 호흡을 할 수 있게 적응되어 있다. 물장군과 물방개 등의 수서곤충은 때로 물 표면으로 떠올라 기문을 통하여 직접 공기를 몸안으로 끌어들인다.

용존산소를 이용하는 수서곤충들은 폐쇄기관계를 갖고 있으며, 기관아가미(氣管鰓)를 통하여 호흡을 한다. 이러한 기관아가미는 곤충류에 다라 배마디마다 갖고 있는 것(하루살이류), 가슴과 배마디에 갖고 있는 것(강도래류, 날도래류) 등이 있으며 잠자리류는 직장의 안쪽 벽에 기관이 분포되어 이를 통하여 호흡을 하는 종류와 배마디말단의 꼬리아가미로 호흡을 하는 종류가 있다.

수서곤충의 유속에 대항할 수 있는 적응 방식은 두 가지가 있는데 그 중 한 가지는 체형이 유속에 대하여 저항을 받거나 또는 흡착장치와 같은 것을 가지고 있어 물의 흐름에 대하여 직접 대항하는 방법으로 적응하는 것이고, 다른 한 가지의 방식은 장소의 선택성에 따른 적응 방식, 즉 빠른 유속을 피할 수 있는 장소를 이용하는 간접적인 이용방법의 적응화인 것이다.

4.2. 주요 수서곤충의 생태적 특징 및 수질

(1) 하루살이목(蜉蝣目, Mayflies)

하루살이목(Ephemeroptera)은 곤충강(綱), 유시아강(有翅亞綱)에 속하는 외시류(外翅類)의 한 분류군으로서 세계적으로 2,000여 종의 현생종(種)을 가지고 있다.

성충에 있어서는 연약한 몸과 가늘고 긴 꼬리 및 다수의 맥을 가진 투명한 날개 등을 가지고 있는 것이 특징이며, 유충은 일반적으로 4~7쌍의 기관아가미를 제 1~7 배마디에 가지고 있다.

하루살이류는 생활사 중 매우 짧은 아성충기(亞成蟲期)와 성충기를 가지는 반면, 생애의 거의 대부분이 유충기로서 수중에서 생활하기 때문에 담수생태계의 1차소비자로서, 또한 수중의 환경을 평가할 수 있는 생물학적 지표종으로서 주요한 생태적 지위를 차지하고 있는 종으로서 깨끗한 청정수에서 출현율이 높다.

(2) 잠자리목(蜻蛉目, Dragonfilies, Damselfies)

잠자리목(Odonata)은 곤충강, 유시아강(有翅亞綱)에 속하며, 현생하는 종류는 약 5,000여 종이 된다. 잠자리의 조상은 3억년 전 고생대 석탄기에 이미 출현하였는데 이들은 삼첩기(三疊紀)에 멸종하는 화석으로 발견된다.

잠자리목은 날개를 배 위에 겹쳐 놓을 수 없고, 날개맥이 매우 많고 복잡하며, 성충은 강한 턱을 가지고 있고, 크기에 있어서는 매우 다양하며 작은 것은 2 cm 정도에서부터 큰 것은 15 cm 이상 되는 것도 있다.

잠자리류는 불완전변태의 곤충으로서, 성충시기와 유충시기에 모두 포식성으로 어린 유충의 시기에는 주로 동물성 프랑크톤을 섭식하고 성숙한 유충은 파리나 모기류 등의 유충을 주로 섭식하는 곤충으로 보통 익충으로 여겨지고 있지만 왕잠자리와 같은 대형의 유충들은 올챙이나 물고기의 치어(稚魚)까지 섭식하므로 양어장 등에서는 치명타를 입히기도 한다.

생태계에서 잠자리류를 위에서와 같이 강력한 2차 및 3차 소비자이지만 역시 큰 물고기들의 중요 먹이원이 된다. 유충들은 위엄이 닥쳤을 때 달아나거나 죽은 체하며 심할 때에는 그 종류에 따라 발달된 추진력에 의하여 피하는 행동을 취한다. 한편 이들은 공격을 피하기 위하여 다음과 같은 3가지 유형의 은신방법으로 적응되었다.

① 굴을 파고 생활하는 종류 : 부채장수잠자리과, 장수잠자리과, 잠자리과의 대모잠자리속, 밀잠자리속 등

② 수초 등의 지지물에 완전히 부착시켜 생활하는 조류 : 실잠자리아목, 왕잠자리과, 잠자리과 중 좀잠자리속, 날개잠자리속 등

③ 수중의 바닥에서 기어 다니는 종류 : 유수역(流水域)에 광범위하게 서식하는 종류들로 실잠자리과 중 일부, 부채장수잠리과 중 일부, 북방잠자리과 등 수중 생태계에서 먹이사슬관계에 잠자리류는 매우 중요한 역할을 하고 있다.

잠자리류는 고도의 청정지역에는 출현도가 낮으며 다소의 오염수(2~4급)에서 출현도가 높다.

(3) 강도래목(積翅目, Stone flies)

강도래목(Order Plecoptera)은 유시아강(油翅亞綱)에 속하는 독립된 분류군으로서 현생종으로는 약 2,000여 종이 분포하고 있다.

유충은 거의 대부분 수중에서 생활하는 진수서곤충(眞水棲昆蟲)으로서, 서식지는 수온이 낮고 비교적 맑고 깨끗한 수질을 갖는 유수지역을 선호하고 있다. 성충이 되어서도 모든 강도래목 곤충들은 약한 비행성으로 인해 물가 근처나 바위 및 숲 등에 서식하고 수중에서는 유속이 빠르고 용존산소가 풍부한 산간 계류나 하천의 물, 나뭇잎, 퇴적물 등의 아래에 붙어 있거나 숨어 있다.

이들은 수중 생태계의 1차 또는 2차 소비자로서 수질을 평가할 수 있는 생물학적 지표종(biological indicator)으로서 중요한 생태적 의미를 가지며, 먹이를 취하는 방식에는 각기 다른 분류군의 형태에 따라 다음의 네 가지의 방식이 있다.

① 수중에 퇴적되는 잔사물을 섭취하는 것(detritivores)
② 바위나 퇴적물에 붙어 있는 조류(algae)나 이끼(moss)들을 긁어 먹는 것(scrapers)
③ 나뭇잎 또는 나무껍질을 갉아 먹는 것(grazers)
④ 다른 무척추동물을 포획하는 것(predators)

강도래류는 고도의 청정수에서 출현하며 다소의 오염수인 3급수 이상에서는 출현하지 않는다.

(4) 노린재목(半翅目, Bugs)

노린재목 중에서 노린재아목(異翅亞目)만 진수서성(眞水棲性) 및 반수서성(半水棲性)인 종류를 포함하고 있다. 서식지는 매우 다양하여 해안가나 염분이 있는 습지, 하천이나 큰 강의 물가, 호수나 연못 등의 정수역, 고산의 호수나 온천 등에서 광범위하게 서식한다. 이들은 대개가 육식성 포식자로서 모기의 유충과 성충을 포식하는 중요 천적으로 취급되고 있다. 이들은 특이한 냄새로서 자신을 보호하기도 한다.

(5) 뱀잠자리목(廣翅目)

뱀잠자리목(廣翅目, Megaloptera)는 곤충강, 유시아강에 속하는 외시류(外翅類)의 한 독립된 분류군으로 전세계적으로 뱀잠자리과와 좀잠자리과 두 과에 300종이 안되는 종류가 기재되어 있다.

날개를 가진 곤충 중에서 가장 원시적인 유형의 곤충으로서 포식성이고 완전변태를 하며 주로 1·2급의 청정수에서 수서 생활을 하지만 알과 번데기 및 성충은 육상 생활을 한다.

(6) 날도래목(毛翅目, Caddis fly)

날도래목(毛翅目, Trichoptera)은 곤충강, 유시아강에 속하는 외시류의 한 독립된 분류군으로서 나비목과 매우 유연관계를 가지며 전세계에 약 10,000여 종이 알려져 있다.

유충은 담수생태계에서 1차 및 2차 소비자로서 차지하는 비중이 매우 크며, 많은 종들이 생태환경에 대한 내성범위가 좁다. 식성은 초식성(Herbivore), 육식성(Carnivore), 잡식성(Ominivore) 등 종류에 따라 다양하며 또한 같은 종 내에서도 영기에 따라 식성이 바뀌는 종들이 많다.

날도래 유충은 집을 짓는 습성에 따라 다음의 5군으로 나눈다.

① 튜브형태의 집을 짓는 것(Tube-case makers)

② 그물을 치는 것(Net-spinners나 Retreat makers)

③ 집을 짓지 않고 자유생활을 하는 것(Free-living forms)

④ 사다리 형태의 집을 짓는 것(Saddle-case makers)

⑤ 지갑형태의 집을 짓는 것(Purse-case makers)

날도래류는 오염에 대한 내성이 매우 작고, 대다수는 중부수성에서 빈부수성수역까지 출현한다.

(7) 나비목(鱗翅目, Butterfilies, Moths)

나비목(鱗翅目, Lepidoptera)은 유시아강에 속하는 외시류에 속하며 단순한 날개시맥과 날개를 위로접을 수 있는 등의 특징에서 곤충강에서는 다소 진화된 분류군이며 전세계적으로 약 100,000여 종을 넘는 종류가 기록되어 있으며 대부분 생활사를 육상에서 보낸다.

나비목에서 유충시기를 수중에서 보낸 것은 명나방과, 밤나방과, 박각시과 등이며 특히 이중 알과 유충, 번데기의 모든 시기를 물 속에서 보내는 것으로는 명나방과가 있다. 이중 어떤 종류는 성충 역시 일정 시기를 물 속에서 보내기도 한다. 이들 나비목 곤충의 유충은 호수나 깊고 유속이 빠른 하천, 온천수 등지의 다양한 서식 조건에서 생활하며 대체로 유기물이 풍부한 곳을 선호하는데 날도래와 같이 집을 짓고 사는 종류도 있다.

(8) 딱정벌레목(鞘翅目, Beetles)

딱정벌레목(鞘翅目, Coleoptera)은 곤충류의 약 70%를 차지하는 가장 큰 분류군으로서 곤충강, 유시아강의 외시류에 속한다.

성충 시기를 수중에서 보내는 종류들은 발목마디에 유영모(遊泳毛)를 가지는데 이는 수중생활에 적응된 형태이고, 그 외 많은 종류들이 기관아가미를 가지고 호흡을 한다.

수중에서 유충과 성충시기를 모두 보내는 종류는 물진드기과, 자색물방개과, 자색물방개과, 여울벌레과, 물매미과, 물땡땡이과 등이 있으며, 유충시기만을 수중에서 생활하는 것은 알꽃벼룩과, 진흙벌레과, 물삿갓벌레과 등이 있는 것으로 밝혀졌다. 여울벌레과, 물삿갓벌레과, 알꽃벼룩과의 종류들은 유석이 빠르고 대체로 맑은 물에서 서식한다.

(9) 파리목(雙翅目, True Flies)

유시아강에 속하며 체재상 가장 잘 발달된 곤충으로 각다귀류, 모기류를 모두 포함하며, 지구상에 약 50,000여 종이 기록되어 있는 가장 큰 목의 하나로, 과 수만도 100개 이상이다.

수서(水棲, aquatic), 반수서(半水棲, semiaquatic)의 성충은 물 근처에서 사는데 깔다구과, 춤파리과, 장다리파리과, 각다귀과 등은 물 위에서 걷거나 미끄러져서 움직이면서 살고, 흡혈(blood sucking)하는 종류들(먹파리과, 등에모기과, 모기과 등)은 약간 물에서 떨어진 곳까지 이동한다.

성충은 일부만 진수성이며 유충은 약 50%가 수서곤충으로 고려할 수 있지만, 실제로 물과 직접 관련된 종류는 적어서 연못, 늪, 호수, 하천 등 자연수계(自然水系)에서 사는 종류는 전체의 약 10%에 지나지 않는다.

대개의 과(집파리과 등)에서는 단지 몇 종류만 수서이고 대부분 육서인 반면, 멧모기과, 모기과, 깔다구과, 먹파리과 등 긴뿔파리아목의 종류들의 대부분은 수서이다. 서식지로는 염수나 극심한 폐수지역, 얕고 깊은 호수의 연못, 40℃ 정도의 온천수, 인공적으로 수중환경이 만들어진 곳, 유원지, 강 등 거의 모든 수서 환경을 점유하고 있다. 생활형도 자유로이 떠다니는 부유성(浮遊性), 이동하는 유영성, 기생성 및 수중식물에 붙어살거나, 진흙, 모래, 자갈, 돌 밑에 사는 종류 등 다양하다.

먹이를 먹는 방식도 여과성(filter feeding), 포식성(predator), 부육식성(scavenger) 및 돌 표면을 핥거나 긁어 먹는 종류 등 다양하다.

파리목은 종류가 다양한 만큼 수질에 따른 출현특성도 다양하다. 같은 종에서도 붉은색깔다구류는 4~5급수인 오염수에서 출현하는가 하면 흰색깔다구류는 1~2급수의 청정수에 많이 출현한다.

4.3. 기타 주요 저서성 대형 무척추동물

(1) 플라나리아류

플라나리아는 편형동물(扁形動物門, platyhelminthes)의 와충강(渦蟲綱, Tubellaria)에 속한다.

편형동물에는 기생생활을 하는 것과 자유생활을 하는 것이 있는데 자유생활을 하는 무리는 와충강 뿐이다. 와충강에 속하는 것들의 대부분은 민물, 바다, 육상에서 자유생활을 하며 몸길이는 5 mm~5 cm 크기로 다양하나, 담수에 사는 것은 10~20 mm이다.

담수에 살고 있는 플라나리아는 작고 맑은 하천의 깨끗한 물 또는 습한 지역에서 서식한다. 몸의 색깔은 갈색, 흑갈색, 흑색 등이 있고 빈부수성수역의 지표군으로 인정된다. 종류는 플라나리아(Dugesia gonocephala)와 산골플라나리아(Phagocata vivida) 등이 있고 육지의 습한 곳에서는 Biaplium, Placocephalus 등이 있다.

(2) 선충류

선충(線蟲)은 선형동물(線形動物門, Nematoda)에 속하며 바다, 민물, 육지 등 생물이 살 수 있는 곳이면 어디에서나 찾아 볼 수 있다. 약 10,000여 종이 알려져 있으나 50만 종 이상 될 것으로 추정되며, 이들은 ① 분해자로 토양속의 유기물 조각을 청소하거나, ② 포식자로서 지렁이 및 원형동물을 포식하거나, ③ 기생충이 되기도 한다.

저서동물군으로서의 선충류는 몸의 변화가 매우 다양하며 몸 색깔은 회색 또는 흑갈색이고 몸이 가늘고 매끄러우며 수서곤충 등에 기생 혹은 자유생활 하며, 비교적 깨끗한 물에서 관찰된다.

(3) 실지렁이류와 거머리류

실지렁이류와 거머리류는 환형동물문(Annelida)에 속한다. 환형동물문에는 다모강(多毛綱, Polychaeta), 빈모강(貧毛綱, Oligochaeta), 거머리강(蛭綱, Hirudinea)이 있는데, 실지렁이는 빈모강에 속하고 주로 민물의 고도의 오염수에 많이 서식한다. 그리고 거머리는 대부분 민물산이지만, 해수나 육서종도 여러 종이 있다. 거머리류는 기생하는 것과 포식하는 것 등이 있으며 비교적 오염된 3~4급수에서 많이 출현한다.

(4) 복족류와 부족류

복족류(腹足類, Gastropoda)와 부족류(斧足類, Pelecypoda)는 연체동물문(軟體動物, Mollusca)에 속한다. 연체동물은 절지동물 다음으로 많은 종이 알려져 있으며 대부분(반 이상) 해양성이며 나머지는 담수(15,000종)와 육지(35,000종)에서 서식한다. 부족류에는 전복, 소라, 다슬기, 달팽이, 우렁이 등이 있으며 부족류에는 굴, 조개, 재첩 등이 있다.

저서무척추동물로서의 복족류는 논우렁이, 물달팽이, 꽃체다슬기 등이 있으며 주로 호수의 바닥이나 수초에 부착되어 있거나 흐르는 냇물 등 다소의 오염된 물에서 많이 서식한다. 그리고 부족류에는 조개류 등이 있으며 청정수나 다소의 오염된 호수의 바닥에서 출현한다.

(5) 기타

이상에서 설명한 것 이외 저서무척추동물로서 옆새우류와 등각류 및 새뱅이류 등이 있다. 이들은 절지동물문(節肢動物門, Arthropoda)의 갑각류강(甲殼類綱, Grustacea)에 속한다.

옆새우류와 가재류 등은 맑은 소하천이나 습지의 나뭇잎 사이의 고도의 청정수에서 많이 출현하며, 등각류와 새뱅이류는 주로 호수의 바닥 혹은 수초 주변의 다소 오염된 물에서 많이 출현한다.

4.4. Beck-Tsuda법에 의한 수질평가

Beack(1955)는 하천의 임의의 위치에 존재하는 육안적 동물의 종류 수를 기초로 하는 오탁의 생물학적 판정을 제안했다. 그는 동물을 오탁에 대한 **비내성종**(非耐性種, intolerant species)과 **내성종**(耐性種, tolerant species)의 두 군으로 나누어 각 지역에 있어서의 각 군의 종류 수를 조사했다. 그리고 비내성종의 종류 수를 A, 내성종의 종류 수를 B로 할 때 2A + B를 가지고 오탁의 생물지수(biotic index)를 산정했다.

이 지수(index)의 숫자가 크면 그 지역은 깨끗하고 반대로 작으면 오탁되어 있는 것을 의미한다. 오탁이 강한 곳에서는 종류수가 적고 한편 깨끗한 물에서는 종류가 다양하다는 일반적 사실에 기초를 두고 있는 것이다.

Beck은 생물지수가 10 이상이면 깨끗한 물로 생각해도 좋고, 조금 오염된 하천에는 10~6을 나타내며, 그 이하 1까지는 오염이 심한 것을 나타내는 것으로 말하고 있다.

이 방법은 육안적 동물의 종류 수만을 문제로 하는(개체수는 조사하지 않아도 좋다) 것이기 때문에 상당히 간단하다. 다만 여기서 주의해야 할 점은 조사 장소의 선정에 신중을 기하지 않으면 안 된다. 예를 들어, 임의로 수질이 거의 같은 두 곳 a, b를 선정하여 조사할 경우, a에는 바닥에 돌, 모래진흙, 수초 등이 있는 복잡한 수역이고, b에는 바닥이 단조로웠다고 하면, 동물의 종류 수는 a수역에는 많게, b수역에는 적게 나타날 것이다.

이와 같이, 수생생물은 수질의 맑고 탁함 이외의 다른 인자에 의해서도 다양성에 차이를 보이는 것이다. 따라서 종류 수를 기준한 수질의 지표를 삼기 위해서는 수질이외의 여러 환경요인이 가능한 한 일정하게 되어 수역을 선정하는 것이 좋으며, 조사 면적에 있어서도 조사지역간의 차이가 나지 않도록 주의해야 할 것이다.

홍수 또는 심한 갈수 직후에는 수질과 생물이 평상시의 것이 아니기 때문에 그때의 데이터로 판정하는 것을 피해야 만 한다. 특히 제한요인이 작용할 경우 극히 작은 생물은 회복이 빠르지만 큰 생물은 확실히 회복이 늦기 때문에 이점 주의해야 한다.

이상과 같은 조사지점간 환경이질성의 문제로 인한 오류를 최소화하기 위해서 漂田(1960)는 다음의 내용을 고려하여 조사할 것을 제안했다.

① 여울의 조약돌 바닥에서 표본을 취한다.

② 조약돌의 크기는 호박돌보다 작고 조약돌이 많은 곳을 선택한다. 단, 조약돌이 바닥

에 없을 때에는 멈출 수 없기 때문에 임의의 바닥에 조사하되, 비고로서 저질의 종류를 기록해 둔다.

③ 유속(표면유속) 100~150 cm/sec 정도의 곳을 선택한다.

④ 수심은 무릎 정도까지의 곳을 선택한다.

⑤ 낙엽, 나무가지 등이 조약돌의 사이에 많이 걸려 있는 곳은 피한다.

⑥ 조사 전, 수일 내에 물이 많이 줄거나, 불어나는 경우는 샘플의 채취를 하지 않는 것이 좋다.

⑦ 채취 면적은 일정히 한다. 50 cm × 50 cm의 채집망을 물 밑에 두고 그 범위 내의 육안적 동물을 전부 채취하는 것이 좋다.

⑧ 채취한 동물은 빈부수성(oligosaprobic)의 계급에 속하는 것을 비내성종(intolerant species)으로, 중부수성(mesosaprobic) 및 강부수성(polysaprobic)의 계급에 속하는 것을 내성종(tolerant species)으로 한다.

4.5. 군오염지수(GPI)에 의한 수질평가

군오염지수(群汚染指數, group pollution index)에 의한 평가는 국립환경연구원에서 전국의 하천에 대한 관계 기관의 조사 자료를 분석하여 실용화할 목적으로 지침으로서 펴낸 것이며 그 내용은 다음과 같다.

4.5.1. 조사방법

(1) 조사 장소의 선정

① 우리 주변에 있는 하천이나 호소를 중심으로 시작한다.

② 생물조사 지점은 하천의 경우 수심 30 cm 전후의 유속이 빠르고 바닥에 돌이 많은 여울을 선택한다. 조사지점의 일관성 있는 선정은 물리적 요인의 차이에 따른 조사결과의 오류를 최소화하기 위한 것으로 매우 중요한 사항이다. 그러나 만약 수역 전체가 유속이 느리고 바닥이 모래나 진흙으로 덮인 경우는 위 기준에 상관없이 조사하되 조사지점의 환경상태를 반드시 기록한다.

③ 생물조사 지점은 원칙적으로 물가에서 다소 떨어진 안쪽으로 정한다. 우리나라의 하천은 유량변동이 심하여 이전에는 저서동물이 살 수 없던 물가의 바닥이 홍수시에 침수되기 때문이다.

④ 조사지점의 위치는 하천의 크기와 형상 및 조사목적에 따라 다르지만 하천 전체의 오염도 분포를 파악코자 하는 경우는 조사지점간 거리를 대체로 같은 간격이 되도록 한다. 그러나 주 하천에 수질이 다른 것으로 보이는 지류하천이 유입되는 경우나 공장, 처리장의 방류수가 유입되는 경우는 유입지점의 위쪽과, 아래쪽에 조사지점을 선정하여 그 영향을 평가한다.

(2) 조사의 시기

① 원칙적으로 연간 계절별로 각 1회를 기준으로 조사한다.

② 연간 1회만 조사하는 경우는 홍수의 영향이 적고 성숙한 저서동물이 많은 4개월을 전후하여 조사한다.

③ 매년 조사를 하는 경우는 동일한 시기와 장소에서 일관성 있는 방법으로 조사하여야 수질변화를 평가할 수 있다.

④ 홍수가 있는 다음에 저서동물이 떠내려가거나 숨어 있으므로 안정된 후 실시한다(홍수가 있는 다음 약 20여 일후).

(3) 조사도구

① 지도 : 조사하려는 하천이 나와 있는 2만 5천분의 1이나 5만분의 1 지도를 준비하여야 조사할 장소를 표시한다.

② 기록용지 : 필요한 양식을 조사지점의 수 만큼 복사하여 면장철 등에 철해서 바람에 날리지 않게 한다.

③ 필기도구 : 연필, 유성펜, 볼펜을 준비한다. 양식은 연필로 기입하는 것이 좋으며, 시료병에 조사지점 등을 기입하는 경우는 유성펜을 사용하는 것이 좋다.

④ 교재 : 본 교재와 지표생물이 실려 있는 기타 도감류의 자료를 준비한다(모든 교재나 종이류는 현장의 조사과정에서 젖기 쉬우므로 비닐로 싸는 것이 좋다.

⑤ 채집망 : 0.5 mm 정도의 눈금으로 된 망목(튼튼한 모기장 천이 좋음)을 2개의 봉 사이에 낀 반도형이 좋다. 간단한 조사는 눈금크기가 위와 같은 국자 등을 사용할 수 있다.

⑥ 장화 : 가능하면 허리나 가슴까지 오는 긴 장화가 좋다.

⑦ 손갈퀴 : 약 30 cm 길이의 손갈퀴나 야전삽 등으로 충분하다.

⑧ 해부기세트 : 끝이 가늘고 뾰족한 핀셋만 있어도 되지만 가능하면 해부기세트를 준비한다.

⑨ 쟁반 : 바닥이 하얗고 평평한 쟁반을 2개 이상 준비한다.

⑩ 확대경 : 초등교육 과정에 이용되는 확대경도 무난하다.

⑪ 고무장갑 : 주방용의 목이 긴 고무장갑으로 충분하다. 겨울철 조사나 오염하천에서 손을 보호한다.

⑫ 온도계 : 봉상 온도계로 무난하다.

⑬ 양동이 : 돌을 운반하는데 편리한 것을 선택한다.

⑭ 줄자, 부표, 시계 : 유속측정을 위해 줄이 매여 있는 부표(5 m 줄)와 시계를 준비한다.

⑮ 시료병 : 채집한 생물을 보존코자 하는 경우에 약 100 ml의 플라스틱병을 준비한다.

⑯ 고정 및 보존 시약 : 채집한 생물이 보존코자 하는 경우 시약을 구하기 어려운 경우는 70% 에틸알코올을 준비한다. 학교나 기관에 단체조사를 하는 경우는 선생님이나 전문요원이 에틸알코올 28%, 포르마린 11%, 초산 2%, 증류수 59%의 혼합시약을 준비한다.

⑰ 운반용기 : 가능하면 위의 도구를 한 곳에 모아 운반할 수 있는 운반용기를 준비한다.

(4) 채집 및 측정방법

① 조사는 3~5인의 조를 짜서 각각의 역할을 분담한다.

② 먼지 기록용지에 하천명(지점번호 포함), 일시, 그 지점의 상황을 기입한다. 바닥 상태를 돌의 크기를 기준으로 바위돌, 호박돌, 자갈, 잔석, 모래, 진흙으로 구별하여 기입하되 만일 모래가 일부 섞인 자갈이라면 "자갈 + 모래" 로 기로하고, 자갈이 일부 섞인 모래라면 "모래 + 자갈" 로 기록한다.

③ 조사장소의 선정은 앞에서 열거한 기준에 의하여 조사지점을 선택한다.

④ 줄자로 하폭을 재고(하폭이 큰 경우는 대략적으로 기록) 온도와 유속을 측정한다.

⑤ 하류측에 채집망을 설치하고 앞 부분의 돌 또는 자갈을 조심스레 쟁반이나 양동이에 놓는다. 돌과 자갈을 들어낸 뒤 하천 바닥을 손갈퀴로 긁어 저서동물이 채집망에 걸리게 한다.

⑥ 양동이와 채집망을 물가로 가지고 나와 돌과 자갈을 쟁반위에 올리고 확대경으로 잘 관찰하면서 표면에 붙은 동물을 핀셋으로 채취한다. 보존을 원할 경우는 채취한 동물을 에틸알코올이나 혼합시약이 담긴 시료병에 넣는다(혼합시약을 사용한 경우는 실험실에 하루 정도 방치한 후 에틸알코올 70% 용액으로 갈아준다).

(5) 수질등급의 판정법

① 본 교재에 게재된 검색표 또는 도감 등을 이용하여 생물을 동정하고 해당 기록용지(표 8-6)에 기록한다.

② 기록용지의 출현도란에 출현도를 2단계로 구별하여(● : 출현도 높다, ○ : 출현도 낮다) 기입한다(이때 출현도가 높은 군은 1~2개 내외로 선정하도록 한다).

③ 수질판정은 (A)란에는 출현한 각 지표군(○)의 오탁계급치를 합산하고, (B)란에는 가장 높은 출현도를 보인 지표군(●)의 오탁계급치를 기입한다. 기록용지에 나타난 지표종별 숫자는 오탁계급치로서, 수질등급에 따른 출현 정도를 나타낸 것이며, 계급치의 합은 출현한 생물군의 오탁계급치를 합한 것이다. 다음 (A)와 (B)를 합하여 총계급치합을 산정하고 가장 높은 계급치를 보인 수질등급을 기입한다. 이때 각 수질등급에 따른 최종 계급치합이 동일한 경우가 나타나면 "Ⅰ-Ⅱ, Ⅱ-Ⅲ, Ⅲ-Ⅳ, Ⅳ-〈Ⅴ" 등으로 기록한다. 다음 총 계급치합을 돗수로 한 평균 오염지수 즉, 수질등급으로 기록한다. 다음 총 계급치합을 돗수로 한 평균 오염지수, 즉 군오염지수(GPI)를 산정한 후 판정을 완료한다. 군오염도 지수는 0~4 사이의 수치로 나타나며, 수치가 낮을수록 수질은 청정하고 오염이 덜 되었음을 나타낸다.

군오염지수(Yoon-Kong'GPI)와 수질 등급과의 관계는 표 8-4와 같다.

표 8-4. 군오염지수와 수질과의 관계

수질등급	부수성	군오염지수
I	빈부수성	< 1.0
		1.0
		1.1
II	β -중부수성	
		1.7
		1.8
III		
	α -중부수성	2.3
IV		2.7
		3.0
	강부수성	
V		
VI		
		4.0

번호	수질등급 지표생물군	< V 고도의 오염수	IV 오염수	III 다소의 오염수	II 청정수	I 고도의 청정수
1	플라나리아류				○○○○○○○	████████
2	선충류			■■■■■■■■■	████████	
3	실지렁이류	████████	■■■■■■■■■	○○○○○○○		
4	거머리류	○○○○○○○	■■■■■■■■■	████████	○○○○○○○	
5	복족류		■■■■■■■■■	████████	○○○○○○○	
6	부족류		○○○○○○○	■■■■■■■■■	■■■■■■■■■	
7	옆새우류, 가재류				○○○○○○○	████████
8	등각류, 새뱅이류		■■■■■■■■■	████████	○○○○○○○	
9	톡톡이류				■■■■■■■■■	████████
10	꼬미하루살이 nla, 외날개꼬마하루살이, 등딱지하루살이류		■■■■■■■■■	████████	■■■■■■■■■	○○○○○○○
11	강하루살이류, 동양하루살이, 꼬마하루살이, 세줄밤색하루살이, 등줄빗살악락하루살이			○○○○○○○		○○○○○○○
12	하루살이류(기타)			○○○○○○○	■■■■■■■■■	████████
13	고려측범잠자리, 쇠측범잠자리			○○○○○○○	■■■■■■■■■	■■■■■■■■■
14	잠자리류(기타)		■■■■■■■■■	████████	○○○○○○○	○○○○○○○
15	강도래류				○○○○○○○	████████
16	뱀잠자리류			○○○○○○○	■■■■■■■■■	■■■■■■■■■
17	물날도래류, 광낵탈도래류, 입술날도래류				○○○○○○○	████████
18	날도래류(기타)			○○○○○○○	████████	■■■■■■■■■
19	여울날도래류, 물삿갓벌레류			○○○○○○○	████████	■■■■■■■■■
20	딱정벌레류(기타)		○○○○○○○	■■■■■■■■■	○○○○○○○	○○○○○○○
21	각다귀류			○○○○○○○	■■■■■■■■■	■■■■■■■■■
22	등에류			○○○○○○○	████████	○○○○○○○
23	나방파리류	████████	■■■■■■■■■	○○○○○○○		
24	먹파리류			○○○○○○○	■■■■■■■■■	■■■■■■■■■
25	깔다구류(붉은색)	████████	■■■■■■■■■			
26	깔다구류(흰색)		○○○○○○○	○○○○○○○	████████	■■■■■■■■■
27	멧모기류					████████
28	개울등에류				■■■■■■■■■	████████
29	꽃등에류	████████	■■■■■■■■■			
사양	████████ 출현도 높음	■■■■■■■■■ 출현도 보통	○○○○○○○ 출현도 낮음			

그림 8-1. 저서성 무척추동물의 수질등급에 따른 출현특성 (부록 1 참고)

표 8-5. 저서성 대형무척추동물의 육안적 검색표

- 패각 있다
  - 1개의 나선형 패각 ······ 복족류(5군)
  - 2개의 대칭형 패각 ······ 부족류(6군)
- 패각 없다
  - 마디진 다리가 없다
    - 머리 보인다
      - 헛다리 없다
        - 몸은 납작하고 넓다 ······ 플라나리아류(1군)
        - 몸이 길다 ······ 나방파리류(23군)
      - 헛다리 있다
        - 헛다리 1개
          - 길고 가늘다
            - 붉은 색이다 ······ 깔다구류(25군)
            - 흰색이다 ······ 깔다구류(26군)
          - 곤봉모양이다 ······ 먹파리류(24군)
        - 여러 개의 헛다리 – 몸의 결 깊고, 배에 흡반이 있다 ······ 멧모기류(27군)
    - 머리 안 보인다
      - 몸에 결이 없고 가늘며 매끄럽다 ······ 선충류(2군)
      - 몸에 결이 있다
        - 다리나 흡반 없다
          - 가늘고 길며 털이 조금 있다 ······ 실지렁이류(3군)
          - 두껍고 털이 거의 없다 ······ 거머리류(4군)
        - 다리나 흡반 있다
          - 7쌍의 작은 헛발이 있다 ······ 개울등에류(28군)
          - 3~4쌍의 작은 헛발이 있다 ······ 등에류(22군)
          - 헛발이 없거나 있는 경우 5쌍이다 ······ 각다귀류(21군)
  - 마디진 다리 3쌍 이상
    - 몸이 작고 옆으로 누워 다닌다 ······ 옆새우류(7군)
    - 다리가 옆으로 나있다 ······ 등각류(8군)
    - 몸이 크고 이마에 뿔이 톱같이 길다 ······ 새뱅이류(8군)
  - 마디진 다리 3쌍
    - 배끝에 도약기가 있다 ······ 톡톡히류(9군)
    - 배끝에 도약기 없다
      - 날개 주머니 있다
        - 꼬리 없다
          - 더듬이 짧고 둥글며 동돌기 없다 ······ 쇠측범잠자리(13군)
          - 짧은 자루모양 배옆가시는 4개 ······ 고려측범잠자리(13군)
          - 위와 같지 않다 ······ 잠자리류 기타(14군)
        - 꼬리는 넓다 ······ 잠자리류 기타(14군)
        - 꼬리 가늘다
          - 배에 판모양 아가미 없다
            - 꼬리 두개 ······ 강도래류(15군)
            - 큰턱 돌출, 아가미 측방향 ······ 강하루살이류(11군)
            - 큰턱 돌출, 배에 세줄 선 ······ 동양하루살이(11군)
            - 꼬리 세개
              - 기관앙가미 세갈래 ······ 세줄밤색하루살이(11군)
              - 위와 같지 않다 ······ 하루살이류 기타(12군)
          - 배에 판모양 아가미 있다
            - 몸 가늘고, 배 등무늬 불명확 ······ 꼬마하루살이 nla(10군)
외날개 꼬마하루살이(10군)
            - 등에 딱지모양의 기관아가미 ······ 등딱지 하루살이류(10군)
            - 몸 납작, 머리 둥글며 4개의 흰 ······ 꼬리하루살이(11군)
            - 가슴등 세 개 흰줄, 등돌기 없다 ······ 등줄빗살알락하루살이(11군)
            - 위와 같지 않다 ······ 하루살이류 기타(12군)
      - 날개 주머니 없다
        - 헛다리 있다 ······ 뱀잠자리류(16군)
        - 헛다리 없다
          - 몸이 굽었다
            - 머리 앞쪽에 입술막 있다 ······ 입술날도래류(17군)
            - 집을 짓지 않으며, 고리발톱 길다 ······ 물날도래류(17군)
            - 작은 돌로 거북이 등 모양의 집 ······ 광택날도래류(17군)
            - 위와 같지 않다 ······ 날도래류 기타(18군)
          - 유충은 삿갓모양, 성충 더듬이는 갈라짐 ······ 물삿갓벌레류(19군)
          - 유충은 다리 짧고, 성충은 작고 검은색 ······ 여울벌레류(19군)
          - 위와 같지 않다 ······ 딱정벌레류 기타(20군)

표 8-6. 저서성 대형무척추동물을 이용한 수질판정용 기록용지

하 천 명		행정구역명			
조사기관		조사책임자		조사일시	
날 씨		수 온(℃)		하 폭(m)	
수심(cm)		유속(cm/s)		바닥상태	

번호	지표생물군	< V(4)	IV(3)	III(2)	II(1)	I(0)	출현도
1	플라나리아류				1	3	
2	선충류			2	3		
3	실지렁이류	3	2	1			
4	거머리류	1	2	3	1		
5	복족류		2	3	1		
6	부족류		1	2	2		
7	옆새우류, 가재류				1	3	
8	등각류, 새뱅이류		2	3	1		
9	톡톡이류				2	3	
10	꼬마하루살이 nla, 연못하루살이, 등딱지하루살이		2	3	2	1	
11	강하루살이류, 동양하루살이, 납작하루살이류, 세갈래하루살이, 등줄하루살이			1	3	1	
12	하루살이류(기타)			1	2	3	
13	고려측범자리, 쇠측범잠자리			1	2	2	
14	잠자리류(기타)		2	3	1	1	
15	강도래류				1	3	
16	뱀잠자리류			1	2	2	
17	물날도래류, 광택날도래류, 입술날도래류				1	3	
18	날도래류(기타)			1	3	2	
19	여울벌레류, 물삿갓벌레류		1	1	3	2	
20	딱정벌레류(기타)			2	1	1	
21	각다귀류			1	2	2	
22	등에류		2	1	3	1	
23	나방파리류	3		1			
24	먹파리류		2	1	2	2	
25	깔다구류(붉은색)	3	1				
26	깔다구류(흰색)			1	3	2	
27	멧모기류					3	
28	개울등에류				2	3	
29	꽃등에류	3	2				
수질판정	출현군의 계급치 합(A)						• + ○
	다출혈군의 계급치 합(B)						•
	총 계급치 합(A+B)	a	b	c	d	e	급
	군오염지수 GPI	(a× 4× b× 3+c× 2× d× 1) / (a+ b+ C+d+e)					

표 8-7. 저서성 대형무척추동물을 이용한 수질판정 사례

하 천 명	가평천 상류	행정구역명	경기도 가평군 북면 익근리 285		
조사기관	호소수질연구소	조사책임자	공동수	조사일시	1991. 3. 25.
날 씨	맑음	수 온(℃)	4.5	하 폭(m)	5
수심(cm)	20	유속(cm/s)	25	바닥상태	호박돌

번호	지표생물군	< V(4)	IV(3)	III(2)	II(1)	I(0)	출현도
1	플라나리아류				1	3	○
2	선충류			2	3		
3	실지렁이류	3	2	1			○
4	거머리류	1	2	3	1		
5	복족류		2	3	1		
6	부족류		1	2	2		
7	옆새우류, 가재류				1	3	
8	등각류, 새뱅이류		2	3	1		
9	톡톡이류				2	3	○
10	꼬마하루살이 nla, 연못하루살이, 등딱지하루살이		2	3	2	1	○
11	강하루살이류, 동양하루살이, 납작하루살이류, 세갈래하루살이, 등줄하루살이			1	3	1	○
12	하루살이류(기타)			1	2	3	●
13	고려측범자리, 쇠측범잠자리			1	2	2	
14	잠자리류(기타)		2	3	1	1	
15	강도래류				1	3	○
16	뱀잠자리류			1	2	2	
17	물날도래류, 광택날도래류, 입술날도래류				1	3	○
18	날도래류(기타)			1	3	2	○
19	여울벌레류, 물삿갓벌레류		1	1	3	2	
20	딱정벌레류(기타)			2	1	1	
21	각다귀류			1	2	2	○
22	등에류		2	1	3	1	
23	나방파리류	3		1			
24	먹파리류		2	1	2	2	○
25	깔다구류(붉은색)	3	1				
26	깔다구류(흰색)			1	3	2	○
27	멧모기류					3	
28	개울등에류				2	3	
29	꽃등에류	3	2				
수질판정	출현군의 계급치 합(A)						● +○
	다출혈군의 계급치 합(B)						●
	총 계급치 합(A+B)	a	b	c	d	e	급
	군오염지수 GPI	(a× 4× b× 3+c× 2× d× 1) / (a+ b+ C+d+e)					

5. 어류에 의한 수질평가

어류는 직접 우리의 눈으로 확실히 확인할 수 있는 대형분류군으로서 예부터 수환경에 대한 중요한 지표로 인정되어 왔다.

생물종의 지표성은 그 내성한도에 따라 차이가 있다. 대부분 어류의 경우는 이동성이 강하여 오염되지 않은 수역은 물론 다소 오염되었거나 오염의 어느 정도 심화된 수역에서도 동시에 출현하고 있어 세분된 오수 생물계열에 대한 오탁계급을 결정하는 것은 거의 불가능하다.

어류의 지표에 대한 조사는 자연 수역의 경우 어류 자체의 이동성 때문에 오염원에 대한 회피 이동이 가능하고 정량채집의 어려운 점 등이 있어 대부분 실험실 내에서 독성물질 등에 대한 생물 검정이 이루어지고 있다. 즉, 특정 어종을 일정 규모의 수조에 넣고 제한된 인위적인 조건을 부여한 후 어종의 생태 및 생리학적 변화 등을 조사하게 된다.

생물 검정에 사용되는 공시 어류로 무지개송어와 송사리 등이 있으며, 독성물질에 대한 LC_{50}(lethal concentration, 50%)을 측정하는 것이 일반적이다. 그러나 최근에는 오염물질에 대한 어류의 형태학적 반응을 분석하여 수질을 모니터링하는 새로운 방법이 활용되기도 한다. 이러한 형태학적 방법으로 주로 이용되고 있는 것이 특정 오염도의 물을 강수압으로 공시어종에 연속적으로 주입하므로써, 공시어종이 자체의 역류적 특성을 잃고 수압에 밀려서 감지기에 부딪치는 주파로 오염도를 정량하는 방법이다.

어류의 형태학적 방법은 수질에 대한 연속적 감시와 모니터링을 보다 효율적으로 수행할 수 있는 장점이 있으나 실제 관리적인 측면에서는 어종에 따른 크기와 건강상태 등을 항상 일정하게 유지 및 관리하기에 여러 가지 문제점이 따른다.

자연수역에서의 어류에 의한 수질평가는 다음과 같은 어류 생태상의 특성 및 인위적 환경 등의 제한요인이 많기 때문에 연구의 어려움이 많고, 또한 신뢰도 측면에서도 다른 방법에 비하여 많이 뒤진다.

① 어류의 지리적 분포가 다양하여 획일적은 지표종의 설정이 불가능하다.

② 어류의 정량적 채집이 어려우며, 채집방법의 표준이 없는 관계로 조사자료에 대한 일관성 있는 비교가 어렵다.

③ 어류는 이동성이 강하므로 오염물질에 대한 회피가 가능하다.

④ 어종에 따라 수질요인 외의 서식처의 물리적 조건에 영향을 많이 받는다.
⑤ 상세한 어류의 생태를 파악하려면 많은 시간과 경비가 소요된다.
⑥ 어종(방생어종, 도입어종, 양식어종 등)에 따라 군집 조성이 달라질 수 있다.

내성도를 기준으로 하여 생물지수를 정하면 정확한 수질의 비교를 할 수 있겠으나 어류의 경우에는 내성도에 대한 정확한 구분점을 찾기 어렵다. 이런 점을 감안하여 국립환경연구원(1990)에서는, 오염이 약한 수역과 심한 수역에 집중적으로 출현하는 종은 각각 오탁계급 2, 양 수역에 걸쳐 출현하는 종은 각 계열의 오탁계급치 1을 할당하여 연구한 바 있다.

표 8-8은 여러 자료 분석을 통해 정리된 국내 다수 어류의 오염도에 따른 출현계급치로서 Beck-Tsuda의 수질평가법 등에 적용할 수 있을 것이다.

국립환경연구원(1990) 자료에 의한 수역환경에 따른 대표 출현어류목록을 보면 다음과 같다.

① 산간계류 및 종류의 청정수역 분포종 : 송어, 산천어, 은어, 어름치, 긴몰개, 간결니, 모래주사, 눈동자개, 통가리, 꺽지, 쉬리
② 청정수역 및 다소 오염수역에 걸쳐 분포가 넓은 종 : 누치, 참마자, 잉어, 모래주사, 중고기, 피라미, 끄리, 살치, 미꾸리, 메기, 동자개, 붕어, 가물치, 뱀장어, 동사리, 송사리, 그림종개, 버들개 등
③ 오염수역에 주로 분포하는 종 : 참붕어, 큰납지리

이상의 구분은 대략적인 출현 환경에 의한 것이지 엄격한 구분이 되는 것은 아니다. 왜냐하면, 어류는 이동성이 심하고, 많은 종들이 적응력이 강하기 때문에 수역환경에 따른 내성의 범위가 달라질 수 있기 때문이다. 예를 들어 갈겨니와 종개 등은 청정수역에 주로 서식하지만 다소 오염된 수역에서도 일부 출현 경향을 띠고 있으며, 이러한 경향은 다른 어종에서도 많이 보여진다. 따라서, 지표어류의 기준은 엄밀하게 구분하기 어려우나 개략적인 지표종 선정기준을 들면, ① 전국적으로 분포해야 하고 ② 일반인에게 관찰 식별 가능한 것이어야 하며 ③ 계절적 변동이 작고 ④ 서식 가능한 수질의 범위가 좁아야 한다.

1998년 BOD등급 기준에 의한 수질등급에 비추어서 본, 대표 어종 2종씩을 각 급수별로 구분해보면, 1급수에서 주로 출현한 어종은 버들개, 버들치이고, 2급수에서는 피라미,

표 8-8. 어류의 오염도에 따른 출연계급치 (국립환경연구원, 1990)

종 명	청정수역	오염수역	종 명	청정수역	오염수역
싱어	1	1	미꾸리	1	1
웅어	1	1	미꾸라지	1	1
은어	2	0	쌀미꾸리	1	1
뭉툭벵어	1	1	메기	1	1
잉어	1	1	동자개	1	1
붕어	1	1	대농갱이	1	1
누치	1	1	눈동자개	1	1
참마자	1	1	밀자개	1	1
어름치	2	0	종어	1	1
모래무지	1	1	퉁가리	2	0
몰개	1	1	뱀장어	1	1
긴몰개	2	0	줄공치	1	1
참붕어	0	2	송사리	1	1
중고기	1	1	숭어	1	1
왜몰개	1	1	가물치	1	1
끄리	1	1	드렁허리	1	1
피라마	1	1	농어	1	1
갈겨니	2	0	꺽지	1	1
눈볼개	1	1	버들붕어	2	0
살치	1	1	동사리	1	1
강준치	1	1	갈문망둑	1	1
묵납자루	2	0	밀어	1	1
큰납지리	0	2	문절망둑	1	1
두우쟁이	1	1	풀망둑	1	1
모래주사	2	0	꺽정이	1	1
참종개	2	0	황복	1	1

갈겨니이며, 3급수에서는 붕어와 잉어를 들 수 있으며, 좀 더 세분하여 어종을 구분하여 다음과 같다.

1급수 : 버들치, 버들개, 열목어, 산천어, 금강모치, 연준모치, 둑중개

1급수와 2급수 : 갈겨니, 종개

2급수 : 피라미, 갈겨니, 참마자, 돌고기, 꺽지

2급수와 3급수 : 피라미

3급수 : 붕어, 잉어, 메기, 뱀장어, 미꾸리, 미꾸라지, 가시납지리

9장

대기환경과 생물

1. 공기와 생명체

1.1. 공기조성과 자정작용

대류권의 공기조성을 보면 표 9-1에서와 같이 산소가 20.93%, 질소 78.10%, 이산화탄소 0.03%, 아르곤 0.93%, 기타 미량의 여러 성분으로 조성되어 있다.

표 9-1. 대기권 내의 정상 공기의 화학적 조성

성 분	화학기호	체적백분율(%)	중량백분율(%)
산 소	O_2	20.93	23.01
질 소	N_2	78.10	75.51
아 르 곤	Ar	0.93	1.286
이산화탄소	CO_2	0.03	0.04
네 온	Ne	0.0018	0.0012
헬 륨	He	0.0005	0.00007
크 립 톤	Kr	0.0001	0.0003
크세논(Xe), 오존(O_3), 수소(H_2)는 극히 미량 존재			

그러나 환경오염이 심한 대도시 주변이나 공장지대에서는 자동차의 배출가스 및 공장 유출가스 등으로 인하여 매연, 분진, 아황산가스 등 여러 종류의 가스에 의하여 공기조성은 크게 달라진다. 하지만, 다행히 자연상태에서는 **자정작용**(自淨作用, selfpurification)이라는 작용이 있어서 어느 정도 오염된 공기는 정상공기로 정화되는 작용이 있다.

자정작용의 요인이 되는 주요 내용을 살펴보면 다음과 같다.

① 공기의 희석작용

② 강우(강설)에 의한 공기 중의 수용성가스와 부유먼지의 제거

③ 산소·오존 및 과산화수소 등에 의한 산화작용

④ 자외선에 의한 유해균의 살균

⑤ 식물의 광합성작용

1.2. 식물체의 기체교환

잎의 뒷면 표피의 여러 곳에서 그림 9-1에서와 같은 기공과 공변세포가 있다. 기공은 반달형의 공변세포로 둘러싸여 있으며, 두 공변세포 사이에는 작은 구멍이 있는데, 이것을 기공이라고 한다. 기공을 통하는 주된 가스는 O_2와 CO_2 및 H_2O이지만 각종 공해가스도 이 기공을 통하여 출입한다. 대부분의 식물의 기공은 아침 해가 뜰 때 열리기 시작하여 저녁에 닫히는 것이 보통이나, 고구마의 경우는 밤에도 열려 있다.

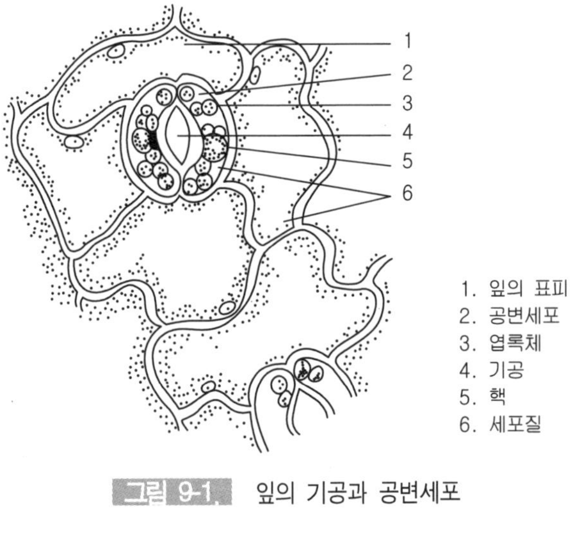

그림 9-1. 잎의 기공과 공변세포

공변세포는 기공 쪽에 있는 세포막이 더 두텁고, 엽록체를 가지고 있으며, 공변세포의 팽압 변동에 의해서 기공이 개폐되어 출입가스를 조절한다. 즉, 공변세포의 팽압이 주변의 세포보다 높아지면 열리게 되고, 주변의 세포와 같든지 또는 식물체가 잉여수분을 잃어 팽압이 낮아질 때에는 닫힌다. 공변세포로의 광선조사는 세포액의 당 함량을 증가시키는데, 그것은 태양에너지에 의해서 엽록체가 광합성을 일으켜 당이 생성되기 때문이다.

광선이 쪼이면 세포내의 탄소 소모로 인하여 공변세포액의 산도가 높아짐에 따라서 전분 포스포릴라아제(starch phosporylase)의 작용이 활발해져서 공변세포의 전분이 당으로 변하여 당 함량이 증가된다. 이와 같이 주위의 표피세포보다 공변세포의 당 함량이 증가되면 주위의 표피세포로부터 수분이 들어가게 되어 공변세포는 높은 팽압을 가지게 되고 표피세포의 팽압은 낮아진다. 팽압이 높아진 공변세포의 개공 방식은 공변세포의 구조에 따라 다소 차이가 있으나 기본적으로는 같다.

보통 식물의 공변세포는 중앙돌출부는 세포막이 엷으며, 기공 쪽 세포막은 반대쪽의 세포막에 비하여 더 두텁다. 따라서, 공변세포가 수분을 흡수하여 팽압이 높아지면 표피세포와 접하고 있는 쪽은 기공 쪽의 막보다 더 늘어나게 되며 기공은 열리게 된다.

밤이나 어두운 그늘에서는 공변세포의 당 함량이 낮아지는 데, 이것은 당이 전분으로 전환되기 때문이다. 만약 개공한 기공을 공변세포보다 더 높은 농도의 용액에 넣든지, 또는 습기가 많은데 있던 공변세포를 건조한 대기 중에 놓아두면 공변세포는 수분을 잃어 광선이 조사되어도 닫히게 된다.

식물체내에서 오염기체의 교환과정을 살펴보면 다음과 같다.

식물의 입장에서 탄산가스의 흡수 및 동화에 적합하도록 이루어진 적응은 다른 기체들까지도 흡수하도록 작용한다. 다시 말해서 대부분의 식물은 낮동안에 SO_2에 보다 민감한데, 이는 식물이 낮동안에 CO_2를 흡수하기 위하여 기공을 열어 두기 때문이다.

대기와 잎 사이에 오염기체의 교환 과정은 다음과 같은 세 가지 이유에서 매우 복잡하다.

① 몇 종류의 유독 기체들은 식물의 기공 개폐 기작을 교란시킨다. 특히 식물이 수분 스트레스 하에 있을 때 SO_2는 기공을 열리게 하여 SO_2 흡수 증가와 수분 손실을 동시에 일으킨다.

② 잎의 큐티클층은 HF와 HCl에 대하여는 저항이 비교적 낮으며, 이 두 기체의 주된 흡수 경로인 것으로 보고 있다.

③ 잎이 이슬이나 비에 젖어 있을 때는 SO_2의 상당부분이 잎의 외부에 형성되는 수막에 녹아 있는 것이다.

1.3. 중요한 정상공기의 인체작용

(1) 산소의 작용

산소는 동물의 생활과 밀접한 관계를 맺고 있으며, 동물의 호흡에 의해 조절되고 있다. 따라서 흡기 중의 산소는 혈액내의 혈색소(hemoglobin, Hb)와 결합하여 조직에 운반됨으로서 에너지 산출을 하는데 약 5% 가량이 체내 물질대사에 사용되고 여기에서 생겨난 약 4%의 CO_2는 상대적으로 호기에 섞여 대기 중으로 배출되며, 대기 중에 배출된 CO_2는 식물계의 탄소동화작용에 재활용되어 산소를 환원 재생케 된다.

이상과 같이 자연 생태계의 많은 동물들이 부단히 호흡을 하고 있는데도 불구하고 대기 중의 산소는 언제나 21%인 반면에 탄산가스는 0.03%에 지나지 않는 일정한 농도를 유지하는 것은 당연한 자연의 항상성 유지의 결과인 것이다.

공기 중의 일반적 산소 변동범위는 15~27%이나 산소가 결핍된 상태에서는 저산소증, 고농도 산소에서는 산소중독 증세가 오는데, 만일 실내 산소량이 10%이면 호흡이 곤란해지고, 7% 이하이면 질식사의 위험이 있다.

인간은 산소의 감소 내지는 증가에 대한 저항력은 매우 커서 인간이 감당할 수 있는 위생적인 산소의 허용농도(변동범위)는 15~50% 정도이다. 따라서 흡기 중 산소 함유량이 약 14% 이하가 되거나, 흡기의 기압이 이에 상당하게 감소를 하게 되면 동시에 체내에 들어가는 산소량도 감소하여 체내 각 부위에서 요구되는 산소량에 대응하기 곤란하게 되므로 섭취해야 할 산소량을 증가시키지 않으면 안 된다.

만일 고산 등산이나 고공비행을 한다면 대기 중의 산소분압이나 농도가 감소되어 생체

표 9-2. 호흡기의 조성

구 분	산 소(%)	탄산가스(%)	질 소(%)	수증기
흡기	20.93	0.03	78.10	대기와 같음
호기	16.00	4.00	79.00	포화상태

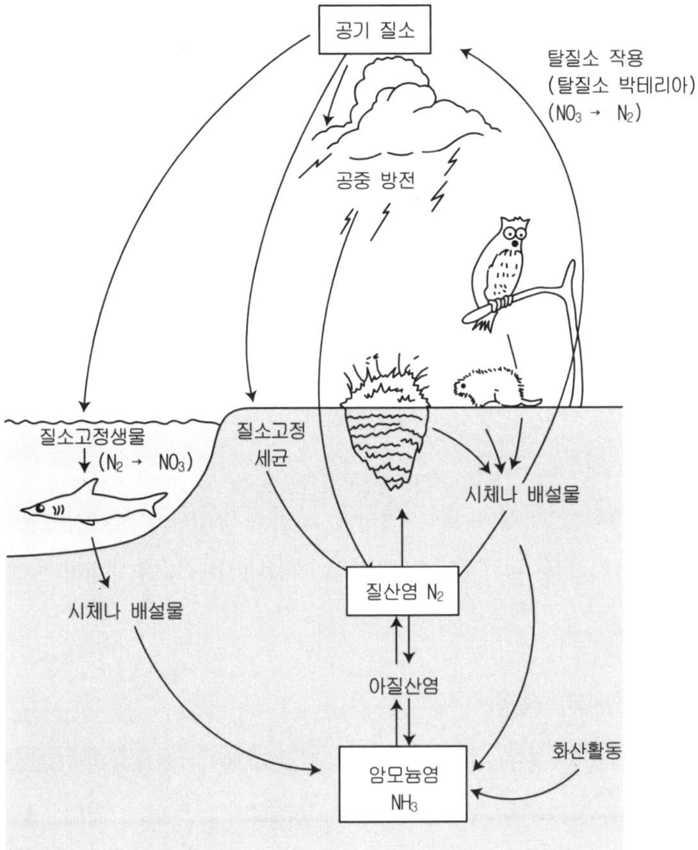

그림 9-2. 대기 중의 질소 순환

조직 세포에 공급되는 산소의 절대량도 감소되므로 저산소증(hypoxia)에 걸리게 된다. 따라서 4,500 m 이상의 높은 산에 오르거나 고공비행을 할 때에는 산소의 인공호흡 장치가 필요하다. 그러나 대기 내의 산소농도(21%)나 산소분압(160 mmHg)보다 높은 산소를 장시간 호흡하면 산소중독(oxygen poisoning)이 발생되는데, 일반적으로 100% 산소를 8~12시간 이상 흡입하면 산소중독의 위험이 생기게 되고, 50% 이하의 산소는 계속하여 흡입한다 해도 이상이 없다고 한다.

산소중독증이 발생하면 폐부종, 충혈, 호흡억제, 저혈압, 흉통(胸痛), 이통(耳痛), 기침, 정신기능장해, 피로, 식욕부진 및 구토증 등의 각종 신체적 장해가 나타나고 극단적으로 심해지면 죽음에 이르게 된다.

(2) 질소(N_2)의 작용

질소는 공기 중의 78%를 차지하고 있으며, 사람의 경우 호흡할 때 단순히 기도를 출입할 뿐 생리적으로는 불활성의 기체인 것이다. 그러므로 인체에 대하여 직접적인 영향은 주지 않지만 간접적으로 영향을 준다. 인체에 미치는 간접적 작용은 다음과 같다.

① 이상기압일 때 발생하는 급격한 기압 강하에서 오는 급속 기압강하증(rapid decompression sickness)이 발생한다.

② 고기압상태에서 정상기압으로 갑자기 복귀할 때 체액 및 지방조직에 발생되는 질소가스가 주원인이 되어 발생되는 잠수병(caisson disease)이 있으며, 이 증상은 동통성 관절장해를 일으킨다.

③ 이상고기압하에서 인체에 미치는 영향을 보면 3기압에서 자극작용을 일으키며, 4기압 이상에서 마취작용이 시작되고 10기압 이상에서는 정신기능이 손상되어 사망하게 된다.

(3) 탄산가스(CO_2)의 작용

탄산가스는 녹색식물의 경우 광합성을 위한 재료로 매우 중요하다. 그리고 사람이 이용한 탄산가스의 용도는 소화제, 청량음료, dry-ice 등 그 용도가 넓다. 공기 중에 0.03% 비율로 존재하고, 이 농도가 0.1%에 이르면 공기가 오염된 것으로 인정한다. 탄산가스의 위생학적 허용량은 0.1%이다.

탄산가스는 완전 연소과정이나 동물의 호흡작용의 결과 공기 중에 배출되며, 실내에 여러 사람이 모여 있을 때 그 농도가 증가하므로 실내 공기 오염의 지표로도 사용된다.

탄산가스는 어른이 안정을 취하고 있을 때 호기 중에는 약 4%의 탄산가스를 함유하고 있고 매 시간당 약 20 L의 CO_2가 배출되는데, 이 양은 노동이나 운동 등에 의해 물질대사가 활발하게 이루어질 때는 증가되어 안정을 취할 때의 1.5~2배에 달할 수도 있다.

폐포 내의 탄산가스 농도는 5~6%이며, 대기 중의 탄산가스 농도와 밀접한 관계를 갖고 있으며 그 양이 높아지면 여러 가지의 이상 증상이 나타난다. 탄산가스 농도 2.5%에서는 수시간 흡입으로도 증상이 없고, 3.0%에서는 호흡의 깊이가 증가하는 정도이지만, 4.0~5.0%에서는 국소증상, 머리압박감, 두통, 이명(耳鳴), 혈압상승, 지맥(遲脈), 정신흥분, 어지러움증, 의식상실 혹은 구토증 등 이상 증상을 보인다. 그리고 8.0%에서는 호흡이 곤란해지고, 10~20%에서는 의식을 잃거나 중추마비 현상이 생기며 죽음에 이른다.

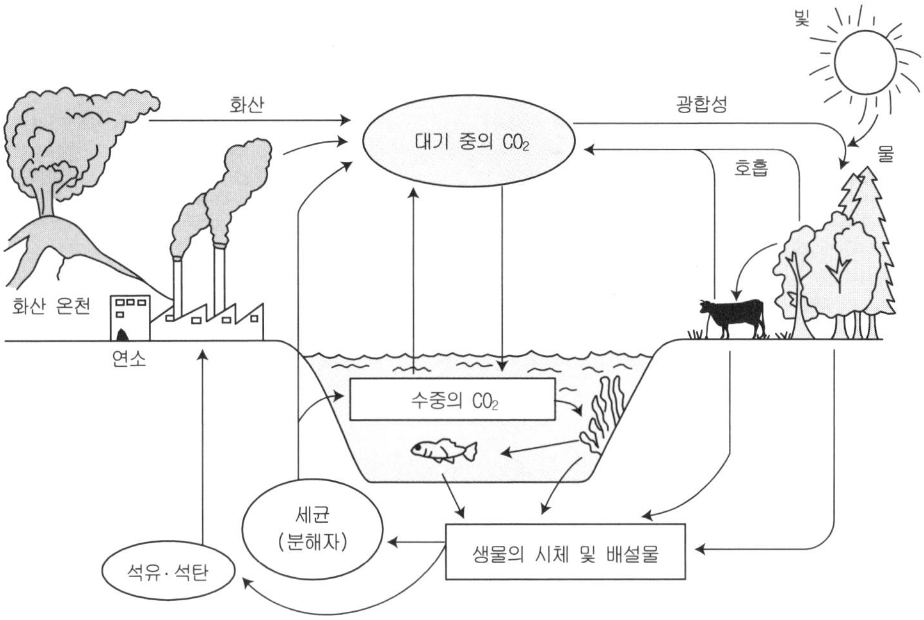

그림 9-3. 대기 중의 탄산가스 순환

2. 대기오염과 발생원

2.1. 대기오염의 의의

대기오염은 자연발생적인 것과 인위발생적인 것으로 구분할 수 있다.

자연발생적인 것은 산불, 화산폭발, 생물의 호흡 및 부패 등에 의해 발생하는 유황산화물, 금속증기, 탄산가스, 일산화탄소, 각종 탄화수소, 오존, 분진, 암모니아, 황화수소 등은 자연적으로 대기의 성분을 변화시키고 때때로 지표에 사는 생물에 큰 변혁을 가져오기도 한다.

인위발생적인 것은 현대의 대기오염의 형태인 것으로서 연료 소비, 화학약품, 쓰레기, 오염 등에서 비롯하는 매연, 유해가스, 분진, 악취 등에 의해 일어나는 공해 현상을 말한다.

WHO에서는 "**대기오염이란 대기 중에 인공적으로 배출된 오염물질의 농도 및 지속시간이 어느 지역 주민들 대다수에게 불쾌감을 주거나 공중위생상의 위험과 피해를 미치고 인간, 동물,**

식물의 생활에 해를 끼쳐 시민의 생활과 재산을 자유롭게 향유할 권리를 침해받은 상태" 라고 규정하였다.

공해란 오늘날 흔히 사용하는 일상 용어로서 그 엄밀한 정의에 대해서는 여러 가지 의견이 있으나 "**공해**(公害, pollution)" 라는 현상은 자연재해와는 달라 그 특질은 대략 다음과 같다.

첫째, 공해는 생산 활동과 일상생활 등 인간의 생활활동 등에 따라 생기는 현상으로서 인간의 건강을 해치고 쾌적한 생활환경을 빼앗아 사회에 유해한 영향을 끼치는 것이다.

둘째, 공해는 개개의 발생원으로 보았을 때는 별다른 악 영향을 유발시키는 것 같지 않지만 그들이 직접 복합되면 그 피해는 대단히 커진다.

셋째, 공해는 대체로 가해(加害)의 양상이 계속적이며, 그 피해가 가지각색으로 인간의 건강이나 주거환경은 물론 동식물과 물질자원에 대한 피해가 광범하다.

넷째, 공해는 대기나 물 등 자연을 매체로 간접 침해하기 때문에 피해자와 가해자가 명확치 않으며 문제의식도 희박하다.

2.2. 대기오염의 종류와 발생원

대기오염은 유독가스, 매연, 분진(粉塵) 등으로 대별할 수 있으며, 형태적 및 화학적 요인에 따라 다음과 같이 구별할 수 있다.

가. 형태적 구분

① 기체로 되어 있는 유해가스

② 액체의 미립자를 구성하는 미스트

③ 고체미립자에 속하는 흄(fume)

④ 기교질(氣膠質, aerosol)로 불리우는 colloid 등

나. 화학적 장해 요인에 의한 구분

① **산화적 장해 :** 오존(O_3), PAN(peroxyacetylnitrate) 및 그 동족체, 이산화질소(NO_2), 염소(Cl_2) 등

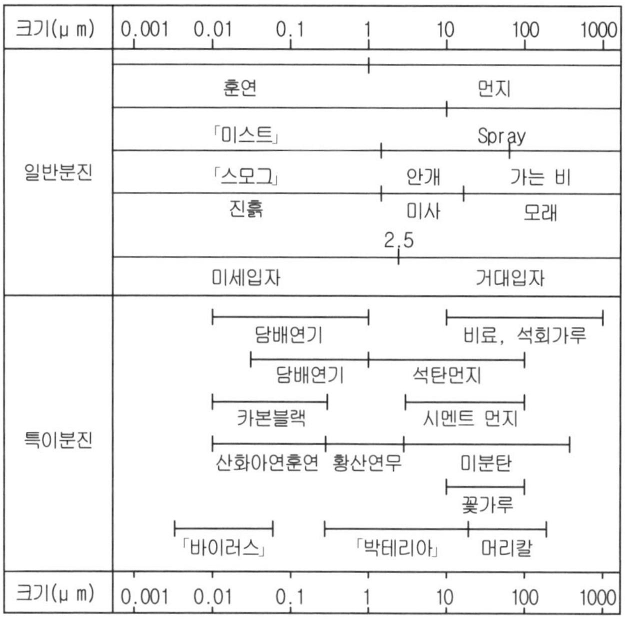

그림 9-4. 각종 aerosol의 입경

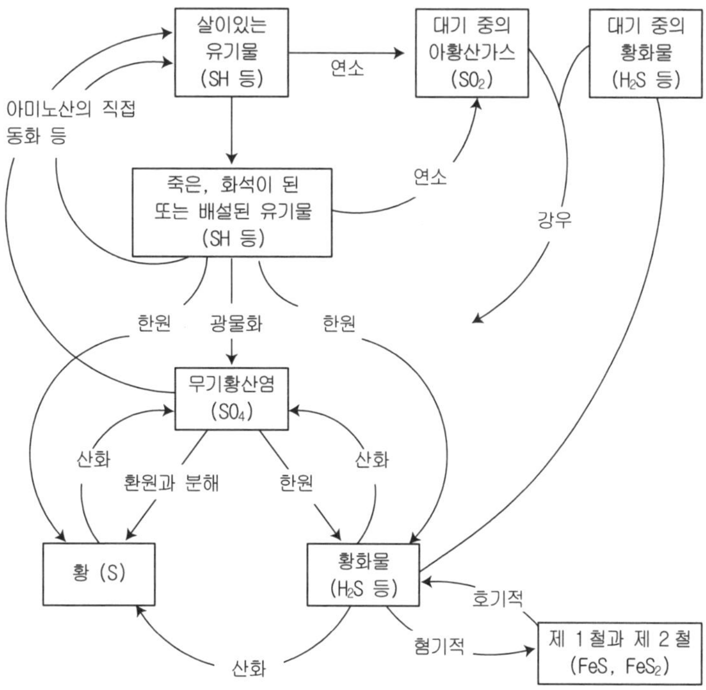

그림 9-5. 유황산화물의 대기 중 순환

② **환원적 장해 :** 아황산가스(SO_2), 황화수소(H_2S), 알데히드(aldehyde)류, 일산화탄소(CO) 등

③ **산성적 장해 :** 불화수소(HF), 4불화규소(SiF_4), 염화수소(HCl), 황산화물(SO_3, SO_2), 황산미스트(mist), 질산미스트, 시안화수소(HCN) 등

④ **알칼리성 장해 :** 암모니아가스(NH_3)

⑤ **유기계가스 :** ethylene, propylene, buthylene, acetone

⑥ **고체의 입자상 물질 :** 매연(그을음), 분진, 부유입자상물질(Cd, Zn, Pb 등), 금속연기와 그의 산화물의 입자(fume) 등

(1) 유황산화물(SO_2, SO_3)

유황은 모든 식물의 구성 성분으로서 여러 종류의 연료에 함유되어 있는 것으로, 천연발생원으로는 화산을 들 수 있으며, 인공발생원으로는 제련소와 화력발전소, 황산제조공장, 벙커-C유 및 연탄을 연료로 사용하는 각종 공장 및 가정 그리고 자동차 배기 등을 들 수 있다. 공장의 굴뚝에서 배출된 SO_2는 수백 km를 이동하는 동안 입자로서 침강하거나 황산으로 산화되어 산성 강우로 되기도 한다.

(2) 불화수소

불소화합물을 방출하는 곳은 인산비료제조공장, 알루미늄제조공장, 제련소, 도자기공장, 초자제조공장, 시멘트제조공장 등에서 기체나 분진 상태로 방출한다.

자연 상태에서는 지각 중의 토양과 암석 기타 빙정석, 황옥(topaze), 운모, 석면 중감섬석 등에도 널리 불화물이 포함되어 있으며 이들을 제련하거나 어떤 방법으로든 가열하면 역시 유해한 불화물이 방출되고 또한 석탄의 연소, 석유의 정제시에도 불화물이 생성되며 용선로나 용광로에서도 소량의 불화물이 배출된다.

지각의 불소농도는 0.06~0.09%이며 토양 중의 농도는 수 ppm에서 수천 ppm까지 이른다. 자연수 중의 불소 농도는 0.1~0.2 ppm이지만, 불소가 과도한 토양의 지역에서는 2~3 ppm에 이르는 경우도 있다.

(3) 광화학 스모그

Smog란 smoke(연기)와 fog(안개)의 합성어이다. 연기는 매연을 말하고 안개란 기상 현

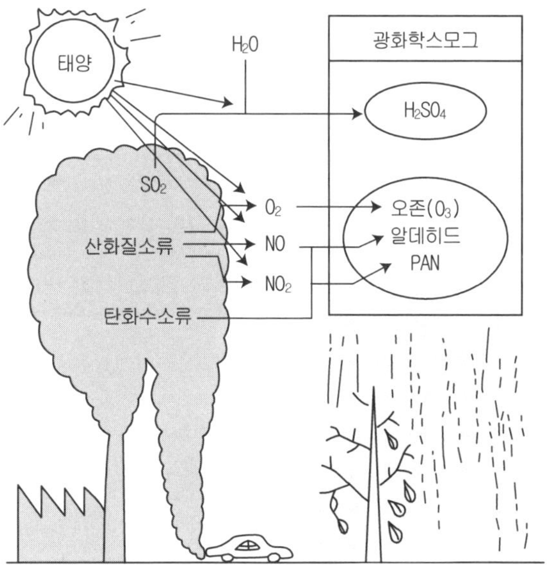

그림 9-6. 광화학 소모그 물질의 생성과정

상으로서의 안개를 지칭하는 것으로서 매연과 안개의 공존에 의한 대기오염을 가리킨다. 즉, smog의 생성에 관여하는 물질은 먼지, 연기, 증기, 유기산, 아황산가스, 과산화물, 질소산화물, 탄화수소 등이 관여한다.

광학적 스모그는 주로 자동차 배출가스에서 많이 나오는 질소산화물, 탄화수소 등이 대기 중에 많이 존재할 때 강한 햇빛(자외선)과 반응하여 오존, 알데히드, PAN 등과 같은 2차 오염물질인 산화물질(oxidant)을 생성함으로서 맑은 날에도 안개가 낀 것과 같은 대기오염 상태가 계속되는 현상을 말하며, 일명 로스안젤레스형 스모그라고도 한다.

광학적 스모그와 관련된 물질은 2차 오염물질인 오존, 알데히드, PAN과 같은 산화성물질 그리고 스모그의 원인물질인 질소산화물과 탄화수소로서 이들 오염물질 농도는 그렇게 높지 않으므로 개개의 오염물질에 의한 생물의 피해는 크지 않으나 복합적인 원인에 의한 증상으로 나타난다.

(4) 암모니아(NH_3) 가스

암모니아가스의 배출원은 연소과정(질소비료공장, 냉동공장, 자동차, 주택 등), 알카리상태의 토양(질소질비료나 유기질을 토양에 다량 시비했을 때), 유기물처리장(계분건조장, 어물처리장, 분뇨처리장 등)에서 발생한다.

(5) 염화수소(HCl)

염화수소는 염화에틸렌제조용의 염소급냉시설, 염화철제용의 용해, 활성탄제조용의 반응로, 염소반응시설, 염화수소반응 및 흡수시설에서 배출되어진다.

(6) 황화수소(H_2S) 가스

황화수소 가스는 화학공업의 공정 및 노후답토양이나 소택지(沼澤地) 등지에서 단백질이 부패되는 과정 중에서 발생하고, 천연화산가스나 광천 중에도 함유되어 있다.

(7) 에틸렌 가스(탄화수소)

발생원은 에틸렌공장, 자동차배기가스, 석탄 및 천연가스의 연소 등 다양한 오염원이 있다.

(8) 포름알데히드

포름알데히드는 자극적인 냄새가 나는 무색의 기체로서 일반적으로 시판되고 있는 30~50%의 수용액을 포르말린이라 한다.

포름알데히드는 자연계에서 대부분 대기 중의 탄화수소가 산화되어 생성되거나, 죽은 수목의 분해로 인한 화학물질의 변환으로 생성된다. 그리고 인공적 발생원은 포르마린 제조, 합판제조, 합성수지 및 화학제품 제조공장, 소각로, 석유정제, 유류 및 천연가스 연소시설 등이다.

포름알데히드는 화학적으로 반응성이 매우 강한 환원제로 많은 물질과 결합하여 쉽게 중합체를 형성하기 때문에 젤라틴, 아교 등과 같은 단백질과 결합하여 이들을 응고시킨다. 포름알데히드의 이용은 살균제, 방부제, 피혁제조, 사진건판, 폭약 등을 만들 때 이용된다.

(9) 이황화탄소(CS_2)

이황화탄소는 휘발성이 강한 유독성 액체로서 인견사, 셀로판, 삼염화탄소, 고무제품 등의 제조나 석유화학, 제초제 제조분야에서 용매로 널리 쓰이고 있다. 이것은 순수한 물질로 존재할 경우 달고 상쾌한 냄새를 가지고 있으나 보통 공업용으로 사용되는 것은 썩는 냄새가 나는 악취물질로 알려져 있다.

이황화탄소는 끓는 온도가 약 46℃로 비교적 낮아 쉽게 증발하여 기체가 되기 때문에 실제로 사용될 때 밀폐공정이 아니면 그 배출을 막기 힘들다.

(10) 디옥신

디옥신(dioxin)은 두 개의 벤젠고리가 두 개의 산소와 결합된 형태의 화합물을 말한 것으로서 제초제에 불순물로 포함되어 있거나 PVC와 같은 유기염소화합물을 소각할 때 불완전 연소에 의해 발생된다.

도시 중에서의 배출원은 주로 소각이나 자동차로 볼 수 있으며 여기에서 발생되는 물질 중 주요한 이성체는 팔염화디옥신이며 그 농도는 수백 ppb 정도이고, 사염화디옥신의 경우는 수십 ppt 수준이다.

(11) 산성비

대기오염물질 중에서 주로 SOx와 NOx 가스와 같은 대기오염물질 등이 산성비의 원인물질로서, 이들이 대기 중에서 구름이나 강우, 강설 및 에어로졸, 분진, 미세입자들과 결합되어 낙하된 것으로서 일반적으로 pH 5.6 이하를 산성비라 한다.

우리나라에서도 산업 및 교통수단의 발달로 산성비의 원인 물질인 대기오염물질들의 방출량이 증가되고 있는 실정이다.

3. 대기오염과 식물의 공통적 피해

3.1. 피해의 일반적 형태

대기오염물질에 의한 식물의 피해를 유형별로 분류하면 피해 증상의 육안 판별 유무에 따라 **가시적 피해**(可視的被害, visible injury)와 **불가시적 피해**(不可視的被害, invisible injury)가 있으며, 가시적 피해는 **급성형**(急性型, acute type), **만성형**(慢性型, chromic type), **혼합형**(混合型, mixed type)으로 분류할 수 있다.

① **급성형 :** 대기오염 발생원 즉, 공장 등으로부터 돌발사고 등의 원인에 의한 가스누출 등으로 기인된 비교적 고농도(ppm의 수준)의 오염물질이 특이기상 조건 즉, 기류나 기온 및 습도 등에 의하여 비교적 단시간 내에 식물에 침투되어 피해를 주는 것으로 잎이 적갈색 또는 황백화의 피해 증상이 나타나는 것이 보통이다.
② **만성형 :** 비교적 저농도(ppm~pphm 수준의 농도)의 오염물질이 식물의 생육기간 중에 접촉되었을 때 생육이 불량해지거나 또는 장기간에 걸쳐 황화현상이 나타나며 감수를 가져온다. 도시 근교의 대기오염 피해는 이에 속한다.
③ **혼합형 :** 급성피해와 만성피해가 중복되어 발생되는 경우를 말한다.
④ **불가시적 피해 :** 불가시적 피해는 저농도(ppb의 수준)의 오염물질이 식물에 장기적으로 흡수되어 잎으로부터 피해증상이 나타나고 식물이 물리적이나 생리화학적인 장해를 받아 생육이 부진하며 수량에 악영향을 주는 경우를 말한다.

한편 식물에 대한 독성의 강약을 구분(고체의 입자상 물질을 제외)하면 다음과 같다.

① **독성이 강한 것(A급) :** 오염물질이 대기 중에 ppb 농도로 장애가 생긴 것으로, 불소계가스(불화수소, 4불화수소), 염소, ethylene, ozone, PAN 및 동족체 등이 있다.
② **독성이 중간 정도인 것(B급) :** 수백 ppb~ppm의 농도가 대기 중에 존재할 때 장해가 되는 것으로, 황산화물(이산화항, 삼산화황, 황산미스트), 질소산화합물(삼산화질소, 일산화질소, 질산미스트) 등이 있다.
③ **독성이 약한 것(C급) :** 수십 ppm~수천 ppm의 농도에서 피해의 유무를 판별할 수 있는 것으로, formaldehyde, 염화수소, 암모니아가스, 시안화수소, 황화수소, 일산화탄소 등이 있다.

3.2. 피해 발생에 미치는 요인

각종 오염물질의 종류와 농도 및 식물의 종류 등에 따라 독성작용은 당연히 달리 나타나지만, 동일 오염물질의 동일량을 식물이 접촉하더라도 여러 조건의 차이에 의하여 그 피해의 정도에 미치는 영향은 상이한 점이 많다. 피해 발생에 미치는 여러 환경 요인들을 살펴보면 다음과 같다.

① 일사량의 차이에 따라, 또한 하루 중 아침·낮·밤시간에 따라 피해정도에 차이가 있다. 오염물질의 침입경로인 잎의 기공 개폐도가 주·야간에 따라 차이가 있기 때문이다.

② 식물의 종류와 품종 및 식물의 생육시기에 따라서 피해정도가 다르다. 일반적으로 개화기의 오염물질의 접촉은 결실기에 치명적인 타격을 준다.

③ 토성과 토양의 산도 및 토양의 비옥도 등 지력의 차이에 따라 식물 생육에 차이가 있으므로 오염물질의 저항성에도 차이가 있다.

④ 질소를 과도 사용하여 재배한 식물은 오염물질에 약한 경향을 보이고 규산, 칼리, 칼슘 등의 과다는 그 피해가 다소 경감된다.

⑤ 수분이 많을수록 피해가 크게 나타난다. 즉 수분이 많을수록 기공이 크게 열려 가스 흡수가 많아지기 때문이다. 광화학 스모그와 식물의 피해정도로 잎의 수분 상태에 따라 달라진다.

⑥ 과습하거나 강우시에는 오염물질이 빗방울에 녹아 잎의 표면을 씻어주기 때문에 식물체내 흡수나 표면 부착이 적어져서 피해발생이 적다.

⑦ 계절에 따라 차이가 있다. 일반적으로 대기오염의 피해는 봄·여름에 많이 발생하고 가을·겨울에는 대체로 피해가 적다. 이는 식물 조직 세포의 성장과 밀접한 관계가 있기 때문이다.

⑧ 일반적으로 온도가 높을 때는 피해가 조장되며, 아침에 바람이 없고 기온이 낮으며 습도가 높게 되면 기상학적으로 기온 역전층이 형성되어 대기오염의 피해가 발생되며, 한낮에 기류가 정체되었을 때도 피해발생의 위험성이 크며 풍향, 풍속 등의 요인도 피해정도에 영향을 미친다.

⑨ 지형에 따라 피해발생에 차이가 있다. 즉, 분지나 계곡 같은 곳에 기류가 정체하면 식물 피해율이 높다.

4. 대기오염물질의 종류별 식물피해

4.1. 아황산가스

(1) 식물체에 이로운 점

대부분의 농경지에 있어서의 SO_2의 농도는 상해를 일으킬 수 있는 최소한도치의 농도보다 훨씬 낮다. 농촌지역에서는 SO_2의 1시간 일시 최대농도가 0.05 ppm을 넘는 경우는 없으며, 여름에는 보통 0.01 ppm 이하이다. 대체로 SO_2의 농도가 0.01 ppm 이하인 경우 식물의 생육에는 별 지장이 없다. 오히려 토양의 유황 성분이 불충분한 경우에는 이로우며, 일반적으로 식물의 정상적인 생육을 위해서는 25~75 kg/ha/year의 유황이 필요한데, 유황의 축적은 잎의 기공을 통하여 흡수된 SO_2로부터 또는 토양에 침강된 유황을 뿌리로 흡수함으로서 이루어진다.

유황의 식물체에 이로운 점은 다음과 같다.

① 유황은 식물체의 필수영양원의 하나로 유황화합물인 cystine과 methionine 등은 식물 단백질을 구성하는 필수아미노산이다.

② 유황은 thiamin, biotin, lipoic acid, cytochrome C 및 기타 여러 가지 식물호르몬이나 효소의 구성성분을 이루고 있다.

③ 식물체의 유기황의 함유량을 보면, 활엽식물의 대부분은 건물 중의 0.15~0.30%, 송백류의 침엽수는 0.1%, 십자화과 식물에서는 0.6%까지 이르고 있다. 단, 정상적인 잎은 유기유황만을 함유하고 있으며 황산염은 거의 존재하지 않는다.

(2) 식물체에 해로운 점

SO_2는 단독으로 또는 NO_2, O_3 등과 혼합 상태에서 오랜 시간 지속적으로 작물에 노출되면 수확량이 감소되지만, 앞에서 설명한 것처럼 "S"가 결핍된 토양에서는 저농도로 장시간 노출된 식물에서 이득을 얻을 경우도 있다.

SO_2에 의한 식물의 피해정도는 대기 중의 SO_2 농도, 접촉시간, 광의 강도, 온도, 습도, 식물의 종류, 생육상과 생육 조건 등에 따라 다르며, 피해의 증상에 따라 가시적 장해와 불가시적 장해로 구분한다.

가시적 장해란 식물의 잎, 줄기 등이 변색하는 경우를 말하고, 불가시적 장해란 물질 대사의 장해로서 생육을 저해시키고 수량을 저하시키는 등의 피해를 말한다. 급성 및 만성적 피해의 형태는 다음과 같다.

가. 급성피해 증상

① 엽록소의 급속한 파괴나 세포 괴사 등의 증상이 나타난다.

② 식물의 종류에 따라 피해는 다르나 활엽식물은 0.3~0.5 ppm 정도에서 장시간 노출되었을 때 잎의 연변부나 잎맥 사이가 불규칙적으로 나타난다.

③ 침엽수는 잎이 적갈색으로 변하고 조직의 수축 및 낙엽현상이 나타나며, 대체로 수세가 약화되고 성장이 저해되는 현상이 있다.

④ 여름에는 잎의 끝부분에서 조직의 괴사가 시작하여 아래쪽으로 진행되면서 잎이 끝부분, 중간, 기부만이 상해를 입히는 경우가 많다.

⑤ 겨울에는 전체적인 황화 현상이 나타나며 피해가 심한 잎은 황갈색 증상이 나타나는데, 이같은 증상은 단자엽식물 또는 활엽수에서 평행막 상의 조직이 피해를 입어 마치 잎에 줄을 그어놓은 듯한 모양을 나타내는 것이 특징이다.

나. 만성적 피해증상

만성피해는 저농도의 아황산가스에 장시간 노출되어 엽록소가 서서히 붕괴되어 황화현상이 나타나는 경우를 말한 것으로 그 증상은 다음과 같다.

① 급성의 경우와는 다릴 세포는 파괴되지 않아 그 생명력을 유지하고 있는 것이 특징이다.

② 급성의 피해와 같은 탈색이나 표백이 나타나기까지는 수일 혹은 수주일 이상의 기간이 소요된다. 이러한 원인은 엽록소의 형성기작이 파괴되어 엽록소가 다시 보충되지 못하고 있기 때문으로 본다.

③ 식물의 종류에 따라 다르나, 알팔파에서는 0.1~0.3 ppm에서 장시간 노출되면 황화현상이 나타난다.

④ 단자엽식물은 세포의 사멸보다는 황화 현상만이 일어나는 경우를 만성적 피해라 칭한다.

⑤ 침엽수도 엽록체는 손상을 입으나 죽지는 않으며 증상은 피해를 받은 잎이 황화현상으로 나타난다.

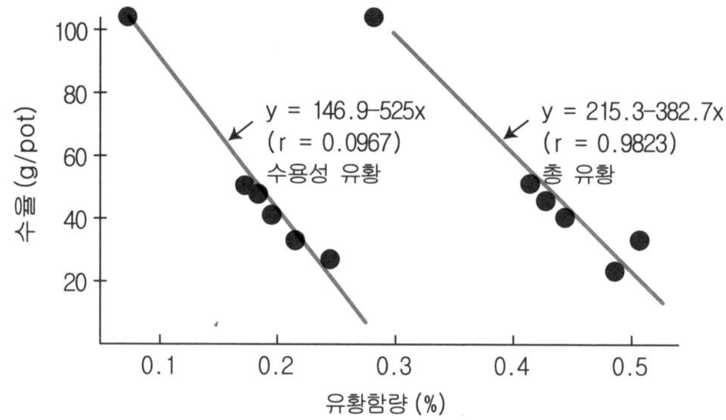

그림 9-7. 잎에서 SO_2 가스접촉으로 증가된 유황함량과 콩수량과의 관계 (임, 1988)

⑥ 피해정도가 낮은 경우에는 1~2일 후에 대체로 조직 등이 다시 원상회복되지만, 심한 경우에는 엽록소가 완전 파괴되어 잎은 황록색이나 갈색으로 변한다. 그러나 때로는 급성 및 만성의 구분이 잘 안되어 두 가지의 증상이 동시에 나타나기도 한다.

SO_2에 의한 식물의 저항성은 종간에 따라 매우 변이가 많다. SO_2에 의한 엽상해는 주로 총 노출량 보다는 단시간인 것일지라도 최고 노출농도에 좌우되며 계절적으로 엽상해가 가장 심한 것은 6·7월이다. SO_2에 대해 민감한 식물에서 엽상해가 일어나지 않는 최소한도의 농도는 0.3 ppm×1시간 또는 0.17 ppm×3시간이며, SO_2 0.50 ppm 이하에서 3시간을 노출한 경우 콩의 수확량의 감소가 나타나는 확률은 50% 이하였다고 보고 되었다.

(3) 식물의 감수성

SO_2는 식물체의 원형질을 분리시키고 생화학적 변화 및 효소작용의 교란을 일으킴으로서 식물 생육에 지장을 초래한다. 식물에 대한 감수성은 표 9-3에서 보는 바와 같이 종에 따라 많은 차이가 있다.

(4) 피해에 미치는 환경요인과 그 대책

아황산가스에 대한 감수성은 어린 식물과 새로 돋은 싹은 오래된 잎보다 저항성이 낮으며, 중간쯤의 잎이 가장 낮은 저항성을 보인다. 이밖에 온도, 습도, 광도 등 몇 가지의 환경 요인에 의하여 영향을 받는 것으로 이들을 요약하면 다음과 같다.

① **온도 :** 일반적으로 식물의 저온(5℃ 이하)에서는 아황산가스에 대한 저항성이 높아지

고, 온도가 높은 계절에는 감수성이 매우 높아진다. 즉 생리 활동이 매우 낮은 겨울에는 저항성이 매우 커지고 생리활동이 활발한 봄 및 여름에는 저항성이 낮아진다.

② **습도 :** 대체로 광도나 토양습도가 적당할 때에는 상대습도가 높아짐에 따라 아황산가스에 대한 감수성도 점차 높아지는 것 같다.

식물은 토양습도가 건조할수록 저항성은 커지며 수분량이 충분할 때는 식물체는 수분결핍 상태에서보다 더 큰 감수성을 보인다.

③ **광도 :** 암조건하에서 저항성이 커지고 광도가 강해질수록(3,000 candle foot 이상) 저항이 점차 약해진다. 또한 유해가스에 노출되기 직전에 그늘에서 자랐던 식물은 일광하에서 자랐던 식물보다 더 큰 감수성을 보인다.

아황산가스로부터 식물의 피해를 경감시킬 수 있는 방법은 첫째, 공장이나 사업장으로부터 배출되는 오염물질의 양을 최대한으로 제한하는 방법과 둘째, 영농방법의 개선을 들 수 있는데, 영농방법의 개선에는 저항성 작물이나 품종을 선정하거나, 칼리 및 규회석의 충분한 석회유 살포 등이 효과적이다.

표 9-3. 식물에 대한 SO_2에 대한 감수성

예 민		중 간		저 항 성	
알팔파	1.0	민들레	1.6	yellow pine	2.4~4.7
보리	1.0	사탕무우	1.6	글라디올라스	1.1~4.0
목화	1.0	아스터	1.9	장미	2.8~4.3
아옥속	1.1	토마토	1.3~1.7	단풍나무	3.3
대황	1.1	사과	1.8	네군도단풍나무	3.3
무	1.1	배추	2.0	양파	3.8
상추	1.2	매리골드	2.1	라이락	4.0
지니아	1.2	완두	2.1	옥수수	4.0
시금치	1.2	리덴	2.3	오이	4.2
콩	1.2	미송	2.3	솔트그라스	4.6
메밀	1.1~1.5	복숭아	2.3	국화	5.3~7.3
해바라기	1.3	살구	2.3	감귤	6.5~6.9
클로버	1.3~1.4	우엉	2.3	측백나무	7.8
라이맥	1.4	느릅나무	2.4	live oak	14.0
당근	1.4	붓꽃	2.4	사과꽃	25.0
밀	1.5	포프라	2.5	사과눈	87.0

주) 작은 수는 감수성이 높음

표 9-4. 개량제 처리에 의한 아황산가스의 피해 경감

처 리	감 수 율
무처리	50.3%
칼리 4 kg/10 a	36.5%
규회석 400 kg/10 a 사용	39.7%
석회유 1% 살포	28.9%

4.2. 불화수소

(1) 불소발생원과 식물 축적

불화물은 대부분 기공을 통하여 흡수되지만, 동백과의 식물의 경우는 토양으로부터 상당한 양의 불화물을 축적하는 능력을 가지고 있어서 대기 중에 불화물이 전혀 없는 곳에서도 1,300 ppm이나 되는 불화물이 잎에서 검출된 경우가 있다.

오염된 대기 중의 불소화합물은 식물의 잎을 통하여 흡수되며, 흡수된 불소의 대부분은 잎에 축적된다. 즉, 수용성불화물은 기공을 통하여 잎에 들어온 후 세포가극을 지나 중엽세포에 도달하며, 이는 바로 세포에 흡수되거나 혹은 물에 녹아 통도조직을 통하여 잎의 선단부나 연변부에 이동하여 축적한다.

(2) 이로운 점

불소는 필수원소는 아니지만 알루미늄이 풍부한 토양에서 자라는 식물에게는 이롭게 작용하고 있다. 불소는 세포의 어떤 효소의 합성 또는 활성화를 유도하는 듯하며, 매우 낮은 농도하에서는 식물의 성장을 촉진하기도 한다.

(3) 해로운 점

위에서와 같이 불소는 식물에 이로운 점도 있지만 불리한 방향으로 더 많이 작용한다. SO_2농도는 ppm 단위에서 문제가 되는데 불화수소는 ppb의 단위에서 문제가 된다. 지표식물로 사용되는 글라디오라스는 1일당 5~10 ppb의 농도에서 고사(枯死)한다.

고농도의 불화물에 장시간 노출되었을 때 나타나는 증상은 개체에 따라 또는 동일개체

라도 잎에 따라 다소 다르나 그 유형은 대부분 동일하다. 증상을 보면, 조직의 괴사, 황화 현상, 황화와 괴사현상을 동시에 갖는 독특한 피해 증상이 잎 끝이나 가장자리에 나타나는데, 이들의 장상과 기타 관련된 해작용을 요약하면 다음과 같다.

① **괴사 :** 식물의 종류에 따라 괴사가 나타나는 영향은 다르다. 알팔파와 보리는 10 ppb 정도의 HF에 5~6시간 노출되었을 때 CO_2 흡수율의 감소를 보였다. HF 농도가 20 ppb로 높아지면 2시간만 처리하여도 잎의 부분적인 괴사가 발생하였으며, HF의 처리가 중단되면 괴사되지 않은 조직에서는 대사과정이 서서히 회복되었다고 한다.
불소의 농도를 1 ppb 정도로 하여 장시간 노출한 경우에는 조직의 괴사가 일어나고 탈색반점이 생겨나 광합성이 감소된다. 이는 물론 비가역적이며 불소가 잎의 주변부에 축적되어 엽록괴사가 일어났기 때문이다.

② **황화 현상 :** 감수성이 높은 글라디올라스, 살구, 포도 등의 초기 증상은 잎의 가장 자리의 조직이 물에 젖은 듯 희미해지고 색상이 회록색 등으로 변색한다. 이 부위에 불화물이 유해할 정도로 축적되면 곧 담갈색이나 암갈색으로 변하고 이 부분은 적갈색의 띠(帶)를 형성하며 현미경의 관찰에 의하면 세포분열에 의하여 형성된 탈이층으로 구성되어 있다.

③ **상해 :** 불화물에 대한 노출시간이 길어지면 폭넓게 나타나는데, 대체로 손상을 받은 조직은 처음 황화 현상에서 적갈색으로 진행된다.
글라디오라스나 송백류 및 수수 등 민감한 식물들은 0.5 ppb의 낮은 농도에서도 장시간 노출되면 상해를 받는데, 토마토는 3~6 ppb가 되어야 상해가 나타난다. 일반적으로는 대부분의 식물들이 5~10 ppb에서 2~4시간 또는 0.3~0.6 ppb에서 30~60일 정도 노출되면 상해를 일으킨다.

표 9-5. 감귤의 생산에 미치는 불소의 영향

공기	잎속의 불소 농도 (ppm)	평균 불소의 농도 (ppb)	과일생산량 (lb)	생산율 (%)
여과 공기	10	2.1	377	100
비여과 공기	71	6.3	297	79
외부 공기	197	6.9	107	28

④ **물질대사작용의 저해 :** 잎의 불소 농도가 높으면 물질대사작용에 저해를 받는다. 따라서 새로 생육을 개시하는 어린 세포의 성장이 크게 억제된다. 그러나 성숙한 세포에서는 세포안을 몇 개의 분리된 방으로 분획하여 불소를 일정한 구역 내에 축적시킴으로서 다른 부분을 다소 보호하는 작용이 있기 때문에 그 피해를 다소간 완화시키는 효과가 있다. 그리고 해당과정에 참여하는 효소 enolase와 phosphoglucomutase 등은 불화물에 대하여 가장 민감하여 이들의 활성 억제는 탄수화물대사와 호흡대사에 크게 영향을 미친다.

⑤ **생산량의 감소 :** 불소피해를 받은 작물은 생산량이 감소한다. 감귤과 토마토의 불소에 의한 생산량 감소의 결과를 보면 표 9-6과 같다.

표 9-6. 토마토 생산에 미치는 불소의 영향

요　인	조절된 방	HF 방
식물당 꽃수	68	51
식물당 열매수	55	41
열매당 평균무게	46	24

(3) 감수성

불소에 대한 식물의 감수성도 대부분의 식물에서와 같이 종에 따라 다양한 차이를 보인다. 물론 개체의 강약에 따라 또는 성장시기별에 따라서도 차이는 나타난다.

글라디오라스나 살구 등 매우 감수성이 큰 식물은 대기 중 불화물의 농도가 $1\,\mu g/m^3$ 이하로 낮은 때에도 상해를 입으나 미루나무나 노간주나무 등은 이의 몇 배 이상 강하다.

감수성이 큰 식물의 경우 잎에서의 농도는 50~200 ppm이면 피해가 있지만 저항성이 큰 경우는 500 ppm 이상에서도 피해를 입지 않는 경우가 있다.

불화수소에 의한 농작물의 피해를 격감시킬 수 있는 방법으로서는 ① 공장이나 사업장으로부터 배출되는 오염물질을 최대한으로 제한하는 방법과 ② 농경방법으로 피해를 경감시키는 방법이 있는데 이 경우는 저항성 작물 및 품종재배와 규회석, 석회 인산 증시 등이 있다.

표 9-7 불소에 의한 식물의 감수성

예민		중간	저항성	
글라디오러스	호도류	장미	린덴	명아주
낙엽송	라이락	미역귀속	밀	서양물푸레
미송	복숭아잎	노랑크로바	벚나무	노간주나무속
복숭아	미루나무	뽕나무	느릅나무	딸기
살구	감귤	사과	피라칸다	양담쟁이
소나무	포도열매	사탕수수	아스파라가스	조팝나무
옥수수	보리	제라니움	토마토	완두
원귤나무	산벚나무	진달래	자작나무	미루나무
튤립	전나무	측백나무	해바라기	말오줌나무
포도종류	포푸라	아스터	아스란타스	우엉

4.3. 오존(O_3) 및 PAN

(1) 오존

오존은 식물체에 유해한 가스이지만 대기권에 도달하는 태양복사광선은 고공에서 산소와 오존에 의하여 1~3%가 흡수하는데 이 때 생물의 세포 및 DNA 등을 파괴하는 강력한 자외선(3,000Å 이하)도 같이 흡수되므로 결국 오존은 생물계의 피해를 방지하는 중요한 역할을 담당하기도 한다.

오존의 피해는 하루 중에는 한낮에 가장 피해가 심한 것으로 알려졌으며, 사질토양에서 자란 식물은 상당히 예민하고, 충분한 수분을 공급하여 재배한 식물은 0.15 ppm을 2시간 접촉함으로써 피해증상이 나타나지만, 건조한 상태하에서는 0.45~0.60 ppm의 높은 농도에서 그 증상이 나타난다. 이는 적절한 토양수분이 공급되면 공변세포를 팽창시켜 기공이 닫히지 않도록 하기 때문인 것으로 본다. 한편, 그늘에서는 기공이 닫혀 있기 때문에 감소된다. 그러나 일반적으로 식물에 대한 오존의 피해 한계농도는 0.50 ppm에서 1~2시간으로 보고 있다.

충분히 성숙된 잎은 노화된 잎이나 어린 잎보다 피해가 크다. 이는 기부의 노화된 잎은 대개 기공이 항상 닫혀 있고 일부는 공변세포의 퇴화에 따라 기능을 상실하고 있는데 비해 어린 잎의 기공은 선단부에서만 잘 발달되어 있기 때문이다.

식물에 대한 오존의 영향은 식물의 감수성, 식물조직의 생리적 연령, 환경조건 등에 따라 식물에 나타나는 증상은 달라진다. 오존 피해의 급성 증상은 짧은 시간에 높은 농도의 피복에 의한 것이 원인이 되는 것으로서 주로 잎의 표면에 나타나며, 그 증상은 ① 잎의 반점 형성, ② 조직의 파괴, ③ 표백, ④ 황화 현상, ⑤ 괴사현상 등이 나타나는데, 감수성이 예민한 식물의 잎에서는 대단히 낮은 농도에서도 위와 같은 증상이 일어날 수 있다.

세포조직 및 영양적 측면에서의 오존에 대한 영향을 좀 더 자세히 관찰하며 다음과 같다.

① 식물의 잎이 오존과 접촉되면 표피의 공변세포는 팽압을 잃으며 기공은 닫히게 된다. 이러한 특수성은 오염원의 잎속의 침투를 다소 막을 수 있으나 완전히 오존의 침입을 막지는 못한다.

② 오존은 기공을 통하여 흡수된 후 세포막과 접촉하여 막의 구조와 투과성에 영향을 미치고, 세포내의 효소와 세포기관에 작용하여 주로 대사과정을 저해한다. 즉, 탄수화물과 아미노산 대사의 변화, 세포내용물의 산화로 인한 미토콘드리아의 활동과 광합성이 저해 및 호흡이 촉진현상 등이 일어난다.

③ 식물조직 중 제일 먼저 공격을 받은 부분은 책상조직이며, 다음은 안쪽의 해면조직과 잎 아래 부분의 해면조직이 차례로 손상을 입는다. 단, 손상을 받은 책상조직의 위쪽의 표피세포나 공변세포는 상당한 기간동안 피해를 입지 않고 견딘다.

④ 가장 저항성이 큰 조직은 유관속 조직으로서 이 조직은 주위의 조직들이 모두 죽기 전에는 피해를 입지 않는다.

⑤ 또한 영양원에 따라서도 감수성이 변화하는데, 시금치와 근대는 질소원이 증가함에 따라 피해가 증가하나 인산이나 칼륨을 첨가하면 성장은 더디지만 저항성이 커지는 것으로 밝혀졌다.

표 9-8. 오존가스에 의한 작물의 감수성

구 분	식 물 명
감수성	시금치, 담배, 알팔파, 밀, 귀, 보리, 오차드그라스, 레드크로바, 무, 콩, 옥수수, 토마토, 모란채, 라이밀
중간성	순무, 당근, 페추니아, 꽃상추, 병풍나물
저항성	사탕무, 약아욱, 부루그라스, 오이, 목화, 상추

표 9-9. 오존가스에 의한 몬복식물의 감수성

구 분	식 물 명
감수성	은행나무 일종, 호두나무 일종, 벚나무 일종, 쥐똥나무 일종, 포도나무 일종
중간성	살구나무 일종, 피라칸다, 실버베리
저항성	느릅나무 일종, 너도밤나무 일종, 양담쟁이, 단풍나무 일종, 가막살나무속

오존가스에 의한 농작물의 감수성 정도를 보면 시금치, 담배, 알팔파 등이 감수성이고 오이, 목화, 옥수수 등이 저항성이며 목본성 식물은 은행나무나 호두나무 등이 감수성이고 느릅나무나 너도밤나무 등이 저항성이다.

오존가스에 대한 피해 대책으로는 오염원의 제거와 영농방법 개선 등이 있다. 영농방법 개선으로 저항성 작물이나 저항성품종 재배 또는 질소질비료의 감량시비나 칼리질을 중시하는 방법도 효과적이다.

(2) PAN

PAN이란 peroxy acetyl nitrate(RCO_3NO_2)로서 광화학 산화물질을 형성하는 성분의 하나이며 배기가스 중에 함유된 여러 탄화수소나 질소산화물이 태양광선(특히 자외선)을 조사 받아 화학적으로 합성된 것으로서 동물의 눈이나 목에 자극을 주고 식물에도 피해를 준다. 한때(1940년대) smog에 의한 피해라고 표현되던 여러 피해 증상은 오존과 PAN 등에 의한 피해임이 밝혀진 바 있다.

Oxidant에 의한 증상은 PAN 반응에 의한 증상과 오존올레핀(ozone-olefin) 반응에 의한 증상으로 구별된다.

표 9-10. PAN형 상해에 대한 식물의 감수성

구 분	식 물 명
감수성	시금치, 사탕무, 귀리, 상추, 자주개자리, 콩종류, 옥수수, 설레리, 고추, 담배, 클로버
저항성	배추, 꽃양배추, 대황, 당근, 호박, 양파, 옥수수, 오이, 딸기

PAN에 의한 증상은 잎의 온도와 노출시간 및 잎의 성숙도 등에 매우 다양하며 0.5~1 ppm의 비교적 고농도에서 30분 정도의 처리로 잎의 엽줄 증상이 다소 넓게 나타나고 이어 이 조직은 파괴된다. 대체로 0.1 ppm 이하에서 대부분 황화 현상이 나타난다. PAN 상해에 대한 감수성 작물은 시금치, 귀리, 상추 등이고 저항성인 작물은 배추, 당근, 호박 등이다.

오존엘레핀 반응 산물은 성숙한 잎에서 민감하게 반응하고 잎의 아랫면의 광택이 균일하게 분포되는 증상이 나타난다.

4.4. 기타 대기 오염물질

대기 오염물질의 종류는 대단히 많다. 식물에 아주 유해한 것들은 이미 설명해 두었지만, 기타 여러 오염물질들도 관심을 높여야 할 것이다.

(1) 질소산화물(NO_2, NO)

질소산화물에 의한 피해증상은 첫째, 세포들이 파괴되어 백색 또는 황갈색의 불규칙적인 형상을 한 조그마한 괴사부가 잎 가장자리의 큰 엽맥 사이에 나타나고, 둘째는 기름상의 물질이 피복되어 녹색 부위가 뚜렷해지는 현상으로 식물의 종류에 따라 잎의 표면과 뒷면 또는 양 면에 나타난다.

표 9-11. 이산화질소가스에 대한 식물의 감수성

구 분	식 물 명
감수성	갓, 담배, 해바라기, 진달래
중간성	라이밀, 별꽃, 민들레
저항성	아스파라가스, 명아주, 히이즈

(2) 암모니아(NH_3)가스

암모니아가스의 식물체내 침투는 잎의 기공이나 표피조직을 통하여 침투하며, 잎의 기공으로 암모니아가스가 흡수되었을 때의 피해증상은 다음과 같다.

① 잎에 흑색의 반점이 생기거나 혹은 전체에 백색 또는 황색으로 변하는 등 증상을 보인다.
② 암모니아의 과잉 흡수는 엽록체를 파괴하여 광합성 작용을 저하시킨다.
③ 식물체의 pH를 상승시켜 뿌리의 수분 흡수가 억제된다.
④ 과실과 채소류를 저 농도의 암모니아로도 표면 색깔을 변화시킨다.

잎의 색이 변하는 원인은 암모가스가 세포내에 흡수되면 알칼리반응을 나타내므로 색소가 파괴되기 때문이다.

몇 종류의 식물의 감수성을 보면, 토마토와 해바라기 및 메밀 등의 경우 40 ppm으로 1시간, 8.3 ppm으로 5시간, 접촉으로 피해가 나타나며, 겨자나 해바라기 등의 감수성이 예민한 식물은 3 ppm에서도 상흔이 나타난다고 한다.

(3) 염소가스(Cl_2)

염소발생원은 수산화나트륨 제조공장, 염화에틸렌 제조공장, 염화제 2 철 제조공장, 활성탄 제조공장 등이며, 식물에 급성적 장해를 나타낸다.

염소가스가 식물에 접촉되면 증상은 노출 1~2일 후 나타나는 수가 많고 성숙된 잎은 어린잎보다 피해를 입기 쉽고 또한 위의 잎은 아랫잎보다 피해를 입기 쉽다. 피해증상을 보면 다음과 같다.

① 피해의 주된 증상은 괴사 및 퇴색 등이다. 괴사된 잎의 색깔변화는 백색에서 갈색으로의 변화이며, 괴사의 위치는 잎의 주변이나 엽맥간에 나타난다.
② 잎의 표면에 미세한 회백색의 반점이 무수히 나타나고 심할 경우에는 적갈색의 대형 반점으로 나타난다.
③ 음지에 있는 잎은 가스 접촉시 광도가 잎의 피해에 작용하므로 그 피해가 경미하다.

식물에 대한 독성은 아황산가스보다 2~3배 강하며, 예민한 식물은 알팔파나 사과, 메밀, 무, 장미 등이고 저항성은 가지, 명아주, 대두 등이다. 알팔파에 대한 한계농도는 0.1 ppm에서 1시간이며 저항성 식물은 종류에 따라 다르나 0.1 ppm에서 4시간 정도의 접촉으로 피해를 입는다.

(4) 염화수소(HCl)

염화물의 축적은 기공을 통하여 흡수되어 잎속에 축적되는데, 염화수소에 대한 한계 농도는 10 ppm에서 수시간 정도이며, 식물에 가시적 장해를 주는 염화수소의 농도는 15~100 ppm 정도이나 식물의 종류에 따라 차이가 많다.

① 염화물이 식물체에 흡수되면 잎의 가장자리로 이동하여 황화 현상을 일으킨 후 세포의 괴사가 나타난다.
② 높은 농도에서는 아황산가스에 의한 급성장해 증상과 비슷하다.
③ 활엽수는 잎의 주변에 타는 듯한 증상이 나타난다.
④ 초본은 저농도의 염화수소가스에 노출되면 잎의 끝이 갈색이 된다.
⑤ 침엽수는 잎 끝에서 괴사가 발생한다.

(5) 황화수소(H_2S)가스

황화수소에 민감한 식물은 20~40 ppm에서 5시간 접촉시 경미한 장해가 나타나고 400 ppm의 농도로 5시간 정도 접촉하며 피해 증상이 발생하는데, 주로 식물의 가지나 새로운 잎의 생장점에 피해를 준다.

황화수소가스에 대한 감수성 식물은 메밀, 대두, 토마토, 담배 등이고, 중간성 식물은 글라디올러스, 해바라기, 민들레 등이며, 저항성 식물은 갓, 딸기, 사과, 복숭아 등이다.

(6) 에틸렌 가스(탄화수소)

식물에 대한 에틸렌피해의 주된 증상은 ① 상편생장(上偏生長, epinasty) ② 전두운동(轉頭運動, nutation)의 저해, ③ 황화 현상, ④ 낙엽, ⑤ 줄기의 신장저해, ⑥ 성장감퇴 등이다.

0.1~0.5 ppm의 저농도에서도 sweet pea와 토마토의 상편생장을 일으킨다. 대체로 2.5~10 ppm의 에틸렌에서 감수성이 큰 식물들은 아래쪽 잎에 황화 현상이 일어나고, 때로는 잎의 조직의 사멸, 화아의 이탈, 정단 생장의 저해, 마디의 증가, 어린잎의 증가 현상 등이 나타난다.

에틸렌가스에 대한 감수성 식물은 양란, 토마토, 완두, 복숭아 등이고 중간성 식물은 진달래, 대두, 호박 등이며 저항성 식물은 상추, 양파, 양배추, 이십일무, 클로버 등이다.

(7) 산성비

일반적으로 pH 5.6 이하의 비를 산성비라 하며, 식물에 대한 피해는 1년생의 어린 식물과 눈의 형성시에 심한 타격을 가한다. 식물에 대한 피해를 보면 다음과 같다.

① 잎과 줄기 생장이 감퇴되고 잎에 기형조직이 나타난다.
② 수정시 화분의 발아와 화분관 신장을 저해한다.
③ 엽록색소를 탈색시키면서 광합성의 기능이 약화되고 그 결과 종자, 과실, 뿌리, 근경이 왜소해지거나 기형으로 변한다.
④ 임목 성장률의 장기적인 감소와, 삼림종자 발아율 저하를 보인다.

5. 대기환경과 인체작용

5.1. 실내 공기의 작용

(1) 실내 온·습도와 인체작용

인간이 살아가기 위한 쾌적한 실내온도는 18~20℃이다. 그러므로 많은 사람이 밀집한 실내 온도는 난방 이외에 체열의 방축과 기타 온도 상승조건에 의하여 상승되므로 쾌적온도보다 온도가 높아질 경우는 환기에 의한 실온의 조절이 필요할 것이다.

한편 쾌적한 실내 습도인 40~70%의 습도가 유지되는 것이 좋다. 공기가 건조하면 호흡기 계통의 질병이 발생할 수 있고, 더욱 건조하면 피부병에 걸릴 수도 있다. 따라서 실내의 습도는 인간의 건강과 밀접한 관계가 있다.

사람의 체온은 평균 36.5℃이며 체온의 정상범위는 36.1~37.2℃이다. 42℃ 이상에서는 신경조직의 마비로 인한 기능마비로 사망하게 되고 30℃ 이하에서는 회복불능상태에 빠지게 된다. 이때 인체의 물질대사(metabolism)에 의해 다량의 열에너지의 생산 및 방출의 상태가 평형상태를 이루었을 때는 생리적 작용이 순조로워지고, 동시에 쾌감마저 느낄 수 있게 된다.

(2) 실내 기류와 인체 작용

생체의 물질대사에 가장 적합한 기류는 1 m/sec 전후이고, 0.2~0.5 m/sec의 기류를 **불감기류**(不感氣流, insensible current)라 한다.

사람은 대체로 정상적인 체열 방산이 안되면 불쾌감을 느끼게 된다. 따라서 체열은 일정하게 방산하는데 기온과 기습 및 기류 등에 의해서 조절된다. 주변환경의 지나친 고온과 다습, 저온과 저습 및 무풍 등은 체온 방산의 균형은 파괴되어 불쾌감을 느끼게 한다. 특히 무풍 상태(0.1 m/sec 이하의 기류)하에서의 고온·다습은 체열 방산이 거의 이루어지지 않으므로 울열이 생기고 심한 불쾌감을 느낀다.

(3) 분진과 인체작용

분진(粉塵, dust)이란 지상의 물체가 외부의 힘에 의하여 파쇄되어 1 μm~500 μm에 달하는 미세한 입자이다.

입자의 크기에 따라 분진을 여러 가지로 구분하게 되는데, 일반적으로 부유분진이라고 하면 입자의 직경이 10 μm 이하인 분진을 말하며, 입자의 직경 100 μm 이하의 **입자상물질**(粒子狀物質, particulates)을 총칭하여 총부유분진이라 하며, 이는 다시 **미세분진**(微細粉塵, fine particle)과 **조대분진**(粗大粉塵, coarse particle)으로 나뉘어진다. 조대분진의 크기는 10~100 μm의 분진을 말하며 공기 중에서 체류시간이 짧기 때문에 **강하분진**(降下粉塵, dust fall)이라 부르기도 한다. 이것은 호흡에 의해 인체에 흡입되지는 않지만 가시도에 영향을 미친다.

분진은 호흡기에 침입하여 폐에 침착하여 진폐증을 일으키고, 인체에 흡수되어 여러 가지 증상을 일으키기도 한다. 특히 폐에 침착률이 가장 높은 분진입자는 0.5~5.0 μm로 알려져 있다.

분진을 흡입했을 때 나타나는 증상에 따라 다음과 같이 분류한다.

① 진폐증상의 먼지

유리규산, 석면, 활석, 흑연 등 광산지대의 먼지로서 5 μm 이하의 먼지를 말하며, 폐에 들어가 섬유증식, 결절 형성 등의 증상을 나타내며 폐의 산소 섭취 능력을 방해하여 폐결핵 증상을 유발하기도 한다.

② 알레르기성 먼지

꽃가루, 나무가루, 동식물성 작은 털 등 삼림지대 및 전원도시의 먼지로서 알레르기성 천식이나 피부병을 유발하는 먼지를 말한다.

③ 중독성 먼지

수은, 카드뮴, 납, 망간, 안티몬, 베릴륨 등의 금속성 먼지와 비소, 인, 셀레늄, 황 등의 화합물 등으로 산업장에서 일어나는 먼지이며, 중추신경 계통, 콩팥이나 조혈장기 등에 작용하여 갑자기 급·만성 장해를 일으키는 먼지를 말한다.

④ 자극성 먼지

산, 알칼리, 불화물, 크롬산 등의 생산 및 사용지역에서 생성되는 먼지로서, 눈, 호흡기, 소화기 등의 점막과 피부 등을 자극하고, 염증 또는 궤양을 형성하며, 치아 등을 부식시키는 먼지를 말한다.

⑤ 불활성 먼지

석탄, 석회석, 시멘트 등을 생산하는 광산지대의 먼지로서, 다량의 입자를 흡입하지 않는 한 특별한 유해작용이 일어나지 않는다고 보는 먼지를 말한다.

부유물질의 입자의 크기와 흡입후의 거동을 보면 다음과 같다.

① **10 μm 이상의 큰 입자 :** 흡입되어도 거의 전부가 상기도에 침착된 후 기도의 섬모활동에 의하여 토출된다.
② **10 μm 이하의 입자 :** 5 μm까지의 입자는 코 및 인두에, 1~5 μm의 입자는 기관과 기관지계에, 그리고 1 μm 이하는 폐포까지 도달한다.

표 9-12 우리나라의 주요 먼지 허용 농도

먼지종류	허용농도
제 1 종 먼지	2 mg/m^3
제 2 종 먼지	5 mg/m^3
제 3 종 먼지	10 mg/m^3
면먼지	1 mg/m^3
석면먼지	2개/cm^3

호흡의 속도와 입자상물질의 기도흡착과의 관계를 보면, 호흡이 빠를 때는 물리적 현상으로 인하여 침착이 적어지고 반대로 호흡속도가 늦을 때는 오히려 침착이 많아진다.

기관지계에 침착한 입자는 섬모운동에 의하여 분비액과 함께 토출되어 기도로부터 배출되지만, 섬모가 없는 폐포(허파꽈리)에 도달한 입자는 폐포 내에 존재하는 대식세포에 흡수된다. 이때 화학적인 중독 작용이 약한 입자는 대식세포에 의하여 폐포로부터 기관지에 운반되고 섬모운동에 의하여 처리되지만, 화학작용이 강한 입자는 대식세포를 파괴 또는 변성시킴으로서 폐포 부위에 입자가 침착하게 되고 이 때부터 인체에 영향을 미치게 된다.

입자상물질 중 유리규산인 경우는 규폐증을 일으키고 석면인 경우 석면폐증, 폐암, 중피종(흉막이나 늑막에 생기는 암) 등을 일으킨다. 폐암에 의한 석면의 발생은 흡연과 밀접한 관계가 있어 상승효과를 나타낸다고 알려져 있으므로 관련 산업체에서 종사하는 자는 각별한 주의를 요한다. 특히 석면 중에서 청석면이 가장 위험하고 다음은 백석, 황석면이 위험하다.

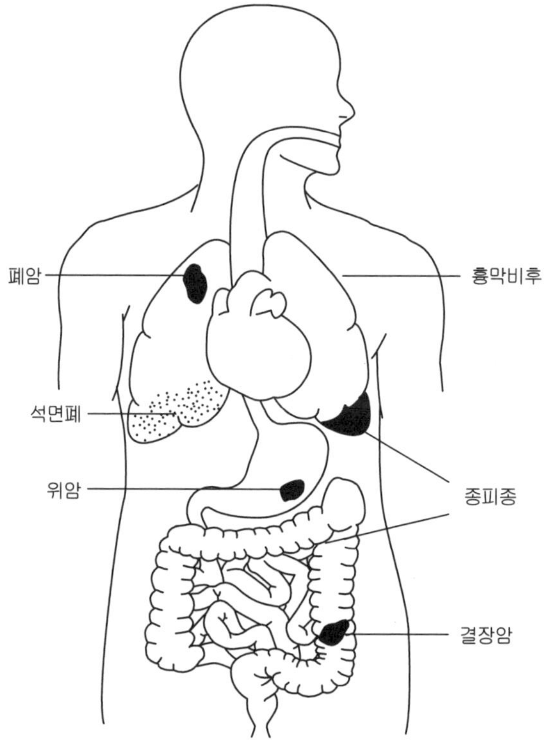

그림 9-8. 석면에 의한 주요 질환

석면이 인체에 유입되는 경로는 호흡에 의한 흡입과 위장관의 벽을 통한 섭취로 구분할 수 있다. 호흡을 통한 흡입과정에서는 직경이 2 μm 이하인 것만이 폐포까지 흡입되며 이것보다 길이가 긴 석면은 기관지의 앞부분에서 제거된다.

(4) 실내 공기의 변화와 군집독

실내에 격리된 공기는 그 실내의 조건에 따라 대기와는 달리 특유한 소기후(小氣候)를 형성하는 수가 있으므로 간혹 실내 공기의 성상에 변화를 유발하게 된다. 따라서 좁은 실내에 많은 사람이 밀집하게 되면, 실내 공기는 벌써 화학적으로나 물리적으로 변화되므로 인하여 불쾌감, 두통, 권태증, 현기증, 구역질, 구토 및 식욕부진 등의 증세가 나타나게 되는데 이러한 현상을 **군집독**(群集毒, crowd poisoning)이라고 하며, 장마철의 환기불량한 극장이나 회의실 및 겨울철의 난방이 잘된 밀폐된 실내에 다수인이 밀집하여 있을 때 발생하기 쉽다.

5.2. 공기오염과 인체작용

일반적으로 사람은 1일 약 1.5 kg의 식품을 섭취하고 2 kg의 물을 마시며 14 kg의 공기를 호흡한다. 대체로 식품 없이는 약 35일간을 생존할 수 있고, 물 없이는 약 5일간을 살 수 있다. 그러나 공기 없이는 5분간의 호흡정지로 사망하게 된다.

만일 생물이 다량으로 호흡해야 할 공기가 오염되면 그 오염물질은 호흡기에 직접 영향을 미치며 또한 호흡기를 통하여 체내에 들어가게 된다. 오염물질은 그 특성에 따라 체내의 세포, 조직, 기관에 영향을 주게 되고 호흡기가 영향을 받으면 그 결과 심장기능까지 저하된다.

유해물질이 인체에 침입하는 데는 기도(氣道), 경피(經皮), 경구(經口)의 세 경로가 있다. 이 중 주요한 경로는 기도 침입으로 가스, 증기, fume, 극히 미세한 부유분진이나 mist 등은 호흡에 따라 폐포 깊숙이 도달되며 혈류에 접촉되어 흡수되게 된다. 그러나 큰 분진이나 mist의 일부는 비모(鼻毛)나 기관의 섬모에 걸려 배출되기도 한다.

대기오염이 인체에 주는 영향은 먼저 눈, 코, 인후의 자극, 즉 감각적인 영향을 받고 따라서 이 자극은 생리적인 가역성의 호흡기능에 반응을 나타나게 된다. 다시 말하면, 대기오염에 의한 외징적 장해로서 호흡기의 자극증상, 기침, 호흡곤란, 점막 및 눈의 자극증상에서 시작하여 오심(惡心), 토기(吐氣) 등으로 진전되고 때로는 반응이 급속히 악화되면 급성장애로서 경도(輕度)의 것이 장기간에 걸쳐 계속되거나 혹은 반복함에 따라 만성적인 장애가 나타나기도 한다.

(1) 유황산화물(SOx)

유황산화물 중 가장 대표적인 것은 아황산가스(SO_2)로써, 흡입된 아황산가스의 90%는 상기도에서 흡수되며, 나머지는 하기도에서 흡수되는데 체내에 흡입된 아황산가스는 점막에 닿으면 곧 아황산을 형성하여 자극제로 작용하게 된다.

일반적으로 사람이 아황산가스 등에 오염된 대기에서 생활하였을 때 나타나는 증상을 보면 다음과 같다.

① 눈이나 코 및 상기도의 점막이 먼저 감각적인 자극을 받으며,

② 뒤이어 생리적인 반응이 일어나는데, 계속 노출되었을 때에는 그 증상이 악화되어 급성질환으로 되고,

③ 그 질환이 계속 반복하여 일어나면 만성질환으로 변한다.

④ 환자가 대기 중 많은 먼지나 안개가 함께 있으면 인체의 영향을 상승작용을 일으켜 급성피해를 유발하고, 시성장애와 호흡기 및 폐질환이 증가하여 사망률이 증가한 것으로 알려져 있다.

⑤ 특히 무수황산(SO_3)이나 유황미스트 등은 폐의 심부까지 도달하기 쉽고, 이로 인하

표 9-13. 아황산가스가 동물에 미치는 영향

농도 (ppm)	영 향
25	생쥐와 토끼를 매일 6시간 노출시켜 무변화
33	모르모트를 984시간 노출로 1/14이 262시간만에 치사
50	생쥐, 토끼를 매일 6시간 30일 노출로 치사. 쥐는 무영향
65	모르모트와 생쥐의 1/3이 9일에 급성 위팽창
100	모르모트와 생쥐의 1/2이 4일에 급성 위팽창
112	모르모트를 113시간 노출로 4/8가 54시간 이상에서 치사
187	토끼를 15분/매일 흡입으로 점막 충혈, 폐기종, 심장확대
200	모르모트와 쥐가 3일만에 100% 위의 팽창 및 궤양

여 기관지 및 폐포 점막에 자극을 주기 쉬우며, 공기 중 입자상 물질이 기관지의 심부까지 도달하기 쉽게 하여 대기오염에 의한 인체 피해의 상승적 효과를 나타낸다.

건강 장애는 실제로 직업성 아황산가스 중독을 규제하기 위한 작업환경에서의 허용농도보다 훨씬 낮은 농도 수준에서 일어나고 있으며, 대기 중 아황산가스의 허용농도는 0.05 ppm 이하, 24시간 평균치가 0.15 ppm을 연간 3회 이상 초과해서는 안되도록 되어 있다.

아황산가스 농도 별 인체의 작용은 다음과 같다.

① 0.05 ppm에서는 쾌적함을 느끼고,
② 0.1~0.2 ppm에서 먼지와 공존할 때 24시간 이상의 노출로 장년층의 호흡기질환이 발생하기 쉬우며 입원환자가 증가함을 볼 수 있다.
③ 6~12 ppm에서 10~15분간의 노출로 코 및 인후에 즉각 자극이 온다.
④ 20 ppm에서 눈에 자극을 주고 기침이 나오고, 불쾌감을 준다.
⑤ 150 ppm에서 30분간 노출로 눈물이 흐른다.
⑥ 140~200 ppm에서 재채기와 눈물이 나온다.
⑦ 400~500 ppm 이상에서 호흡이 곤란해지고 사망의 위험이 따른다.

(2) 일산화탄소(CO)

일산화탄소는 석탄, 휘발유, 디젤유 등 유기물질이 불완전 연소됨으로서 발생하는데, 우리나라에서는 주로 연탄을 난방 연료로 사용할 때 중독사고가 발생한다.

일산화탄소 중독의 발생기전은 흡입한 일산화탄소가 혈색소와의 결합력이 산소보다 210~300배 강하며, carboxyhemoglobin(COHb)을 형성하여 혈색소의 산소 운반 능력을 박탈하고, 또한 혈액 중에 COHb 농도가 높아지면 oxyhemoglobin(HbO)의 해리가 억제되어 조직에 산소 공급이 되지 않음으로 인하여 뇌질식상태에 이르게 되고 중추신경계의 장애를 일으킨다.

일산화탄소는 호흡기를 통하여 처음에 빨리 흡수되나 점차로 흡수가 느려져 혈액 내에서 평형상태를 이룬다. 일산화탄소에 하루 8시간 폭로되는 경우에 50 ppm 이하에서는 아무런 증상이 나타나지 않으며, 400 ppm인 때는 1시간 동안 폭로하여도 특별한 증상이 없이 혈색소의 10~20%가 COHb로 되고 장시간 폭로하면 COHb는 32.8%까지 증가하게 된다.

한편 일산화탄소에 단시간 노출되었을 경우 900 ppm/hr이면 두통이 생기고 1,500 ppm/hr이면 생명이 위험하며 COHb가 40%를 넘게 되면 완전한 회복이 어렵다.

일산화탄소에 대한 감수성은 개인차가 있으며 적혈구수 및 혈색소량에 이상이 있는 사람은 감수성이 높다.

일산화탄소의 급성적인 증상은 시야감축, 불쾌감 및 정신적 피로, 심폐환자의 병세악화, 2차세균 감염 촉진 등이며, 만성적 영향은 성장장해, 만성호흡기질환, 심장비대, 직업병 악화 등의 증세가 나타난다.

(3) 광화학 스모그

광화학 스모그와 관련된 물질은 2차 오염물질인 오존, 알데히드, PAN과 같은 산화성물질 그리고 스모그의 원인물질인 질소산화물과 탄화수소이며 이들 오염물질 농도는 그리 높지 않으므로 단독으로는 피해가 크지 않다.

가. 오존의 피해

0.02~0.05 ppm에서 냄새를 맡을 수 있고, 0.1 ppm을 넘으면 코, 목, 입 등에서 갈증을 느끼고, 0.5 ppm이 되면 눈, 코, 목을 자극한다고 한다.

급성장애로는 기침, 상기도 점막의 건조, 비출혈을 동반한 목과 코의 자극 증상이 있으며, 심한 경우 폐부종을 일으킬 수 있다. 그리고 만성 폭로시는 두통, 피로, 호흡곤란, 쉰 목소리, 상기도의 건조함을 호소하며 이러한 증상들은 담배를 피우거나 심한 운동을 하면 더욱 심하게 된다.

표 9-14 오존이 동물에 끼치는 영향

농도 (ppm)	영 향
1	모르모트 등에 반복흡입 - 기관지염, 세기관지염발생
1~4	부화후의 병아리에 5일간 연속 노출로 90% 치사
4	20 g Adult mouse LD_{50}(4시간 노출)
4.8	250 g Adult rat 치사량(4시간 노출)
12.6	생후 2개월 Swiss mouse LD_{50}(3시간 노출)
60	쥐는 최소의 수분간 노출로 맥박수 50% 감소

표 9-15. NO_2가 동물에 끼치는 영향

농도(ppm)	영 향
4	4hr/day, 1주5일, 6개월 노출 - 쥐, 생쥐, 모르모트 등 변화 없음
15~20	모르모트에 24시간 노출로 중등도의 폐수종
30	모르모트에 3시간 노출로 해로운 영향이 발견되지 않음
53	쥐에 4시간 노출로 치사
65~75	개에 4시간 노출로 치사
88	수컷 쥐 LC_{50}(4시간 노출)
776	고양이와 토끼 : 급속히 치사

나. 질소산화물 피해

인체에 대한 피해는 주로 호흡기의 조직, 세포의 파괴와 이로 인한 호흡기 질환에 대한 면역적 감소 및 혈중 헤모글로빈과 결합하여 methemoglobin(met Hb)을 형성함으로서 산소전달을 방해한다. 증상은 호흡기질환인 기관지염, 폐기종 및 폐렴과 섬유성폐색 기관지염 및 폐암 등을 일으킨 것으로 알려져 있다.

천식환자 20명을 대상으로 0.1 ppm에서 한 시간 동안 폭로시킨 결과 13명이 기도저항 증가와 기관지 수축현상이 일어났고, 0.7 ppm에서 건강인 10명을 대상으로 10분간 폭로시킨 결과 호흡량과 기도저항 증가가 약 50% 증가하였으며, 건강인 10명에게 1.0~2.0 ppm을 2.5시간 폭로시키면서 운동과 휴식을 반복하도록 하면 헤모글로빈과 적혈구 등이 감소된다는 등의 보고가 있다.

표 9-16. NO_2가 인체에 미치는 영향

농도(ppm)	노출시간	영 향
0.2	-	우주여행 허용기준
0.5	90일	잠수함 운행 허용기준
5	8시간	산업안전 허용기준
10~40	계속노출	만성폐섬유, 폐기종
64	-	인후자극, 호흡회수 증가
80	3~5분	흉부압박감 느낌
100	3~5분	심한 인후자극, 심한 기침
500	3~5분	급성폐부종, 2~10일 이내 사망

(4) 포름알데히드

공기 중의 0.05~0.5 ppm의 정도로 사람은 눈에 자극을 느끼게 되며, 4 ppm 이상이 되면 눈물이 나온다. 호흡기에는 2~3 ppm에서 가벼운 자극을 느끼고, 4~5 ppm에서 불쾌감을 느끼고, 10~20 ppm에서 기침이 나오며, 50~100 ppm에서 5~10분간 노출되는 경우 기관지 염증을 일으킨다.

동물실험에서는 폐수종, 비염 등의 증상이 있는 것으로 나타났으며, 흰쥐를 이용하여 포름알데히드의 흡입독성을 시험한 결과 200 ppm에서 3.5시간 노출로 자극을 받지만 빨리 회복이 되었고, 650 ppm으로 8시간 노출로 폐출혈, 폐수종, 폐기종 유발 후 화농성 염증을 일으켰으며, 1,600 ppm으로 4시간 노출로 사망하였다고 한다.

(5) 황화수소

황화수소는 악취 공해의 원인물질로서 중요시되고 있다. 0.025~0.1 ppm의 낮은 농도에서도 냄새를 느낄 수 있으며 악취로 인한 식욕부진, 메스꺼움, 구토 등을 일으킨다.

황화수소는 위장이나 폐에서 쉽게 흡수되기 때문에 각막이상, 기침, 두통, 현기증, 치아이상 등의 영향을 주며, 고농도에서는 철을 함유하는 산화효소가 파괴되므로 세포내 호흡에 문제가 발생한다.

황화수소의 농도 3~4 ppm에서 뚜렷하게 냄새를 맡을 수 있으며 5~8 ppm에서는 심하게 불쾌한 냄새를 느낀다. 그리고, 80~120 ppm에서 별 증상 없이 약 6시간을 참을 수 있지만 200~300 ppm에서는 5~8분 후 눈과 코 및 목구멍 등의 점막에 강한 통증을 느끼며, 30~1시간 동안은 견딜 수 있으나, 500~700 ppm에서는 약 30분 호흡으로 아급성중독으로 생명이 위험하며, 1,000 ppm 이상의 고농도에 노출되면 치명적인 급성독성을 나타내어 의식을 잃거나 사망하게 된다. 이와 같은 고농도 황화수소에의 발생은 주로 공장에서 가스누출이나 폭발사고 때에 일어날 수 있으므로 작업환경에서의 철저한 관리가 필요하다.

(6) 아황화탄소

아황화탄소(CS_2)의 오염경로는 흡입과 피부를 통한 두 경로가 있으나 피부를 통한 경우는 그 영향이 훨씬 적다. 인체에 흡수된 이황화탄소는 혈액순환 작용에 신체 각 부위에 분배되며, 급성중독과 만성중독을 다 일으킬 수 있다.

농도별 증상은 다음과 같다.

① 3,000~5,000 mg/m^{3}의 농도에서의 단시간 노출로 심한 초조감과, 억제할 수 없는 격분 및 환각과 공상 같은 정신 및 신경증상을 수반하는 급성 및 아급성중독을 일으킨다.
② 150 mg/m^3 이상의 농도에서 수년간 노출되면 중추신경계통에 나타나는 피로와 두통 및 수면장애 등 정신장애와 다발성신경염과 신경증상과 같은 만성 중독증세를 나타낸다.
③ 30~120 mg/m^{3}의 농도로 6년 이상 노출되면 정신 및 행동 변화가 나타난다.
④ 20~90 mg/m^{3}의 농도에서는 두통, 기억감퇴, 심한 변덕 및 피로 등의 증상이 나타나며, 임산부의 경우 조산 또는 자연 유산을 일으킨다.
⑤ 10 mg/m^3 이하에서도 10~15년 동안 노출되면 월경불순, 성호르몬의 증가와 같은 만성중독 증상을 나타낸다고 한다.

(7) 디옥신

디옥신에는 여러 종류가 있으나 연구된 것은 주로 사염화디옥신이다.

과일이나 곡식에서의 사염화디옥신의 오염농도는 검출되지 않으나, 과일 껍질에서는 100 pg/g(pg : 1 g의 1조분의 1) 정도로 검출되어 오염경로가 주로 입자물질에 의해서 표면으로 침투된다는 것을 간접적으로 추정할 수 있다.

디옥신류의 일부 물질에 대한 흡수는, 주로 위장계통에서 50~80% 정도 흡수되지만 피부를 통해서도 가능하고, 축적부위는 주로 간의 지방조직이며, 배설은 디옥신류는 대변과 소변 및 젖 등을 통해 배설된다는 것이 동물 실험에 의해 밝혀졌다.

사염화디옥신에 폭로되었을 때 가장 뚜렷한 영향으로는 피부병, 간독성, 심장기능저해, 흉선쇠약, 태아독성, 기형아 발생 및 발암성 등을 들 수 있다.

동물실험의 결과에 의하면 자연 유산이 일어나가나 기형아가 발생하는 현상을 관찰할 수 있어 수태에 대한 영향 및 유전적인 영향이 있는 것으로 보인다.

10장

지구 온난화

1. 지구의 열평형

태양으로부터 지구에 도달되는 태양복사가 전 지구표면에 고르게 퍼진다고 가정하면, 지표의 단위 면적당 받는 태양복사는 0.5 cal · $cm^{-2}min^{-1}$이 된다. 즉, 지구가 태양복사를 받을 때에는 지구의 단면적에서 받는데 대하여 지구표면적은 단면적의 4배이다. 태양상수는 약 2.0 cal · $cm^{-2}min^{-1}$ 이다. 이것은 달리 표현하면 262 Kcal · $cm^{-2}min^{-1}$이다.

지표면을 향해서 입사되는 평균 복사에너지 0.5 cal · $cm^{-2}min^{-1}$을 편의상 100으로 잡으면 그림 10-1에서 보는 바와 같이 입사복사에 대하여 23%는 구름에 의하여, 4%는 대기 중의 가스와 미립자들에 의하여, 다시 4%는 지표면의 반사에 의하여 도합 31%가 외계로 되돌아 간다. 이것을 지구의 평균 알베도(albedo)라고 하며, 지구 전체의 에너지 수지를 좌우한다. 알베도는 입사에너지에 대하여 반사되는 에너지의 비로 태양의 고도가 높아질수록 작아진다.

인간의 활동은 각 지역의 알베도에 영향을 미칠 것으로 추정된다. 예를 들면, 삼림지대를 농업용지로 개간하면 알베도 값이 15%에서 20%로 증가한다. 여기에 토지가 침식되어 먼지가 발생하게 되고 사막화가 되면 알베도 값은 약 28%로 증가하게 된다. 한편 북극에

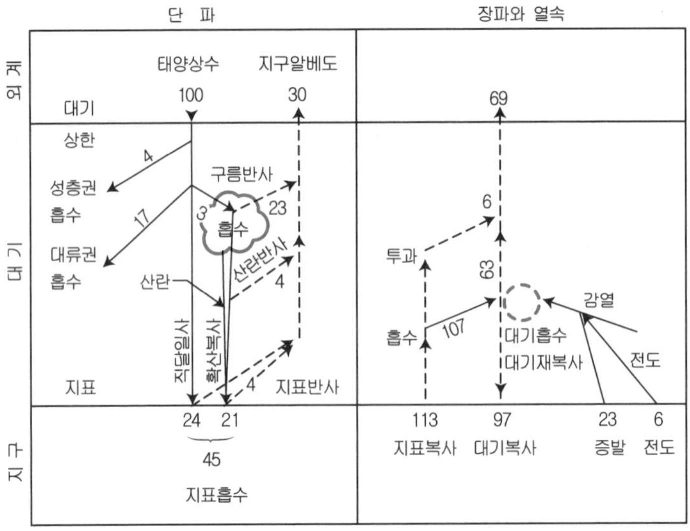

그림 10-1. 지구의 열평형

존재하는 빙하가 녹게 되면 알베도는 85%에서 25% 이하로 감소하여 다량의 태양에너지를 흡수하게 되며, 이로 인해 온도 상승이 일어나 많은 빙하가 녹아서 지구 전체의 알베도는 점점 감소한다. 또한 빙하의 표면에 어떤 다른 물질이 덮어진다면 역시 알베도가 감소할 가능성이 있다.

평균 태양 복사 중 대기 중에서 공기나 구름에 대하여 흡수되는 양은 24%이고 나머지 24%는 직달복사로, 21%는 대기에 의해 확산된 복사로서 지표에 흡수되므로 태양복사 중 45%가 지표면에서 흡수된다.

지구복사의 성질은 단파장 복사인 태양복사와는 매우 다르다. 태양상수에 대하여 113%에 해당하는 장파복사가 지표면에서 방출되는데, 그 이유는 단파복사는 낮 동안에만 비추이는데 대하여, 장파복사는 하루 24시간 계속 에너지를 방출하기 때문이다. 이 중에서 107 단위는 대기가 흡수하고, 6 단위만 외계로 내보낸다. 그리고 지표면에서는 복사뿐만 아니고 물이 증발할 때 23 단위, 또 지면과 닿아 있는 공기의 전도에 의해서 6 단위가 대기 중으로 들어간다.

대기는 자체의 온도에서 지표면으로 97 단위, 외계로 63 단위의 열량을 내보내고 있어서 지구는 열적으로 평형상태를 유지하고 있다고 말한다.

2. 지구 온난화 현상

지구의 온도는 앞에서 기술한 바와 같이 태양으로부터 지표면에 도달하는 입사열과 지표면으로부터 우주 공간으로 방출되는 열과의 평형관계에 의하여 결정된다.

태양은 지표면에 다량의 에너지를 방출하고 그 태양광선에 의하여 가열된 지표면으로부터 장파장의 적외선이 다량 방출되지만 대기 중에 존재하는 여러 미량 가스 성분들이 이 적외선을 흡수하기 때문에 지구 표면 온도는 생물이 살기 적합한 평균 17℃ 정도를 유지하고 있다. 이와 같이 지구 온난화라고 하는 것은 우주 공간으로 빠져나가는 복사열을 대기 내에 가두어 지구를 따뜻하게 하는 현상을 온실효과(Greenhouse effect)라고 하며, 이러한 온실효과를 나타내는 가스들을 온실효과가스라고 하는데 이들에 의해 지구 온도가 상승하는 경향을 말한다(그림 10-2).

최근 온실효과가스가 인위적인 활동에 의하여 급격히 증가하고 있으며, 그 결과 지구의 평균기온은 상승경향에 있고, 100년 전보다 약 0.5℃ 이상 상승하였다(그림 10-3).

그림 10-3에 의하면 1980년과 1995년간의 지구 평균기온은 관측이 진행된 이래 가장 온난했던 11번의 시기를 포괄하고 있다(약 140년간 동안). 가장 온난했던 순서는 1995, 1990, 1991, 1988, 1983년이다. 이러한 지구 온난화는 지구 평균기온이 15.4℃의 고온을 나타낸 1990년 다음에 기온을 저하시킨 1991년 피나투보 화산폭발에도 불구하고 계속되었다.

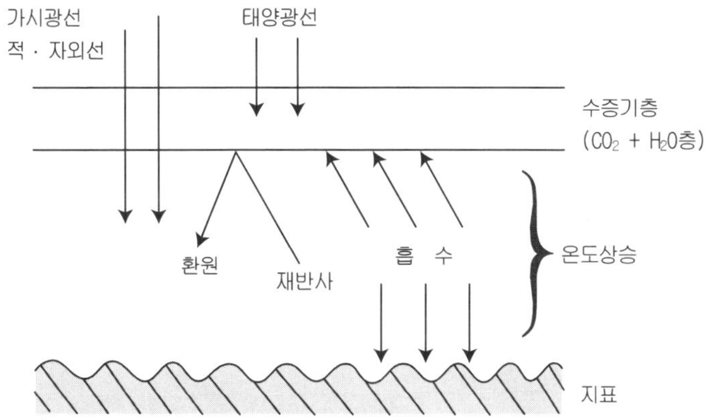

그림 10-2. 온실효과의 개념도

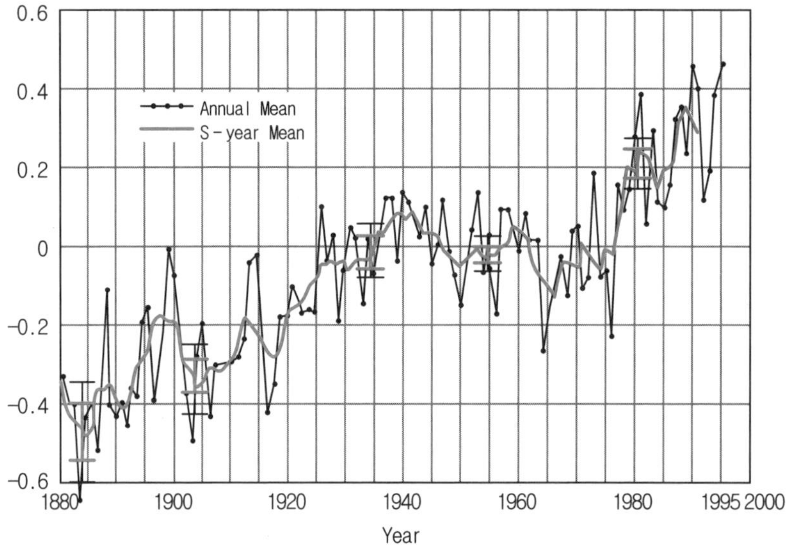

그림 10-3. 지구 평균기온의 변화추이

1990년, IPCC(Intergovermental Panel on Climate Change)는 온난화 결과는 심각하고, 사회적인 영향을 미칠 것이며, 온난화율은 다가올 미래에는 더욱 가속화 될 것이라는 것을 온실가스 전문가들 사이에서는 실질적인 만장일치를 보았다. 그러나 소수사람들이기는 하지만, 미래의 기온상승의 예측에서 상당한 넓은 불확실성의 범위가 있다는 온실가스 온난화 모텔에 대한 비판적인 주장도 있다. 가장 최근의 IPCC의 평가에 따르면, 1990~2100년 사이에 지구의 평균기온이 2℃ 상승할 것으로 추정되는데, 이것은 이산화탄소 배출량이 적어지고 할로겐 가스(CFC)방출이 예상되며 황산먼지 등의 냉각효과를 고려한다면 이전의 시기의 최대 예상치보다 더 낮은 것이다. 최근에 연구보고에 의하면 지구 평균기온의 상승 예상치는 3.5℃이다.

3. 지구 온난화의 원인물질

온실효과를 일으키는 대기 중의 미량가스 성분, 즉 온실가스로는 이산화탄소(CO_2), 염화불화탄소(CFC_S : Chlorofluorocarbons), 메탄(CH_4), 오존(O_3 : 대류권내), 일산화이질

표 10-1. 온실효과가스의 지구 온난화 기여도

온실효과가스	기여율(%)
CO_2	63.7
CH_4	19.2
CFC_S	10.2
N_2O	5.7
기타	1.2

소(N_2O), 수증기(H_2O)가 있다. 지구 온난화에 기여하는 인위적인 온실효과가스의 기여도를 표 10-1에 나타내었다.

인위적인 온실효과가스 중 지구 온난화에 가장 큰 기여를 나타내는 성분은 CO_2이며 이는 CO_2의 대기중 농도가 가장 높기 때문이다. 그러나 각 가스의 분자 1개당의 온실효과는, CO_2를 1로 하였을때, CH_4이 약 10배, N_2O가 약 100배, 대류권내의 O_3이 약 1,000배, CFC_S가 약 10,000배로 알려져 있다. 최근 CO_2 이외의 온실효과가스, 특히 N_2O 및 CH_4의 상대기여도가 높아지고 있어, 주목받고 있다.

3-1. CO_2 농도의 증가

CO_2의 대기중 농도는 18세기 이후 매년 증가하고 있으며, 특히 20세기에는 지수 함수적으로 증가하고 있음이 명백해졌다. 1800년 이전에는 280 ppm 정도로 안정되어 있었으나, 그 후 조금씩 증가하고, 1960년 이후에는 급상승하기 시작하여 매년 1.5 ppm의 비율로 증가하여 계속하여, 최근에는 360 ppm(350~370 ppm)을 초과하는 수준에 달하고 있다.

CO_2의 주된 배출원은 화력발전소, 각종 생산 공장 및 자동차 등에서의 화석연료의 연소과정, 화전농업(火田) 및 생활연료로 사용되는 삼림목재의 연소 등이다.

그러나 최근의 연구에 의하면, 삼림에서의 CO_2 수지(收支)를 지구전체로 볼 경우, 삼림은 CO_2의 흡수원(源)으로서의 역할보다 발생원으로서의 역할이 크다고 지적되고 있다. 또, 대기 중의 CO_2 증가와 기온상승으로 인하여, 지구 북반구의 일부에서 초목(草木)밀도가 높아지고, 연간 생장기간이 길어지는 등 수목의 생장환경이 20년 전에 비하여 월등히 개선되고 있음이 보고 되었다.

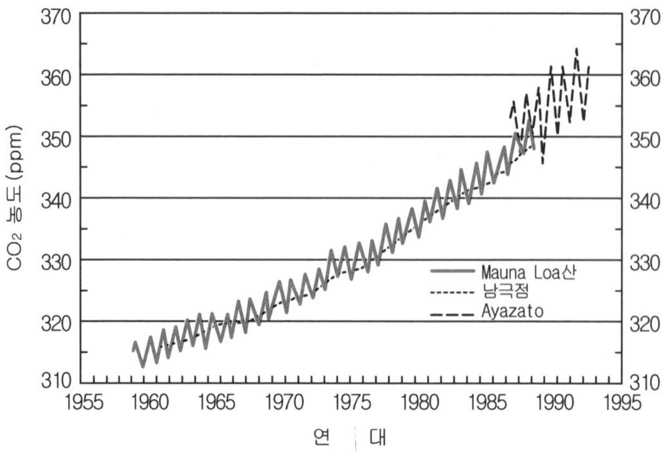

그림 10-4. Mauna Loa산에서의 CO_2 농도변화

3-2. 기타 온실효과가스의 농도변화

(1) 메탄(CH_4)

대기 중의 CH_4 농도는 그림 10-5에 나타난 바와 같이 매년 조금씩 증가추세에 있어 1970년대 1.5 ppm이 1990년에는 1.7 ppm으로 증가하였다.

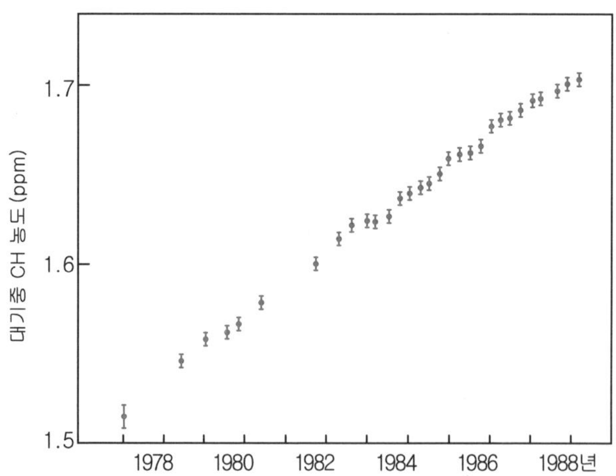

그림 10-5. 대기 중 CH_4 농도의 경년변화

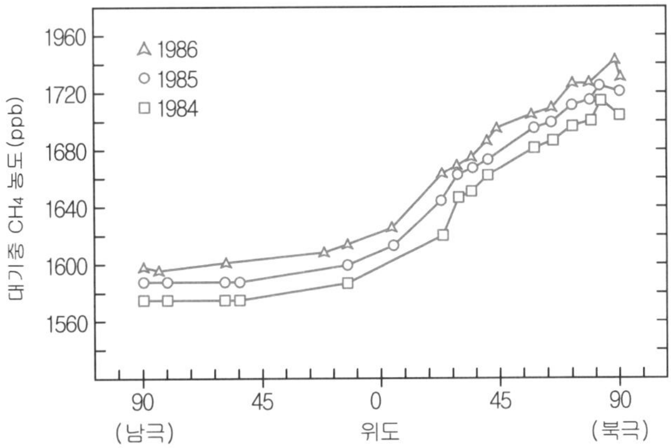

그림 10-6. CH_4 농도의 위도에 따른 분포

메탄은 자연적인 것과 인위적인 배출원으로 구별된다. 지표부근의 미생물의 활동, 동물의 장내(腸內)발효 등 생물활동에 의한 발생이 자연발생원이 된다. 그러나 일부는 인간 활동과도 밀접한 관계가 있다. 예를 들면, 호소(湖沼) 저부(底部)에 쌓인 미분해 퇴적 유기물이 무산소 상태에서 부패·발효하는 과정으로부터, 또 논 경작에서 여름철 고온시에 바닥의 산소 결핍상태로부터 CH_4이 발생하고 벼의 뿌리에서 CH_4이 흡수되어 잎을 통해서 대기 중으로 방출된다. 그 이외에, 연료로 사용되는 천연가스의 주성분인 CH_4이 불완전 연소되거나 누출에 의하여 대기 중에 방출되기도 한다.

한편, 대기중에 방출된 CH_4은 용이하게 대기 중의 OH 라디칼(radical)과 반응하여 소멸되므로, CO_2와 같이 안정되어 있지는 않다. 그림 10-6에 위도에 따른 CH_4 농도의 분포를 나타내었다. 북반구의 중·고위도에서는 고농도를, 남반구에서는 저농도를 나타내고 있어 CH_4의 발생원인은 매우 다양하며, 그 기여도도 규명되지 않은 부분이 많다.

(2) 오존(O_3)

대류권 내의 O_3은 2차 대기오염물질로서, NO_2와 탄화수소의 혼합가스에 태양자외선이 조사되어 생성한다. 대류권 O_3 농도는, 20세기 초에 약 10 ppb 정도이었으나, 최근에 이르러 연 증가율 2~3%에 해당되는 약 20 ppb 정도로 증가하였다.

(3) N_2O

N_2O는 토양이나 해양, 하천에서 미생물에 의한 탈질이나 질화과정으로부터 자연적으로

발생되며, 인위적으로는 화석연료나 바이오메스(Biomass)의 연소과정 및 질소비료의 사용에서 발생된다. 현재의 N_2O 농도는 310 ppb 정도로, 연 증가율 0.26%를 나타내고 있다. N_2O는 대기 중에서 오랫동안 체류하며, 북반구에서의 농도차도 적어 대체로 안정된 물질이다.

4. 지구 온난화 영향

4-1. 농업에 대한 영향

이산화탄소를 비롯하여 온실효과가스 농도의 상승에 따르는 기후변화는 지구상에서의 온도자원 및 수자원의 분포의 변화를 통하여 식량생산력의 분포의 이동을 일으켜, 지역적 및 세계적인 식량공급에 큰 영향을 미칠 가능성이 있다. 유력한 온실효과가스인 이산화탄소 농도의 상승은 작물의 생리활동에 대한 직접영향과 기후변화를 통한 간접영향의 두 개의 작용에 의해 식량 생산에 영향을 미친다.

(1) 온도상태의 변화에 따른 영향

대기 중의 이산화탄소 농도가 두 배로 되는 2030년경에는 지표부근의 평균농도는 현재보다 약 2℃ 상승할 것으로 예상하고 있다. 이로 인하여 작물의 재배를 제한하고 있는 저온조건이 대폭적으로 완화되고 재배가능 기간이 대폭 길어지게 될 것이다. 그러나 온상작물은 남쪽은 너무 고온이기 때문에 재배가 불가능하게 되거나 강수가 예상된다. 한 가지 중대한 것은 지구 온난화로 고온이 되면 미생물의 활동이 활발해져 토양 유기물 분해의 활성화로 토양열화가 가속화 되는 것이다. 토양중의 유기물 함량이 감소되면 토양의 화학적, 물리적 성질이 약화되어 생산력이 저하된다. 그러므로 고온화에 의한 유기물 분해의 촉진은 매우 중대한 영향을 미친다.

(2) 강우량 변화에 따른 영향

기온상승에 의해 우량, 우기, 건기의 현상이 어떻게 변화하는가는 농업 관계자에 대하여는 온도변화이상으로 중요하다. 왜냐하면 세계의 경지의 약 80%가 밭이고 그 작황이 비에 의존하고 있기 때문이다. 일반적으로 기온상승은 지구 평균으로서는 강우량을 증가시키거나 한편 증발도 증가한다고 한다. 또 기압배치와 저기압 통로의 변화에 따라 우기와 지역적 분포도 변화한다.

(3) 해수면의 영향

식량 생산력이 높은 비옥한 경지, 특히 논의 대부분은 큰 하천의 주위(충적지) 또는 삼각주 위에 있다. 이러한 지역은 높은 생산력을 배경으로 많은 사람들이 옛날부터 살고 있다. 만약 기후 온난화가 진행되어 해면수위가 상승하면 농업분야에만 한정되지 않고 많은 사람들이 생존에 필요한 토지를 상실하게 된다. 만약에 해수면이 1 m 상승이 되면 나일강 이집트에서는 인구 16%, 국내 총생산 15%가 그리고 갠지스강 하구 방글라데시에는 인구 9%, 국내 총생산의 8%가 수몰될 것이다.

그 밖에 네덜란드와 같은 북해해안의 저지, 동남아 일대, 중동 연안저지, 브라질의 아마존 저지등 상당한 토지가 침수될 가능성이 있다고 한다. 또 염수가 하천이나 지하수로 역류하여 담수지원의 열화를 초래하게 될 것이다. 이처럼 지구 온난화에 의한 수위상승은 비옥한 경지 특히 동남아 일대의 수전지대에 큰 영향을 주고, 수천만 명의 환경 난민이 발생할 수 있다.

4-2. 생태계에 대한 영향

급속한 온난화는 육상생태계의 혼란의 원인이 되고 있다. 그것은 첫째로 생물의 종의 생존을 위협하고 종의 멸종을 일으켜 생태계를 형성하는 종의 유기적 결합을 파괴하기 때문이다. 만약 어떤 종이 생식하고 있는 장소의 온도가 상승하게 되던지 건조하게 되면, 그 종은 환경의 변화에 견디지 못하여 죽든지 다른 곳으로 이동하던지간에 장소 환경에 스스로 적응하도록 변하지 않으면 안 된다. 식물의 종은 동물과 달라서 이동할 수 없으므로 많은 식물이 온실화 과정에서 멸종하게 된다. 1℃ 상승하면 현재 식생은 80 km나 북방으로 이동하게 된다. 이로 인해 생태계가 붕괴될 것이다. 특히 남북극 양극에 가까운 고위도의 생태계는 더 이상 북상할 곳이 없어 멸종위기에 처할 것이다. 기후변화가 식생에 미치는 영향에 관하여 포괄적 해석에 의한 예측을 하는 것은 단순히 자연 보호의 측면뿐만 아니라 육상 자연 생태계의 일원이기도 한 인류의 미래를 위함이기도 하다.

4-3. 에너지, 산업, 인간에 대한 영향

자연적 에너지원으로서는 수력발전, 풍력, 태양에너지 등이 있으나, 이것들의 공급은 기후에 좌우되기 쉽다. 강수량의 변화와 해빙기가 변경되면 에너지 공급능력에 중대한 영향이 미친다. 석유위기 이래 많은 개발도상국은 석유에서 수력으로 에너지원을 전환했다. 이러한 나라에서는 기후변화가 에너지 공급능력에 막대한 영향을 준다고 간주한다.

기후 의존산업에 있어서 기후변화는 장기적 투자의 경우 신중한 고려를 필요로 하는 요인의 하나이다. 온난화에 의한 온도상승과 강수량의 변화에 따른 해빙융해나 적설량 감소는 교통의 여건에 영향을 미친다. 강수량의 변화는 호수나 하천수위를 변화시키며 화물선 운항에 영향을 준다. 또 태풍·허리케인 등의 빈도가 변하며, 운행조건도 변하게 된다. 온난화의 영향은 사람의 건강에도 영향을 미친다. 온난화로 인한 기후 변화는 전염병, 병충해가 발생하는 범위를 확대하여 피해를 증가시킨다. 개발도상국에서는 가뭄들 농업생산에 대한 영향이 영양불량을 초래하며 홍수의 증가 등으로 도시의 위생상황을 악화시킨다. 또 온난화에 의해 발생하는 농작물 피해와 병충해를 막기 위해 화학비료·농약·살충제·제초제 등의 사용도 사람의 건강에 대하여 무시할 수 없는 영향을 미친다. 온난화는 인간 거주에 대해서도 영향을 미치는데, 직접적으로는 해수면 상승의 영향이 가장 심하다. 온난화에 의하여 태풍·허리케인·사이크론 등의 강도가 증가할 것으로 보고 있으나, 해수면 상승과 겹쳐서 연안지역의 거주지에 대한 영향이 크다. 또 기후변화로 강수량 증가에 의한 홍수피해도 증가하며 한편으로는 가뭄현상도 증가될 것으로 예상된다.

또한 대기 중의 이산화탄소(CO_2)는 산림과 하천·바다·호수 등이 흡수하여 저장되어 왔는데, 화석연료의 사용증가로 CO_2 배출량이 크게 늘어나기도 했으나 CO_2의 흡수원인 열대림 등이 벌채되어 대기 중의 CO_2량이 크게 증가되었다. 열대림의 마구잡이 벌채는 CO_2의 흡수원이 줄어드는 것 외에도 말레이시아 등에서는 열대림에 불을 질러 화전을 일구는데 이때 엄청난 매연과 CO_2가 방출되어 대기를 오염시키는 것도 문제이다. 한 통계자료에 의하면 열대림 파괴가 전세계의 CO_2 배출량의 20~30% 정도 기여한다고 했다. 또 이미 지구상에 존재하는 열대림 중 절반 정도가 사라졌으며, 남은 절반 중 매년 남한 면적의 1.5배 정도인 13만 km^2씩 불에 타 훼손되고 있다고 하니 이대로 두면 얼마가지 않아 황폐해질 것이라고 판단하여 생물 다양성 보전에도 치명적인 악영향을 미칠 것으로 진단했다. 현재 지구상에 250만 종의 동식물과 미생물이 있으나 열대림 훼손 등 지구생태계 파괴로 매년 25,000~50,000종이 멸종되어 가고 있는데, 이대로 방치할 경우 2000년까지 50~100만 종이 멸종될 것으로 과학자들은 지적했다. 이러한 자연환경으로 지속된다면 동식물 및 미생물의 멸종은 먹이사슬(food chain)을 끊게 되어 생물생태계가 치명적으로 파괴될 것이다.

그리고 한반도는 과거 100년간 연평균 기온상승은 1.1℃(지구 온난화 효과 0.7℃, 열섬효과 0.4℃)로서 CO_2 농도가 2배로 증가될 경우 평균기온은 2.1~2.5℃ 정도 상승할 것으로 예상되며 강우량 변화폭이 커서 극심한 가뭄이나 홍수가 빈번하게 발생할 가능성이 높다. 이러한 기온 상승은 한반도의 자연생태계를 교란시킬 것이며 농수산물 생산에도 큰 변화를 줄 것으로 예상된다.

4-4. 기상변화

기온이 상승하게 되면, 북극이나 남극에 있는 빙하가 녹게 된다. 만약 3℃ 정도의 기온이 상승할 경우, 북극에 있는 빙하는 대부분이 물에 뜬 빙산으로 녹더라고 해수면에는 영향이 없지만, 남극의 경우 대륙 빙하이기 때문에 녹으면 약 7 m 정도의 해수면이 상승하게 될 것으로 예측된다. 그럴 경우 각 대륙의 해안가를 따라 실제 물속에 잠기는 면적은 3%에 불과하지만 전 세계의 대도시들의 대부분이 해안가에서 발달하고 따라서 인류의 약 1/3이 해안지역에 거주하는 것을 감안하면 그 재앙은 엄청난 것으로 문제의 심각성을 더하여 주고 있다. 생태계의 파괴 주범인 지구 온난화로 인한 기후대의 이동속도가 식생의 이동속도보다 휠씬 빠를 경우 식생들은 기후에 적응하지 못하고 분포지역이 축소·소멸될 우려가 있다. 특히 고산 식물의 대부분은 서서히 영역이 좁아져서 멸종되고 말 것이다.

5. 지구 온난화 대책

지구 온난화에 대처하는 우리의 노력여부는 선택의 문제가 아니라 이제는 당위의 문제가 되었다. 지구 온난화는 전지구상에 존재하는 모든 인간의 공통된 문제이기 때문에 어느 한 쪽의 일방적 노력만으로 되는 것은 아니며 전 세계의 협조 없이는 의미 있는 해결은 불가능하다. 우리나라에서도 지구 온난화 방지를 위해 기업, 정부, 국민 등 각계각층의 총체적 노력이 필요하다.

지구 온난화는 사실상 현 세대에는 당장 해결될 문제는 아니지만 지구 온난화에 대응하는 노력과 국제 사회에 동참하는 자세는 미래 우리 후손들에게 자연을 사랑하고 가꾸며 자원과 에너지 절약을 실천하며 환경을 생각하게 하는 기본 윤리를 심어주는데 좋은 역할이 될 것이다.

5-1. 정부차원의 노력

우리나라는 1993년 12월 세계 47번째로 기후변화협약에 가입하였으며 현재 개발도상국으로 분류되어 국가보고서 제출 등 협약상 일반적 의무사항만 수행하면 된다. 이에 따라 우리나라는 1998년 3월 제 1 차 국가보고서를 제출하였다. 그리고 1994년 OECD 가입 이후 미국, 일본 등 선진국들은 우리나라가 조속히 자발적으로 선진국과 같은 의무를 부담하여 줄 것을 요구하고 있는 실정이다.

우리나라의 경제, 환경, 에너지 여건 등을 감안하여 의무 부담 시기와 형식의 적정 방안 등을 수립하여 자발성, 차별성, 실현가능성 원칙에 따라 의무부담 수준을 검토하며, 개발도상국 참여의 협의 과정에 적극 참여한다는 기본 대응방침 하에 정부는 국무총리를 위원장으로 하는 “기후변화협약 범정부 대책기구” 및 산하 실무 대책기구를 1998년 4월에 설치하여 기후 변화협약에 대한 우리나라의 대응방안을 수립·추진하고 있다.

5-2. 기업차원의 노력

기업은 산업의 주체이며, 시설투자 및 기술개발 투자의 주체이다. 온실가스 감축의무가 주어지면 산업의 경쟁력은 결국 온실가스 감축시설 능력에 의해 크게 좌우된다. 감축능력이 뛰어날 경우 자체의 감축 할당량 달성에 유리할 뿐만 아니라, 감축초과분을 상품으로 판매할 수 있으며, 관련시설 및 기술을 수출할 수도 있다. 이에 대비하고 또한 자체의 감축비용 절감을 위해서 기업은 다양한 감축노력을 배가해야 하며 기존시설의 효율적 관리, 에너지 이용시설 및 공정을 에너지 효율이 더 우수한 것으로 교체, 에너지 절약 및 온실가스 감축시설에 대한 투자, 업종전환 및 고부가가치 산업에의 진출 등에 보다 주의 깊은 관심이 요구된다.

5-3. 국민 개개인의 노력

교통과 가정부문은 우리나라 온실가스 배출량의 상당부분을 차지한다. 따라서 국민생활과 밀접한 연관이 있는 이들 부문에서의 에너지 절약은 온실가스 배출량을 감축시킬 뿐만 아니라, 경제회복에 도움이 될 수 있다. 결국 우리 일상생활에서 지구 온난화 방지의 첫걸음은 에너지 절약과 산림을 보호하는 것이라 할 수 있으며, 특히 에너지와 자원절약의 실천, 환경친화적 상품으로서의 소비양식 전환, 폐기물 재활용의 실천, 나무를 심고 가꾸기, 프레온가스 사용을 줄이고 대체에너지를 개발하는데 지속적인 관심과 실천이 요구된다.

11장

중금속과 생물

1. 중금속과 발생원

중금속(重金屬, heavy metal)이란 대부분 비중이 물보다 5배 이상 높고, 원소의 주기율표에서 전이원소(transition element)에 속하는 금속을 의미하며, 현재 60여 종 이상이 알려져 있다. 이 중 어느 것은 생물체에 필요한 중요한 영양원소로 작용하지만 대부분의 그 기준량을 초과하면 독성작용을 나타낸다.

중금속류는 일반적으로 식물에 직접적으로 작용하여 피해를 주기도 하지만, 이들은 대부분 분해가 잘 되지 않으므로 일단 토양에 축적되면 식물연쇄 과정을 통하여 동물에게 농축되기 때문에 간접 작용에 의하여 계속적으로 생물에 피해를 주고, 나아가 사람에게 치명타를 입히기도 한다.

이처럼 중금속 오염은 직접 또는 간접적으로 생물에 많은 피해를 입히기 때문에 중금속 배출원인 금속광산, 정련소, 도금공장 등 여러 산업장에서는 환경에 배출되지 않도록 각별한 주의를 요한다.

종류별 중금속의 발생원을 보면 다음과 같다.

(1) 아연(Zn)

아연의 주요 발생원으로는 도금공장, 아연광산, 아연합금 제조공장, 광산, 제련소 등에서 취급하는 공장의 폐수와 먼지에 의하여 주로 오염되며, 음식물을 조리할 때 식기류에서 나오기도 한다. 토양오염원으로서는 아연으로 도금된 상하수도관 및 건물 재료 속의 부식과 관련 공업폐기물 등을 들 수 있다.

아연은 주로 도금과 아연관 및 합금의 주요한 재료로 이용된다.

(2) 납(Pb)

납의 오염 경로는 축전지공장과 도금공장 및 광산의 배수, 휘발유의 안티노크제(anti-knocking)로 사용되는 유기연 및 교통량이 많은 주변에서 그 오염이 심화되고 있다.

납의 용도는 축전지와 금속제품 등에 많이 사용되고 있으며, 한때 휘발유의 옥탄가를 높이는데 많이 사용되었으나 현재 사용이 금지되었다. 그리고 건전지, 활자, 땜납, 도료 등의 제조에 이용되는 일이 많아 그 영향도 크다.

납도 생물에 강한 독성을 주는 것의 하나로서 현재 우리나라에서도 납의 사용량이 증대됨에 따라 환경오염에 관심을 가져야 할 것이다. 납은 가솔린 중에 0.02~0.07%의 비율로 함유되어 있어 그 연소 배기가스에 유해하는 납은 분진에도 흡착되므로 도시의 토양이나 그곳에 생장한 식물은 납에 의한 오염이 크다.

(3) 니켈(Ni)

니켈(nickel)은 합금제조나 도금작업, 안료, 촉매, 전지 등의 제조와 사용과정에서 발생되며, 휘발유에도 함유되어 있어 교통량이 많은 곳의 토양에는 니켈의 함량도 많다.

니켈의 용도는 도금, 기름물감, 화장품, 축전지 생산 등 대단히 용도가 많다.

(4) 수은(Hg)

수은(mercury)은 상온에서 액체상태를 이루고 있는 유일한 금속으로서, 석탄과 석유의 연소에 의해서 공기 중에 방출되거나, 수은이 함유되어 있는 암석이나 광물의 풍화에 의해서도 물에 용해되어 오염된다.

대기 중의 수은은 표토에 직접 되는데, 보통 표토의 수은 함량은 10~500 ppb 정도이나 지역에 따라 상당한 차이가 있다. 수은은 옛날부터 치료약제로 사용되어 왔으나 그 양이 많을 때는 독작용이 강하다.

(5) 카드뮴(Cd)

카드뮴(cadmium)은 아연광석이 채광이나 제련과정에서 부산물로 생산되며, 모우터 오일과 자동차의 타이어에 들어있는 카드뮴은 도로변 토양을 오염시키는 원인이 되고 있다.

인산질 비료 중에 들어있는 카드뮴도 토양을 오염시키는 확산원이 되는데, 제 3 인산석회에서 1~2 ppm이고 과인산석회에서 50~170 ppm이다.

내식성이 강하기 때문에 전기도금이나 합금, 형광등, 반도체, 보석, 축전지, 페인트색소, 살충제 및 사진 재료와 프라스틱 공업 등 다방면으로 사용되고 있다.

(6) 비소(As)

비소(arsenic)의 발생원은 아연, 동, 철, 연 등의 처리와 비소와의 합금, 황동의 제조와 가공, 유리, 도자기제조, 의약품과 농약의 제조 및 운반과 저장 등에서 폭로되는 일이 많다.

원소상태의 비소 단독으로는 독성이 그리 크지 않으나 아비산, 비화수소, 염화비소, 비산칼슘 등과 같은 비소화합물은 그 독성이 매우 크다.

(7) 크롬(Cr)

크롬(chromium)화합물은 크롬도금, 피혁제조, 색소, 방부제, 약품제조업 등에서 발생한다. 크롬은 여러 형태의 산화화합물로서 존재하며 그 중 2가(chromous), 3가(chromic), 6가(chromate)가 중요하다.

크롬은 매우 불용성이기 때문에 자연수 중에서 거의 침출되지 않고 대개는 산화철이나 산화마그네슘 등과 함께 자연계에 존재하며, 비오염지역의 토양에는 53 mg/kg 정도의 크롬이 존재한다. 보통 대기 중에는 $0.1\,\mu g/m^3$ 이하, 그리고 하천수에는 $1\,\mu g/\ell$ 이하의 농도로 미량 존재한다.

(8) 망간(Mn)

망간(manganese)의 작업환경에서의 직업성 폭로는 철강제조에서 가장 많으며 알루미늄, 마그네슘, 구리와의 합금제조, 건전지, 도자기, 유리의 제조, 안료 및 색소제조와 망간 광산이나 광석 취급장 등에서 많다.

(9) 베릴륨(Be)

베릴륨(berylium)은 매우 가벼운 금속으로 금속 베릴륨과 그 합금은 전기 및 열의 전도성이 크며 마모와 부식에 강하다. 베릴륨광석으로부터 산화 베릴륨을 만드는 정련 공장에서 수산화 베릴륨이나 불화 베릴륨 등과 같은 가용성 염으로 발생한다.

2. 중금속과 식물피해

2.1. 중금속의 식물피해 일반

중금속의 일부는 미량영양소로서 식물생육에 필수적인 것도 있으나 대개는 생물에 독이 된다. 중금속류를 함유하는 물은 일반식물이나 농작물에 직접적으로 작용하여 피해를 주기도 하지만, 간접적으로 토양에 축적되어 계속적인 피해를 주기도 한다.

중금속의 오염 경로는 관개수와 매연 및 분진이다. 특히 관개수에 함유되어 있는 염류들은 비교적 적은 양일지라도 토양에 흡착, 침전되어 축적되는 현상이 일어나는데, 중금속에 의한 오염은 중금속 그 자체가 잘 분해되지 않을 뿐 아니라, 해작용도 없어지는 것이 아니기 때문에 일단 오염된 토양은 완전히 제거하기가 매우 어려운 일이다.

중금속이 피해를 주는 유형은 일반적으로 다음과 같은 세 가지가 있다.

① 식물의 생육에서 다른 영양소의 결핍을 유발하는 것 : Cu, Mn, As 등
② 세포에 직접 해를 끼치는 것 : Cr, Ni, Zn, Pb, Se, V, As 등
③ 식품이나 사료를 유해하는 것 : Cd, Mo, V, As, Hg 등

중금속에 의한 식물의 피해는 그 종류에 따라 많은 차이가 있지만, 수도의 경우 공통적으로 나타나는 일반적 피해 증상을 보면 다음과 같다.

① 새로운 뿌리의 신장 억제작용과 분지근의 이상 발생이 나타난다.
② 고농도에서는 등숙 초기부터 중기에 이르기까지 급히 잎이 말려 올라가고 청고증상(靑枯症狀)이 나타나 심한 경우 고사한다.

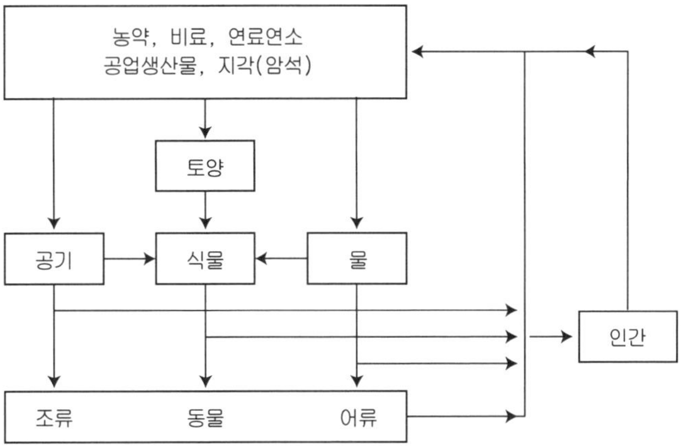

그림 11-1. 중금속의 생태계 순환

③ 잎의 엽맥간 황백화현상(chlorosis) 발현 및 황변현상이 나타난다.

④ 등숙률에 큰 영향을 미친다.

⑤ 일반적 수도 생육수량과 재배액 농도와의 관계로부터 독성순위를 보면 Cu가 가장 강하고 다음으로 Ni, Co, Zn, Mn의 순이다.

몇 가지 중금속에 대한 저항성이 강한 식물을 보면 다음과 같다.

Cu에 강한 식물 : 흰민들레, 물꽈리아재비, 장구채의 일종

Pb에 강한 식물 : 이삭김의 털, 겨이삭의 일종, 포아풀과 일종

Zn에 강한 식물 : 끈끈이, 대나물, 개아마, 초롱꽃, 겨이삭, 말냉이

표 11-1. 중요 식물속의 금속원소 함유량 (ppm)

금 속	해산물	곡 류	과 일	야채류
니켈	0.02~1.7	0~6.45	0~0.34	0~2.590
니오비움	0~2.9	0.3~3.44	0~1.07	0.05~2.53
바나디움	0~5.1	0~6.03	0~0.18	0~6.0
비소	1.5~15.3	0~2.4	0~0.17	0~1.3
세리니움	0.12~2.02	0.02~1.11	0	0~0.58
연	0.15~2.50	0~7.49	0.03~0.38	0~1.26
주석	0.49~4.30	0~2.63	-	0~9.07
질코니움	0~1.26	0~6.59	0.05~1.5	0.31~4.24
카드뮴	0.05~3.66	0.01~0.57	0.01~0.03	0.01~0.45
크로미움	0~0.44	0~0.52	0~0.2	0~1.362
티타니움	0.02~0.88	0~0.96	0~0.38	0~2.42
포루니움	0~0.78	0~2.93	-	0~0.77

2.2. 중금속의 종류별 식물피해

(1) 아연(Zn)

아연은 동식물에 필요한 원소이지만, 그 양이 많을 때에는 독성을 나타낸다. 보통 토양 중 아연의 함량은 10~300 ppm(평균 30~50 ppm)이지만, 식물은 20~25 ppm 이상을 함유하고 있고, 그 이하에서는 결핍증상을 나타내며, 150~400 ppm 이상의 높은 농도에서는 피해를 준다.

아연에 관한 식물의 실험 결과를 요약하면 다음과 같다.

① 같은 지역의 식물이라도 아연을 흡수하는 정도는 식물에 다라 다르고, 또 같은 식물일지라도 식물의 기관에 따라 아연 흡수량이 다르다.

② 식물의 기관에 다른 축적 정도를 보면 줄기에 비해서 뿌리와 잎에 많이 축적되지만, 어떤 종은 꽃머리에 더 많이 축적되는 것도 있다고 한다.

③ 토마토는 과잉의 아연에 대한 저항성이 강하고, 오히려 아연에 의하여 수확량이 증가된다고 한다.

(2) 구리(Cu)

구리는 식물생육에서는 미량원소로서 중요시 되어 왔고, 동물에서는 돼지나 닭의 급식효과를 높이기 위하여 사료의 첨가제로 사용되어 왔다. 그러나 토양 중에 그 함량이 많을 경우는 미량원소로서의 한계를 넘기 때문에 독성작용을 나타내게 된다.

토양 중의 구리의 천연함량은 평균 20 ppm 정도이다. 토양 중에 구리가 다량 함유되어 있을 때에는 Fe의 흡수가 저해되고, 이 경우 결핍증상으로 황백화현상을 나타내게 된다.

Cu는 Zn과 길항적으로 작용하고, Mo의 흡수를 억제하며, 반대로 Mo가 많을 때에는 구리의 결핍을 초래한다. 그러므로 적절한 Cu – Mo의 균형은 식물 양분에 중요한 조건이 된다.

구리는 중금속 중 가장 유해한 원소의 하나로 극히 미량이 아니면 식물에 해롭다. 구리는 식물의 뿌리에 흡수되어 대부분 뿌리에 고정 축적되어 뿌리로부터의 양분 흡수 기능을 저해하며, 뿌리의 표피 근처 내층부의 세포원형질과 결합하여 고정된다고 알려져 있다. 그리고 경토(耕土) 중 초산가용 구리 함량이 100 ppm 정도가 되면 수량이 약 20% 감소되고, 200 ppm 이상이면 수량을 기대할 수 없다고 한다.

(3) 납(Pb)

납의 농작물에 대한 독성은 작물의 종류에 따라 매우 다르다. 대부분의 작물에 대하여 400~500 ppm 이상일 때에는 해작용을 입으며, 수도의 경우에는 인산을 사용하지 않는 상태에서 Pb 함량이 50 ppm 이상일 때 생육이 억제된다고 한다. 그리고 옥수수는 400~500 ppm, 오이는 100 ppm, 수도는 500~600 ppm에서 생육이 저해된다고 한다.

대부분의 식물은 보통 0.5~3 ppm의 납을 함유하고 있는데, 특히 상추나 귀리 같은 작물은 납에 대해 매우 예민하고 옥수수는 청예사료의 경우 곡식알 보다 납의 함량이 훨씬 많다고 하며, 서양무우의 납함량은 줄기(136 ppm)에서 보다 뿌리(498 ppm)에서 더 많이 함유되어 있다고 한다.

납에 의한 토양 오염을 방지하기 위하여 우리나라의 수질환경 기준을 0.1 ppm 이하로, 현미 중의 Pb 함량은 1 ppm으로 규정하고 있다.

(4) 니켈(Ni)

니켈은 식물 생육상 비교적 독성원소로 알려져 있다. 적당한 량의 니켈염을 감자나 포도에 분무하면 생산량이 증가된다는 보고가 있지만 그 함량이 많을 때는 백화현상이 나타나거나 잎에 반점이 나타나는 등 독성작용을 보인다.

또한 니켈에 대한 저항성이 강한 농작물은 감자가 제일 강하고 다음은 사탕무, 무순이다. 그리고 가장 약한 작물은 양배추, 팥, 귀리 등으로 알려져 있다.

토양 중 니켈의 함량은 평균 40~100 ppm이며, 식물의 건물 중 함량은 1 ppm 이내이다.

(5) 수은(Hg)

수은은 일반적으로 인체에 미나마타병을 일으키는 원인물질로서 잘 알려져 있지만 식물에도 해를 끼친다. 수은의 식물체내 흡수는 ① 토양 속에 있는 수은이 뿌리를 통하여 들어가는 것과 ② 비나 먼지 및 농약 등이 잎에 접촉되므로서 흡수되는 경우가 있는데, 잎에 흡수된 수은은 식물체의 각 조직에 쉽게 이동된다.

대체로 식물체내의 수은의 농도는 10~200 ppb 정도인 것으로 알려져 있는데, 그 중에서도 특히 종자에 많이 축적되어 있으며 이는 식물연쇄작용에 의해 동물에 유입되게 되는 것이다.

(6) 카드뮴(Cd)

카드뮴에 오염되는 경로는 ① 강우나 먼지 등에 의해 토양이나 식물에 이르고 ② 비료나 농약 등에 포함되어 토양의 오염 및 식물에 흡입과정을 거친다. 그리고 카드뮴의 식물에의 흡수는 주로 뿌리를 통해서 흡수되고 이어 잎으로 이동된다.

만일 오염된 식물을 젖소가 먹으면 그 젖소에서 나오는 우유에 카드뮴이 포함되어 나오므로 주의해야 한다.

3. 중금속에 의한 인체 피해

3.1. 중금속의 생물농축

중금속은 직접적으로 인체에 작용하여 급성중독 증세를 나타내기도 하지만 주로 식물연쇄를 통하여 인체에 많은 량이 흡입되어 오랫동안 장기나 세포조직에 축적되면 만성중독 증세를 나타내게 된다. 일반적인 증상은 주로 언어장해, 보행장해, 기능장해 등의 신경질환으로 나타난다.

수은에 의한 미나마타병의 발생원인을 근거로 생물농축과정의 순서를 설명하면 다음과 같다.

① 일본 미나마타만의 주변 공장에서 방류된 유기수은이 바다에 확산되었다.
② 확산된 수은을 프랑크톤이 섭취하여 체내에 축적되었다.
③ 다시 대형의 프랑크톤이나 어패류가 섭취함으로써 그 체내에 농축되었다.
④ 대형의 프랑크톤이나 어패류를 더 큰 어류가 섭취하여 자신의 몸에 축적, 농축하였다.
⑤ 사람이 고농도로 축적된 어류나 패류를 섭식함으로서 인체 내에 더 높은 농도의 수은이 축적되었고 결국 미나마타병이 발생하게 되었다.

이상에서처럼 농축현상은 식물연쇄를 통하여 반복되면서 유기수은의 농도가 차차로 높아져서, 당초 미나마타만의 수은농도가 0.0001 ppm이었던 것이 식물연쇄과정을 거친 후의 어류에서는 수은의 농도가 10~50 ppm으로 되어 50만배로 농축되었다.

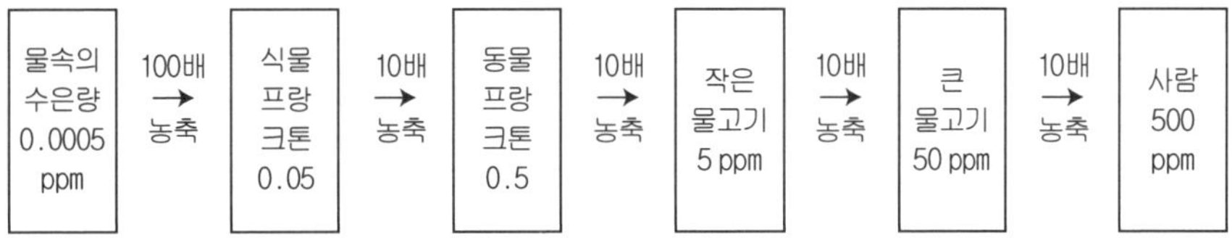

그림 11-2. 수은의 생물농축 경로

이상에서처럼 중금속은 섭취하는 생물이 한 단계가 더해질 때마다 10배 이상 증가하면서 마침내 인체에 투입하게 되어 병이 발생하게 된 것이다.

기타 대부분의 다른 중금속도 생체 내에서 분해가 잘 되지 않은 채 수은의 경우와 마찬가지로 생물농축과정을 거쳐 결국 인간에게까지 피해를 주는 것이다.

3.2. 중금속별 인체피해

(1) 수은

가. 수은과 그 화합물의 인체 침입

수은과 그 화합물의 인체 침입은 다음과 같은 네 가지로 나누어 생각할 수 있다.

① **금속수은 :** 수은관련 계기 제조업에서 액체상태로 있던 것이 증발하여 호흡기 계통으로 흡입된다.

② **무기수은염**(질산수은, 승홍, 감홍, 뇌홍 등) : 관련 약품 및 농약제조 과정에서 주로 경구적으로 섭취된다.

③ **Aryl 수은화합물**(페닐수은) : 무기수은염과 같이 약품제조업이나 농약제조 과정에서 주로 경구적으로 섭취된다.

④ **Alkyl 수은화합물**(메틸수은, 에틸수은 등) : 농약제조업이나 acetaldehyde 제조업 등의 공장폐수로부터 수질이 오염되고 이어 식물연쇄과정을 거쳐 경구적으로 침입 또는 호흡기나 피부를 통하여 침입된다.

이들 중 일반적으로 무기수은염과 aryl 수은화합물은 그 독성의 정도가 유사하며, 유기수은 화합물은 이들보다 독성이 강한 것으로 알려져 있다.

환경병으로 너무 잘 알려진 미나마타병은 alkyl 수은화합물에 기인된 것이다.

나. 미나마타병의 발생과 원인 규명

1950년 초 일본 구마모토현(熊本縣) 미나마타시에서는 고양이가 거꾸로 서거나 물체에 부딪치고 새가 날다가 나무에 부딪치거나 떨어지는 이상한 현상이 발생한다.

1956년 4월, 미나마타시에 있던 신일본질소비료주식회사 미나마타공장 부속병원에 특이한 신경증상을 나타내는 어린이가 찾아와 진료를 받았는데, 이들의 주 증상은 보행장해와 언어장해 등이었다. 당시 담당 의사는 이와 유사한 증상의 환자 여러 명이 진단 미상인 상태로 있음과 관련하여 여러 가지를 의심하게 되었으며, 당해 5월 보건소에 보고하기에 이르렀다.

당시 담당 의사들은 이 병이 미나마타 항만 주변에 거주하면서 그 부근의 바다에서 잡은 물고기와 조개를 많이 먹은 어부의 가족에서 발생한 사실에 주목하여 그 원인이 주변공장에서 흘려버린 화학물질일 것이라는 추측을 불러 일으켰다. 그리하여 1956년 8월에 구마모토 대학에는 미나마타병 연구반이 결성되고 역학조사 끝에 1958년에 그 원인물질이 수은과 관련이 있음을 확증하게 되었다.

그 증거로는 ① alkyl 수은을 섭취한 고양이는 미나마타병과 같은 증세를 보였고 ② 사망자의 내장 등에서 다량의 수은 함량이 검출되었으며 ③ 신일본제철회사의 질소공장에서 수은을 사용하고 있었다는 점이다.

한편 미나마타 주변 공장에서는 촉매로 수은화합물을 사용하고 있었을 뿐 아니라 공장의 초산 sludge에서 메틸 수은이 검출되었고, 또한 미나마타만의 어패류와 이상 증상이 나타난 동물의 장기에서 메틸 수은이 검출됨으로써 더욱 확신을 갖게 되어, 결국 1959년 7월 메틸 수은화합물이 원인물질이라고 단정하였다.

1968년 일본 후생성에서는 미나마타병은 질소주식회사 미나마타공장에서 배출되는 수은화합물에 의해서 오염된 어류를 섭취함으로서 발생하였음을 정부의 공식 견해로 발표하기에 이르렀다.

이 병으로 인하여 1965년까지 41명이 사망하고, 미나마타지방에서 1971년까지 22명의 기형아가 출생하였다고 하며, 1975년 3월까지 구마모토현에서 592명의 환자가 발생, 사망자 63명이었다고 한다. 그 주변의 관련된 지역에서 발생한 환자를 모두 합하면 3,101명이나 되었다고 한다.

그리고 당시 환자(중추신경 환자)들로부터 검출한 수은 농도를 보면 환자의 뇌에서 2~25 ppm이었고, 환자의 모발에서는 281~760 ppm(정상인 2 ppm)이나 되는 다량의 수은이 검출되기도 하였다.

다. 생리 및 증상

수은이 체내에 흡수되면 수은은 여러 장기와 신경 및 근육, 손톱, 모발 등 여러 기관에 축적되는데, 그 중 특히 신장 조직에 많이 침착되고, 배설은 주로 오줌을 통하여 이루어지나 대변과 땀, 침, 젖 등으로도 배설된다.

중독원인은 단백질을 침전시키고 thiol기(SH^-)를 지닌 효소인 젖산탈수소효소(lactic acid dehydrogenase(LDH))의 작용을 억제하는 것으로 보고 되었다.

수은에 의한 중독증상을 보면 다음과 같다.

① 수은에 의한 급성중독은 다량의 수은 증기에 폭로된 후 급성 수은폐염을 일으킨다.
② 만성중독은 수십년 이상 소량의 수은 폭로된 경력을 가진 사람에서 발생된다.
③ 3대 증상으로는 진전(震顫, hatter's shake), 치은염(gingivitis), 정신과민증(erethism)이 있는데, 특히 진전은 초기에는 손가락, 혀, 입술 등에 생기고 악화되면 전신으로 퍼지고, 정신과민증상으로는 극심한 불안감이나 수치심이 나타나게 된다.
④ 무기수은화합물의 급성중독 증상은 구기, 구토, 토혈, 구강내적반, 저혈압 등이며 심해지면 무뇨, 혈뇨 끝에 요독증으로 사망한다.
⑤ 무기수은의 만성중독 증상으로는 두통, 현기증, 불면, 기억장애 등이 일어나며 구내염, 치육염, 시신경염, 신장애 등도 나타낸다. 단, 무기수은 이온(Hg^{++})은 신장과의 친화성이 강하며 혈액-뇌관문(blood-brain barrier)을 통과하지 못하므로 중추신경장해를 유발하지는 않는다.
⑥ 유기수은화합물에 대한 급성증상으로는 정신권태, 식욕부진, 구갈, 구내염과 청력, 시력, 언어, 보행 등의 장해를 나타내고 경련을 일으키며 단시간내에 사망한다.
⑦ 유기수은화합물에 대한 만성중독 증상으로는 입술, 혀끝, 사지 등에 이상 감각을 느끼고 일상동작의 둔화, 난청, 언어장애, 보행장애, 정신장애, 구심성시야협 등을 일으킨다.

참고로 마우스에 수은을 경구투여 했을 때의 LD_{50}을 보면 다음과 같다.

① 염화제 2 수은 : 30~35 mg/kg
② 염화메틸수은 : 38~54 mg/kg
③ 염화에틸수은 : 27~54 mg/kg

라. 예방대책

수은 오염의 예방대책으로는 다음과 같은 것을 들 수 있다.

① **수은과 그 화합물의 규제 :** 수은제 사용 농약을 엄격히 규제하고 수은이 함유되어 있는 일용품의 폐기물 및 산업 폐기물을 제한하여 토양과 수질의 오염을 방지하여야 한다. 우리나라 전수역에 있어서의 허용기준은 알킬수은은 검출되어서는 안되며 기타 수은은 0.5 μg/L이다.

② **작업환경의 개선 :** 수은 작업환경에서는 공기 중의 수은 농도를 허용농도 이하로 관리하여야 한다. 그리고 작업자들은 작업장 내에서 음식을 먹거나 담배를 피워서는 안 된다.

③ **신체적 청결 :** 수은은 피부를 통해서도 흡수되므로 작업 후에는 반드시 목욕을 하고 수은에 오염되지 않은 깨끗한 의복으로 갈아입어야 한다.

④ **건강진단 :** 작업자는 정기적으로 건강 진단을 받아 수은 중독이 의심되는 증상이 있거나 요 중 수은량이 정상 범위 이상이면 즉시 작업전환을 하여야 한다.

(2) 카드뮴

카드뮴에 의한 중독은 처음 일본의 광산에 배출된 카드뮴오염으로 인하여 그 지역 주민에게 집단적으로 카드뮴중독이 발생했던 것이 대표적인 예로서 이 병을 "이따이이따이병"이라고 한다.

가. 이따이이따이병의 발생과 원인 규명

1946년경에 일본의 도야마현(富山縣)의 진즈가와(神通川)유역에 신경통과 유사한 원인불명의 병이 발생하고 있었다. 이들의 증상은 전신이 쑤시고 아프며 기침만 해도 뼈가 부스러지거나 변형을 일으키는 등 이제까지 알려진 질병과는 다른 특이한 증상을 나타내는 환자가 발생했다.

당시 이병을 신장염, 당뇨병, 다발성 신경통, 류마티스 등으로 진단하였고 1955년에는 영양부족에 의한 연골화(軟骨化) 등 유사한 질환으로 진단하였다. 그 후 1962년 역학 조사를 실시하여 1968년 5월 일본 후생성 장관은 이 병은 카드뮴의 만성중독에 의하여 신장장애가 일어났고 다음에 골연화증이 발생하였으며 임신, 수유, 내분비의 변화, 노화 및 영양성분으로서 칼슘 등의 부족이 원인이 되어 발생하였다는 공식 견해를 발표하였다.

나. 생리 및 증상

카드뮴에 중독된 환자는 허리와 사지 등 전신이 매우 쑤시고 아프며, 더욱 진행되면 다리를 펴거나 오므릴 수 없게 된다. 기침을 하거나 물체에 부딪히면 골절을 일으키게 되고, 전신이 아프기 때문에 이따이 이따이(아프다 아프다)라고 당시의 일본인 환자들은 울부짖었으며, 이따이이따이병으로 부르게 된 동기가 되었다.

체내에 흡수된 카드뮴은 간장에서 metallothionine을 생성하여 여러 장기에 축적되며, 대표적인 표적 장기는 폐와 신장으로 알려졌다.

카드뮴 중독의 자각증에 대한 경과는 다음과 같이 3단계로 구분할 수 있다.

① **제 1 단계 :** 처음에 나타나는 증상으로서 대퇴부와 요통이 심하고 이 통증이 전신에 퍼지게 되고 몸을 움직이거나 심호흡과 기침 등으로 가슴과 등에 통증을 느낀다. 이 사이의 경과 연수는 길어서 10년이 걸린다.

② **제 2 단계 :** 증상이 더욱 악화된 단계로서 시간이 경과함에 따라 보행이 곤란하여 지고 병상에 눕게 되면 증상은 급속히 진행하여 약간의 외부의 충격으로도 골절을 일으켜 골격이 변형되며, 체격이 작아져서 신장이 20~30 cm 작아지는 경우도 있다.

③ **제 3 단계 :** 증상이 극단으로 악화된 단계로서 기침만으로도 늑골이 부러지게 되고, 환자는 주야간의 통증으로 수면이 부족하게 되며 식욕이 떨어져 전신이 쇠약하여 지면서 결국 사망하게 된다.

골절에 나타나는 여러 가지 이상 증상은 남자보다 갱년기 이후의 여자 중 부인에게서 많은데, 그 원인은 출산 경험이 있는 여성에게서 칼슘대사가 크기 때문인 것으로 보고 있다. 그리고 뼈에 이상이 생기는 원인은 몸 안에 흡수된 카드뮴이 HS^-가 있는 효소 또는 단백질과 결합하기 때문에 결국 전신에 있는 효소와 관련이 되어 전신적인 병을 유발하게 되는데, 이때 신장에 장해를 일으키면 칼슘을 방출하게 되고 칼슘의 흡수에 지장을 주어 뼈에 이상이 생기는 것이다.

$$CdCl^+ + HS^- \rightarrow CdS + H^+ + Cl^-$$

이상에서와 같이 이 병의 주요 병변은 뼈와 신장에 있다. 그리고, 특히 카드뮴의 오염은 유전자의 돌연변이의 유발원으로나 발암원 및 생식기의 기능 장애원 등으로 작용하는 경우가 있으므로 중요시되고 있다.

다. 예방대책

카드뮴에 대한 예방대책으로는 오염원 개선과 작업환경의 개선 및 건강진단 등을 들 수 있다.

① **오염원 개선 :** 카드뮴은 생체 내에서 적어도 10~20년 이상 축적되므로 생활환경 특히 토양이나 수질이 오염되지 않도록 오염원을 개선해야 하고, 허용 기준 초과시의 엄격한 규제가 있어야 한다. 우리나라는 수질 허용농도를 10 μg/L로 규정하고 있으며 WHO에서는 상수도의 허용기준을 5 μg/L 이상 초과하지 않도록 권장하고 있다.

② **작업환경 개선 :** 작업환경에 기인한 직업성 중독을 예방하기 위해서는 흄 및 분진이 0.05 mg/m^3 이하가 되도록 관리하여야 하며, 수은의 경우에서와 같이 생활환경의 청정에 특별한 관심을 갖어야 한다.

③ **건강진단 :** 근로자는 수시로 건강진단을 한다. 건강 진단시에는 폐와 신장 기능의 검사를 실시하고, 작업 환경의 개선에 최선을 기울여야 할 것이다.

(3) 납

가. 생리 및 증상

납의 체내 흡수는 호흡기계에 의한 흡수와 소화기계로의 흡수과정이 있다.

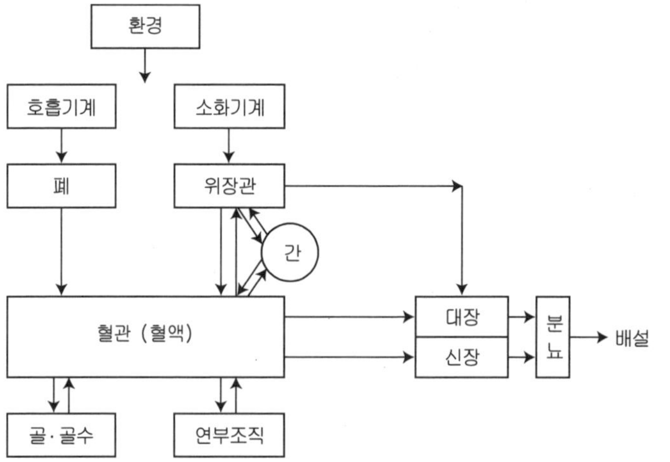

그림 11-3. 납의 인체내 침입과 이동 경로

기도로 흡입한 납은 약 50%가 기도와 흡착되어 서서히 흡수되거나, 또는 흡착된 납의 일부가 기도 점막의 섬모운동에 의하여 외부로 배출되거나 또는 소화기로 넘어가게 된다. 그리고 소화기로 섭취된 납은 입자의 크기에 따라 다르지만 약 10% 정도만이 소장에서 흡수되고 나머지는 대변으로 배출된다.

납은 특별히 오염되지 않는 환경 내에서도 하루 약 0.4 mg 정도 섭취 및 배설되고 있으며, 순환 혈액 중의 납은 95%가 적혈구와 결합하고 있다. 체내에 흡수된 납은 연부 조직에 침착하기도 하지만 90% 이상은 골격에 축적된다.

납에 의한 중독은 노출량, 노출기간, 인체내 축적량 등에 따라 다르나 거의 대부분 만성적으로 나타난다.

납에 의한 만성중독은 자신도 모르는 사이에 진행되며 증상은 혈액증상, 위장관증상, 신경증상으로 나눌 수 있다.

① **혈액증상 :** 혈색소 저하와 빈혈 및 안면창백과 연연 등이 나타난다. 안면창백은 빈혈과 무관하게 안면의 모세혈관 벽이 납에 의해 수축되기 때문에 나타나는 증상이다. 그리고 치은과 치아가 만나는 부위에 연연(鉛緣, lead line)이 생기는데 이것은 1~2 mm의 암청록색의 줄모양(線狀)의 색소침착을 말한다. 그리고, 구강의 위생상태가 좋지 않은 경우 납이 황화연으로 변하여 점모양(點狀)의 반점이 모세혈관을 통해 밖으로 보이는 상태가 있는데 이것도 연연이다.

② **위장관증상 :** 초기엔 식욕부진, 식후 복부불쾌감, 변비 또는 설사가 나오며 심한 복통이 생기는데 이를 연산통(鉛疝痛, lead colic)이라 한다. 이 연산통은 돌발적으로 발생하는 경련성 복통으로 외과적 복부질환으로 오진되는 경우가 있다고 한다.

③ **신경증상 :** 초기에는 근육통, 관절통, 근력저하 등이 있고, 진행되면 신근마비(伸筋痲痺, extensor muscle paralysis)와 근위축증상이 생긴다.

나. 예방대책

① **오염원 개선 :** 작업장 내의 공기를 수시로 측정하여 허용농도 0.15 mg/m^3(무기연) 이하로 유지되도록 하여야 한다.

② **작업환경 및 생활환경의 개선 :** 유기연의 증기를 흡입하지 않도록 하는 특수한 시설을 하거나 방독마스크를 착용하도록 한다. 유기연의 취급시 피부와 접촉되지 않도록

주의한다. 그리고 분진이 손에 묻은 채로 담배를 피우거나 음식을 먹지 않도록 해야 한다.

③ **건강진단 :** 작업자는 수시로 건강진단을 받도록 해야 한다.

(4) 비소

가. 생리 및 증상

비소는 단독으로는 그리 피해가 크지 않으나 비소화합물의 경우는 독성이 매우 강하다. 초기 증상으로 비소가 피부에 닿으면 피부가 헐거나 염증이 생기며, 눈에 들어가면 눈이 아프고 결막염과 같은 염증이 일어난다.

비소화합물이 체내에 흡수되면 간, 폐, 소화기의 점막, 비장 및 피부, 체모, 골격 등에 축적되는 경향이 있으며, 특히 체모나 골격에 침착된 비소는 오랜 시간이 경과하여도 검출된다.

비소의 배설은 요에서 45%, 변으로 2~3% 정도 이루어지며 요 중 비소 배출은 24시간 이내에 최고에 달한다.

비소에 의한 중독증상은 다음과 같다.

① **급성중독 :** 짧은 시간에 많은 양을 먹을 때는 한 시간 내에 급성중독 증상이 나타나는데, 식도가 화끈거리고 침을 삼키기 어렵고 심한 복통이 있으며 토하거나 설사를 하게 된다. 특히 몸 속의 물이 다 빠지게 되어 입이 마르고 혈관이 마비되어 피부가 차가워지며 혈압과 맥박수가 내려간다. 심하면 심장장애 등의 쇼크 증상이 나타나 사망하게 되며, 치사량은 약 100~300 mg이다.

② **만성중독 :** 오랫동안 만성적으로 중독이 되었을 경우에는 처음에는 식욕이 저하되고, 힘이 없어지며 설사, 변비, 구역질이 나타나다가 눈꺼풀이 붓거나 눈에 염증이 생기고 목구멍이 아프며, 때로는 콧속에 구멍이 뚫린다. 또한 피부가 검게 변하고 손과 발바닥이 딱딱해지며, 모발과 손톱이 변질되고, 신경과 혈관이 괴사되며, 신경염과 다리의 마비가 온다.

이와 같은 만성중독은 비소를 다루고 있는 공장 같은 곳에서 오랫동안 일해 온 사람에게서 작업독으로 흔히 발생하는 직업병이 대부분이다.

나. 예방대책

작업환경의 공기 중 비소농도를 0.2 mg/m^3 이하로 유지하도록 환경을 개선하며, 작업 후에는 반드시 목욕을 하고 작업복은 매일 바꿔 입도록 하여 피부로부터의 흡수를 방지한다. 한편 수시로 건강 진단을 하여 조기 치료 및 예방을 해야 한다.

(5) 크롬

크롬은 생체의 필수원소로서 음식물을 통하여 하루에 50~200 μg 섭취되며 이 가운데 0.5~3% 정도가 체내로 흡수되고 있다. 만일 크롬이 결핍되면 인슈린의 저하로 인한 것과 같은 탄수화물의 대사장애를 일으킨다.

인체내에 흡수된 크롬은 간장, 신장, 폐 및 골수에 축적되며, 대부분 분뇨를 통해 배설된다. 6가크롬화합물은 산화 및 부식작용이 강하여 피부와 점막을 부식시키고 저농도에서는 염증과 궤양을 일으키기도 한다.

크롬의 중독증상을 보면 다음과 같다.

① **급성중독 :** 피부 접촉 시 화상 또는 피부괴사가 국부적으로 발생하고 흡입했을 경우에는 기침, 호흡곤란, 구토, 복통 등이 생긴다. 그리고 전신적으로는 심한 출혈성 신장장애와 혈뇨증이 오며, 더욱 심하면 무뇨증과 요독증으로 인하여 수일 내 사망하게 된다.

② **만성중독 :** 피부증상과 호흡기증상 및 폐암증상을 들 수 있다. 피부증상으로는 피부궤양, 알레르기성 접촉성피부염 등을 일으킨다. 피부궤양은 손톱의 주위, 손, 전박부(forearm)에 깊고 둥근 궤양을 형성하며 통증이 없는 것이 특징이다.

호흡기증상은 주로 6가크롬의 미스트나 분진으로 야기되는데, 일반적인 증상은 기관지의 만성적 염증(궤양)과 천공이며 이는 농도와 기간에 따라 발생전도에 차이가 있으나 통상 환경 농도가 0.1 mg/m^3 이상일 때 발생하는 것으로 알려져 있다.

폐암증상은 크롬산 및 크롬색소 제조과정에서 근로자들에게 호흡기계의 암발생률이 높은 것으로 알려졌다. 크롬에 의한 폐암발생의 잠복기간은 대략 폭로 후 20년으로 추정하고 있다.

예방대책으로는 작업환경을 개선하고 수시로 건강진단을 실시한다. 작업환경의 기준농도는 6가크롬은 0.05 mg/m^3, 기타 크롬은 0.5 mg/m^3 이하가 되도록 관리한다.

(6) 망간

망간은 생물의 필수 금속으로서, 인체에 들어오는 망간은 주로 음식물과 함께 입으로 들어오며 하루 약 3~7 mg이 섭취된다. 섭취된 망간은 간을 통과하여 담즙으로 신속하게 배설되는데 담즙과 혈장 내의 비율에 따라 간에서 항상성이 유지된다.

망간 중독은 망간화합물의 분진으로 오염된 공기를 수개월 또는 수년간 흡입한 경우에 발생한다. 다량의 분진을 흡입할 경우 폐염이 발생하기도 하지만 가장 중요한 독성은 중추신경에 대한 만성 장애가 나타난다.

중추신경계장애는 대개 폭로 3개월~10년에 발현되는데, 초기에는 망간신경증, 무기력, 무관심, 시력감퇴, 권태, 불면증 등의 증세가 나타나고, 중기에는 가면성얼굴(mask-like face), 언어장애 등의 파킨슨(Parkinson)양 증후군 등이 나타나며, 후기에는 근긴장 항진 등의 증상이 나타난다.

(7) 니켈

니켈의 nickel-carbonyl($Ni(CO)_4$) 중독증상은, 특히 독성이 강하여 증기 흡입으로 인한 두통, 흉통, 호흡곤란, 현기증 등 전신 중독증상이 나타난다.

수용성니켈 연무질에 의한 만성비염과 부비동염 및 비중격천공, 접촉성 피부염, 정신과민 반응 등의 감각성 태독성(embryotoxicity) 및 최기성(teratogenicity) 등의 증상이 나타난다.

(8) 아연

동물의 경우에 아연은 필수 미량물질이며 체내 효소의 기능과 피부 및 골격의 정상적인 발육에 필요한 물질로서 아연이 부족하면 발육에 지장이 있고 청년기의 남자는 성정 발육이 좋지 않게 되고, 고령층에서는 상처 치유가 잘 안되는 경향이 있으며, 아연을 너무 많이 흡입하면 중독이 일어난다.

아연금속은 단독으로는 인체에 미치는 영향이 그리 심하지 않으나 피부에 닿으면 피부염을 일으키는 경향이 있으며, 경구적으로 너무 많은 양이 체내에 침투되었을 경우는 구토나 설사를 하는 등 소화기 계통에 한정된 증상을 보인다.

아연화합물의 종류별 증상은 다음과 같다.

① **염화아연($ZnCl_2$) :** 피부나 점막에 접촉하면 피부가 헐고 염증을 일으키는 등 강력한 부식 작용을 나타낸다.

② **산화아연(ZnO)과 염화아연의 증기의 흡입 :** 기관지를 자극하여 기침과 가래가 나오며, 폐렴의 원인이 되기도 한다.

③ **아연화합물의 연소로 생긴 산화아연에 기인된 금속훈연 :** 이것은 아연의 중독 중 가장 많으며, 오한, 구토, 고열 등의 증상이 발생한다.

(9) 베릴륨

베릴륨은 피부 감각성이 강하, 국소증상으로는 결막염, 각막궤양, 피부염, 코와 후두의 자극증상 등이 있으며, 다량 분진을 흡입할 경우는 급성폐염이나 폐수종을 일으키기도 한다.

만성중독으로는 비교적 저 농도의 산화 베릴륨 분진에 폭로되었을 때 일어난다. 증상은 폭로 1~2년 후에 가벼운 기침으로부터 시작되는데, 주요 증상이 출현할 때까지의 잠복기간은 5~10년으로부터 20년 이상이 걸린다. 증상으로는 해소, 체중감소, 호흡곤란 및 흉부 X-선상의 육아종 등의 특징이 나타난다.

12장

농약의 독성

농약(農藥, pesticides)은 식량 증산에 불가피한 **경제독**(經濟毒, economic poison)으로서 그 종류와 생산량 및 소비량이 날로 증가하고 있다. 20세기 초까지는 주로 자연살충제를 사용했으나 최근에는 살충력이 강한 인공합성 살충제가 주류를 이루어 자연계에서 쉽게 분해가 이루어지지 않음으로서 먹이연쇄(food chain)를 통한 체내축적(體內蓄積, bioaccumulation)이 문제시 되고 있다.

1. 농약의 분류

농약은 사용목적과 작용, 화학적 조성과 구조 및 작용기작 등 여러 형태에 의하여 분류한다.

(1) 사용목적에 의한 분류

① 살충제(殺蟲劑, insecticide) – 해충의 구제

② 살서제(殺鼠劑, rondenticide) – 쥐의 구제

③ 살비제(殺蜱劑, acaricide) – 응애의 구제

④ 살선충제(殺線蟲劑, nematocide) – 선충의 구제

⑤ 제초제(除草劑, herbicide, weed killer) – 잡초제거

⑥ 살균제(殺菌劑, fungicide) – 균류제거

⑦ 보조제(補助劑, supplemental agent, adjuvant) – 양의 증가 및 약효의 증진

⑧ 식물생장조절제(植物生長調節劑, plant growth regulator) – 생장촉진 또는 억제제

(2) 화학적 조성 및 구조에 의한 분류

① 무기농약(無機農藥, inorganic pesticides) – 무기화합물을 주성분으로 하는 농약 : 구리제, 무기황제, 비소제 등

② 유기농약(有機農藥, organic pesticides) – 유기화합물을 주성분으로 하는 농약으로 천연유기농약(天然有機農藥, natural organic pesticides)과 유기합성농약(有機合成農藥, synthetic organic pesticides)으로 구분한다.

- 천연유기농약 : pyrethrin, nicotine 등
- 유기합성농약 : 유기인계 농약 – dichlorvos, parathion, malathion, EPN 등
  carbamate계 농약 – cabaryl, propoxur, cabofuran, BPMC 등
  유기염소계 농약 – DDT, BHC 등
  유기황계농약 – TMTD, zineb 등
  유기비소계 농약 – neoasozin
  기타 – 유기불소제, 유기석제, triazine계, phenoxy계, urea계 등

(3) 농약의 작용 기작에 의한 분류

① 생합성 저해제

- 세포벽 성분의 생합성 저해제 – polyoxin
- 세포막 성분의 생합성 저해제 – systhane, fenarimol
- 단백질 생합성 저해제 – blastcidin-S, kasugamycin, alachlor, napropamide
- 핵산의 생합성 저해제 – benomyl, thiophanate-methyl

② **에너지대사 저해제**

- 해당계 저해제 - captan, captafol
- TCA회로 저해제 - monofluor 초산염
- 전자전달계 저해제 - rotenone, 청산
- 산화적 인산화 탈공역제 - PCP, binapacryl
- 산화적 인산화 에너지 저해제 - 유기석제(有機錫劑)

③ **신경기능 저해제** - 유기인 살충제, 니코틴, pyrethrin 등

④ **광합성 저해제** - diuron, simazine

⑤ **호르몬작용 교란제** - 2,4-D, MCP, dicamba

2. 농약의 독성

가장 이상적인 농약이란 병해충, 잡초 등의 해로운 생물에만 효과가 있고 기타의 생물에는 무독한 것이라 할 수 있지만, 약제의 대부분은 그렇지 못하고 급성적 또는 만성적으로 생물에 독성을 나타낸다.

비록 독성이 약한 약제라 하더라도 장기간 섭취하면 독작용을 나타내므로 적절한 주의가 필요한 것이다.

급성독성(急性毒性, acute toxicity)의 강도는 약제의 흡수 경로에 따라서 다르게 나타나는데, 일반적으로 **흡입독성**(吸入毒性, inhalation toxicity)이 가장 강하고, **경구독성**(經口毒性, oral toxicity)이 다음이며, **경피독성**(經皮毒性, dermal toxicity)은 약하다.

급성독성의 비교는 생쥐나 쥐 등의 소동물에 농약을 경구 또는 경피적으로 투여하거나 정맥주사를 하여 1주일 이내에 발생하는 사망수를 조사하여 체중 1 kg당 50% 치사약량(median lethal dose : mg(LD_{50} mg/kg)으로 표시한다.

Parathion, aldicarb(Temik) 등은 맹독성농약으로 특정 독물로 지정되어 개인이 사용하는 것을 규제하고 있다. 그밖에 특정 독물로 지정된 농약으로 methyl parathion, demeton-S-methyl(Metasystox), TEPP, monofluoroacetate(Fratol), 인화알루미니움 등이 있다.

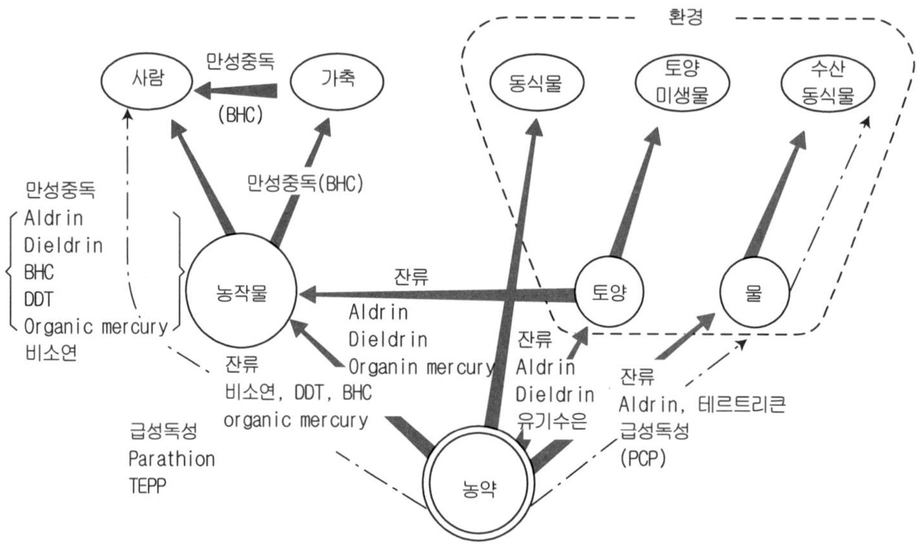

그림 12-1. 농약에 의한 생물 피해

만성중독의 경우는 극히 미량이라도 장기간 흡수되므로 인하여 피해를 받는다. 즉 농약이 잔류되어 있는 식품을 장기간 섭취한 경우나, 농약공장이나 방제업 등에서 직업적으로 장기간 약제와 접촉하고 있는 사람은 만성독성에 의한 피해를 받을 우려가 있다.

2.1. 식물에 대한 피해

농약에 의한 약해는 주로 식물조직의 파괴, 증산작용, 동화작용, 호흡작용 등의 생리작용을 방해하고 억제하며 식물의 정상적인 생육을 저해하는 것을 말한다.

급성적인 약해로는 발아 및 발근의 불량, 반점, 잎의 위조, 낙엽, 낙과 등을 가져오며 약제를 살포한지 1주일 후에 나타난다. 만성적인 약해는 1주일 이상 혹은 수확 후에 나타나는 것이 보통으로서 식물체의 영양생장, 화아현상, 과실의 발육 등을 저해하고, 생육의 억제, 수량의 감소 및 품질의 저하를 가져온다.

농약이 토양에 잔류했을 때는 작물에 2차적 약해를 주기도 한다. 비교적 약해가 많은 살충제는 유기인제이며, 살균제는 유기비소제로서 각각 사용량에 비하여 약해가 많고 작물에 있어서는 과수가 사용면적에 비하여 약해가 대부분이지만 이외로 심하게 나타나는 것도 있다.

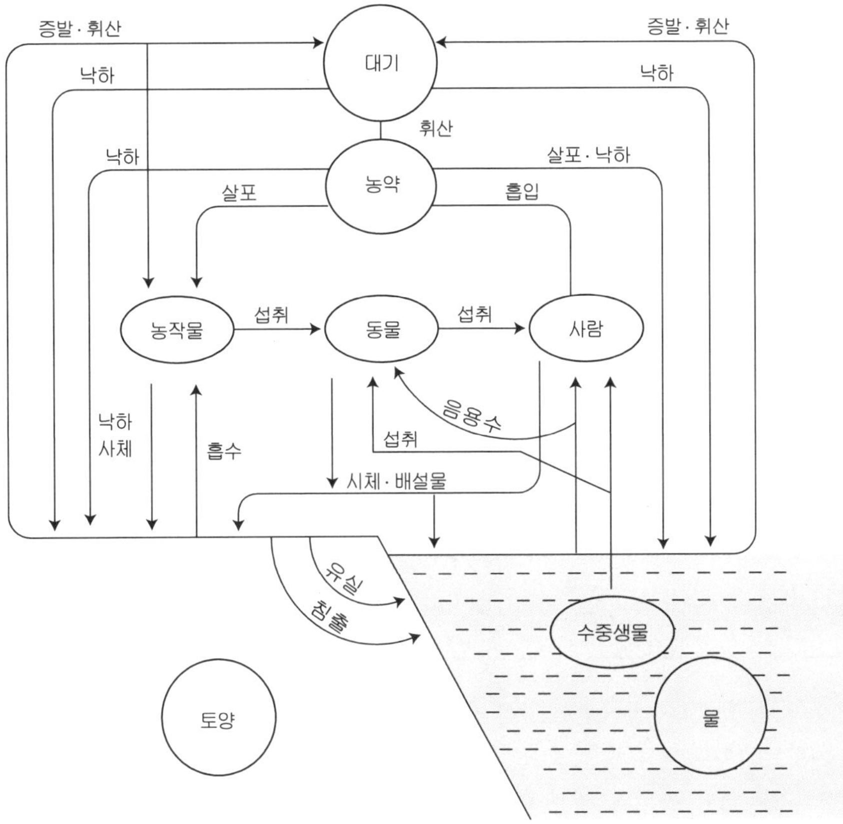

그림 12-2. 환경 중 농약의 이동

2.2. 어류에 대한 독성과 감수성

(1) 어류에 대한 독성

농약의 어류에 대한 독성은 농약의 종류, 생물의 종류, 생물의 생육단계, 수온, pH 등 여러 환경 조건에 의하여 다르며, 감수성 또한 달리 나타난다.

일반적으로 담수생물에 대한 독성은 잉어를 이용하여 48시간 뒤에도 이들이 50% 인내하는 약제농도(median tolerated limit : ppm) 즉, TLm(48시간)으로 나타내며 보통 A, B, C, D류로 구분한다.

A류 : TLm(48시간) 〉 10 ppm~정상적인 사용 방법으로 사용하면 영향이 없다.

표 12-1. 수도용 약제에 대한 감수성이 높은 작물

구 분	감수성이 높은 작물
fenthion	십자화과 채소, 수수, 배나무, 뽕나무, 토란
fenitrothion	십자화과 채소, 수수
phenthoate	연근, 복숭아, 포도, 딸기, 매화나무, 수수
propaphos	배추, 오이, 콩과작물
trichlorfon	수수
EPN	매화나무
BPMC	담배
MPMC	담배, 십자화과 채소
cartab	가지, 담배, 뽕나무
IBP	수수
edifenphos	수수
blasticidin-S	가지과, 콩과, 십자화과, 고구마, 토란, 연근, 딸기, 사과나무, 배나무, 복숭아나무, 포도나무, 담배, 뽕나무
kasugamycin	삼나무, 연근
phenazine oxide	토란

B류 : TLm(48시간) 〉 0.5 ppm~일시에 광범위하게 사용할 때 주의를 요한다.

C류 : TLm(48시간) 〉 0.5 ppm~하천에 유입될 경우 피해가 발생한다.

D류 : 어류독성이 커서 수질오탁성 농약으로 지정된 것으로 사용 규제되어 있고 금지지역에서는 사용할 수 없도록 규제하고 있다.

농약별 독성을 살펴보면 다음과 같다.

① 유기염소계 살충제

유기염소계 살충제는 안정된 화합물로서 먹이연쇄를 통한 생물농축의 원인이 된다. 일반적으로 어류에는 강한 독성을 나타내고 갑각류에는 약하다. 패류에도 독성이 약하지만 dieldrin, heptachlor은 예외이다.

② 유기인계 살충제

담수어에 대하여 독성이 강한 것은 EPB, chlorfenvinfos, ethoprophos 등이다. 유기인계 살충제는 갑각류에 대한 독성은 일반적으로 강하며, 패류는 chlorpyriphos를 제외

하고는 독성이 강하지 않다. diazinon은 피라미, 잉어 등에 대하여 등이 굽어지는 현상을 보인다.

③ Carbamate계 살충제

담수어와 패류에는 독성이 강하지 않지만 갑각류에는 강하다. BPMC는 등이 굽는 어류를 발생시킨다.

④ 살비제 및 기타 살충제

benzoximate, cyhexatin, fenbutatin oxide, propargite 및 polynactin 복합체와 같은 살비제는 어류에 대한 강한 독성을 나타내고, methomyl은 갑각류에 독성이 강하다.

⑤ 살균제

유기황계 살균제중 ethylene bisdithiocarbamate계의 zineb, maneb 등은 어류와 갑각류 및 조개류에 대하여 독성이 약하지만, dimethyldithiocarbamate계의 thiram, farbam 등은 독성이 강하다. 그리고, 유기인계 살균제는 독성이 별로 강하지 않지만 edifenphos는 은어 및 숭어에 대하여 약간 독성을 나타낸다.

⑥ 제초제

수질오탁성 농약으로 지정된 PCP외 DNBP, DNBPA 등 페놀계 제초제와 ACN이 어류에 강한 독성을 나타내고, molinate 및 그 혼합제는 잉어에 대하여 급성독성은 낮지만 저농도에서도 오랫동안 접촉하면 빈혈증상을 일으켜 치사하게 된다.

(2) 수생생물에 대한 감수성

분류학상 서로 가까운 관계에 있는 종은 감수성이 서로 비슷할 것이라고 하는 것은 일반적인 생각이다. 그러므로 수생생물에 대한 농약의 독성은 경제적 및 생태적으로 중요한 종으로 인정된 잉어와 물벼룩에 대한 LD_{50}을 써서 평가하는 것을 원칙으로 하고 있다.

잉어와 금붕어 및 미꾸라지는 서로 감수성이 비슷하며, 연어과의 은송어(산천어)와 은어의 감수성은 PAP나 malathion에 대하여 잉어보다 비교적 높다.

물벼룩은 갑각류의 물벼룩과에 속하며 같은 과의 등골물벼룩, 비단물벼룩의 감수성과 거의 일치하며, 각시새우, 게 등도 비슷하다.

한편 조개류나 올챙이류는 잉어나 물벼룩과 전혀 다른 경향을 보이고 있다. 담수산 우렁이, 다슬기, 조개 등과 바다의 바지락 조개는 서로 유사한 감수성을 보이고 있고, 올챙이는 두꺼비, 송장개구리 등과 유사한 경향을 보이고 있다.

2.3. 곤충에 대한 영향

농약은 병해충을 구제함으로서 작물의 수량을 높일 수 있어 경제적으로 도움을 주고 있고 또한 위생해충을 구제함으로서 사람의 보건위생에 많은 도움을 주고 있다. 그러나 우리에게 경제적 이익을 주는 소위 경제곤충에 피해를 주는 경우가 많다. 즉, 농약의 잘못 사용으로 인하여 양봉업자에게는 물론 농작물의 화분매개를 방해함으로서 농민에게 영향을 끼치기도 하고, 우리에게 견사섬유를 제공하여 주는 누에에게 피해를 주어 양잠농민에게 막대한 경제적 손실을 입히기도 한다. 따라서 농약을 사용할 때는 이들에 피해를 주지 않도록 각별히 주의를 해야 할 것이다.

또한 살충제를 살포하여 해충을 구제하려는 수단이 유익한 천적까지 사멸케 하여 생태적 균형을 파괴함으로서 장기적으로는 오히려 경제적 손실을 가져올 수가 있는 것이다. 한편, 천적군의 파괴로 현재까지 문제가 되지 않았던 곤충이 급격히 증가되어 문제되는 예도 있다. 최대한 천적을 보호하기 위해서는 농약 선택 시 천적에 대하여 살충력이 약하거나 선택적인 약제를 살포해야 하며, 가능한 한 천적의 활동시기에는 농약의 살포를 금하고 천적에는 영향을 끼치지 않는 농약의 개발 사용이 중요하다.

천적군의 파괴로 인한 다른 곤충의 이상 증가 현상에 대하여 밝혀진 내용을 요약하면 다음과 같다.

① 과수원에서 보르드액의 살포나 시안화수소가스 훈증 후 응애류의 발생이 심해진다.

② 과수원이나 목화밭에 DDT를 살포한 후 응애, 진딧물, 깍지벌레 등이 이상 증가하는데, 이는 노린재, 총채벌레, 풀잠자리, 뒷박벌레 등 포식성 천적의 감소에 원인이 된다.

③ 감귤에 DDT, parathion을 살포하면 깍지벌레의 발생이 심해지고, 사과에 DDT를 살포하면 사과면충이 증가하는데, 이것은 기생벌의 감소에 의한 것으로 본다.

④ 1920년대 미국의 목화재배지대에서 목화다래바구미의 구제에 비산석회를 사용하였는데 그 후 목화진딧물이 증가된 보고가 있다. 이 역시 천적의 격감으로 인한 원인으로 보고 있다.

2.4. 인체에 대한 독성

(1) 유기인제

유기인제는 독성이 강한 반면에 동·식물체 내에서 비교적 빨리 분해되어 무독화되므로 만성중독을 일으키는 일은 거의 없다.

유기인제는 항-콜린에스테라제 살충제로서 곤충에 대한 독성작용은 다음과 같이 설명된다.

정상적 신경 활동시에는 시냅스(synapses) 부위에서 acetylcholine이 미량 분비되어 자극전도를 원활하게 하는데, 이 물질이 과다분비되면 신경계의 혼란을 가져오게 된다. 따라서 효소 콜린에스테라제(cholinesterase)가 acetylcholine의 불필요량과 결합 분해시킨 후 효소는 다시 활성화되고 초산이 잔존물로 남는다. 간단히 식으로 표시하면 다음과 같다.

E + Ach $\rightleftharpoons$ EAch	E : 효소
EAch $\rightarrow$ EA + choline	Ach : acetylcholine
EA $\rightarrow$ E + acetic acid	A : acetic acid

유기인제에 중독되면 유기인산 에스텔이 효소 cholinesterase와 결합하므로 acetylcholine이 축적되어 신경계의 혼돈으로 근육마비가 오고 결국 치사하게 된다. 사람의 경우도 다를 바 없다. 식으로 표시하면 다음과 같다.

E + PX $\rightleftharpoons$ EPX	P : $(Alk.O)_2P(O)-$
EPX $\rightarrow$ EP + X	X : 기타
EP $\rightarrow$?	

인체에 대한 증상은 콜린에스테라제(혈장 ChE)의 저하현상에 따라 다르며, 저하 및 증상에 따라 잠복성중독(潛伏性中毒), 경증(輕症), 중등증(中等症), 중증(重症)으로 구분할 수 있다.

① 잠복성중독은 특별한 증상은 없으나 혈장 ChE의 값이 평상시보다 20~50% 저하한다.

② 경증은 혈장 ChE의 값이 평상시보다 50~80% 저하되며 피로감, 두통, 구토, 식은땀, 복통, 설사, 가슴답답증 등 여러 가지 증상이 나타난다.

③ 중등증은 혈장 ChE의 값이 80~90% 낮으면 보행이 불가능해진다. 보통 의식혼미,

고도의 언어장애, 운동실조, 동공축소, 안면창백, 혈압상승, 심한 발한, 근육의 경련 등 심한 증상이 나타난다.

④ 중증은 혈장 ChE의 값이 90~100% 낮아지며 의식이 완전히 혼미한 상태에 빠지며 입엥서 거품을 내고 대소변을 배설하며 전신 경련을 일으킨다. 체온이 상승하고 동공이 심하게 축소된다.

중독되었을 때 치료제로서 황산아트로핀과 PAM(2-pyridine aldoxine methiodide)이 있다. 황산아트로핀은 아세틸콜린을 신경의 수용기에서 추방시키는 역할을 하며, PAM은 ChE의 효소력을 다시 회복시키는 특효약으로 되어 있다.

(2) 유기염소제

유기염소제는 유기인제와는 달리 대부분 안정된 화합물로서 식물체내에서 거의 분해되지 않고 동물의 지방층이나 뇌신경 등에 용입 축적되어 만성중독을 일으키는 경우가 많다.

중독증상은 처음엔 식욕부진, 구토, 구역질, 두통 등의 증상을 보이다가 중독증상이 진행됨에 따라 심한 자극성 흥분이 발생하고 간헐적 경련증상을 보이다가 결국 혼수상태에 빠져 사망하게 된다. 유기염소제에 의한 중독 증상에는 특효약은 없다.

(3) 유기불소제

중독증상으로 먼저 심한 구토증이 반복적으로 발생하며 다갈색의 위액을 토출한다. 위내 출혈이 있으며 이로 인하여 위통을 일으키게 되고 더 진행되면 의식이 혼돈해지고 간질과 같은 경련을 일으킨 후 혼수상태로 되면서 부정맥과 청색증(cyanosis)을 병발하여 결국 심장장해를 일으켜 사망하게 된다.

치료제로서는 monoacetylglycine과 acetamide가 효과적이다.

(4) 비소제

비산제의 체내 침입은 ① 살서제로 사용되는 아비산 또는 비산연 등이 간혹 소맥분의 baking power로 오용되었을 때 침입되며 ② 분유제조 공정에 우유 중의 단백질 안정제로 사용되는 제 2 인산나트륨에 함유된 비산성분에 기인되거나 ③ 비산연이 잔류한 야채를 섭취함으로서 침입되며, 중독증상이 일어나면 콜레라와 유사한 급성 위장장해 및 체중감소,

발진, 탈모, 각피증, 설사, 신경염, 신장염, 순환기 및 장기의 장애 등 증상이 나타난다. 치료제로서는 BAL(british anti-lewisite)이 있다.

(5) 중독사고의 예방

중독사고의 예방에는 다음과 같은 조치가 필요하다.

① 농약의 살포 중 다량의 약제를 흡입하거나 몸에 부착되지 않도록 한다. 따라서 농약을 살포시에는 노출부가 적은 작업복을 착용하고, 독성이 강할 경우는 마스크, 보호안경, 보호크림 등을 사용한다.

② 살포시 바람을 등지고 사용한다.

③ 장시간에 걸쳐 살포작업을 하지 않도록 한다.

④ 작업이 끝나면 바로 깨끗이 씻고, 옷을 갈아입으며, 휴식을 취한다.

⑤ 하우스 내에서는 공기 중의 농도가 커져서 흡입에 의한 중독의 위험성이 크므로 되도록 저독성의 농약을 사용한다.

⑥ 하우스에서는 훈연이나 훈증을 한 뒤에도 공기 중에 농약이 장시간 부유하고 있기 때문에 작업 완료 후 충분한 시간이 지난 다음 하우스 안으로 들어가도록 한다.

⑦ 농약의 관리 보관을 엄중히 하여 실수나 고의 등으로 마시는 일이 일어나지 않도록 각별히 주의하여야 한다.

⑧ 중독의 위험이 있을 때에는 가능한 한 빨리 의사의 진단을 받고 농약의 명칭을 의사에게 제시하여 참고토록 한다.

13장

식품공해

인간 생활의 필수 3대 요소인 의·식·주 중 가장 기본적인 것은 "食"이다. 따라서 식품의 가치는 영양소와 더불어 청결성이 대단히 중요하며, 반드시 이의 안전 보관과 공급이 이루어져야만 한다.

우리나라의 식품위생법에 열거한 식품위생의 정의를 보면 **"식품위생이란 식품첨가물, 기구 및 용기와 포장을 대상으로 하는 음식에 관한 위생을 말한다"** 라고 되어 있고, WHO의 정의를 보면 **"식품위생이란 식품의 생육, 생산, 제조에서 최종적으로 사람에게 섭취될 때까지의 모든 단계에서 식품의 안전성, 강건성 또는 완전무결성을 위한 필요한 모든 수단을 말한다"** 라고 정의되어 있다. 그러므로 식품위생의 목적은 음식물에 의해서 일어날 위생상의 유해를 미연에 제거하고 또한 방지하여 음식물 자체의 본래 가치를 잃지 않도록 하여 섭취케하며 인간의 건강 유지 및 증진을 도모하는데 있는 것이다.

오늘날 식품의 생산과 가공 및 수급 등이 더욱 더 분업화되어지고 있고 식생활이 더욱 더 가공 식품에 의존되어 가고 있다. 이같이 식품의 생산과 수급이 대량화되는 과정에서 식품의 안전성을 높이고 상품가치를 향상시키기 위해 식품의 보존, 착색, 착향 등을 위한 각종 화합물이 첨가되고 식품 취급을 위한 기구, 용기, 포장이 중요한 위치를 차지하게 되었다. 또한 저장과 수송 수단도 식품의 오염 및 변질을 방지할 수 있는 방법으로 개선되어 가고 있다.

1. 식품첨가물에 의한 식품공해

식품첨가물(food additives)이란 식품의 제조, 가공에 사용되는 모든 화학적 합성품을 말한 것으로서, 첨가물을 사용하는 이유는 ① 식품의 상품가치를 높일 수 있고 ② 식욕을 증진시킬 수 있고 ③ 식품보존에 효율을 기할 수 있으며 ④ 영양의 강화 등으로 여러 가지 측면에서 유리한 점이 많다.

식품첨가물은 일상적인 생활에서는 별로 사용되지 않는 식량 이외의 비영양물질에 해당되는 것으로서, 단독적으로는 식생활과 직접 관계가 없는 화학물질 또는 약품이라고 할 수 있으며, 건강에 지장이 없어야 한다. 따라서 일상적으로 많이 사용되고 있는 조미료로서의 설탕이나 소금은 그 사용량이 많으므로 식품에 해당된다.

우리나라에서 분류한 식품첨가물의 종류는 대단히 많다. 산화방지제, 보존제, 살균제, 방향제, 착색제, 발색제, 표백제, 소포제(消泡劑), 용제(溶劑), 껌의 기초제, 품질개량제, 소맥분 개량제, 팽창제, 강화제, 유화제, 접착제, 피막제, 조미료, 감미료 등으로 분류하고 있으며 이들은 모두 허용된 것이며 이외의 것은 식품첨가물로서 사용하지 못하도록 규정하고 있다. 그러나 그 사용량이 많으면 식품공해원이 되는 것이므로 WHO/FAO에서는 1일 섭취할 수 있는 이들의 최대허용량(maximum permissible dose, MPD)을 별도로 규정하고 있다.

1.1. 착색제

예로부터 천연 착색료를 이용하여 음식을 아름답게 만드는 지혜는 우리나라 전통음식의 여러 종류에서 찾아볼 수 있다. 음식의 구미를 당기기 위해서, 또는 상품가치를 높이기 위해서 음식의 착색은 반드시 필요하지만, 근래에 와서는 필요 이상의 미화나 모방 때문에 각종 착색료가 남용되고 있는 실정이다.

근래에 문제시되고 있는 착색제에는 다음과 같은 것이 있다.

① 황색계 : auramine, orange Ⅱ, butter yellow O, p-nitro-aniline

② 녹색계 : malachite green

③ 자색계 : methyl violet, crystal violet, gentian violet

④ 청색계 : methylene blue

⑤ 적색계 : rhodamine B, sudan Ⅲ, silk scarlet

⑥ 갈색계 : bismarck brown

황색계의 auramine은 단무지에, 녹색계의 malachite green은 해조나 green peas 등에, 그리고 적색계의 rhodamine B는 과자 또는 빙과류에 사용되고 있으며, 혼합색소는 초코렛과 팥앙금에 사용된다.

유독성 색소의 독성은 색소의 종류에 따라 다르나 일반적으로 간장이나 신장과 같은 장기와 신경계 및 순환계 등에 장해를 가져오며 소량을 계속적으로 식용하면 암을 일으키는 경우도 있다고 한다.

1.2. 감미료

인공 감미료로서 허가된 것은 saccharin, sodium cylohexyl sulgamate 등이 있으며, ducline은 한때 이용되었으나 현재는 사용 금지되었다.

문제시되고 있는 감미료는 다음과 같다.

① **Meta nitro anilin계 :** 설탕의 2,000~4,000배이며 독성이 강하여 중독 사고의 위험이 대단히 높다. 중독 시에는 주로 간장과 신장에 장애가 발생한다.

② **Ethylene glycol :** Glycerin과 유사한 성질을 가지고 있으며 신경과 신장을 자극한다.

③ **Peryllartine :** 설탕의 2,000배 정도의 감미가 있고, 자극성으로서 신장을 자극한다.

1.3. 방부제

식품의 부패를 방지하여 오랫동안 보관할 목적으로 방부제가 이용되는데 허가량 이상으로 첨가되면 건강에 문제가 된다.

① **붕산(boric acid) :** 붕산은 햄, 소시지, 베이컨, 우유제품, 마가린 등에 가하는 경우가 있다. 매일 0.5 g씩의 붕산을 섭취하면 소화효소의 작용을 저해, 영양소의 동화 방해, 지방분해 촉진 등의 증상이 일어난다.

② **Formaldehyde :** 포름알데히드는 단백질의 변성 및 경화시키는 작용이 있어 살균력이 강하게 나타난다. 주류, 간장류, 우유제품, 육제품 등 여러 분야에 이용되고 있다. 복용량이 많았을 때는 소화효소작용의 저해로 인하여 위통, 두통, 구토, 현기증, 호흡곤란 등의 증상이 발생한다.

③ **β-naphtol :** 간장 등의 부패 방지를 위해서 사용된 바 있으나 독성이 강하여 현재는 사용이 금지되고 있다. 신장에 해로우며 단백뇨, 혈색소뇨의 원인이 된다.

2. 공장폐수에 의한 식품공해

공장폐수에 의한 식품공해는 무기성폐수에 의한 식품공해와 유기성폐수에 의한 식품공해를 들 수 있다.

무기성폐수는 도금공장, 금속공장, 화학공장 등에서 배출되는 폐수가 직접 수산물이나 농산물 등에 피해를 줄 때인데, 대표적으로 수은에 의한 물고기의 오염은 이미 설명한 바와 같이 식물연쇄에 의해 생물농축을 거쳐 사람에 피해를 주게 된다.

유기성폐수는 BOD가 높고 부유물질이 많이 함유되어 있어 공공용수를 오염시킴에 의하여 2차적 피해를 줄 경우가 많다. 유기성폐수를 배출시키는 식품가공 공장에서는 그로 인한 식품의 품질에 직접적인 영향을 줌으로 인하여 건강을 해치는 경우가 있으며, 특히 부주의로 인한 병원균의 오염이 있을 때는 그로 인한 피해를 받을 수도 있으므로 각별히 주의하여야 한다.

3. PCB에 의한 식품공해

식품의 독성물질로 잘 알려진 PCB(polychlorobiphenyl)는 1966년 젠슨(Jensen)이 독수리와 물새의 체내에서 검출한 후 1968년 일본 기네미 유증사건(油症事件)을 계기로 큰 관심을 불러 일으켰으며 현재 25종이 있으며 염소수에 따라 화학적 성질에 차이가 있다.

PCB는 일반적으로 불에 타지 않고 열에 안전하며 불휘발성, 전기절연성 등의 성질을 가지고 있어 절연유(絶緣由), 열매체(熱媒體), 윤활유(潤滑油) 등 여러 가지로 사용되고 있다. 절연유로는 변압기의 절연유, 콘덴사의 절연유, 냉난방기의 절연유 등으로 사용되고 있고, 열 매체로는 화학공업, 식품공업, 의약품공업, 플라스틱공업 등의 열 매체로 사용되며, 윤활유로는 고온용 윤활유, 진공펌프오일, 절삭유 등의 기계윤활유 등으로 사용된다.

또한 PCB는 불에 타지 않는 도류, 물에 견디는 도료, 벌레가 쓸지 않는 도료 등에 사용되며, 인쇄, 잉크, 복사지, 종이의 코팅, 농약의 효력 연장을 위해 널리 사용된다. 이처럼 널리 사용된 PCB는 자연계에서 분해되지 않아 그야말로 버릴 수도 태울 수도 없는 악성 공해물질인 것이다.

기네미 유증사건은 식용유의 제조과정에서 열매체인 PCB가 부식된 파이프 구멍을 통해 누출되어 쌀기름에 혼입되었고, 이 기름을 식용한 사람들은 급성중독을 일으켰던 것이다. 그리고 미국에서는 한때 2년 동안 소가 3만 마리 이상 , 돼지 6천 마리, 양이 2천 마리, 닭이 50만 마리가 이로 인해 몰살당한 기록이 있다. 한편 최근에는 조류, 어패류, 분유, 모유, 돼지고기, 쇠고기 및 토양 등에서 검출된다고 하여 새로운 환경물질로 제시되고 있다.

1970년경에는 북극에서 살고 있는 동물의 몸에서도 PCB가 검출되어 커다란 환경문제가 되었으며, 이를 계기로 미국, 일본 등에서는 1970년대부터 생산을 금지하였다. 우리나라의 경우는 전량 수입을 하여 사용하고 있었으며 아직 검출되지는 않았지만 특별히 관심을 가져야 할 물질이다.

PCB는 기름에 잘 녹고 분해가 잘 되지 않아 체내에 축적이 잘되기 때문에 만성증의 우려가 있으며, 식물연쇄를 통해 인체에 축적된 PCB의 대표적인 증상은 피부점막의 색소침착이다. 피부증상이 일어나기 쉬운 부위는 얼굴과 가슴 및 등 쪽이다. 여드름과 같은 피부병이 발생하기 쉽고 피부가 굳어지는 증세가 일어나며, 또한 눈꺼풀이나 얼굴이 붓는 증세도 있다. 신성아의 경우는 전신의 피부가 까맣게 변하기도 한다. 전신 증상으로는 식욕부진, 신경통, 빈혈, 백혈구 증가, 황달 및 체중감소현상과 호흡기장애 등이 있다.

체중 50 kg의 남자가 4개월간에 0.5 g을 섭취한 결과 중독증상을 일으킨 예가 있으며, 중독 당시 환자의 지방조직을 검사한 결과 PCB의 농도가 70 ppm이었다고 한다.

4. 농약에 의한 식품공해

4.1. 농약의 잔류

식품 중 잔류농약의 양은 살포당시의 농약의 독성과 침투성 및 내·외적인 영향 등에 따라 달라진다.

살포농약의 잔류기간은 과실에서 보다 야채류의 잎에서 더 길다. 그러므로 농약을 살포한 야채의 섭취로 인한 식품공해는 매우 중요하다.

독성이 강한 파라티온, 메틸파라티온과 같은 농약은 물리적 침투성이 있어서 부착된 농약은 과실내부로까지 침투되게 되므로 야채나 과실 등에는 사용을 금하는 것이 좋다. 그리고, 유기수은제, 비소제 등은 침투성이 거의 없기 때문에 대부분 표피에 부착된 채 서서히 분해되어 감소된다. 따라서 과실을 먹을 때는 충분히 표피를 씻어 내야만 잔류농약에 의한 식품공해를 방지할 수 있다.

동물은 농약살포 식물을 식량으로 삼을 기회가 많아진다. 식물에 잔류한 농약은 식물연쇄의 일환으로서 동물체내로 이행하게 되는데, 특히 유기염소계는 지용성으로서 분해가 잘 안되므로 동물의 체내 지방분에 쉽게 용해되어 축적되므로 유리된 염소는 체내에 농축된다. 결국 식물연쇄를 통하여 사람에게 농축되기 때문에 사람은 생물 중에서 가장 많은 유기염소제의 오염을 받을 우려가 있는 것이다.

4.2. 인체의 1일 섭취허용량

식품 중 잔류농약은 극히 미량이기 때문에 별로 문제가 되지 않지만 식품을 통하여 장기간 섭취하게 되면 많은 양이 인체 내에 축적되어 중독증상을 일으킬 수 있다. 그러나 만성독성을 일으킬 수 있는 농약의 대부분은 도태되었으므로 별 문제될 것은 없고, 기타 농약은 극미량 섭취하였을 경우 여러 가지 대사 경로를 통하여 분해되므로 농산물의 잔류농약에 의한 만성중독의 위험은 거의 없다.

1일 섭취허용량(acceptable daily intake, ADI)이란 사람이 어떤 약물을 평생동안에 걸쳐서 섭취하여도 현재의 독물학적 지식으로는 전혀 장해를 받지 않는 1일당 최대의 량을 말한다.

ADI의 산출은 실험동물에 매일 일정량의 농약을 혼합한 사료를 장시간(약 2년) 투여한 후 2세대 이상에 걸쳐서 자손에 미치는 영향을 조사하고 전혀 건강에 영향이 없는, 즉 무작용량(無作用量, No observed effect level, NOEL)을 구한 후 다시 100배의 안전계수(적어도 0.01배)를 곱하여 산출한다.

5. 식중독

식중독(食中毒, food poisoning)이란 식물을 섭취한 후 갑작스럽게 발생하는 건강 장해를 의미하며, 원인 물질에 따라 다음과 같이 세균성 식중독과 화학적 식중독 및 자연물에 의한 식중독으로 구분할 수 있다.

① 세균성 식중독

- 감염성 식중독 : 살모넬라균속, 장염비브리오균, 장구균, 병원성대장균, 장관내습 세포 침입성 대장균
- 독소형 식중독 : 포도상구균, 보툴리누스균, 독소원성 대장균, *Clostridium perfringens*, NAG비브리오(non agglutinable vibrio), 세균성이질, 신경독소, 유사성 독소

② 화학적 식중독(식품첨가물)

- 과실로 흡입된 유해물질에 의한 식중독 : 농약, 수은, 카드뮴 등
- 유해한 착색료에 의한 식중독 : auramine, gentian violet 등
- 유해방부제에 의한 식중독 : 붕산, 포르마린 등
- 유해인공 감미료에 의한 식중독 : dulcin, cyclamate, toludine 등
- 기타 물질에 의한 식중독 : methanol, 간수 등

③ 자연물에 의한 식중독(생물독)

- 동물성 자연독에 의한 식중독 : 복어독, 조개독 등
- 식물성 자연독에 의한 식중독 : 독버섯, 감자독, 청매독
- 곰팡이독에 의한 식중독 : 맥각독, aflatoxin

5.1. 세균성 식중독

세균성 식중독(bacterial food poisoning)의 감염 경로는 일반적으로 두 가지로 생각할 수 있다. 첫째, 식품 자체가 이미 오염 내지 감염 상태에 있는 것을 섭식했을 경우와 둘째, 식품의 조리, 가공 및 운반되는 도중에 사람이나 동물에 의하여 오염되는 경우이다.

식중독은 세균 자체로 인하여 증상을 일으키는 것과 식품에 침입된 세균이 분비하는 독소에 기인되는 것이 있어서 감염형과 독소형으로 분류한다.

(1) 감염형 식중독

① 살모넬라 식중독(salmonellosis)

원인균은 *S. typhimurium*, *S. enteritidis*, *S. choleraesuis*, *S. newport*와 같은 균으로서 6~48시간(평균 12~14시간)의 잠복기를 거친 다음 복통, 설사, 구토 등의 위장염의 증상을 나타내며 다른 식중독과 달리 발열 증상을 보이는 것이 특징이다.

살모넬라는 육류, 난류 및 우유 등에 균이 혼입하는 경우와 보균자 및 보균동물에 의하여 2차적으로 균이 식품에 침입하는 경우가 많고, 분뇨처리가 원시적인 지역에서 산발적으로 발생하는 경향이 있으며 가족 중 한 사람이 발생하면 집단적으로 발생하는 경우가 많고 5~10월 사이에 많이 발생한다.

예방으로는 ① 생식을 금하고 ② 식품을 차게 보관하고 ③ 곤충이나 쥐 등이 식품에 접근하지 못하도록 하고 ④ 부정육류는 식품사용을 금하고 ⑤ 가축사육 중 병독 유무를 검사하여 감염된 동물을 속히 제거하고 ⑥ 식품취급자가 중독증상이 있을 때는 식품 취급을 삼가한다.

② 호염균 식중독(halophilism)

원인균은 장염 비브리오균(*Vibrio parahaemolyticus*)으로 온대지방의 연안 해수에 존재하고 있으며 3~5%의 식염수에 발육이 잘된다. 계절적으로 5~11월 사이에 발생하지만 그 중 특히 7~9월 사이에 많이 발생한다.

잠복기간은 대개의 경우 10~18시간(4~28시간)이지만 잠복기가 짧을수록 증상이 심하며, 증상으로는 격심한 상복통으로부터 시작하여 오심, 구토, 설사(1일 5~6회 이상 20회까지), 발열(37~38℃)증상이 있고 설사는 발병 후 12시간 이내에 집중되며 혈변 등이 있어 이질과 같은 증상도 나타낸다. 발병 12시간 정도 지나면 여러 가지의 증상은 완화되고 약 24시간 후에는 열이 떨어지며 2~3일 후에 회복된다.

예방으로는 어패류를 생식할 경우 정수로 잘 씻거나 60℃에서 2분 이상 가열하면 된다. 주의할 것은 소금물에 절인 식품이라도 안심할 수 없다는 점이다.

③ 대장균에 의한 식중독

대장균은 그람 음성, 간균으로 건강한 사람의 장내에도 항시 존재하는 병원성이 없는 균이다. 그러나 일반적으로 이러한 대장균과 형태학적 및 생태학적으로 구별할 수는 없으나 사람에 설사 및 위장염 등을 일으키는 대장균들이 있어 이들은 병원성대장균(enteropathogenic *E. coli*)이라고 하며 현재 20여 종이 알려져 있다. 이 병원성대장균은 식품 등을 오염시키고, 그 오염된 식품을 섭취함으로서 발생하는 식중독을 병원성 대장균 식중독이라 한다.

이 균에 의한 중독증상은 10~30시간의 잠복기를 거쳐 주로 설사를 일으킨다. 설사는 물 같이 묽은 변, 점액변, 이질형 혈변 등 여러 형태이고 식욕부진, 구토, 복통 등을 수반하는 일이 많다.

예방 조치로는 조리 등 식품의 취급에 주의하고 환자나 보균자 등의 분변 등으로 식품이 오염되지 않도록 하며, 식품 보존시 세균의 증식을 방지하는 일이 중요하다. 이 균은 열에 약하므로 가열 조리한 식품이 안전하다. 치료제로는 항생물질 투여가 효과적이다.

(2) 독소형 식중독

독소형 식중독은 세균이 먼저 음식물 중에서 증식하여 그 결과 산출된 독소물질이 음식물과 함께 섭취되어 발병한다.

① 포도상구균 식중독(staphylococcal food posioning)

원인균은 포도상구균이지만 식중독증상의 원인은 포도상구균이 탄수화물 식품에서 번식할 때 분비하는 장독소(enterotoxin) 때문이며 특히 여름철에 많이 발생하고, 감염원은 유방염을 앓고 있는 젖소의 유제품, 인후에 화농상을 가진 사람과 그 균에 오염된 우유 및 우유제품 등 주로 가공식품이다.

잠복기는 섭식 후 2~6시간 내에 발생하며 흡수된 독소는 구토 중추에 작용하여 심한 오심 및 구토증세가 있으며 설사는 별로 심하지 않다. 증세가 심할 때는 창백하여 지고 맥박이 느려지며 체온이 정상 이하로 떨어지면서 몸에 탄력이 없어진다. 그러나 급성증상은 보통 3~6시간 계속되며 2~3일 후 보통 회복된다.

예방으로는 화농, 편도선염 등이 있는 사람의 식품 취급을 금지하고 식품을 차게 보관하여 균의 발육을 방지한다.

② 보툴리즘(botulism)

원인균은 *Clostridium botulinum*이며 이 균이 분비하는 exotoxin으로 중독되며 18~96시간의 잠복기간을 거친 후 신경증상을 일으킨다.

원인 식품으로는 소세지, 육류 등이며 특히 통조림 식품이나 밀봉식품이 문제가 되어 일명 깡통중독 또는 순대중독이라고도 한다. 이 균이 증식한 통조림의 경우에는 깡통에 가스가 차서 부풀어 있고 깡통을 따면 악취가 난다.

(3) Clostridium균 식중독(poisoning due to *C. perfringens*)

*C. perfringens*균 중 A형, O형, F형 등의 균주가 분비하는 exotoxin에 의하여 급성위장증상을 나타내며, 원인 식품으로는 집에서 조리한 수육 또는 그 제품이 문제가 되는데, 건강인일 때는 회복이 빠르고 치명적인 경우는 드물다.

5.2. 자연물에 의한 식중독

어떤 동물 또는 식물에는 사람에게 해로운 독소를 가진 것이 있으며 이들을 오용하므로서 자연독 식중독에 걸릴 수가 있다. 이러한 동·식물성 독성물질의 생성은 계절적 지배를 받으며, 또한 감수성 있는 개체 차에 따라서도 좌우되므로 일정치 않다.

(1) 동물성 자연독

① 복어중독(Swellfish poisoning)

복어중독은 복어의 난소, 고환, 장 및 피부 등에 함유되어 있는 유독물질인 tetrodotoxin에 기인된 것으로서 특히 난소에 존재하는 독이 가장 강력한 독력을 지니고 있다.

독소는 일광이나 열에 대하여 저항성이 강하며 100℃에 4시간을 가열해도 파괴되지 않으며 난용성이지만 산성에는 가용성이고 알칼리성에는 약하며 4%의 NaOH로 20분 정도 처리하면 거의 무독화된다.

표 13-1. 자연물에 의한 식중독의 분류

자연독성	유독물질 함유에 따른 구분	독생물
동물성독	동물 전체에 유독물질 함유 특이한 환경에서만 유독물질 함유 특정한 동물 기관내에만 유독물질 함유	독고치 바지락 복어
식물성독	식물 전체에 유독물질 함유 특정한 시기에만 유독물질 함유 특정한 식물기관에만 유독물질 함유	독버섯 청매 감자
곰팡이독		황변미, 맥각 아플라독소

복어의 독은 흡수 및 배설이 모두 빠르므로 섭취 후 20~30분 이내 늦어도 4~5시간 내에 중독증상이 발생한다. 치사시간은 8~9시간이며 이를 경과하면 회복하기 시작하지만 후유증으로 근육마비현상이 수일간 지속된다.

복어독의 증상은 일반적으로 입술과 혀끝의 지각마비가 일어나고, 이어 사지운동, 평형 등의 운동장해가 일어나며, 심할 때는 입, 혀, 목구멍, 성대 등이 마비되어 발성이 불능해지며, 동공이 확대되고 동공운동이 불가능해진다. 그리고 더 심해지면 중추신경 이상으로 혈압강하와 말초신경 마비에 이어 허탈상태에 빠진다. 한편 위장증상으로는 오심, 구토 등이 일어나지만 통증은 일반적으로 없으며 의식은 명료하지만 결국 호흡기 장애로 사망한다.

예방을 위해서는 복어의 산란 왕성기인 3~5월경에 최고의 독성을 가지므로 이 시기에 복어요리를 피하고 전문요리사에 의존 조리식품을 먹는 것이 복어 중독을 예방할 수 있는 길이다. 복어중독의 치료제는 없으므로 특별히 주의를 해야 한다.

② 홍합중독

홍합중독은 패류중독의 대표적이라 할 수 있으며 이의 발생률은 희소하다. 홍합독은 홍합의 간에 있는 mytilotoxin(saxitoxin)에 기인된다. 이의 중독증상은 복어중독과 비슷하며, 유독홍합을 먹은 30분 후부터 말초신경이나 호흡중추를 마비시킨다. 특히 무더운 여름철에 잡은 홍합은 위생적으로 위험성이 많으므로 먹지 않는 것이 좋다.

③ 바지락 및 굴중독

바지락의 중장선이나 굴의 간 등에 함유되어 있는 venerupin이란 유독성분에 기인되며, 이 독은 100℃에서 3시간을 가열해도 파괴되지 않는다. 그리고 잠복기는 1~2일이며, 우리나라에서는 7월경에 가끔 발생한다.

이의 중독증상은 초기에는 37~38℃의 열이 발생하고, 점차 진행되므로서 신체 각부에 피하 출혈반이 나타나고 간장 종창과 황달이 보이며 구토, 의식혼탁, 흥분상태가 되고, 혈변, 토혈, 출혈 및 황달이 심해지면서 사망하는 수가 있다.

④ 섭조개중독

섭조개중독의 원인 독물은 saxitoxin이며 이 독물질을 함유한 유독조개를 먹으면 대체로 5~10분만에 입술이 마비되기 시작하며 중독의 경중에 따라 마비의 정도에 차이가 생기며, 복어에서와 같이 심할 때에는 호흡중추 마비를 일으켜 사망하는 수도 있다고 한다. 이 중독의 특징은 구토증이 있을 때와 없을 때가 있고 설사나 복통이 없으며 체온의 변화가 없다는 점이다.

(2) 자연식물에 의한 식중독

① 버섯중독

버섯의 종류는 너무 많아 식용과 독버섯의 구별이 어려운 것이 많다. 그러나 일반적으로 독버섯은 색상이 극히 선명하고, 악취, 고미, 산미가 있고, 유즙 또는 점액이 나오고, 공기 중에서 쉽게 변색되며 방향이 일정치 않게 찢어지는 것 등의 특징이 있지만, 이러한 특징은 독버섯에 대한 공통적인 특징이라고는 할 수 없다.

독버섯의 종류 중 잘 알려져 있는 것은 파리버섯, 광대버섯, 알광대버섯, 화경버섯, 무당버섯, 외대버섯, 미치광이버섯, 웃음버섯, 땀버섯 등 여러 종류가 있으며 이들은 식용버섯과 혼동하기 쉽다.

독버섯의 유독성분으로는 muscarine(파리버섯, 붉은광대버섯에 다량 함유), muscaridine, agaricic acid, choline(독버섯의 대부분), neurine(choline의 분해산물), phaline, amanitatoxine(알광대버섯의 독성분) 등이 있고 그 외 많은 종류의 독버섯 중에 균독소(pilztoxin)가 포함되어 있다.

버섯독성의 증상은 다음과 같다.

• 위장증상 : 구갈증, 구토, 복통, 설사, 허탈 등
• 콜레라증상 : 심한 위장증상으로서 허탈, 경련, 헛소리, 혼수를 일으키며 때로는 용혈작용, 황달, 혈액뇨, 청색증 등을 일으킨다.
• 뇌증상 : 발한, 허탈, 장운동 항진 등을 일으킨다.

독버섯의 중독을 예방하기 위해서는 의심이 간 버섯은 섭취하지 말 것이며 중독시는 즉시 의사를 찾는다. 독버섯에 의한 중독은 일반적으로 후유증이 있어서 근육의 변성이나 장기의 지방변성이 남는다. 그리고 치명률은 10~100%이며 종류에 따라 차이가 많다.

② 감자중독

감자의 발아부분이나 녹색부분에는 0.1% 이상의 solanine이 함유되어 있으며 독성을 일으킨다. 그러나 보통 그이외의 감자부분에도 solanine은 있으며 극히 미량이므로 문제되지 않는다.

감자독성의 증상은 섭취 후 수시간 내에 복통, 위장장해, 허탈, 현기증, 경도의 의식 장해 등이 있다.

③ 맥각중독

맥각중독은 계절적으로 우기에 맥류에 기생하는 맥각균(*Claviceps purpurea*)에 의하여 생성되는 ergotoxin에 의하여 중독이 일어나며 곡물 중에 맥각을 0.5% 혼입하면 독성이 나타나고 7%에서 치명적으로 된다.

주 증상은 위장증상과 신경증상이며 임신부의 경우는 조산 또는 유산을 초래하기도 한다.

④ 청매중독

청매(青梅)중독은 미숙한 매실속의 amygdaline에 기인되는 것으로서 이것은 그와 공존하는 효소에 의해 분해되어 청산(HCN)이 되어 중독증의 원인이 되며, 중독증상으로는 구토, 경련, 호흡곤란 등의 증세가 나타난다.

⑤ 독미나리중독

독미나리는 식용미나리와 비슷하며 오식하기 쉽다. 독성분은 cicutoxin으로서 위통, 구토, 경련 등을 일으키며, 치사량은 강한 편으로 독미나리 한 개 정도로 치명적이 될 수도 있다고 한다.

⑥ 피마자유 중독

피마자유 중에는 ricin이나 allergen 등이 함유되어 있다. ricin은 동물의 적혈구를 교착시키는 phytohemagglutinin이나 정제과정에서 정제되므로 별로 문제되지 않지만, 알레르기를 일으키는 allergen은 유분 중량당 6~9%나 되는 많은 량이 함유되어 있어서 독성작용을 일으킨다. 이것은 내열성이 강하므로 불활성화되기 어려워서 중독증상의 발생원인이 될 것으로 보고 있다.

⑦ 생고사리 중독

생고사리는 소나 mormot의 방광암을 발생시키는 것으로 bracken toxin이 문제가 되고 있다. 그러나 우리가 식용으로 하는 고사리는 데쳐서 우린 것을 먹기 때문에 발암 물질이 제거되어 별 문제가 되지 않는다. 오히려 고사리를 먹은 소의 우유 중에 발암 물질이 검출되어 우유를 통한 2차적 오염이 우려된다.

참고문헌

姜萬植 外, 1990. 動物生理學, 敎學硏究社.

姜永善 外, 1989. 新稿 遺傳學. 響文社.

康榮憙, 申榮五, 1987. 植物營養學, 아카데미.

고철환, 1997. 낙동강 수질관리의 접근방안, 인제대학교 환경연구노트 제 6 호 : 77-88.

孔泰勳 外, 1980. 動物生理學. 文運堂.

과학교재편찬위원회, 1989. 환경과학, 동화기술.

구자전 외, 1992. 생태계 위기와 한국의 환경문제, 도서출판 따님.

국립환경연구원, 1990. 생물학적 수질평가 기법연구(1차년도).

국립환경연구원, 1991. 생물학적 수질평가 기법연구(2차년도).

국립환경연구원, 1992. 생물학적 수질평가 기법연구(3차년도).

權肅杓, 1985. 環境對策과 自然保護, 延世大學校 環境公害硏究所.

권영명, 1989. 광합성, 아카데미.

권오길, 한국동식물도감, 제 32 권(패류편), 교육부.

金甲守, 金五植 共譯, 1988. 環境微生物, 綠苑出版社.

김건열, 대기오염과 건강위해, 1991. 정행사.

金光植, 1992. 增補 農業氣象學, 響文社.

金良恒 譯, 1988. 毒性學, 東和技術.

김오식, 1992. 환경독성학, 동화기술.

金在鳳, 柳在根 共譯, 1988. 環境生物學. 新光出版社.

金正鎭, 1990. 生理學, 高文社.

金遵敏 外, 1976. 原色科學大事典 6-植物, 學園社.

金遵敏, 朴奉奎, 李一球, 車鐘煥, 1988. 最新 植物生態學, 日新社.

金昌汶 譯(石井象二郎 著), 1985. 昆蟲生理學, 鄕文社.

김창환, 김학열 역, 1980. 곤충의 구조와 기능, 학술원.

김혜주, 조수경, 1998. Hemoroby를 이용한 자연환경평가 및 환경계획, 환경생태학회지 제 12 권 3 호 : 251-258.

김희강 외, 1993. 대기오염개론, 동화기술.

南相烈, 申裕恒, 崔賢燮, 1985. 生物學, 螢雪出版社.

노재식, 환경과학입문, 1990. 전파과학사.

농약공업협회, 1990. 농약과 환경, 농약공업협회.

농촌진흥청, 1991. 농약공업협회농약의 안전사용 및 잔류예방.

대한산업보건협회, 1987. 산업위생보건담당자 직무교육교재.

박봉규 외 역(C. J. Krebs저), 1992. 크렙스 생태학, 일신사.

박시룡 역, 1991. 동물의 사회행동, 전파과학사.

朴鐘聲 外, 1986. 新製 作物生理學, 鄕文社.

朴昌根, 1992. 環境汚染槪論, 東和技術.

白雲夏, 1990. 新稿 害蟲學, 鄕文社.

생활과 화학 교재편찬 위원회, 1993. 생활과 화학, 자유아카데미.

徐光錫, 1991. 新公衆保健學, 圖書出版 大學書林.

서부갑, 서광석, 박종웅, 1989. 신환경위생학, 대학서림.

성기창 외, 1991. 생물진화학, 형성출판사.

成敏雄, 梁運眞, 1983. 新製 環境生物學, 三亞社.

손일, 최정권 역, 1987. 인간과 자연환경. 명보문화사.

宋享浩, 1991. 淡水生物學, 螢雪出版社.

신영오, 1992. 토양생태계와 토양자원. 한림저널사.

申鉉國, 金落洲, 1993. 環境科學總論, 東和技術.

安鐘周, 1989. 石綿公害, 東和技術.

梁運眞, 1991. 水質化學, 神光文化社.

梁恒承, 李斗珩, 李升燦, 1990. 神農藥, 鄕文社.

오영민 외, 1986. 수질관리, 녹원출판사.

吳英敏, 1991. 水質管理, 神光文化社.

元炳昨 外, 1992. 生物科學, 螢雪出版社.

柳鐘鳴, 1988. 生理學, 螢雪出版社.

劉鐘鳴, 1988. 生理學, 螢雪出版社.

劉太鐘, 南成熙, 洪在訓, 曺碩錦, 1993. 食品衛生學, 文運堂.

尹德老, 朴恒培, 1993. 環境醫學槪論, 神光文化社.

윤일병, 한국동식물도감 제 30 권(수서곤충편), 교육부.

이내우, 유일재, 김오식, 최한영, 1994. 산업위생관리개론, 신광문화사.

李文鎬, 1987. 藻類에 의한 水質調査法, 東和技術.

이성규 등, 1991. 어류, Daphnia 및 조류와 Ames test를 이용한 산업폐수의 환경독성 및 유전독성 평가, 한국수질보전학회지, 제 2 권 : 100-109.

이성규, 1997. 수계관리를 위한 환경독성분야의 필요성, 인제대학교 환경연구노트 제 6 호 : 1-15.

李宰求, 李鐘泰, 1980. 最新食品衛生學, 高文社.

이종렬, 박광국 역, 1992. 산성비, 대영문화사.

이창기, 1993. 환경과 건강, 하서출판사.

李澤俊 外, 1976. 原色科學大事典 7 : 生命, 人間, 學園社.

李浩俊, 金仁澤, 宋鐘碩, 金彰澔, 1992. 現代生態學, 曉日文化社.

任　彬, 白壽鳳, 林雄圭, 1980. 新稿一般植物學, 鄕文社.

임병진, 1997. 낙동간 수계의 수질자동측정망 설치 및 운영 현황, 인제대학교 환경연구노트 제 6 호 : 51-65.

任良宰, 1980. 一般生態學, 二友出版社.

任齊彬, 1988. 環境化學, 東和技術.

정노팔 외, 1982. 新製 動物生理學, 三亞社.
鄭文植, 鄭文縞, 李鎭憲, 金榮奎, 1993. 環境化學, 神光文化社.
정영호, 김복영, 1979. 공장폐수 및 매연이 농작물 생육에 미치는 영향, 식물환경연구소 시험연구보고서.
정영호, 김복영, 이중길, 한기학, 1973. 환경오염에 의한 농작물 피해조사 연구, 김영섭 박사 회갑기념논문집.
鄭 勇, 玉致相, 1992. 人間과 環境, 地球文化社.
정재춘 역, 1991. 미생물생태학, 교보문고.
조규상, 1984. 산업보건학, 수문사.
曺圭松 外 譯, 1990. ODUM 生態學, 螢雪出版社.
趙伯顯 外, 1992. 三訂土壤學, 鄕文社.
조윤승, 1992. 지구환경의 증후군. 신광출판사.
曺光承, 1992. 環境保健學, 神光文化社.
車鐘煥, 金鐘均, 孟柱善, 1976. 最新植物生理學, 先進文化社.
崔基哲 外, 1976. 原色科學大事典 5 : 動物, 學園社.
崔基哲 外, 1988. 一般生物學, 鄕文社.
崔基哲, 1989. 基礎生態學, 鄕文社.
崔基哲, 姜永善, 朱日永, 河斗鳳, 1980. 一般生物學, 鄕文社.
崔三燮 外, 1989. 豫防醫學과 公衆保健, 癸丑文化社.
崔星植, 1996. 土壤動物學, 圓光大學校 出版局.
崔周燮 外, 1990. 環境科學槪論, 東和技術.
河在淸 外, 1992. 一般動物學, 螢雪出版社.
한국산업안전공단, 1988. 산업위생보건담당자를 위한 교재.
한국산업안전공단, 1988. 고열과 한냉관리.
한국산업안전공단, 1988. 유해광선.
한국산업안전공단, 1988. 조명.
한국일보 타임-라이프, 1987. 라이프 大自然시리즈, 昆蟲.
한국일보 타임-라이프, 1987. 라이프 大自然시리즈, 動物의 行動.
한국일보 타임-라이프, 1987. 라이프 大自然시리즈, 生態.

한국일보 타임-라이프, 1987. 라이프 大自然시리즈, 鳥類.

한국환경농학회, 1991. 환경농학.

한기학, 1973. 아황산가스에 의한 농작물 피해생리, 감수율 및 피해경감에 관한 연구, 한국농화학회지, 16(3).

한기학, 박창규, 1989. 농업환경화학, 동화기술.

玄在善, 禹建錫, 1981. 昆蟲學, 集賢社.

洪基昶 外, 1989. 新稿農業遺傳學, 鄕文社.

洪淳馨, 1983. 植物生態學, 光林社.

洪淳馨, 1992. 現代生態學, 光林社.

洪淳馨, 金鐘元, 1987. 環境生物學, 釜山大學校 出版部.

환경처 국립환경연구원 호수수질연구소, 1992. 수생생물에 의한 수질조사법 -저서성 대형무척추동물을 중심으로-

환경처, 1991. 환경백서.

黃炳國, 1991. 植物醫學, 探求堂.

황인영, 1997. 생물학적 지시자에 의한 수질오염 평가, 인제대학교 환경연구노트 제 6 호 37-49.

農林水産星農業環境技術研究所編, 1990. 環境インペクトと農林生態系. 養賢堂.

大雁長造, 1974. 昆蟲の行動と適應, 培風館.

大喜多敏, 1978. 大氣汚染, 産業圖書.

山根竫弘, 1980. 環境汚染物質と毒性, 南江堂.

山本護太郎 譯, 1981. 環境生物學, 森北出版株式會社.

山寸雄一, 1980. 行動, 中山書店.

松岡義治, 1970. 大氣汚染と農作物, 農及園.

鈴木 實, 1991. 淡水指標生物圖鑑, 北降館.

宇尾淳子, 1977. 生物時計 をさぐる. 蒼樹書房.

栗田松苗, 1964. 汚水生物學, 北降館.

日高敏隆, 正本進三 譯, 1961. 昆蟲の走光性. 東京大學出版會.

日本自然保健協會, 1989. 指標生物： 自然を見るものさし, 思索社.

日本自然保健協會, 1989. 指標生物, 思索社.

立田榮光, 1977. 昆蟲の感覺, 東京大學出版.

立田榮光 外, 1979. 昆蟲の神經生物學, 培風館.

長田泰公, 1990. 環境衛生人門, オーム社.

田崎忠良, 1979. 環境植物學, 朝倉書店.

齊藤 和雄, 1984. 健康と環境, 日本朝倉書店.

千葉喜彦, 宇尾淳子, 大雁長造, 正本進三, 1979. 昆蟲時計, 培忠館.

清水 勇, 1981. カイコの走光性行動に關する研究 1. 生物環境調節19(2).

清水 勇, 1981. カイコの走光性行動に關する研究 2. 生物環境調節19(3).

青木淳一, 1988. 大形土壤動物を指標とした自然の評價. 都市化. 工業化が 瀿岸生態系に存ぼす 影響調査 Ⅱ : 3-10.

兎鞍豊, 1985. 土壤. 水質. 農業資材の保存, 博友社.

合田 健, 1985. 水質環境科學, 丸善株式會社.

黃色俊一, 1990. カイユの 体內 時計 とホルモン. 蚕科技 29(10).

A. James, Lilian Ėvison, 1797, Biological indicators of water quality, John Wiley & Sons.

Acgih, 1986. Documentation of the threshold limit values and biological exposure indices, 5th edition.

Alexander Martin, 1977. Introduction to soil microbiology.

Arther C. Sterm, 1962. Air pollution. Vo. 2., Academic Press.

Baver L. D., Gardner, W. H. and Gardner, W. R., 1972. Soil phisics, John Wiley and Sons, Inc.

Bear F. E. 1969. Chemistry of the soil, Van Nostrand Reinholt Comp.

Beck, jr, W. M., 1955. Suggested method for reporting biotic data. Sew. and Industr. Wastes, 27.

Bill Freedman, 1986. Environmental Ecology.

Charles J. Krebs, 1985. Ecology. Harper international edition.

Charlotte, J. Avers, 1981. Cell Biology, Dvan nostrand, Newyork.

Crawford. Martin, 1976. Air pollution contral theory. McGraw Hill Book Co.

Diana Valiea Ward, 1978. Biological environmental impact studies Theory and methods, Academic Press.

Douglas L. Worf, 1980, Biological monitoring for environmental effects, Lexington Books D. C. Health and Company, Massachusetts.

Duane A. H., 1976. Lectures on air pollution and environmental impact analyses, American Meteorolgical Society.

E. J. W. Barrington, 1980. Environmental biology. Edward Arnold Ltd. London.

Eldon D. Enger, J Richard Kormelink, Bradley F. Smith, Rodney J. Smith, 1983. Environmental Science, Wm. C. Brown Company.

Eldon D. Enger, JRichard Kormelink, Bradley F. Smith, Rodney J. Smith, 1983. Environmental Science, Wm. C. Brown Company Publishers Dubuque, Iowa.

Evans L. T., 1975. Crop physiology, Cambridge University Press.

Fenner, F., 1965. Myxoma virus and Oryctlogus cuniculus two colonizing species. In the genetics of colonizing species. Academic Press, New york.

Guthrie F. E., et al., 1980. Introduction to environmental toxicology, Elsevier North Holland, Inc.

Harker, J. E. 1961. Diurnal rhythms. Ann. Rev. Ent. 6.

Henry C., et., 1974. Air pollution, McGraw Hill.

Hewitt E. J. and Smith T. A., 1975. plant mineral nutrition, English Uiniversity Press.

Higgins I. J., and R. J. Bruns, 1975. The chemistry and biology of pollution, Academic Press, New York.

J. B. Harborne, 1988. Introduction to ecolgical biochemistry, Academic Press, London.

J. M. Hellawell, 1986. Biological indicators of freschwater pollution and environmental management, Elsevier Applied Science Publishers, London.

J. M. Hellawell, 1986. Biological indicators of freshwater pollution and environmental management, Elsevier Applied Science Publishers.

John R. Etherington, 1982. Environmental and plant ecology, John Wiley & Sons, New York.

John W. Kimball, 1978. Biology, Addison. Wesley Publishing Company.

Kolkitz, R., M. Marsson, 1909. Okolgie der tierischen Saprobien, Intrnat. Rev. Hydrobiol., 2 : 126–152.

Margalef, R. 1058. Information theory in ecology, General Systematics 3 : 36–71.

Mary O. Amdur, John Doull, Curtis D. Klaassen, 1991. Toxicology, Pergamon Press.

Mcnaughton, S. J., 1967. Relationship among functional properties of California Grassland. Nature, 216, 168–169.

Mitchell R. 1972, Water pollution microbiology, John Wiley & Sons.

Morre, John W., and Elizabeth A. Moore, 1976. Environmental Chemistry, Academic Press, New York.

National safety council, 1975, Fundamentals of industrial hygiene, 2nd edition. Niosh, 1973, The industrial environment its evaluation & control.

Neil, A. Campbell, 1990. Biology, The Benjamin/Cummings Publiching Company, Inc.

Nygaard, G., 1946. Hydrobiological studies on some Danish ponds and lakes. 2. The quotient hypothesis and some new little known phytoplankton organism. Kong. Danske Vidensk. Selskab. Biol. Skribter, 7, 1 : 1–293.

Odum E. P., 1972. The fundamentals of ecology, Saunders Co.

P. Aarne Vesilind, 1975. Environmental pollution and control, Ann arbor Science Publishers Inc.

Parker M. W, 1946. Action spectrum for the photoperiodic control of floral initation of short day plants. Bot. Gaz. 108.

Paul J. Lioy, 1987. Toxic air pollution, Lewis Publishers, Inc.

Peter D. Bryson, 1986. Comprehensive review in toxicology, An Aspen Publication.

Peter D. Stiling, 1992. Ecology, Prentice hall international, Inc.

Pielou, E. C. 1975. Ecological Diversity. Wiley, New York : 165.

Ralph mitchell, 1974. introduction to environmental microbiology, Prentice Hall, International Inc., London.

Rexford F. Daubenmimg, 1974, Pant and environment, Willey International edition.

Rexford F. Daubenming, 1974. Plant and Environment, Wiley International Press.

Robert L. Metcalf, William H. Luckmann, 1975. Introduction to insect pest management. A Wiley Interscience Publication, New York.

Ronald M. Atlas, 1981, Microbial ecology Fundamentals and applications, Addison Wesley Publishing Company.

Stern, et al., 1984. Fundamentals of air pollution, Academic Press, Inc.

Sukopp, H. 1972. Wandel von Flora und Vegetation in Mitteleuropa unter dem Einfluss des Menschen, Ber. Landwirtsch. 50 : 112–130.

Thunmark, S., 1945. Zur Soziologie des Susswasserplanktons. Folia Limnol. Scand., 3.

Waldbott, George L., 1978. Health effects of environmental pollutants, The C. V. Mosby Co., New York.

Walter mertz. 1986. Trace elements in human and animals untrition, Academic Press, Inc.

Wark, et al., 1981. Trace elements in human and animals nutrition, Academic Press, Inc.

Wark, et al., 1981. Air pollution, Harper & Row.

Wayland J. H., et al., 1991. Handbook of pesticide toxicology, Academic Press.

Welch E. B., 1980, Ecological effects of wastewater, Cambridge University Press.

부 록

부록 1

저서형 대형 무척추동물의 특징 (국립환경연구원 호소수질 연구소)

1군 플라나리아류

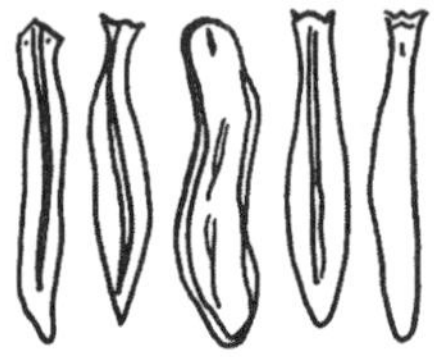

몸길이	10~20 ㎜
몸색깔	갈색, 흑갈색, 흑색
서식지	작고 맑은 하천의 돌 표면
특 징	배의 중간에 흡반

5군 복 족 류

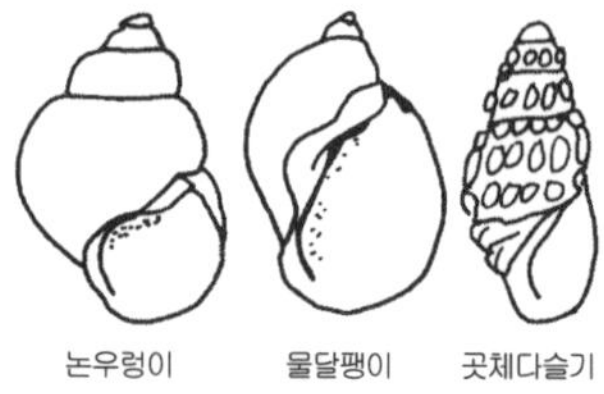

몸길이	5~40 ㎜
몸색깔	황색, 흑갈색
서식지	주로 호수의 바닥, 혹은 수초에 부착
특 징	하나의 나선 패각

2군 선 충 류

몸길이	변화가 큼
몸색깔	회색, 흑갈색
서식지	수서곤충 등에 기생, 혹은 자유생활
특 징	가늘고 매끄럽다.

6군 부 족 류

말조개

몸길이	20~200 ㎜
몸색깔	황색, 흑갈색
서식지	주로 호수의 바닥
특 징	크고 두 개의 패각

3군 실지렁이류

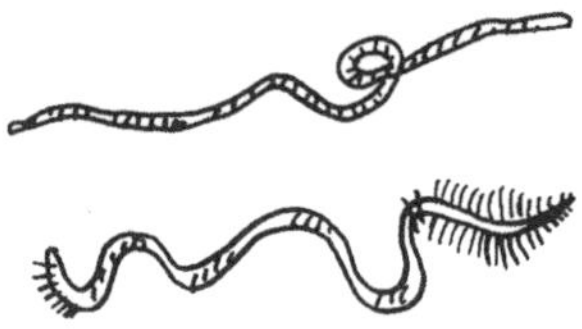

몸길이	10~20 ㎜
몸색깔	회적색
서식지	오염된 수계의 모래나 실트의 하상
특 징	길고 가늘다.

7군 옆 새 우 류

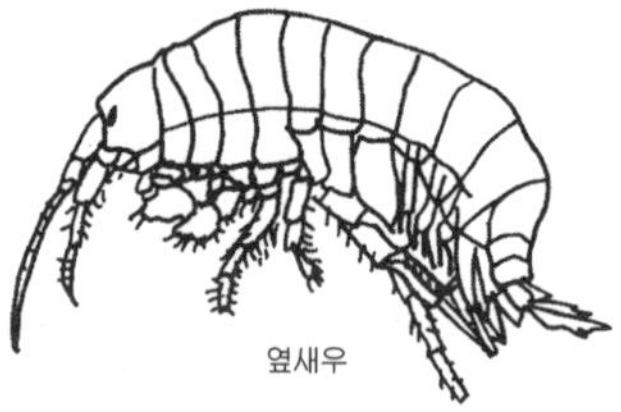

몸길이	10~20 ㎜
몸색깔	황갈색, 흑갈색
서식지	맑은 소하천이나 습지의 나뭇잎 사이
특 징	옆으로 누워 다님

4군 거 머 리 류

몸길이	10~40 ㎜
몸색깔	회색, 흑갈색
서식지	조개류에 기생, 혹은 자유생활
특 징	배앞쪽에 흡반

8군 등각류 · 새뱅이류

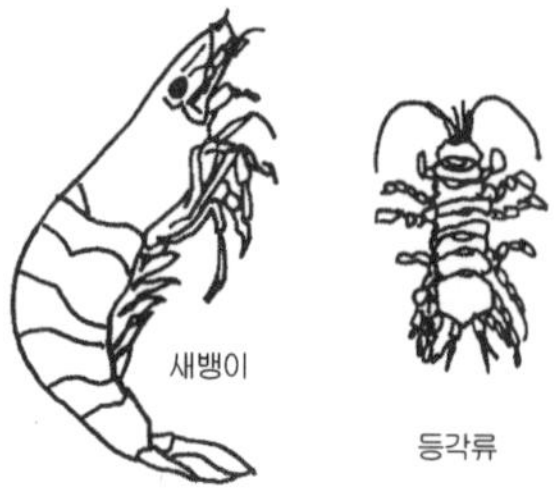

몸길이	10~30 ㎜
몸색깔	황색, 흑갈색
서식지	주로 호수의 바닥, 혹은 수초 주변
특 징	다리가 많다.

9군	톡 톡 이 류

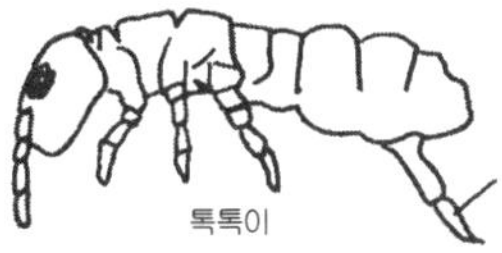

몸길이	5~5 ㎜
몸색깔	황갈색
서식지	맑은 계곡의 하천에 산다.
특 징	배끝 도약기가 있다.

10군	오염수역의 하루살이류

* 몸길이 : 6~7 ㎜, 몸색깔 : 담갈색, 흑갈색, 서식지 : 하천 및 호소

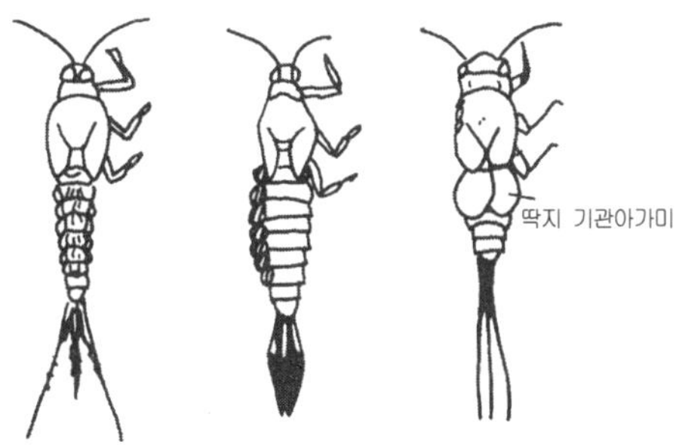

꼬마하루살이 외날개꼬마하루살이 등딱지하루살이

11군	내성이 있는 하루살이류

* 몸길이 : 10~20 ㎜, 몸색깔 : 담갈색, 흑갈색
서식지 : 하천 및 대단위 강(동양하루살이는 모래바닥에 굴을 파고 산다)

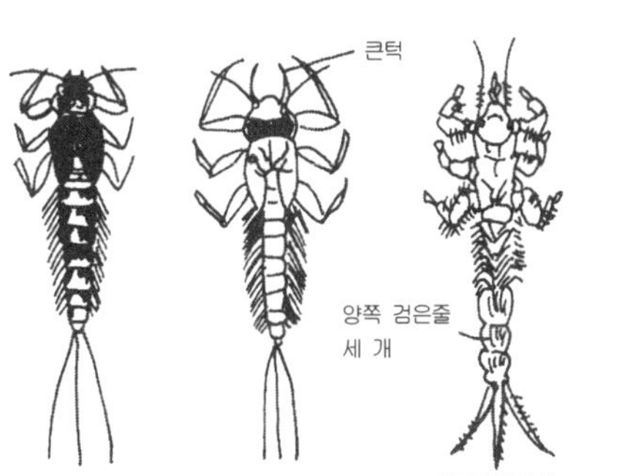

강하루살이붙이 장수하루살이 동양하루살이

11군	내성이 있는 하루살이류

* 몸길이 : 10~20 ㎜, 몸색깔 : 담갈색, 흑갈색
서식지 : 주로 하천의 돌 표면

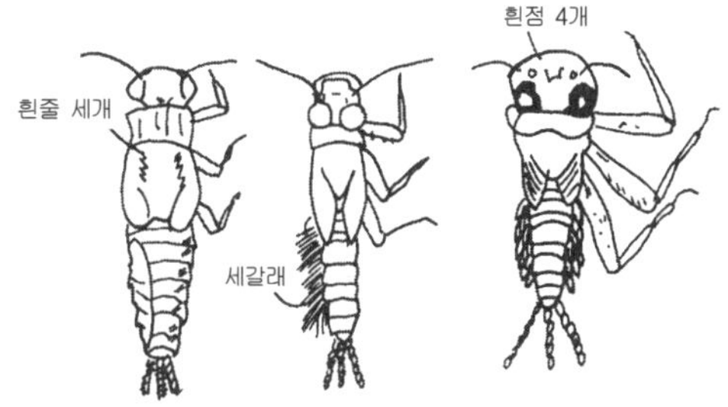

등줄하루살이 세줄박색하루살이 네점하루살이

12군	청정수역의 하루살이류

* 몸길이 : 변화 크다, 몸색깔 : 담갈색, 흑갈색
서식지 : 주로 하천의 돌 표면이나 바닥, 특징 : 꼬리 2개나 3개

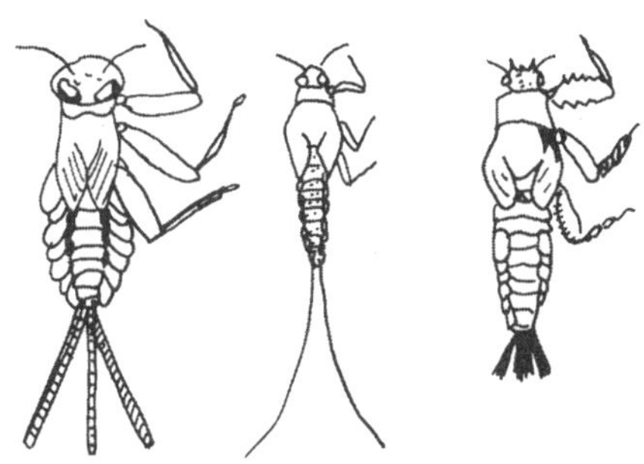

산납작하루살이 애호랑하루살이 뿔알락하루살이

13군	청정수역의 하루살이류

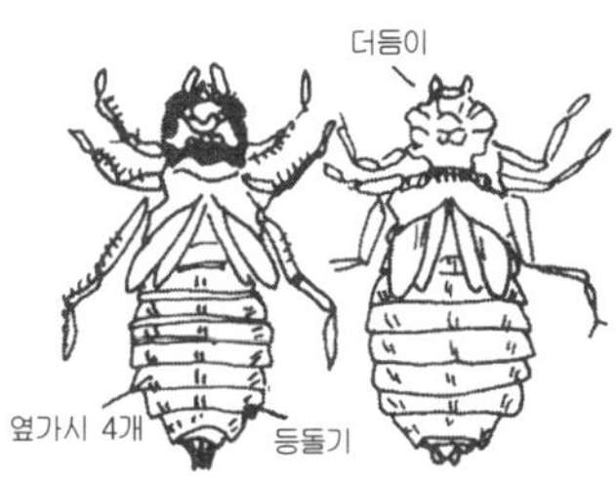

고려측범잠자리 쇠측범잠자리

몸길이	18~30 ㎜
몸색깔	흑갈색
서식지	하천의 바닥
특 징	더듬이가 짧다.

14군 다소 오염수역의 잠자리류

* 몸길이 : 변화 크다, 몸색깔 : 담갈색, 흑갈색
  서식지 : 주로 하천의 정수역 혹은 호수날 저수지

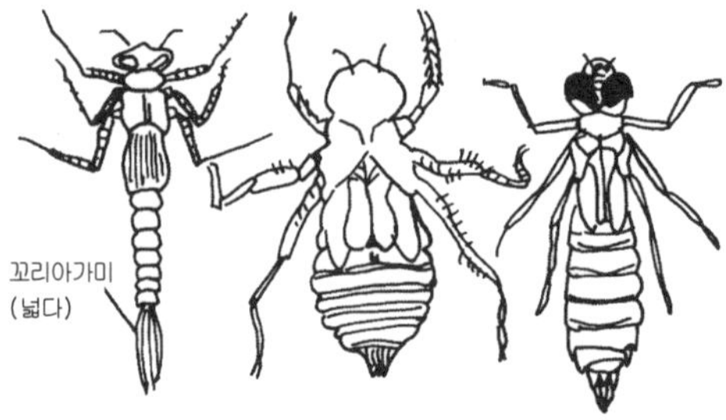

등줄실잠자리 밀잠자리 왕잠자리

15군 강 도 래 류

* 몸길이 : 변화 크다, 몸색깔 : 담갈색, 흑갈색
  서식지 : 맑은 계류나 하천, 특징 : 꼬리 두 개, 몸은 견고하다.

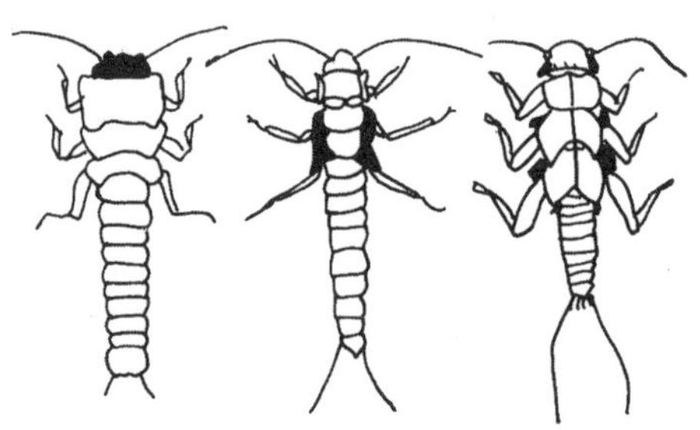

민날개강도래 큰그물강도래 두눈강도래

16군 뱀 잠 자 리 류

* 몸길이 : 18~60 ㎜, 몸색깔 : 담갈색, 흑갈색
  서식지 : 좀뱀잠자리는 주로 정체수역, 뱀잠자리는 유수역, 특징 : 헛발이 길다.

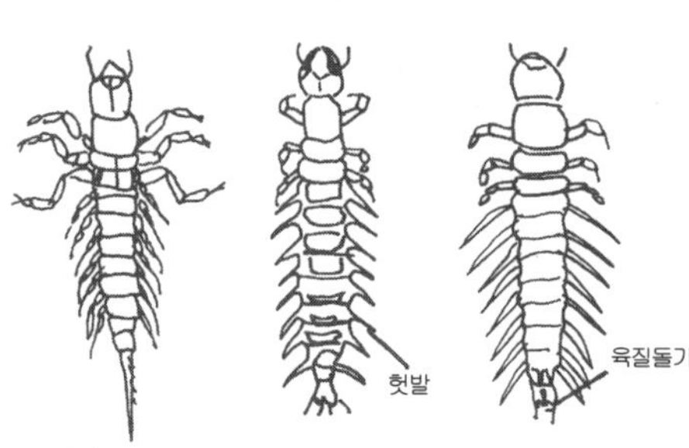

좀뱀잠자리 뱀잠자리 대륙뱀잠자리

17군 청정수역의 날도래류

* 몸길이 : 10~30 ㎜, 몸색깔 : 담회색, 담갈색, 흑갈색
  서식지 : 맑은 계류나 하천

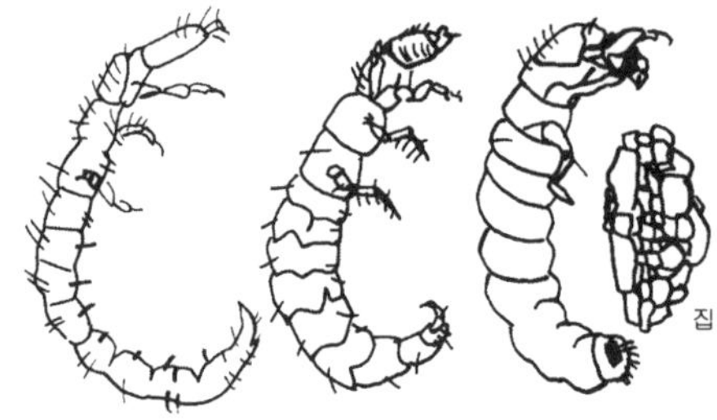

물날도래 넓은머리물날도래 광택날도래

18군 기타 날도래류

* 몸길이 : 변화 크다, 몸색깔 : 담회색, 담갈색, 흑갈색
  서식지 : 하천 및 호소, 특징 : 집을 짓는 종류가 많다.

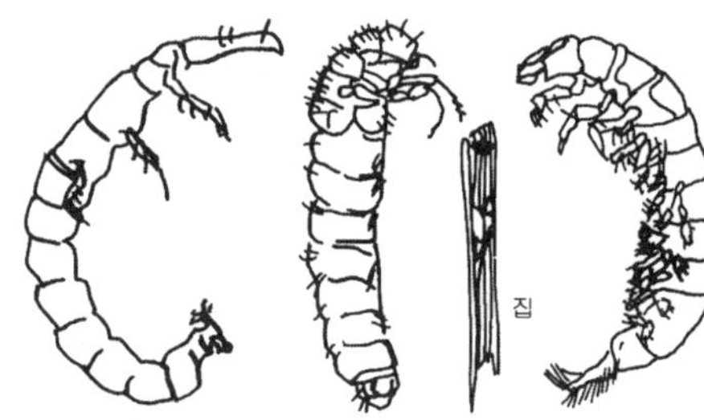

연날개수염치레각날도래 큰줄날도래

19군 톡 톡 이 류

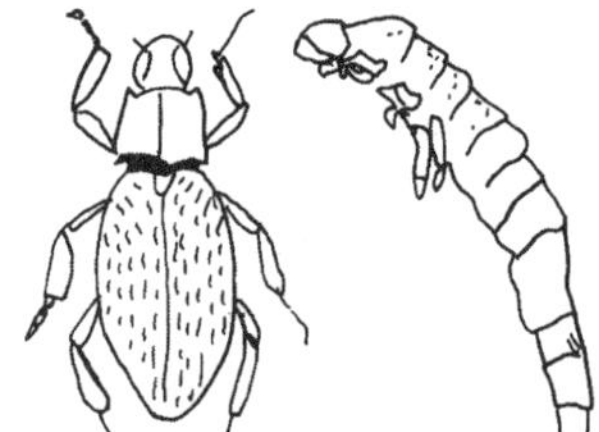

애여울벌레

몸길이	4~6 ㎜
몸색깔	흑갈색
서식지	맑은 하천 여울의 돌 표면
특 징	유충의 다리 짧다.

19군	물 삿 갓 벌 레 류

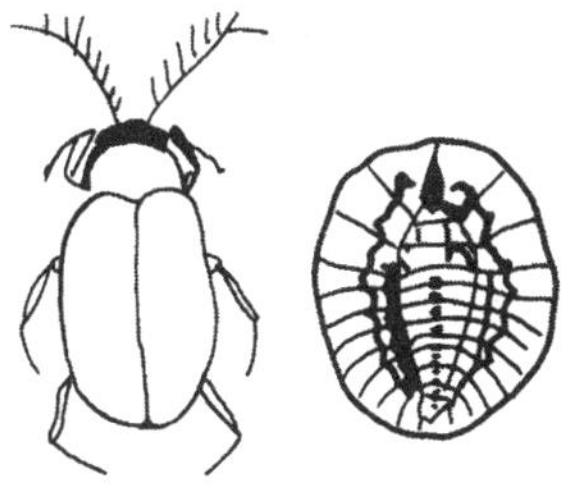

성충 유충

몸길이	5~10 ㎜
몸색깔	담갈색, 흑갈색
서식지	맑은 하천이나 호수의 돌 표면
특 징	유충의 삿갓모양

20군	기타 딱정벌레류

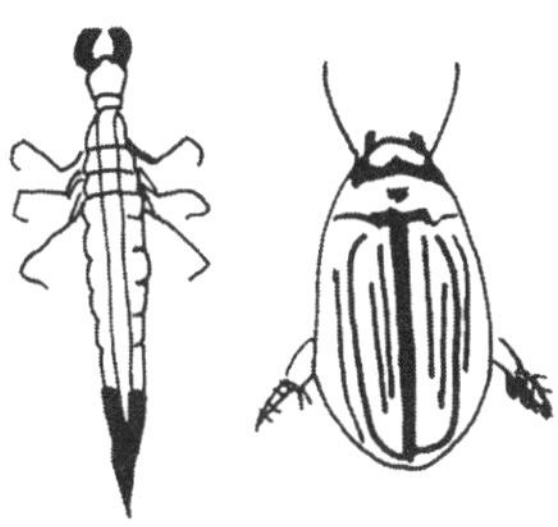

물방개 유충 줄물방개 성충

몸길이	변화가 크다.
몸색깔	담갈색, 흑색
서식지	주로 호수나 저수지
특 징	변화 크다.

21군	각 다 귀 류

* 몸길이 : 변화 크다, 몸색깔 : 담갈색, 흑회색
서식지 : 주로 하천

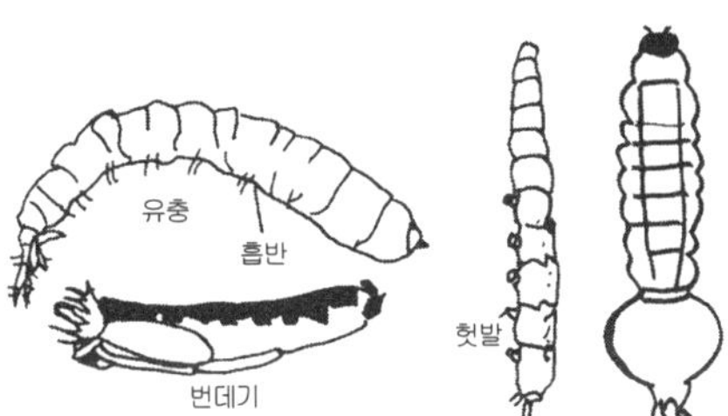

명주각다귀 애기각다귀 검정날개각다귀

22군	등 에 류

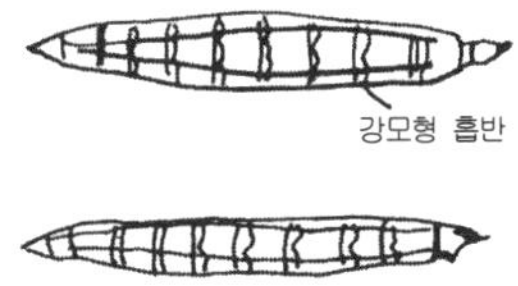

몸길이	20~30 ㎜
몸색깔	담갈색, 흑갈색
서식지	하천 및 호수의 주로 물가 바닥
특 징	강모형 헛발

23군	등 에 류

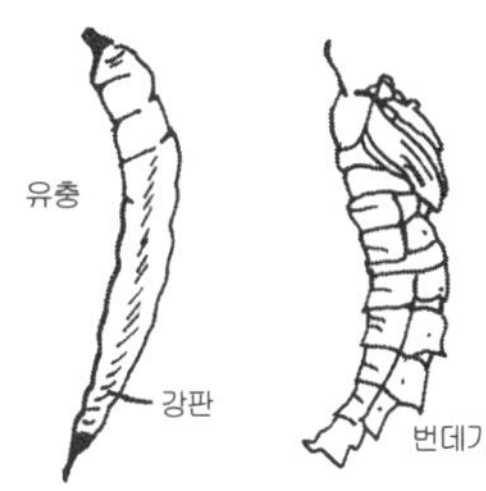

나방파리

몸길이	8~10 ㎜
몸색깔	흑회색
서식지	오염된 호수가 유입되는 곳
특 징	배의 등에 강판

24군	먹 파 리 류

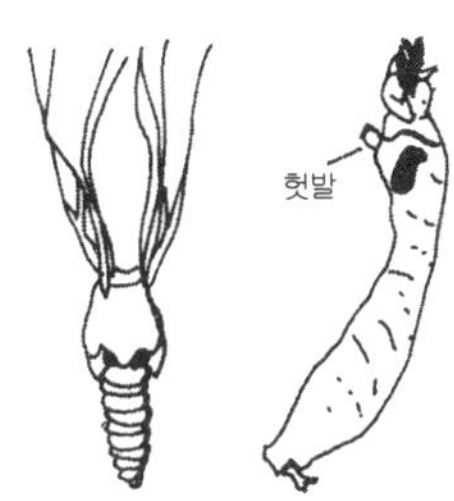

몸길이	8~10 ㎜
몸색깔	흑회색, 흑색
서식지	맑은 하천의 여울 돌 표면
특 징	유충은 곤봉형

25군	깔다구류 (붉은색)

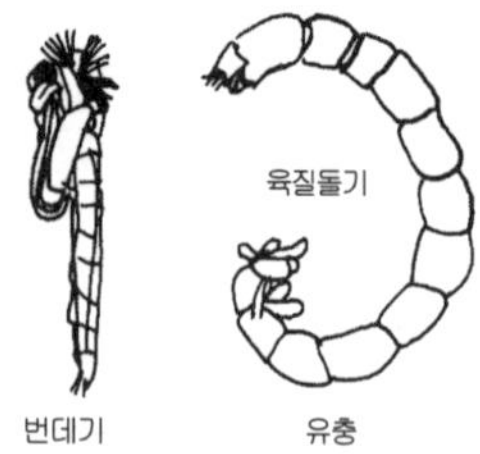

몸길이	12 ㎜ 내외
몸색깔	붉은색
서식지	오염수계의 바닥에 무리지어 산다.
특 징	배끝에 육질돌기

26군	깔다구류 (흰 색)

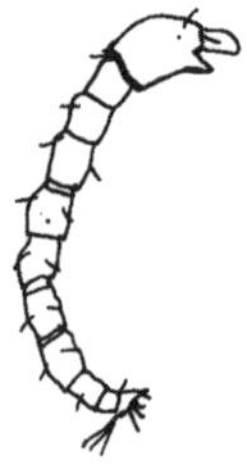

몸길이	10 ㎜ 내외
몸색깔	흰색
서식지	하천 및 호수
특 징	대개 육질돌기 없다.

27군	멧 모 기 류

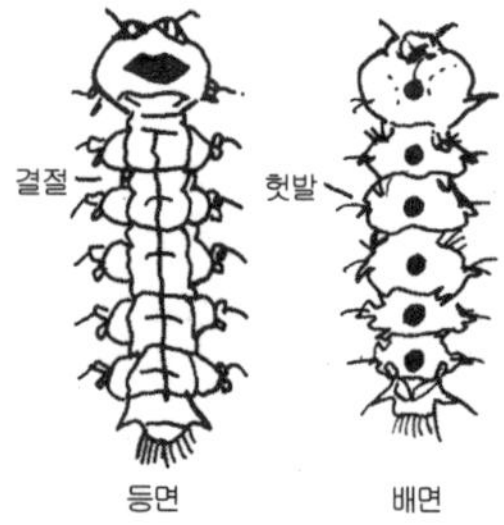

몸길이	10 ㎜ 내외
몸색깔	보라색
서식지	맑은 계류의 돌 표면
특 징	몸의 결절 뚜렷

28군	개 울 등 에 류

몸길이	15 ㎜ 내외
몸색깔	담갈색, 담회색
서식지	맑은 계류
특 징	헛발이 많다.

29군	꽃 등 에 류

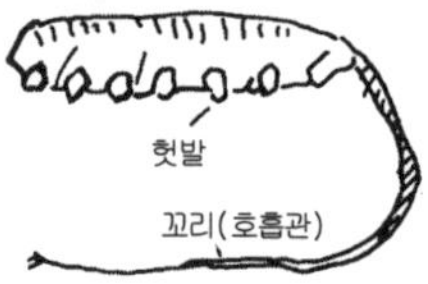

몸길이	15 ㎜ 내외
몸색깔	회갈색
서식지	오염 하수의 유입구
특 징	긴 꼬리가 있다.

부록 2

농약 및 농산물재배기준

부록 2.1 농약의 1일 섭취허용량 (단위 : mg/kg)

WHO.FAO

농 약	ADI	농 약	ADI
carbophenothion	0.0005	mecarbam	0.001
fenitrothion	0.005	demetons-methyl	0.005
captafol	0.1	formothion	0.02
chlorpyrifos-methyl	0.01	monocrotophos	0.0006
chlorfenvinphos	0.002	thiram	0.005
chlorpyrifos	0.001	chlorobenzilate (Akar)	0.02
carbaryl	0.01	carbaryl	0.01
diazinon	0.002	triforine	0.02
diquat	0.008	amitraz	0.0005
decamethrin	0.04	acephate	0.02
dichlorvos (DDVP)	0.004	azocyclotin	0.003
dimethoate	0.02	azinphos-methyl	0.0025
disulfoton	0.002	binapacryl	0.0025
docofol	0.025	edifenphos	0.003
dichlorvos (Dichlon)	0.004	bromopropylate	0.008
dichlofluanid	0.3	ethion	0.005
trichlorfon	0.01	omethoate	0.0005
maneb	0.05	2,4-D	0.3
malathion	0.02	2,4-D ethyl seter	0.3
cyhexatin	0.08	iprodione	0.3
maleic hydrazide	1.0	diflubenzuron	0.004
mancozeb (mandicap)	0.05	zineb	0.05
mancozeb	0.05	endosulfan	0.0075
potassium salt of MH	1.0	thiometon	0.003
methidathion	0.005	thiophanate-methyl	0.08
cartap	0.1	phosmet	0.02
carbofuran	0.003	phospamidon	0.001
dodine	0.01	fenvalerate	0.06
captan	0.1	propineb	0.005
adicarb	0.001	cypermethrin	0.006
triadimefon	0.01	pirimicarb	0.01
parathion	0.005	pirimiphos-methyl	0.01
paraquat	0.002	quintozene	0.007
phenthoate	0.001	folpet	0.16
fenthion	0.0005		

부록 2.2. 농작물 중 농약잔류 허용기준

Permissible Agricultural Chemical Residue Standards

농 약 성 분 명 (일 반 명) Name of Pesticide	잔류허용기준(mg/kg) Standards				
	곡 류 Grains	감자류 Potatoes	콩 류 beans	채소류 Vegetables	과실류 fruits
알드린 및 디엘드린(Aldrin & Dieldrin)	0.005	0.005	0.005	0.005	0.005
비소화합물(AS_2O_3로서)	1.0	-	-	1.0	1.0
비에치씨(BHC)	0.1	-	-	0.1	0.1
크로르펜빈포스(Chlorfenvinphos)	-	-	-	0.1	0.1
크로로타로닐(Chlorothalonil)	-	-	-	1.0	1.0
디디티(DDT)	0.1	0.1	0.1	0.1	0.1
다이아지논(Diazinon)	0.1	-	-	0.1	0.1
디코플(Dicofol)	-	-	-	1.0	1.0
디설포톤(Disulfoton)	-	-	-	0.1	0.1
엔도설판(Endosulfan)	-	-	-	0.5	0.5
엔드린(Endrin)	0.01	0.01	0.01	0.01	0.01
이피엔(EPN)	0.1	-	-	0.2	0.01
페니트로치온(Fenitrothion)	0.2	-	-	0.2	0.2
펜치온(Fenthion)	0.05	-	-	0.05	0.05
헤프타크롤 및 헤프타크롤 에폭시드 (Heptachlor & Heptachlor epoxide)	0.01	0.01	0.01	0.02	0.03
마라치온(Malathion)	0.1	-	-	0.5	0.5
파라치온(Palathion)	0.1	-	-	0.3	0.3
펜토에이트(Phenthoate)					
포스멧(Phosmet)	0.1	-	-	0.1	0.2
아진포스-메칠(Azinphos-methyl)	-	-	-	0.3	1.0
베노밀(Benomyl)	0.05	-	0.5	1.0	1.0
비나파크릴(Binapacryl)	-	-	-	-	0.5
캐프타폴(Captafol)	-	1.0	-	1.0	5.0
캐프탄(Captan)	5.0	5.0	5.0	5.0	5.0
카바릴(Carbaryl)	1.0	0.2	-	0.5	0.5
카보후란(Carbofuran)	0.2	0.5	0.5	0.5	0.5
카보페노치온(Carbophenothion)	-	-	-	-	0.1
칼탑(Cartap)	0.1	0.1	-	2.0	3.0
클로르휀손(Chlorfenson)	-	-	-	0.5	0.8
클로르피리포스(Chlorphyrifos)	0.1	-	-	0.5	0.5
클로르피리포스-메칠(Chlorpyifos-methyl)	0.1	-	-	0.1	-
이사디(2,4-D)	0.2	-	-	-	-

농 약 성 분 명 (일 반 명) Name of Pesticide	잔류허용기준(mg/kg) Standards				
	곡 류 Grains	감자류 Potatoes	콩 류 beans	채소류 Vegetables	과실류 fruits
디메톤에스메칠(Demeton-S-methyl)	-	-	-	-	0.1
디클로르보스(Dichlorvos)	0.1	-	-	0.3	0.1
디메토에이트(Dimethoate)	-	-	-	0.1	0.2
에디펜포스(Edifenphos)	0.1	-	-	-	-
에치온(Ethion)	-	-	-	-	0.3
페노부카브(Fenobucarb)	0.3	-	0.3	0.3	0.3
홀펫(Folpet)	-	-	-	10.0	10.0
포모치온(Formothion)	-	1.0	-	1.0	1.0
만코제브(Mancozeb)	-	0.1	0.1	0.5	1.0
메치다치온(Methidathion)	-	-	-	0.2	0.3
메소밀(Methomyl)	0.5	0.5	0.1	0.5	1.0
모노크로토포스(Monocrotophos)	0.03	0.03	-	0.05	0.05
파라콰트(Paraquat)	0.05	0.05	-	0.05	0.05
퀸토젠(Quintozene)	-	0.1	-	0.1	-
치오메톤(Thiometon)	-	-	-	0.2	0.2
치오파네트-메칠(Thiophanatemethyl)	2.0	1.0	1.0	5.0	5.0
트리클로르폰(Trichlorfon)	0.5	0.5	-	0.5	0.5

부록 2.3. 농수산물 재배를 제한할 수 있는 오염기준
Standards for Restriction on Growing Agricultural and Fishery Products

1) 농산물(Agricultural Products)

구 분 Classification	유해물질의 종류 Chemicals	오염기준 Standards
토양 Soil	1. 카드뮴 및 그 화합물 (Cd)	생산된 현미중의 카드뮴 함량이 1 mg/kg 이상
	2. 동 및 그 화합물 (Cu)	토양중의 동 함량이 125 mg/kg 이상
	3. 비소 및 그 화합물 (As)	토양중의 비소함량이 15 mg/kg 이상

2) 수산물(Fishery Products)

구 분 Classification	유해물질의 종류 Chemicals	오염기준 Standards
수역 Water	1. 수은(Hg)	0.05 mg/ℓ 이상
	2. 동(Cu)	0.01 mg/ℓ 이상
	3. 연(Pb)	0.1 mg/ℓ 이상
	4. 6가크롬(Cr^{+6})	0.05 mg/ℓ 이상
	5. 시안화합물(CN)	0.1 mg/ℓ 이상

부록 3

3. 대기관련 환경기준

항 목	기 준
아황산가스	연간평균치 0.03 ppm 이하
(SO_2)	24시간 평균치 0.14 ppm 이하, 1시간 평균치 0.25 ppm 이하
일산화탄소	1개월 평균치 8 ppm 이하
(CO)	8시간 평균치 20 ppm 이하(8시간 평균치 9 ppm 이하 1시간 평균치 25 ppm 이하)
이산화질소	연간 평균치 0.05 ppm 이하
(NO_2)	1시간 평균치 0.15 ppm 이하, 24시간 평균치 0.08 ppm 이하
먼지	총먼지 연간평균치 $150\mu g/m^3$ 이하
	(TSP) 24시간 평균치 $300\mu g/m^3$ 이하
	미세먼지 연간평균치 $80\mu g/m^3$ 이하
	(PM10) 24시간 평균치 $150\mu g/m^3$ 이하
옥시단트	8시간 평균치 0.06 ppm 이하
(O_3)	1시간 평균치 0.1 ppm 이하
납(Pb)	3개월 평균치 $1.5\mu g/m^3$ 이하

부록 4

4.1 먹는물의 수질기준

1. 미생물에 관한 기준
   가. 일반세균(보통한천배지에서 무리를 형상할 수 있는 생균을 말한다)은 1 m*l* 중 100을 넘지 아니할 것.
   나. 대장균군(그람음성의 무아포성 단간균으로 유당을 분해하여 산과 가스를 만드는 호기성 또는 통성혐기성균을 말한다)은 50 m*l*에서 검출되지 아니할 것.
2. 건강상 유해영향 무기물질에 관한 기준
   가. 납은 0.5 mg/*l*를 넘지 아니할 것.
   나. 불소는 1 mg/*l*를 넘지 아니할 것.
   다. 비소는 0.05 mg/*l*를 넘지 아니할 것.
   라. 세레늄은 0.01 mg/*l*를 넘지 아니할 것.
   마. 수은은 검출되지 아니할 것.
   바. 시안은 검출되지 아니할 것.
   사. 6가크롬은 0.05 mg/*l*를 넘지 아니할 것.
   아. 암모니아성질소는 0.5 mg/*l*를 넘지 아니할 것.
   자. 질산성질소는 10 mg/*l*를 넘지 아니할 것.
   차. 카드뮴은 0.01 mg/*l*를 넘지 아니할 것.
3. 건강상 유해영향 유기물질에 관한 기준
   가. 페놀은 0.005 mg/*l*를 넘지 아니할 것.
   나. 총 트리할로메탄은 0.1 mg/*l*를 넘지 아니할 것.
   다. 다이아지논은 0.02 mg/*l*를 넘지 아니할 것.
   라. 파라티온은 0.06 mg/*l*를 넘지 아니할 것.
   마. 말라티온은 0.25 mg/*l*를 넘지 아니할 것.
   바. 페니트로티온은 0.04 mg/*l*를 넘지 아니할 것.
   사. 카바릴은 0.07 mg/*l*를 넘지 아니할 것.
   아. 1.1.1-트리클로로에탄은 0.1 mg/*l*를 넘지 아니할 것.

자. 테트라클로로에틸렌은 0.01 mg/l를 넘지 아니할 것.

차. 트리클로로에틸렌은 0.03 mg/l를 넘지 아니할 것.

카. 디클로로메탄은 0.02 mg/l를 넘지 아니할 것.

타. 벤젠은 0.01 mg/l를 넘지 아니할 것.

파. 톨루엔은 0.7 mg/l를 넘지 아니할 것.

하. 에틸벤젠은 0.3 mg/l를 넘지 아니할 것.

거. 크실렌은 0.5 mg/l를 넘지 아니할 것.

4. 심미적 영향물질에 관한 기준

가. 경도는 300 mg/l를 넘지 아니할 것.

나. 과망간산칼륨소비량은 10 mg/l를 넘지 아니할 것.

다. 냄새와 맛은 소독으로 인한 맛 이외의 냄새와 맛이 있어서는 아니될 것.

라. 동은 1 mg/l를 넘지 아니할 것.

마. 색도는 5도를 넘지 아니할 것.

바. 세제(음이온계면활성제)는 0.5 mg/l를 넘지 아니할 것.

사. 수소이온농도는 H 5.8 내지 8.5이어야 한다.

아. 아연은 1 mg/l를 넘지 아니할 것.

자. 염소이온은 150 mg/l를 넘지 아니할 것.

차. 증발잔류물은 500 mg/l를 넘지 아니할 것.

카. 철 및 망간은 각각 0.3 mg/l를 넘지 아니할 것.

타. 탁도는 2도를 넘지 아니할 것.

파. 황산이온은 200 mg/l를 넘지 아니할 것.

4.2 수질환경기준

가. 하천

구분	등급	이용목적별 적용대상	기준				
			수소이온 농도 (pH)	생물화학적 산소요구량 (BOD) (mg/ℓ)	부유 물질량 (SS) (mg/ℓ)	용존 산소량 (DO) (mg/ℓ)	대장균 군수 (MPN/100㎖)
생활환경	I	상수원수1급 자연환경보전	6.5~8.5	1 이하	25 이하	7.5 이상	50 이하
	II	상수원수2급 수산용수1급 수영용수	6.5~8.5	3 이하	25 이하	5 이상	1,000 이하
	III	상수원수3급 수산용수2급 공업용수1급	6.5~8.5	6 이하	25 이하	5 이상	5,000 이하
	IV	공업용수2급 농업용수	6.0~8.5	8 이하	100 이하	2 이상	-
	V	농업용수3급 생활환경보전	6.0~8.5	10 이하	쓰레기 등이 떠 있지 아니할 것	2 이상	-

구 분	등 급	기 준
사람의 건강 보호	전수역	카드뮴(Cd) : 0.01 mg/ℓ 이하, 비소(As) : 0.05 mg/ℓ 이하, 시안(CN) : 검출되어서는 안됨, 수은(Hg) : 검출되어서는 안됨. 유기인 : 검출되어서는 안됨, 연(Pb) : 0.1 mg/ℓ 이하, 6가크롬(Cr^{6+}) : 0.05 mg/ℓ 이하, PCB : 검출되어서는 안됨 음이온 계면활성제(ABS) : 0.5 mg/ℓ 이하

비고 : 1. 수산용수 1급 : 빈부수성수역의 수산생물용
2. 수산용수 2급 : 중부수성수역의 수산생물용
3. 자연환경보전 : 자연경과등의 환경보전
4. 상수원수 1급 : 여과등에 의한 간이정수처리후 사용
5. 상수원수 2급 : 침전여과등에 의한 일반적 정수처리후 사용
6. 상수원수 3급 : 전처리등을 거친 고도의 정수처리후 사용
7. 공업용수 1급 : 침전등에 의한 통상의 정수처리후 사용
8. 공업용수 2급 : 약품처리등 고도의 정수처리후 사용
9. 공업용수 3급 : 특수한 정수처리후 사용
10. 생활환경보전 : 국민의 일상생활에 불쾌감을 주지 아니할 정도

나. 호소

구분	등급	이용목적별 적용대상	기준: 수소이온 농도 (pH)	화학적 산소요구량 (BOD) (mg/ℓ)	부유 물질량 (SS) (mg/ℓ)	용존 산소량 (DO) (mg/ℓ)	대장균 군수 (MPN/100 mℓ)	총인 T-P (mg/ℓ)	총질소 T-N (mg/ℓ)
생활환경	I	상수원수1급 자연환경보전	6.5~8.5	1 이하	1 이하	7.5 이상	50 이하	0.010 이하	0.200 이하
	II	상수원수2급 수산용수1급 수영용수	6.5~8.5	3 이하	5 이하	5 이상	1,000 이하	0.030 이하	0.400 이하
	III	상수원수3급 수산용수2급 공업용수2급	6.5~8.5	6 이하	15 이하	5 이상	5,000 이하	0.050 이하	0.600 이하
	IV	공업용수2급 농업용수	6.0~8.5	8 이하	15 이하	2 이상	-	0.100 이하	1.0 이하
	V	농업용수3급 생활환경보전	6.0~8.5	10 이하	쓰레기 등이 떠 있지 아니할 것	2 이상	-	0.150 이하	1.5 이하

구 분	등 급	기 준
사람의 건강 보호	전 수 역	카드뮴(Cd) : 0.01 mg/ℓ 이하, 비소(As) : 0.05 mg/ℓ 이하, 시안(CN) : 검출되어서는 안됨, 수은(Hg) : 검출되어서는 안됨. 유기인 : 검출되어서는 안됨, 포리크로리네이티드비페닐(PCB) : 검출되어서는 안됨, 연(Pb) : 0.1 mg/ℓ 이하, 6가크롬(Cr^{6+}) : 0.05 mg/ℓ 이하, 음이온 계면활성제(ABS) : 0.5 mg/ℓ 이하

비고 : 1. 총인, 총질소의 경우 총인에 대한 총질소의 농도비율이 7 미만일 경우에는 총인의 기준은 적용하지 아니하며, 그 비율이 16 이상일 경우에는 총질소의 기준을 적용하지 아니한다.
2. 수산용수 1급 : 빈부수성수역의 수산생물용
3. 수산용수 2급 : 중부수성수역의 수산생물용
4. 자연환경보전 : 자연경관등의 환경보전
5. 상수원수 1급 : 여과등에 의한 간이정수처리후 사용
6. 상수원수 2급 : 침전여과등에 의한 일반적 정수처리후 사용
7. 상수원수 3급 : 전처리등을 거친 고도의 정수처리후 사용
8. 공업용수 1급 : 침전등에 의한 통상의 정수처리후 사용
9. 공업용수 2급 : 약품처리등 고도의 정수처리후 사용
10. 공업용수 3급 : 특수한 정수처리후 사용
11. 생활환경보전 : 국민의 일상생활에 불쾌감을 주지 아니할 정도

다. 지하수

지하수 환경기준항목 및 수질기준은 수도법 제 4 조에 의한 음용수의 수질기준 등에 관한 규칙 제 2 조 및 별표 1을 적용한다. 다만, 환경처장관이 고시하는 지역 및 항목은 적용하지 아니한다.

라. 해역

등급	기 준								
	수소 이온 농도 (pH)	화학적 산소 요구량 (BOD) (mg/ℓ)	용 존 산소량 (DO) (mg/ℓ)	부 유 물질량 (SS) (mg/ℓ)	대장균 군 수 (MPN/ 100mℓ)	노말핵 산추출 물질 (유분)	총질소 T-N (mg/ℓ)	총인 T-P (mg/ℓ)	무기물질 등 (mg/ℓ)
I	7.8~8.3	1 이하	포화율 95 이상	10 이하	200 이하	검출되어서는 안됨	0.05 이하	0.007 이하	6가크롬(Cr^{6+}) : 0.05 이하 비소(As) : 0.05이하 카드뮴(Cd) : 0.01이하 연(Pb) : 0.1이하 아연(An) : 0.1이하 구리(Cu) : 0.02이하 시안(CN) · 유기인 · 수은(Hg) · 포리크로리네이티드비페닐(PCB) : 검출되어서는 안됨
II	6.5~8.5	2 이하	포화율 85 이상	25 이하	1,000 이하	검출되어서는 안됨	0.1 이하	0.015 이하	
III	6.5~8.5	4 이하	포화율 80 이상	-	-	-	0.2 이하	0.03 이하	

비고 : 1. DO를 농도로 표시하는 경우에는 등급 I은 6mg/ℓ, 등급 II와 등급 III은 5mg/ℓ 이상이어야 한다.
2. 등급 I은 수산생물의 서식, 양식 및 산란에 적합한 수질을 말한다.
3. 등급 II는 해수욕등 해양에서의 관광 및 여가선용과 등급 I 외의 수산생물에 적합한 수질을 말한다.
4. 등급 III은 공업용수, 선박의 정박 등 기타 용도로 이용되는 수질을 말한다.
5. 총질소는 NO_2-N, NO_3-N, NH_3-N의 합계를 말한다.
6. 총인은 PO_4-P의 형태를 말한다.

부록 5

녹지자연도 등급사정기준표

녹지자연도	개　요	해당식생형
0	수역	수역(저수지, 식생이 존재하지 않는 하천사구 포함)
1	시가지, 조성지	식생이 거의 존재하지 않는 지역
2	농경지	논, 밭, 텃밭 등의 경작지, 비교적 녹지가 많은 주택지도 포함 (녹피율 60% 이상)
3	농경지	과수원이나 유실수 재배지역 및 묘포장
4	이차초원(Ⅰ)	이차적으로 형성된 키가 낮은 초원군락
5	이차초원(Ⅱ)	이차적으로 형성된 키가 높은 초원군락
6	조림지	인위적으로 조림된 산림
7	이차림(Ⅰ)	자연식생이 교란된 후 2차천이의 진행에 의하여 회복단계에 들어섰거나 지속적인 인간 간섭하에 놓인 삼림
8	이차림(Ⅱ)	자연식생이 교란된 후 2차천이에 의해 다시 자연식생에 가까울 정도로 거의 회복된 상태의 삼림
9	자연림	다층의 식물사회를 구성하는 성숙된 극상림 또는 그와 유사한 자연림
10	지연초원, 자연나지	삼림식생 이외의 자연식생이나 특이식생으로서 자연초지, 습원, 암석식생, 고산황원 등

이상의 녹지자연도 등급을 권역별에 따라 구분하면 등급" 0" 은 수권이며, 등급" 1" 에서 등급" 10" 까지는 육지권에 해당된다. 또한 녹지자연도 등급을 근거로 등급" 1~3" 에 해당되는 지역을 개발지역으로, 등급" 4~8" 에 해당되는 지역을 반자연지역으로, 등급" 9~ 10" 에 해당되는 지역을 자연지역으로 구분하여 면적과 그 비율을 살펴봄으로써 조사대상지의 인위적 영향의 정도 및 자연상태를 파악할 수 있다.

찾아보기

ㄴ

ㄷ

ㅁ

ㅂ

ㅅ

ㅌ

ㅍ

ㅎ

INDEX

A

B

C

D

E

F

G

H

I

K

L

M

N

O

P

Q

R

S

T

U

V

W

X

Y

저자약력

• **박연규**

부산대학교 생명자원과학대학 바이오시스템공학부 교수

• **서광석**

가천의과학대학교 의료공학부 보건환경시스템학과 교수

• **최충길**

전남대학교 자연과학대학 생물학과 교수

환경생물학

2006년 7월 20일 개정 4판 인쇄
2006년 7월 21일 개정 4판 발행

저 자 **박연규 · 서광석 · 최충길**
발행인 **윤 진 영**
발행소 **도서출판 대학서림**
110-530 서울특별시 종로구 혜화동 78-2
전 화 · 02) 744-2811~2, 763-1220
팩 스 · 02) 744-1210
등 록 · 1965. 1. 20
번 호 · 1-88

ISBN 89 - 8016 - 591 - 9 93530

정가 22,000원

http://www.daihaks.com